高等职业教育土建类"十三五"规划"互联网+"创新系列教材

建筑工程
资料管理

第3版

JIANZHU GONGCHENG
ZILIAO GUANLI

主　编　许　博　肖飞剑
副主编　阳小群　周　伟　戴欣萌　丁一鸣
主　审　郑　伟

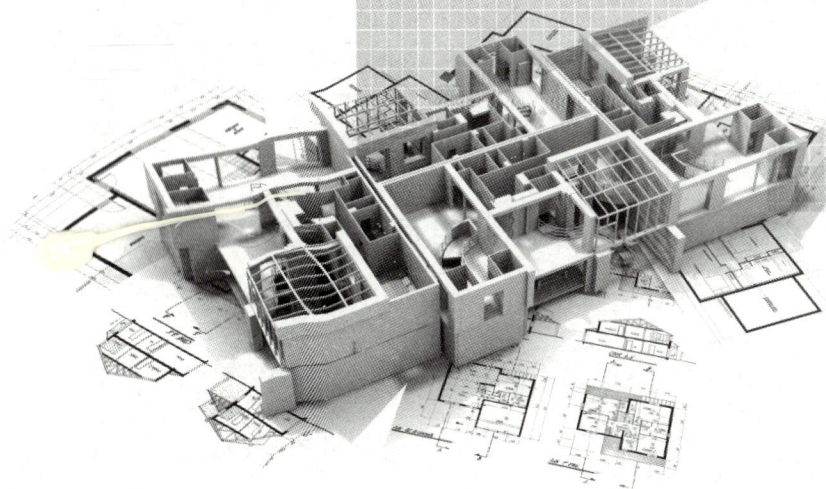

中南大学出版社
www.csupress.com.cn

内容简介

本书按照土建类职业岗位和职业能力培养的要求，结合国家相关法律、法规和标准规定，对建筑工程资料的编写、收集、整理、归档做了详尽阐述，力求向读者展现完整的建筑工程资料管理过程。

全书包含绪论及建筑工程准备阶段文件资料管理、工程监理资料的编制与管理、施工单位文件资料的编制与管理、检测单位技术资料的管理、竣工验收及备案资料编制与管理、建筑工程资料归档与利用、建筑工程资料管理信息化、资料员岗位工作标准及规范等8个模块，并新增了《施工阶段资料管理》实训教学大纲。全书紧扣新规范、新标准，深入浅出，通过案例渗透、任务驱动等方法着力营造一种真实的工程环境，使学生带着任务学，充分挖掘学生潜能，体现了教材的"任务导向"特色。本书重在"能力"培养，建设单位、监理单位、施工单位一线工程技术人员的资料管理实务能力都蕴含其中，尤其以施工资料员的能力培养和技能抽查的目标要求为本书编写的核心。

本书可作为高职高专、成教、函授、电大等建筑工程技术、道路与桥梁工程技术、工程造价、工程管理等专业的教材，也可作为相关专业工程技术人员的参考用书和职业岗位培训用书。

本书配有多媒体教学电子课件。

高等职业教育土建类"十三五"规划"互联网+"
创新系列教材编审委员会

主 任

王运政　　胡六星　　郑 伟　　玉小冰　　刘孟良　　陈安生

李建华　　谢建波　　彭 浪　　赵 慧　　赵顺林　　向 曙

副主任

（以姓氏笔画为序）

王超洋　　卢 滔　　刘文利　　刘可定　　刘庆潭　　孙发礼

杨晓珍　　李 娟　　李玲萍　　李清奇　　李精润　　欧阳和平

项 林　　胡云珍　　黄 涛　　黄金波　　龚建红　　颜 昕

委 员

（以姓氏笔画为序）

万小华　　邓 慧　　王四清　　龙卫国　　叶 姝　　包 蜃

邝佳奇　　朱再英　　伍扬波　　庄 运　　刘小聪　　刘天林

刘汉章　　刘旭灵　　许 博　　阮晓玲　　孙光远　　孙湘晖

李为华　　李 龙　　李 冰　　李 奇　　李 侃　　李 鲤

李亚贵　　李进军　　李丽田　　李丽君　　李海霞　　李鸿雁

肖飞剑　　肖恒升　　何 珊　　何立志　　佘 勇　　宋士法

宋国芳　　张小军　　张丽姝　　陈 晖　　陈 翔　　陈贤清

陈淳慧　　陈婷梅　　易红霞　　金红丽　　周 伟　　赵亚敏

徐龙辉　　徐运明　　徐猛勇　　卿利军　　高建平　　唐 文

唐茂华　　黄郎宁　　黄桂芳　　曹世晖　　常爱萍　　梁鸿颉

彭 飞　　彭子茂　　彭秀兰　　蒋 荣　　蒋买勇　　曾维湘

曾福林　　熊宇璟　　樊淳华　　魏丽梅　　魏秀瑛　　瞿 峰

出版说明 INSTRUCTIONS

遵照《国务院关于加快发展现代职业教育的决定》（国发〔2014〕19号）提出的"服务经济社会发展和人的全面发展，推动专业设置与产业需求对接，课程内容与职业标准对接，教学过程与生产过程对接，毕业证书与职业资格证书对接"的基本原则，为全面推进高等职业院校土建类专业教育教学改革，促进高端技术技能型人才的培养，依据国家高等职业教育土建类专业教学指导委员会高等职业教育土建类专业教学基本要求，通过充分的调研，在总结吸收国内优秀高职教材建设经验的基础上，我们组织编写和出版了这套高等职业教育土建类专业"十三五"规划教材。

高等职业教育教学改革不断深入，土建行业工程技术日新月异，相应国家标准、规范，行业、企业标准、规范不断更新，作为课程内容载体的教材也必然要顺应教学改革和新形势的变化，适应行业的发展变化。教材建设应该按照最新的职业教育教学改革理念构建教材体系，探索新的编写思路，编写出版一套全新的、高等职业院校普遍认同的、能引导土建专业教学改革的"十三五"规划系列教材。为此，我们成立了规划教材编审委员会。教材编审委员会由全国30多所高职院校的权威教授、专家、院长、教学负责人、专业带头人及企业专家组成。编审委员会通过推荐、遴选，聘请了一批学术水平高、教学经验丰富、工程实践能力强的骨干教师及企业专家组成编写队伍。

本套教材具有以下特色：

1. 教材依据国家高等职业教育土建类专业教学指导委员会《高等职业教育土建类专业教学基本要求》编写，体现科学性、创新性、应用性；体现土建类教材的综合性、实践性、区域性、时效性等特点。

2. 适应高等职业教育教学改革的要求，以职业能力为主线，采用行动导向、任务驱动、项目载体，教、学、做一体化模式编写，按实际岗位所需的知识能力来选取教材内容，实现教材与工程实际的零距离"无缝对接"。

3. 体现先进性特点。将土建学科的新成果、新技术、新工艺、新材料、新知识纳入教材，结合最新国家标准、行业标准、规范编写。

4. 教材内容与工程实际紧密联系。教材案例选择符合或接近真实工程实际，有利于培养学生的工程实践能力。

5. 以社会需求为基本依据，以就业为导向，融入建筑企业岗位（八大员）职业资格考试、国家职业技能鉴定标准的相关内容，实现学历教育与职业资格认证相衔接。

6. 教材体系立体化。为了方便老师教学和学生学习，本套教材建立了多媒体教学电子课件、电子图集、教学指导、教学大纲、案例素材等教学资源支持服务平台；部分教材采用了"互联网＋"的形式出版，读者扫描书中"二维码"，即可阅读丰富的工程图片、演示动画、操作视频、工程案例、拓展知识。

高等职业教育土建类专业规划教材

编审委员会

前 言 PREFACE

　　"建筑工程资料管理"是高等职业教育土建大类相关专业的一门重要专业实务课程,在培养高素质技术技能型土建人才中占据重要地位。

　　本教材自2015年首版以来受到许多学校的欢迎。第3版在前两版的基础上按照"互联网+"模式进行修订,除相关专业知识更新外,加入了二维码扩展知识阅读内容。同时按照教育部"课程思政"要求在每一模块前凝练了德育目标,供教师参考。

　　本教材在编写过程中充分总结和吸纳国内同类优秀教材优点,立足于满足新时期我国建筑业转型升级的大背景下对培养土建类高素质技术技能人才提出的新要求,按照理念先进、目标明确、课程适用、深入浅出的总体思路,以模块化教学体系要求为指导重新编排了教学内容、更新了规范标准、演示了表格范例。此外,本教材在编写过程中有机融入了土建类专业技能抽查标准相关内容和住房与城乡建设领域专业人员(资料员)岗位资格考试相关要求,使得本教材在内容上更加丰富、结构上更加优化。同时,我们在教材编写过程中融入了大量工程实践案例,使教材更能贴近工程生产第一线,实践性更强。本教材不但可以作为高职高专土建类、工程管理类等相关专业的教材使用,也可以作为建筑业企业工程技术管理人员的参考资料和培训资料。

　　本教材由湖南城建职业技术学院许博、湖南水利水电职业技术学院肖飞剑任主编,阳小群、周伟、戴欣萌、丁一鸣任副主编。湖南城建职业技术学院许博编写了绪论及模块三,袁盛金编写了模块二,贵州工商职业学院丁一鸣编写了模块四;娄底职业技术学院彭仁娥编写了模块一、模块六,阳小群编写了模块七;湖南有色职业技术学院周伟编写了模块五;长沙职业技术学院蔡晓兰编写了模块七,肖飞剑编写了模块八,全书由许博统稿。湖南省第三工程有限公司申湘生,湘建建筑工程质量检测中心刘炼参与了整理、修改资料表格范例,在此一并感谢!

　　由于编者水平有限,加之土建专业领域正处于深度变革之中,书中难免存在错漏,恳请读者朋友批评指正。

编　者

2020 年 12 月

目 录 CONTENTS

绪 论

【德育目标】

百年大计 责任终身

【教学目标】

掌握建筑工程、建筑工程项目、建筑工程资料的基本知识；了解建筑工程资料管理的基本任务；了解建设工程资料管理课程的目标和任务。

【职业岗位要求】

资料管理任务；资料来源、内容及标准；资料管理的流程；资料的时间要求、传递途径和反馈范围；资料管理制度；施工资料收登制度；资料台账；施工资料交底。

第一节 课程简介

一、课程简介

建筑工程资料管理是土建类职业岗位必备的专业技能。"建筑工程资料管理"是根据土建类专业毕业生普遍就业的资料员、施工员、材料员等职业岗位所开设的一门必修的职业岗位课程。

通过本课程的学习，旨在使学习者掌握建筑工程资料管理的相关知识，对建筑工程资料在工程建设中的意义和作用有正确的认识和理解，懂得建筑工程资料应用的意义，明确工程建设各方在建筑工程资料管理方面的责任，帮助学习者正确认识建筑工程资料与项目目标管理的关系，培养学生正确收集和管理建筑工程资料的基本技能，学会规范管理建筑工程实践中的各类文件资料，并学会编写最常用的建筑工程资料。

通过本课程的学习，学习者应掌握建筑工程资料的分类以及各类工程技术资料收集、整理的基本方法；熟悉建筑工程各类资料的归档范围；掌握工程资料及图纸组卷、归档的基本技能，科学、规范地管理建筑工程资料；逐步实现建筑工程资料的信息化管理。

二、教材简介

《建筑工程资料管理》针对高职高专土建类专业教学需求，结合国家相关法律、法规和标准规定，对工程技术资料包括工程准备阶段资料、监理资料、施工资料、竣工验收资料如何进行规范的编写、收集、整理、归档做了详尽阐述，并辅以案例讲解。

本书抓住《建筑工程资料管理规程》（JGJ/T 185—2009）的颁布时机，紧扣新规范和施工规范标准，深入浅出，通过案例渗透，在编写上突出了以下特色：

（1）教材编写紧紧围绕资料整理工作任务展开，同时提供图纸资料，营造出一种真实的工作环境,使学生带着任务学,充分挖掘学生潜能,体现教材的"任务导向"特色。

(2)教材编写依据最新颁布的行业规程《建筑工程资料管理规程》(JGJ/T 185—2009)、《建筑节能工程施工质量验收规范》(GB 50411—2007)、《建筑工程施工质量验收统一标准》(GB 50300—2013)、《建设工程监理规范》(GB/T 50319—2013)、《建设工程文件归档规范》(GB/T 50328—2014)等,使教材具有鲜明的时代特征。

(3)教材编写所用教学案例讲解使用国家推荐标准(JGJ/T 185—2009)中的范表,实践练习使用湖南省省域用表,使本书既带有浓郁的湖南地方特色但又不拘泥于此,在全国都具有广泛的适用性。

(4)本教材采用模块化、项目化的教学方法,理论讲解与实践联系相结合,并将教学目标、职业技能抽查标准、职业岗位资格考试大纲有机融入教学体系,满足学习者成才需要。

(5)教材编写重在"能力"培养。建设单位、监理单位、施工单位一线工程技术人员的资料管理技能都蕴含其中,尤其以施工单位资料员的能力培养和技能抽查为本书编写的核心。

(6)教材编写时充分考虑了读者的层次和阅读习惯,力求做到简练而不简单,避免同类教材可读性差的弊病。

(7)本教材所选取的资料文件范例均由施工一线经验丰富的项目管理人员编写并经过了编者精心挑选和编排,无论从表格格式和规范行文等方面都具有很强的示范性,为学习者自学提供了极大的便利。

本教材可作为高职高专院校建筑工程技术专业、监理专业、工程造价专业等土建类相关专业的教学用书,也可作为在职人员岗前培训教材,还可作为建筑企业各级工程技术人员、管理人员、监理人员的参考用书。

第二节 建筑工程项目管理和建筑工程资料管理

一、建筑工程项目管理基本概念

所谓建筑工程,是指通过对各类房屋建筑及其附属设施的建造和与其配套的线路、管道、设备的安装活动所形成的工程实体。建筑工程项目管理的内涵是:自项目开始至项目完成,通过项目策划和项目控制,以使项目的费用目标、进度目标和质量目标得以实现。

工程建设是一个系统工程。按建筑工程项目不同参与方的工作性质和组织特征划分,在项目建设的过程中,不同的参与方承担着不同的任务。

根据建设程序,建筑工程的实施过程按工作内容分类,大体上经过勘察、设计和施工三个阶段。

(1)建设工程勘察,是指根据建筑工程的要求,查明、分析、评价建设场地的地质地理环境特征和岩土工程条件,编制建筑工程勘察文件的活动。

(2)建筑工程设计,是指根据建筑工程的要求,对建筑工程所需的技术、经济、资源、环境等条件进行综合分析、论证,编制建筑工程设计文件的活动。

(3)建筑工程施工,是指根据建筑工程设计文件的要求,对建筑工程进行新建、扩建、改建的活动。

按建筑工程生产组织的特点,一个项目往往由许多参建单位承担不同的建设任务,而各参建单位的工作性质、工作任务和利益不同，因此就形成了不同类型的项目管理。由于业主方是建设工程项目生产过程的总集成者和总组织者，尽管对于一个建筑工程项目而言，有代表不同利益方的项目管理，但是，业主方的项目管理是管理的核心。

二、建设工程基本建设程序

建设工程基本建设程序是指建筑工程项目从立项、决策、勘察、设计、施工到竣工验收、投入生产整个建设过程中（如图0-1所示），各项工作必须遵循的先后次序的法则。

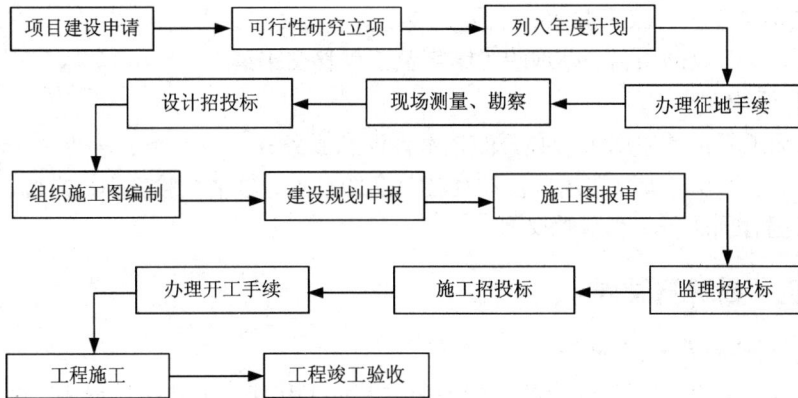

图 0-1 建设工程基本建设程序流程

三、施工项目管理的过程

根据施工项目的寿命周期，施工项目管理过程可分为投标签约、施工准备、施工、竣工验收和售后服务五个阶段。各阶段的主要工作内容如下：

1. 投标签约阶段

(1)建筑施工企业从经营战略的高度出发做出是否投标争取承包该项目的决策；

(2)决定投标以后，从多方面（企业自身、相关单位、市场、现场等）获取大量信息；

(3)编制既能使企业赢利，又有竞争力，可望中标的投标书；

(4)如果中标，则与招标方进行合同谈判，依法签订工程承包合同，使合同符合国家法律、法规的要求，符合平等互利、等价有偿的原则。

2. 施工准备阶段

(1)施工企业聘请项目经理，实行项目经理责任制；

(2)设立项目经理部，根据施工项目的规模、结构复杂程度、专业特点、人员素质和地域范围确定项目经理部的组织形式及人力资源配置；

(3)制订施工项目管理规划，以指导施工项目管理活动；

(4)编制质量计划和施工组织设计，用以指导施工准备和施工；

(5)进行施工现场准备，使现场具备施工条件，满足安全文明施工要求；

(6)编写开工申请报告，待批开工。

3. 施工阶段

(1)按项目管理实施计划和施工组织设计进行项目管理并组织施工;

(2)进行项目目标动态控制,通过组织措施、管理措施、经济措施和技术措施等环节,保证实现项目的质量目标、进度目标、成本目标、安全管理目标和文明施工管理目标等预期目标;

(3)加强项目现场管理、合同管理、信息管理、生产要素管理和项目组织协调;

(4)及时做好记录,科学收集、整理施工质量技术资料及安全管理资料。

4. 竣工验收阶段

(1)在整个施工项目已按设计要求全部完成,通过试运转,且检验结果符合工程项目竣工验收标准的前提下组织竣工验收;

(2)通过竣工验收的项目,办理竣工结算及工程移交手续。

5. 工程保修阶段

(1)为保证工程正常使用进行必要的技术咨询和服务;

(2)进行工程回访,听取使用单位和社会公众的意见,总结经验教训;调查、观察使用中的问题,并依据合同履行工程保修义务。

四、建筑工程资料管理

1. 建筑工程文件资料的形成

建筑工程资料产生于工程建设的过程中。在上述工程建设的各个阶段中,会自然产生相关的文件资料。建筑工程资料是在工程的规划、设计、施工和使用、维护过程中形成的,因此,它涉及工程的规划、设计、施工、建设等若干参与单位。

规划和基建管理单位保存有该工程的规划和有关基本建设管理方面的档案资料;勘察设计单位保存有该工程勘察、设计过程中的全部档案;施工单位则保存有该工程施工过程中形成的档案资料。工程的建设单位或使用单位拥有该工程的全套档案资料,是基本建设档案的主要管理和使用单位。

由建筑工程文件资料的形成过程(如图0-2所示),我们对建筑工程资料的概念便容易把握了。建筑工程在建设过程中形成的各种形式信息记录统称为建筑工程资料,简称工程资料。所谓建筑工程资料也可以理解为,是指在工程建设过程中形成的各种具有分析、查考价值的工程信息原始记录。

2. 建筑工程资料管理的意义

建筑是为社会,为人们的工作和生活服务的。建筑的建设过程是一项复杂的系统工程,涉及许多方面的工作。此项工作涉及的关系复杂,工作量大,对专业素质要求高,需要经过专业培训的人员来从事,同时也产生了工程资料的管理工作。

概括地说,建筑工程资料是工程建设从项目的提出、筹备、设计、施工到竣工投产等过程中形成的文件材料、图样、计算材料、声像材料等各种形式的信息总和,简称为工程资料。建筑工程资料是对建筑工程全过程的完整记录,是现场施工组织生产活动的真实记录。随着我国建筑管理科学化水平的提升,建筑工程资料管理工作越来越重要。重视和加强对建筑工程资料的管理具有重要的意义。

而在建筑工程建设全过程中需要对工程资料进行填写、编制、审核、审批、收集、整理、验收、组卷、移交等环节的管理,这些工作统称为工程资料管理。

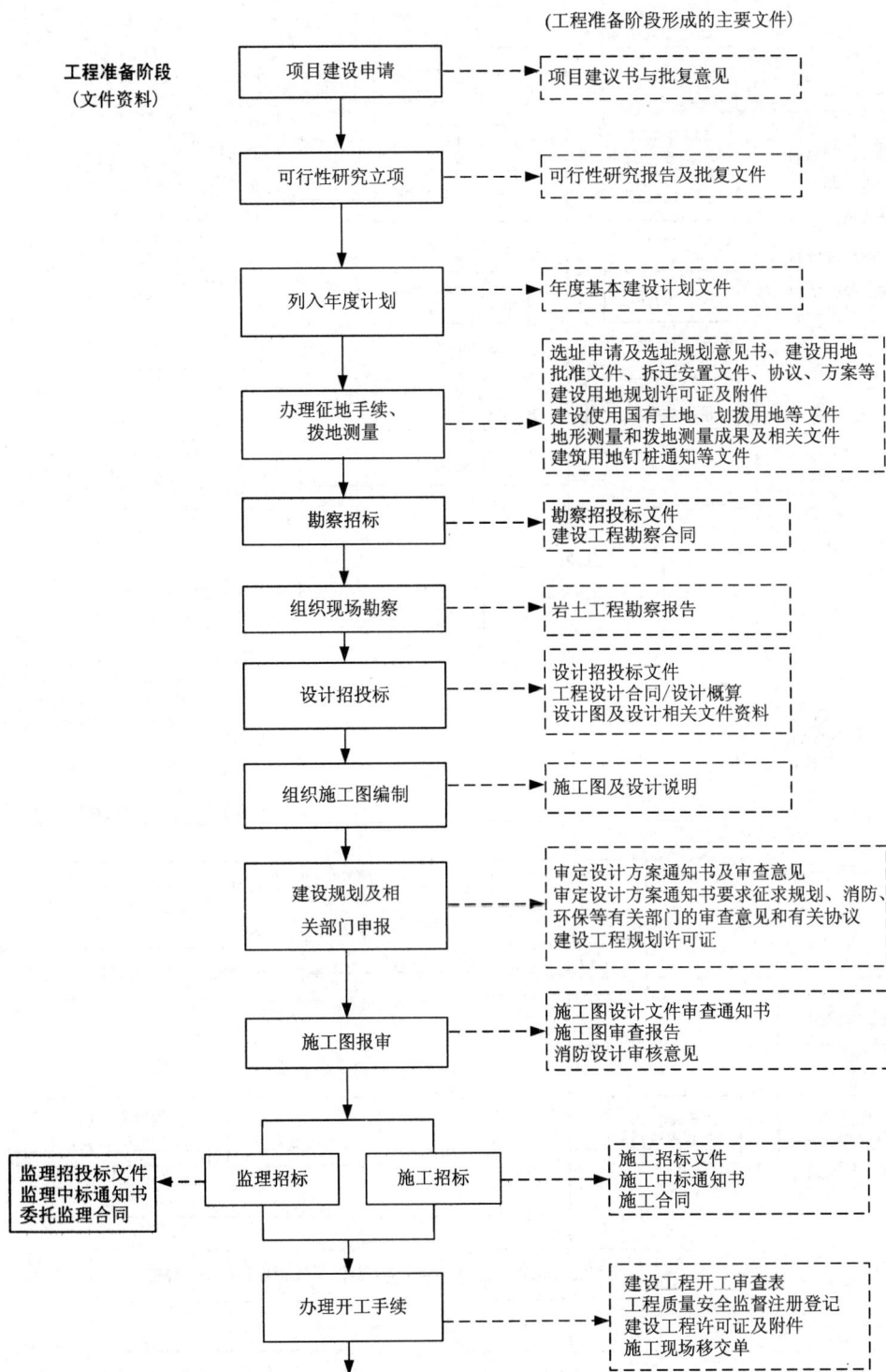

（工程准备阶段形成的主要文件）

工程准备阶段
（文件资料）

| 项目建设申请 | - - ▶ | 项目建议书与批复意见 |

| 可行性研究立项 | - - ▶ | 可行性研究报告及批复文件 |

| 列入年度计划 | - - ▶ | 年度基本建设计划文件 |

| 办理征地手续、拨地测量 | - - ▶ | 选址申请及选址规划意见书、建设用地批准文件、拆迁安置文件、协议、方案等
建设用地规划许可证及附件
建设使用国有土地、划拨用地等文件
地形测量和拨地测量成果及相关文件
建筑用地钉桩通知等文件 |

| 勘察招标 | - - ▶ | 勘察招投标文件
建设工程勘察合同 |

| 组织现场勘察 | - - ▶ | 岩土工程勘察报告 |

| 设计招投标 | - - ▶ | 设计招投标文件
工程设计合同/设计概算
设计图及设计相关文件资料 |

| 组织施工图编制 | - - ▶ | 施工图及设计说明 |

| 建设规划及相关部门申报 | - - ▶ | 审定设计方案通知书及审查意见
审定设计方案通知书要求征求规划、消防、环保等有关部门的审查意见和有关协议
建设工程规划许可证 |

| 施工图报审 | - - ▶ | 施工图设计文件审查通知书
施工图审查报告
消防设计审核意见 |

| **监理招投标文件**
监理中标通知书
委托监理合同 | ◀ - - | 监理招标 | 施工招标 | - - ▶ | 施工招标文件
施工中标通知书
施工合同 |

| 办理开工手续 | - - ▶ | 建设工程开工审查表
工程质量安全监督注册登记
建设工程许可证及附件
施工现场移交单 |

工程实施阶段
（监理文件资料）　　　　　　　　　　　　　　　　　　　　　　　　（施工资料）

```
          ┌──────────────┐   ┌──────────────┐
          │ 监理单位进场   │   │ 施工单位进场   │
          │ 及施工监理准备 │   │ 及施工准备     │
          └──────┬───────┘   └──────┬───────┘
                 ▼                   ▼
          ┌──────────────┐   ┌──────────────┐
          │ 工程动工审批   │   │ 工程开工申请   │
          └──────┬───────┘   └──────┬───────┘
```

┌────────────────┐
│ 监理管理资料   │
│ 进度控制资料   │
│ 质量控制资料   │
│ 造价控制资料   │
│ 合同管理资料   │
│ 竣工验收资料   │
└────────────────┘

```
          ┌──────────────┐   ┌──────────────┐
          │ 施工过程监理   │   │ 施工过程管理   │
          └──────┬───────┘   └──────┬───────┘
            预验收│合格          预验收│合格
                 ▼                   ▼
          ┌──────────────┐   ┌──────────────┐
          │ 竣工预验收     │◄──│ 自检合格，报请 │
          │              │   │ 竣工预验收     │
          └──────┬───────┘   └──────┬───────┘
            预验收│合格          预验收│合格
                 ▼                   ▼
          ┌──────────────┐   ┌──────────────┐
          │ 监理单位提交质 │   │ 施工提交工程   │
          │ 量评估报告     │   │ 竣工报告       │
          └──────────────┘   └──────────────┘
```

┌────────────────────────┐
│ 施工管理资料   │
│ 施工技术资料   │
│ 施工进度及造价资料   │
│ 施工物资资料   │
│ 施工记录   │
│ 施工试验记录及检测报告   │
│ 施工质量验收记录   │
│ 竣工验收资料   │
└────────────────────────┘

　　　　　列入城建档案馆接收工程　　→　┌──────────┐　→　┌──────────┐
　　　　　　　　　　　　　　　　　　　│ 城建档案馆 │　　│ 工程档案预 │
　　　　　　　　　　　　　　　　　　　│ 归档预验收 │　　│ 验收意见   │
　　　　　　　　　　　　　　　　　　　└──────────┘　　└──────────┘

　　　　　　　　　　┌──────────────┐
　　　　　　　　　　│ 工程竣工验收   │
　　　　　　　　　　└──────────────┘

工程验收阶段
（工程竣工文件、竣工图）

┌────────────────────────────┐
│ 工程竣工验收资料   │
│ 单位工程质量竣工验收记录   │
│ 单位（子单位）工程质量控制资料 │
│ 核查记录   │
│ 单位（子单位）工程安全和功能检 │
│ 验资料核查及主要功能抽查记录   │
│ 单位（子单位）工程观感质量检查 │
│ 记录   │
│ 规划、消防、环保等部门出具的认 │
│ 可文件或者准许使用文件   │
│ 勘察、设计单位质量检查报告   │
└────────────────────────────┘

　　　　　　　　　　┌──────────────┐　→　┌────────────────┐
　　　　　　　　　　│ 工程接收   │　　│ 房屋建筑工程质量保修书 │
　　　　　　　　　　└──────────────┘　　└────────────────┘

　　　　　　　　　　┌──────────────┐　→　┌──────────────┐
　　　　　　　　　　│ 工程竣工备案   │　　│ 竣工验收备案资料 │
　　　　　　　　　　└──────────────┘　　└──────────────┘

┌──────────────┐
│ 竣工图编制   │
└──────────────┘

┌──────────────┐ ┌──────────────┐　　┌──────────────┐ ┌──────────────┐
│ 竣工图编制单   │ │ 监理单位移   │　　│ 施工单位移交 │ │ 工程准备阶段文件 │
│ 位移交竣工图   │ │ 交监理资料   │　　│ 施工资料   │ │ 工程竣工资料组卷 │
└──────────────┘ └──────────────┘　　└──────────────┘ └──────────────┘

　　　　　　　　　　┌──────────────┐　→　┌──────────────┐
　　　　　　　　　　│ 工程资料汇总   │　　│ 工程资料移交书等资料 │
　　　　　　　　　　└──────────────┘　　└──────────────┘

　　　　　　　　　　┌──────────────┐　→　┌──────────────┐
　　　　　　　　　　│ 工程档案移交   │　　│ 城市建设档案移交书 │
　　　　　　　　　　└──────────────┘　　└──────────────┘

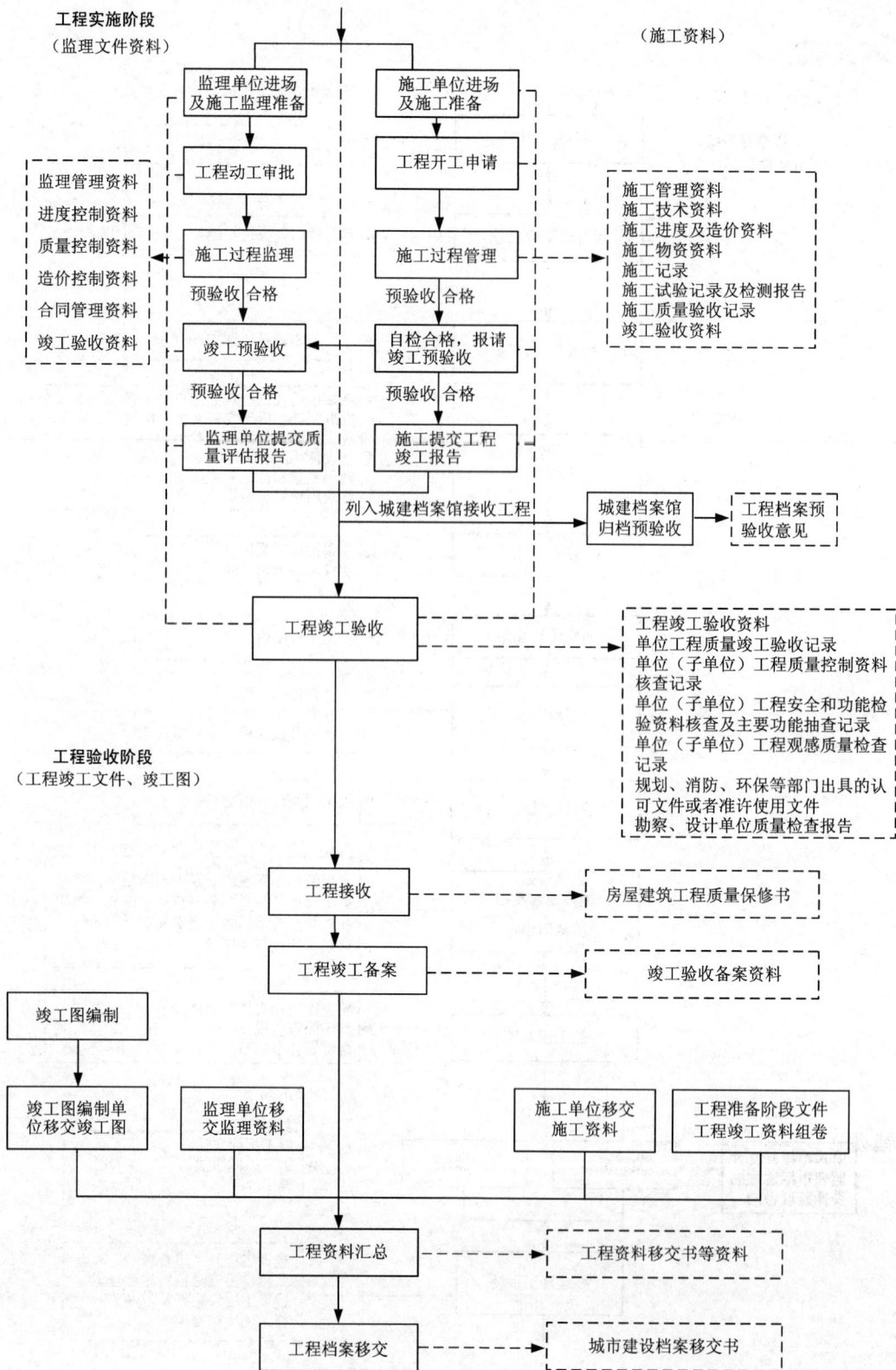

图 0-2　建筑工程文件资料形成过程

建筑工程文件和档案资料管理是保证工程质量与安全的重要环节，做好建筑工程文件和档案资料的管理具有以下重要意义：

（1）建筑工程资料是工程规范化管理的重要保证。随着建筑工程管理科学化、现代化程度越来越高，通过规范的资料管理规范工程管理，实现对建筑工程过程的全面质量控制，提高建筑工程的质量水平。

（2）建筑工程资料是工程质量验收的依据。建筑工程资料与建筑工程建设同步形成，并应真实反映建筑工程的建设情况和实体质量。因此，真实、可靠的建筑工程资料是构成整个建筑工程完整历史的基础信息，不仅是工程建设不可或缺的技术档案，也是工程检查、竣工验收，以及交工后建筑物的维修、管理、使用、改建、扩建的重要依据。建筑工程资料齐全是工程竣工验收的必备条件，也是保证工程建设"百年大计"的证明材料。

（3）管理好建筑工程资料可以有效地维护企业的经济效益和社会声誉。建筑工程资料涉及工程建设的各个环节。各种建筑工程资料直接或间接地记录了与工程施工效益紧密相关的数据和技术措施等。规范、完整的工程技术资料不仅有利于提高管理水平，如果一旦发生工程风险，还可以通过工程建设的历史资料维护企业的合法权益。

（4）建筑工程资料将有助于开发企业资源。施工技术资料内涵丰富，是企业档案的组成部分之一。建筑工程资料可以被用于企业改善管理、科研创新和树立品牌。

五、建筑工程资料的特征及载体形式

1. 建筑工程资料的特征

（1）真实性和全面性

真实性是对所有文件、档案资料的共同要求，但对建筑工程的文件和档案资料来讲，这方面的要求更为迫切。建筑工程文件和档案只有全面反映建筑工程的各类信息，形成一个完整的系统，才更有实用价值，只言片语的引用往往会引起误导。所以，建筑工程文件和档案资料必须真实地反映建设活动全貌，包括发生的事故和存在的隐患。

（2）分散性和复杂性

建筑工程项目周期长且影响因素多，生产工艺复杂，建筑材料种类多，建设阶段性强且相互穿插，由此导致了建筑工程文件和档案资料的分散性和复杂性。这个特征决定了建筑工程文件和档案资料是多层次、多环节、相互关联的复杂系统。

（3）继承性和时效性

随着工程技术、施工工艺、新材料和施工企业管理水平的不断提高，建筑工程文件和档案资料可被继承和不断积累。新的项目在建设中可以吸取以前的经验和教训，避免重犯以前的错误。同时，建筑工程文件和档案资料具有很强的时效性。其作用随着时间的推移而衰减，有时文件资料一经形成就必须尽快送达有关部门，否则会造成严重后果。

（4）随机性

建筑工程文件和档案资料产生于项目建设的整个过程中，工程前期、工程开工、施工和竣工等各个阶段和环节都会产生各种文件和档案资料。虽然各类报批文件的产生具有规律性，但是还是有相当一部分文件和档案资料的产生是由于具体工程事件引发的，因此具有随机性。

（5）多专业性和综合性

建筑工程文件和档案资料依附于不同的专业对象而存在，又依赖于不同的载体而流动，涉及建筑、结构、电气、给排水、暖通、电梯、智能等多个专业，同时综合了质量、进度、造价、合同、组织、协调等方面的内容，因此，具有多专业性和综合性的特点。

2. 建筑工程文件和档案资料的载体形式

档案的记载手段是多种多样的，除了纸质材料之外，还存在大量其他形式的载体，包括磁性材料、感光材料和其他合成材料等。它们不但可以记录文字，还可以记录声音、图像，从而能更为生动形象地反映生产经营活动的过程，如照片、微缩胶片、录音磁带、录音带、磁盘、光盘等。习惯上，人们把这些非纸质材料的档案统称为特殊载体档案，也可称为"新型载体档案"。

六、建筑工程资料管理的责任

（一）法律责任

《中华人民共和国建筑法》《建筑工程质量管理条例》等法律、法规与《建筑工程施工质量验收统一标准》(GB 50300—2013)等规范，均把建筑工程资料及工程档案的管理放在重要位置，因此，参与工程建设的勘察、设计、监理和施工单位一定要提高工程资料及工程档案管理意识。

（二）建筑工程参建各方资料管理的职责

参与工程建设的建设、勘察、设计、施工、监理等单位均负有工程资料管理的责任，这些管理职责对参建各方来说，有些是相同的、一致的，即为通用职责，有些是参建的某一方所特有的职责。因此，参建各方应当认真履行通用职责和各自的职责，将工程文件的形成和积累纳入工程建设管理的各个环节和有关人员的职责范围。

1. 通用职责

（1）工程的参建各方应该把工程资料的形成和积累纳入工程管理的各个环节和相关人员的职责范围。

（2）工程档案资料应该实行分级管理，由建设、勘察、设计、监理、施工等单位的主管（技术）负责人组织各自单位的工程资料管理的全过程工作。在工程建设过程中工程资料的收集、整理和审核工作应由熟悉业务的专业技术人员负责。

（3）工程资料应该随着工程进度同步收集、整理和立卷，并按照有关规定进行移交。

（4）工程各参建单位应该确保各自资料的真实、准确、有效、完整、齐全，字迹清楚，无未了事项。所用表格应按相关规定统一格式，若有特殊要求增加表格时，应按有关规定统一归类。

（5）工程参建各方所提供的文件和资料，必须符合国家或地方的法律法规、《建筑工程施工质量统一验收标准》(GB 50300—2013)《建设工程文件归档规范》(GB/T 50328—2014)及工程合同等的相关要求与规定。

（6）对工程的文件、资料进行涂改、伪造、随意抽撤或损毁、丢失的，应按有关规定给予处罚，情节严重的，还应依法追究法律责任。

2. 建设单位的职责

（1）负责本单位工程档案资料的管理工作，并设专人进行收集、整理、立卷和归档工作。

（2）在与参建各方签订合同或协议时，应该对工程档案资料的编制责任、套数、费用、质量和移交期限等内容提出明确要求。

（3）向勘察、设计、施工、监理等参建各方提供所需的工程资料，并保证所提供的资料真实、准确、齐全。

（4）对本单位自行采购的建筑材料、构配件和设备等，应该保证复核设计文件和合同的要求，并保证相关质量证明文件的完整、齐全、真实、有效。

（5）监督和检查参建各方工程资料的形成、积累和立卷工作。也可委托监理单位或其他单位监督和检查参建各方工程资料的形成、积累和立卷工作。

（6）对需本单位签字的工程资料应及时签署意见。

（7）及时收集和汇总勘察、设计、监理和施工等参建各方立卷归档的工程资料。

（8）组织竣工图的绘制、组卷工作。可自行完成，也可委托设计单位或监理单位、施工单位来完成。

（9）工程开工前，与城建档案馆签订《建设工程档案责任书》，工程竣工验收前，提请城建档案馆对列入城建档案馆接收范围的工程档案，进行预验收。

（10）在工程竣工验收后3个月内，将一套符合规范、标准规定的工程档案原件，移交给城建档案馆，并与城建档案馆办理好移交手续。

3. 勘察、设计单位的职责

（1）按照合同和规范的要求及时提供完整的勘察、设计文件。

（2）对需要勘察、设计单位签字的工程资料应签署意见。

（3）在工程竣工验收时，应据实签署本单位对工程质量检查验收的意见。

4. 监理单位的职责

（1）应设熟悉业务的专业技术人员来负责监理资料的收集、整理、归档等方面的管理工作。

（2）依据合同约定，在工程的勘察、设计阶段，对勘察、设计文件的形成、积累、立卷、归档工作进行监督和检查；在施工阶段，对施工资料的形成、积累、立卷、归档进行监督和检查，使施工资料符合有关规定，并确保其完整、齐全、准确、真实、可靠。

（3）负责对施工单位报送的施工资料进行审查、签字。

（4）对列入城建档案馆接收范围内的监理资料，应在工程竣工验收后，及时移交给建设单位。

5. 施工单位的职责

（1）负责施工资料的管理工作，实行技术负责人负责制，逐级建立健全施工资料管理岗位责任制。

（2）总包单位负责汇总各分包单位编制的施工资料，分包单位负责其分包范围内施工资料的收集、整理、汇总，并对其提供资料的真实性、完整性及有效性负责。

（3）在工程竣工验收前，负责施工资料整理、汇总和立卷。

（4）按照合同的要求和有关规定，负责编制施工资料，自行保存1份，其他几份及时移交建设单位。

6. 城建档案馆的职责

（1）负责对建设工程档案的接收、收集、保管和利用等日常性的管理工作。

（2）负责对建设工程档案的编制、整理、归档工作进行监督、检查、指导。

（3）组织精通业务的专业技术人员，对国家和省、市重点工程项目建设过程中工程档案的编制、整理和归档等工作，进行业务指导。

（4）在工程开工前，与建设单位签订《建设工程竣工档案责任书》；在工程竣工验收前，对工程档案进行预验收，并出具《建设工程竣工档案预验收意见》。

（5）在工程竣工后的 3 个月内，对工程档案进行正式验收。合格后，接收入馆，并发放《工程项目竣工档案合格证》。

（三）各岗位资料管理职责

1. 各岗位资料管理责任

建设、勘察、设计、施工、监理等单位应将工程文件的形成和积累纳入工程建设管理的各个环节和有关人员的职责范围。各岗位工作人员都要认真履行资料管理的义务。在工作过程中应及时填报相关的资料，对各工作环节中产生的资料进行收集，并向资料员汇总。

2. 资料员岗位职责

详见本教材模块八相关内容。

3. 资料员上岗要求

根据建人〔2012〕19 号《关于贯彻实施住房和城乡建设领域现场专业人员职业标准的意见》，要求建筑施工企业关键岗位必须持证上岗，即在岗或转岗人员均须取得相应的岗位证书方可上岗。资料员作为建筑施工企业的关键岗位，在岗人员必须持证上岗。

七、相关基本概念

1. 建设工程项目

经批准按照一个总体工程设计进行施工，经济上实行统一核算，行政上具有独立组织形式，实行统一管理的工程基本建设单位。它可以是由一个或若干个具有内在联系的工程所组成。

2. 单位工程

具备独立施工条件并能形成独立使用功能的建筑物或构筑物。

3. 分部工程

按专业性质、工程部位将一个单位工程划分成的几个部分。

4. 建设工程文件

在工程建设过程中，所形成的各种形式的信息记录，包括工程准备阶段的文件、监理文件、施工文件、竣工图和竣工验收文件，也可简称为工程文件。

5. 工程准备阶段文件

工程开工以前，在立项、审批、征地、勘察、设计、招投标等工程准备阶段所形成的文件。

6. 监理文件（资料）

监理单位在工程的设计、施工等阶段的监理活动过程中形成的文件（资料）。

7. 施工文件（资料）

施工单位在工程的施工过程中所形成的文件（资料）。

8．竣工图

在工程竣工验收以后，能够全面真实地反映建设工程项目施工结果的图样。

9．竣工验收文件

在建设工程项目竣工验收活动过程中所形成的文件。

10．建设工程档案

在工程的建设活动中，直接形成的具有归档保存价值的文字、图表、声像等各种形式的历史记录，也可简称为工程档案。

11．案卷

由互有联系的若干文件组成的档案保管单位。

12．立卷

按照一定的原则和方法，将有保存价值的文件分门别类地整理成卷的过程，亦称组卷。

13．归档

在文件形成单位完成其工作任务后，将形成的文件整理立卷，按照有关规定移交给档案管理机构的过程。

　　注：对一个建设工程而言，归档有两方面含义：一是建设、勘察、设计、施工、监理等单位将本单位在工程建设过程中形成的文件向本单位档案管理机构移交；二是勘察、设计、施工、监理等单位将本单位在工程建设过程中形成的文件向建设单位档案管理机构移交。

14．建筑工程

为新建、改建或扩建房屋建筑物和附属构筑物设施所进行的规划、勘察、设计和施工、竣工等各项技术工作和完成的工程实体。

15．建筑工程质量

反映建筑工程满足相关标准规定或合同约定的要求，包括其在安全、使用功能及耐久性能、环境保护等方面所有明显的和隐含能力的特性总和。

16．验收

建筑工程在施工单位自行质量检查评定的基础上，参与建设活动的有关单位共同对检验批、分项、分部、单位工程的质量进行抽样复验，根据设计文件和相关标准以书面形式对工程质量达到合格与否做出确认。

17．进场检验

对进入施工现场的材料、构配件、设备及器具等按相关标准规定要求进行检验，并对其质量、规格及型号等是否符合要求做出确认。

18．检验批

按同一的生产条件或按规定的方式汇总起来供检验用的，由一定数量样本组成的检验体。

19．检验

对检验项目中的性能进行量测、检查、试验等，并将结果与标准规定要求进行比较，以确定每项性能是否合格所进行的活动。

20．见证取样检测

在监理单位或建设单位监督下，由施工单位有关人员现场取样，并送至具备相应资质的检测单位所进行的检测。

21. 交接检验

由施工的承建方与完成方经双方检查并对可否继续施工做出确认的活动。

22. 主控项目

建筑工程中的对安全、卫生、环境保护和主要使用功能起决定性作用的检验项目。

23. 一般项目

除主控项目以外的检验项目。

24. 抽样检验

按照规定的抽样方案，随机地从进场的材料、构配件、设备或建筑工程检验项目中，按检验批抽取一定数量的样本所进行的检验。

25. 抽样方案

根据检验项目的特性所确定的抽样数量和方法。

26. 计数检验

通过确定抽样样本中不合格的个体数量，对样本总体质量做出判定的检验方法。

27. 计量检验

以抽样样本的检测数据计算总体均值、特征值或推定值，并以此判断或评估总体质量的检验方法。

28. 观感质量

通过观察和必要的量测所反映的工程外在质量。

29. 返修

对工程不符合标准规定的部位采取整修等措施。

30. 返工

对不合格的工程部位采取的重新制作、重新施工等措施。

思考题

1. 简述建筑工程建设程序。
2. 施工项目管理过程分为哪几个阶段？各个阶段都包含哪些工作内容？
3. 工程准备阶段包含哪些工作过程？分别将产生哪些文件资料？
4. 工程实施阶段包括哪些工作过程？分别将产生哪些文件资料？
5. 工程验收阶段包括哪些工作过程？分别将产生哪些文件资料？
6. 简述建筑工程资料管理的意义。
7. 简述施工单位在建筑工程资料管理中的职责。
8. 简述建设单位在建筑工程资料管理中的职责。

模块一　建筑工程准备阶段文件资料管理

【德育目标】

程序合法　手续齐全

【教学目标】

了解工程准备阶段的工作内容及工作程序；熟悉工程前期准备阶段文件内容及形成过程；熟悉工程前期准备阶段文件的收集与整理。

【技能抽查要求】

建筑工程准备阶段文件资料的来源及保存。

【职业岗位要求】

建筑工程准备阶段文件分类。

第一节　建筑工程准备阶段文件资料概述

一、工程准备阶段文件的基本概念

(一)工程准备阶段文件

建筑工程建设初期，需要做大量的建设准备工作。在工程开工前，随着工程的立项、审批、征地、拆迁、现场勘察、工程设计、招标投标等工作，会产生相应的文件资料，构成工程准备阶段文件。

(二)工程准备阶段文件的形成

根据建筑工程建设的基本程序，建筑工程准备阶段义件产生于以下工作流程中：

1. 立项

也称为可行性研究立项。建设一个项目之前，我们首先需要进行研究论证。当做出建设决策后，也并不是马上就可以进行建设了。根据我国目前的建设法规，作为一个单位或者个人而言，在准备建设任何一个工程项目之前，除了必须有建设的资金，无论工业或民用建筑，都必须向相关管理部门申请建设，办理立项审批手续，取得合法的建筑权。报建过程产生的文件资料就是建筑工程资料的一个重要组成部分。

建设项目申请形成的资料主要是项目建议书与立项的批复文件。建设的可行性研究立项，形成的是可行性研究报告以及行政主管部门对可行性研究报告的批复、《规划意见书》等文件资料。

2. 办理建设用地手续

包括用地申请、选址报告，到自然资源与规划部门办理《建设用地规划许可证》《城镇建设用地批准书》，以及相应的用地批准文件、《规划意见书》，还有征地、拆迁资料等。这些文件资料是建设单位必须归档的文件资料，且需永久保存。

3. 测量、勘察

在建设现场开展测量、勘察工作时，主要形成的是《拨地测量及测量报告》、工程地质勘查合同、《地质勘查报告》《建筑用地钉桩通知单》等资料。这些文件资料所有参建单位都需要收集保存。

4. 设计招投标

办完上述手续后，就可以对申请建设的项目进行设计招标了。由此形成了建筑设计招标文件、《规划意见书》、设计合同、设计概算、初步设计方案等相关资料。

5. 编制设计文件

即按照设计合同，产生施工图设计及说明、设计计算书等文件资料。

6. 建设规划申报

标志文件是《建设工程规划许可证》。

7. 施工图报审

通过相关职能部门形成的文件主要有：消防设计审核意见、施工图设计文件审查通知书、施工图审查报告等。

8. 监理招投标

将形成监理招投标文件、监理合同。

9. 施工招投标

将形成施工招投标文件、施工合同。

(三) 工程准备阶段文件资料的特点

1. 建设单位为主

工程准备阶段文件资料主要来源于建设单位，其管理、归档的职责也是建设单位。

2. 文件重要性

建筑工程准备阶段的文件资料大多具有长久利用的价值，是需要永久保存的文件资料，由此说明这类文件的重要程度。

3. 难复制性

例如，国土证、规划许可证等，在办理的过程中要经过多重审批手续，且文件只有一份，如果一旦发生遗失，将难以补办。

二、工程准备阶段文件的来源及保存

工程准备阶段文件是在建筑工程开工前，在立项、审批、征地、拆迁、勘察、设计、招投标等工程准备阶段形成的文件。

《建设工程文件归档规范》(GB/T 50328—2014)则将工程准备阶段文件可分为立项文件、建设用地及拆迁文件、勘察及设计文件、招投标文件、开工审批文件、工程造价文件及工程建设基本信息。

《建筑工程资料管理规程》(JGJ/T 185—2009)将工程准备阶段文件可分为决策立项文件、建设用地文件、勘察设计文件、招投标及合同文件、开工文件、商务文件六类。

部颁标准《建筑工程资料管理规程》(JGJ/T 185—2009)是专门针对房屋建设领域的工程

文件资料管理规范，更具有对房建专业指导意义。按照现行《建筑工程资料管理规程》（JGJ/T 185—2009），工程准备阶段文件要求在不同的单位归档保存，现列表如下：

表 1-1　工程准备阶段文件的类别、来源及保存

工程资料类别		工程资料名称	工程资料来源	工程资料保存			
				施工单位	监理单位	建设单位	城建档案馆
A 类		工程准备阶段文件					
A1 类	决策立项文件	项目建议书	建设单位			●	●
		项目建议书的批复文件	建设行政管理部门			●	●
		可行性研究报告及附件	建设单位			●	●
		可行性研究报告的批复文件	建设行政管理部门			●	●
		关于立项的会议纪要、领导批示	建设单位			●	●
		工程立项的专家建议资料	建设单位			●	●
		项目评估研究资料	建设单位			●	●
A2 类	建设用地文件	选址申请及选址规划意见通知书	建设单位规划部门			●	●
		建设用地批准文件	土地行政管理部门			●	●
		拆迁安置意见、协议、方案等	建设单位			●	●
		建设用地规划许可证及其附件	规划行政管理部门			●	●
		国有土地使用证	土地行政管理部门			●	●
		划拨建设用地文件	土地行政管理部门			●	●
A3 类	勘察设计文件	岩土工程勘察报告	勘察单位	●	●		●
		建设用地钉桩通知单（书）	规划行政管理部门	●	●		●
		地形测量和拨地测量成果报告	测绘单位			●	●
		审定设计方案通知书及审查意见	规划行政管理部门			●	●
		审定设计方案通知书要求征求有关部门的审查意见和要求取得的有关协议	有关部门			●	●
		初步设计图及设计说明	设计单位			●	
		消防设计审核意见	公安机关消防机构	○	○	●	●
		施工图设计文件审查通知书及审查报告	施工图审查机构	○	○	●	●
		施工图集设计说明	设计单位	○	○	●	●

工程资料类别	工程资料名称		工程资料来源	工程资料保存			
				施工单位	监理单位	建设单位	城建档案馆
A4类	招投标及合同文件	勘察招投标文件	建设单位 勘察单位			●	
		勘察合同*	建设单位 勘察单位			●	●
		设计招标文件	建设单位 设计单位			●	
		设计合同*	建设单位 设计单位			●	●
		监理招标文件	建设单位 监理文件		●	●	
		委托监理合同*	建设单位 监理单位		●	●	●
		施工招标文件	建设单位 施工单位	●	○	●	
		施工合同*	建设单位 施工单位	●	○	●	
A5类	开工文件	建设项目列入年度计划的申请报告	建设单位			●	●
		建设项目列入年度计划的批复文件或年度计划项目表	建设行政管理部门			●	●
		规划审批申请表及报送的文件和图纸	建设单位 设计单位			●	
		建设工程规划许可证及其附件	规划部门			●	●
		建设工程施工许可证及其附件	建设行政管理部门	●	●	●	●
		工程质量安全监督注册登记	质量监督机构	○	○	●	●
		工程开工前的原貌影像资料	建设单位	●	●	●	●
		施工现场移交单	建设单位	○	○	○	
A6类	商务文件	工程投资估算资料	建设单位			●	
		工程设计概算资料	建设单位			●	
		工程施工图预算资料	建设单位			●	

A类其他资料

注:1. 表中工程资料名称与资料保存单位所对应的栏中的"●"表示"归档保存";"○"表示"过程保存",是否归档保存可自行确定。

2. 表中注明为"*"的表,宜由施工单位和监理或建设单位共同形成。

第二节　工程准备阶段文件的内容和形成过程

一、决策立项文件（A1）

（一）项目建议书

1. 项目建议书的概念

项目建议书是建设单位向国家提出申请建设某一具体建设项目的建议文件，是投资决策对拟建项目的大体设想，提出拟建项目目的、必要性和依据。项目建议书的目的是为国家选择建设项目、制定基本建设计划和管理部门确定是否进行下一步可行性研究工作的依据。

2. 项目建议书的作用

（1）国家选择建设项目的依据；

（2）进行下一阶段可行性研究的依据；

（3）利用外资的项目对外开展工作的依据；

（4）选择建设地点、联系配套条件、签订意向协议的依据。

3. 项目建议书的内容

项目建议书根据拟建项目的必要性、条件的可行性、获利的可能性提出，并以分析必要性为主，其内容一般包括以下几个方面：

（1）建议建设项目的必要性和依据；

（2）产品方案、拟建条件、建设地点的初步设想；

（3）资源情况、建设条件、协作关系的初步分析；

（4）投资估算和资金筹措的设想；

（5）项目的进度安排；

（6）对经济效果、投资效益的初步估计。

4. 项目建议书的审查

编制完成的项目建议书、审批前建设单位应组织有关部门和专家参与审查，主要审查以下几个方面：

（1）是否符合国家的建设方针和长期规划；

（2）产品是否符合市场需要，论证是否充分；

（3）建设地点是否符合城市规划；

（4）经济效益的估算是否合理，是否与资金投入相一致；

（5）对遗漏和论证不足之处进行补充、修改；

（6）需办理有关手续的是否办理齐全，需补办手续的是否补办齐全。

5. 项目建议书的报批

经审查合格的项目建议书，应报送发改部门审批。根据国家有关文件规定：

（1）大型和重大建设项目由国家发改委审查，纳入国家前期工作计划；

（2）中小型建设项目由国务院主管部门或省、自治区、直辖市的发改委审批，纳入部门和地区的前期工作计划，并报国家发改委备案。

经国务院主管部门和省、自治区、直辖市发改委审查批准的提出项目建议书的建设项目，发出前期工作通知书。

从项目建议书的酝酿、编制、报批到审批同意，签发前期工作通知书，编制及报批程序见图1-2。

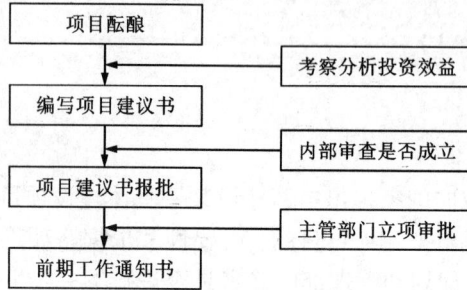

图1-2 项目建议书报批程序

(二)可行性研究报告及附件

建设单位接到前期工作通知书后，便着手进行建设项目的可行性研究。

1. 可行性研究的目的

(1)根据国民经济发展和地区规划，结合自然和资源条件，对拟建项目在技术、经济上全面进行考查、论证，通过多种方案比较，提出评价意见，为编制可行性研究报告提供可靠依据；

(2)拟建项目获得尽可能好的效益；

(3)分析论证拟建项目经济上是否合理、技术上是否先进、条件上是否可行、经营上是否盈利、成果是否实用，使决策更加科学。

2. 可行性研究的内容

针对不同行业和用途的建设项目，可行性研究的内容有不同的侧重点，主要有以下基本内容：

(1)项目提出的背景和依据，投资的必要性和经济意义；

(2)建设规模、产品方案、市场需求预测和确定的依据；

(3)技术工艺、建设标准、主要设备；

(4)资源、原材料、燃料供应及公用设施配合条件；

(5)建设地点、占地面积、布置方案、选址意见；

(6)项目构成、设计方案、公用辅助配套工程；

(7)环境影响及防震要求；

(8)企业组织、劳动定员和人员培训；

(9)建设工期和施工进度；

(10)投资估算和资金筹措方式；

(11)经济效益和社会效益。

可行性研究要收集各种与本建设项目有关的资料和信息，整理出相关的调查材料，根据调查材料进行客观的分析研究，提出分析研究成果、建议材料和评价材料。

3. 可行性研究报告

可行性研究报告是根据可行性成果编制的综合报告。它是根据国民经济发展的长远规划和地区布局的要求，按照建设项目隶属关系，由项目实施单位在可行性研究论证的基础上，选择经济效益最好的方案而形成的文件。

建设项目可行性研究报告的主要内容有以下几个方面：

（1）概述

①项目提出的背景（改扩建项目要说明现有单位的概况）、投资的必要性和经济意义；

②研究工作的依据和范围。

（2）需求预测和拟建规模

①国内外需求的预测；

②国内现有项目生产能力的预测；

③销售预测，价格分析，产品竞争能力，进入国内外市场的前景；

④对拟建项目的规模、产品方案和发展方向的经济技术进行比较和分析。

（3）资源、原材料、辅助材料、燃料及公用设施落实情况

①资源、原材料、辅助材料、燃料的种类、数量和供应可能；

②需用公共设施的种类、数量、供应方式和供应条件。

（4）建设条件和建设方案

①建设地点的地理位置，气象、水文、地质、地形条件和社会经济现状；

②交通运输及水、电、热、气的现状和发展趋势；

③不同建设地点比较和选择意见。

（5）设计方案

①项目构成范围（指主要的单项工程），主要技术来源和生产方法，主要技术、工艺和设备选型方案的比较，引进技术、设备的来源，合作制造的设想，改扩建项目要说明原有国有资产的利用情况；

②建设项目布置方案的初步选择和土建工程量估算；

③公用辅助设施和内外交通运输方式的比较和初步选择。

（6）环境保护

调查环境现状，预测项目对环境的影响，提出环境保护和治理"三废"的初步方案。

（7）生产组织、劳动定员和人员培训

拟定生产组织和形式，对劳动定员和人员培训进行估算。

（8）实施进度的建议

拟定工程项目建设进度，提出施工方案、进度建议。

（9）投资估算和资金筹措

①主体工程和协作配套工程所需的投资；

②生产流动资金的估算；

③资金来源、筹措方式及贷款的偿付方式。

（10）社会及经济效果评价。

对经济效果评价要进行动态和静态分析，不仅计算建设项目本身的微观经济效果，还要分析建设项目对国民经济的宏观经济效果的贡献，以及建设项目对社会的影响。

以上的可行性研究报告是以工业项目为蓝本。对非工业项目的可行性研究报告的内容，可参照上述内容，再结合自身项目的特点适当进行调整。

4. 可行性研究报告附件

除可行性研究报告正文外，还需具备以下几个附件：

（1）选址意向书

①选址依据

选址就是具体选择建设项目建设地点，确定坐落位置和东西南北四至。它是建设项目前期工作的重要环节，是设计工作的基础。

选址建设地点的依据是：

A. 要执行城市的总体规划和分区规划。城市中的任何建筑物和构筑物的建设均要遵守城市规划，因此，建设项目选址一定要经过规划部门的同意。

B. 满足项目的技术要求。各种建设工程都必须考虑自然地理特征，供水、供电、供热、排水、交通运输条件，环卫、环保条件，以适应人们生产、生活的需要。

C. 经济合理。在投资建设某一个建设项目的时候，选择能更大限度地满足建设和生产经营的要求，建设费用、经营费用最省的建设地点。

②选址意向书

在城市规划区域内进行建设的建设项目，都需要向城市规划部门申请用地，提出选址报告，又称为工程选址意向书。在意向书中，除选址的依据和经过、经济技术指标外，还要考虑以下几方面的内容：

A. 土地面积和外形满足建设需要；

B. 地理位置、气象、水文、地质、地形条件合适；

C. 交通、运输及水、电、气供应能力及发展趋势；

D. 生产资料情况；

E. 社会条件。

最后，对各个选址方案进行比较，选出建设场地的初步方案。

（2）选址意见书

新建、改建、扩建的工程项目，建设单位的选址意向书应报城市规划管理部门备案，并需征得规划部门的意见。对其安排在城市规划区内的建设项目，城市规划部门应从城市规划方面提出选址意见书。在可行性研究报告报请有关部门审批时，城市规划部门的选址意见书是必备的附件。

选址意见书的内容包括：

①建设项目的基本情况

主要是指建设项目名称、性质、用地与建设规模、能源的需求、运输方式以及"三废"处理方式和排放量。

②建设项目选址的主要依据

A. 建设项目建议书批准文件；

B. 建设项目与城市规划布局的协调；

C. 建设项目与城市交通、通风、能源、市政、防灾规划的衔接与协调；

D. 与建设项目相配套的生活设施、城市生活居住条件、公共设施的衔接和协调；

E.建设项目对城市环境可能造成污染的影响，以及与城市环境保护规划和风景名胜、文物古迹保护规划的协调。

③建设项目选址、用地范围

A.建设项目选址、用地范围；

B.选址意见书的审批要与建设项目规划审批权限相一致；

C.选址意见通知书。

由城市规划部门下发，并有附图（图略）。

④选址意见通知书

（3）外协意向性协议

外协意向性协议，是与建设项目有关的外部协作单位进行磋商，双方签订供应使用的协议意向书。

项目建议书批准后，建设单位应与有关部门协商办理外协意向性协议。需要办理外协意向协议的项目主要有征用土地、原材料及燃料供应、动力供应、通讯、交通运输条件、配备设施、辅助设施等内容。

①拆迁安置意向书

在选址意向书圈定的征地范围内，对地上的建（构）筑物、住户，耕地上的青苗等，要依据辅助拆迁安置条例及实施细则，协商确定安置费用意向，签订用地范围内地面和地下设施及建筑物处理意向性协议。

②原材料、燃料供应意向书

对原材料、燃料、辅助材料需要量比较大的种类，需与当地政府主管部门和生产厂家联系，就材料来源、质量要求、供应数量、交货地点、供应时间、交货方式等进行协商，并签订意向书，作为建设时期和投入使用后的物质保证。

③动力供应意向性协议

动力供应主要是指供水和供电。建设单位要与当地政府主管部门签订供水水源、取水地点和取用量协议意向书。建设单位与当地供电主管部门签订外部供电意向书，主要是电力供应数量、方式、价格等项内容。如果供应有困难，需要采取补救措施的意向书，为施工用电和建成后用电打下基础。

④电信协议

电信包括通讯和通邮。通讯要征得当地的电讯部门的同意，签订安装电话、广播电视信息、租用通信卫星线路等意向书；通邮要与邮政部门签订通邮意向书。

⑤运输条件

建设项目需自建铁路、公路设施的建设单位，要与当地铁道、公路的主管部门联系并备案，取得准建证和运输协议意向书。

⑥配套措施和辅助设施

配套措施指建设时原材料加工、机械维修等，辅助措施指地方提供服务的设施，如供热、供气等。这些配套设施及辅助设施如何为建设项目提供服务，事先应与有关部门协商，如能提供服务，双方签订协作意向书。

5.可行性研究报告的审批

（1）审批权限

建设单位完成编制可行性研究报告后向发改委或行业主管部门申报和审批。

对可行性研究报告的申请和审批，国家有关文件的规定审批权限为：

①大中型项目可行性研究报告，按照项目隶属关系由行业主管部或省、自治区、直辖市和计划单列市审查同意后，报国家发改委审批；或由国家发改委委托有关单位审批。重大项目和特殊项目以及投资 2 亿元以上的项目，由国家发改委审核后报国务院审批。

②小型项目的可行性研究报告，按照隶属关系，分别由行业主管部门和省、自治区、直辖市和计划单列市发改委审批。

③企业横向联合投资的大中型基本建设项目，凡自行解决资金以及投产后的产供销能够自行落实，不需要国家安排的项目，可行性研究报告由有关部门和省、自治区、直辖市、计划单列市发改委审批，抄报国家发改委和有关部门备案。

④地方投资的地方院校、医院和其他文化、教育、卫生事业的大中型项目可行性研究报告由省、自治区、直辖市和计划单列市发改委审批，报国家发改委有关部门备案。

（2）审批后文件的效力。可行性研究报告经过正式批准后，建设项目即正式立项。正式立项的建设项目应当按审批意见严肃执行，任何部门、单位或个人都不得随意修改和变更，如因建设条件变化、建设内容变化或建设投资变化，确实需要变更或调整可行性研究报告的指标和内容时，要经过原批准单位同意，并正式办理变更手续。

6.可行性研究工作程序

从接到建设项目前期工作通知书后，到建设项目正式立项，可行性研究工作程序见图 1 – 3。

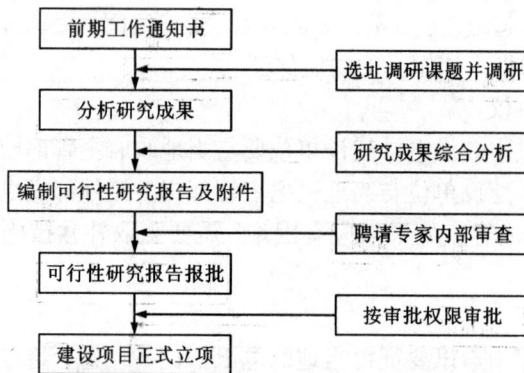

图 1–3　可行性研究阶段工作程序

（三）建设项目立项文件

建设单位根据批复的可行性研究报告，召开立项会议，组织项目立项相关事宜。

立项会议以纪要的形式对立项进行全面的概括阐述，对专家们立项的建议进行组织和整理并形成文件，对项目评估做出研究。

其归档文件有：项目建议书；对项目建议书的批复文件；可行性研究报告；对可行性研究报告的批复文件；关于立项的会议纪要；领导批示，专家对项目的有关建议文件，项目评估研究资料；计划部门批准的立项文件；计划部门批准的设计任务等。

二、建设用地文件（A2）

（一）选址申请及选址规划意见通知书

1. 工程项目选址申请

在城市规划区域内进行建设的建设项目，申请人根据申请条件、依据，向城市规划部门提出选址申请，填写建设项目规划审批及其他事项申报表。

申请还需提交如下申报材料：

（1）建设项目新征（占）用地

包括：①建设单位出具的申报委托书和填写完整并加盖单位印章的"建设项目规划审批及其他事项申报表"；②发展与改革部门对项目建议书的批复文件原件 1 份；③建设单位新征（占）用地申请文件、选址要求及拟建项目情况说明各 1 份；④拟建项目设计方案图纸（含主要经济技术指标）1 份；⑤在基本比例尺图纸上，用铅笔画出新征（占）用地范围或位置的地形图 1 份；⑥依法需进行环境影响评价的建设项目，需持经相应环保部门批准的环境影响评价文件；⑦普测或钉桩成果；⑧其他法律、法规、规章规定的相关要求。

（2）自有用地建设项目

包括：①建设单位出具的申报委托书和填写完整并加盖单位印章的"建设项目规划审批及其他事项申报表"；②建设用地规划许可证或国有土地使用证、不动产权证等其他证明土地权属的文件的复印件 1 份；③建设单位对拟建项目情况的说明 1 份。建设项目拟加层的，需附设计部门出具的建筑结构基础证明文件；④拟建项目设计方案图纸（含主要经济技术指标）1 份；⑤在基本比例尺图纸上，用铅笔画出新征（占）用地范围或位置的地形图 1 份；⑥依法需要进行环境影响评价的建设项目，需持经相应环保部门批准的环境影响评价文件；⑦普测或钉桩成果；⑧其他法律、法规、规章规定的相关要求。

2. 选址规划意见通知书

建设单位的工程项目选址申请经城市规划部门审查，符合有关法规标准的，即时收取申请人申请材料，填写"选址规划意见通知书"2 份。将"选址规划意见通知书"1 份加盖收件专用印章后交申请人；将申请材料和"选址规划意见通知书"1 份装袋，填写移交单，转交有关管理部门。

选址规划意见通知书由城市规划部门签发，并有附图（图略）。

（二）建设用地规划许可证及其附件

1. 提出规划用地申请

建设单位持有已批准的建设项目立项的有关证明文件，向城市规划部门提出用地申请，填写规划审批申报表和准备好有关文件。

建设用地规划许可证申报表主要内容为建设单位、申报单位、工程名称、建设内容、地址、规模等概况。需要准备好的有关文件主要有发改委批准的征用土地计划、土地管理部门的拆迁安置意见、地形图和规划管理部门选址意见书，以及要求取得的有关协议、意向书等文件和图纸。

填写的申报表要加盖建设单位和申报单位公章。

经审查符合申报要求的用地申请，发给建设单位或申报单位建设用地规划许可证立案表，作为取件凭证。

2. 建设用地规划许可证

征用土地是工程项目建设的最基本条件，要在工程设计时办理完成规划用地许可证和拆迁安置协议等有关事宜。

规划部门根据城市总体规划的要求和建设项目的性质、内容，以及选址定点时初步确定的用地范围界线，提出规划设计条件，核发建设用地规划许可证。办理建设用地规划许可证时应当注意：

①征用农村集体土地，由城市规划行政主管部门提出选址规划意见通知书，待批准后，方可办理建设用地规划许可证。使用国有土地时，城市规划行政主管部门提出选址意见通知书，待批准后方可办理建设用地规划许可证。

②国有土地管理部门提出拆迁安置意见后，正式确定使用国有土地的范围和数量，并待城市规划行政主管部门审定设计方案后，方可办理建设用地规划许可证。

③建设用地规划许可证规定的用地性质、位置和界线，未经原审批单位同意，任何单位和个人不得擅自变更。

(三) 用地申请及批准书

征用土地应严格按照国家规定的基本建设程序和审批权限办理。办理程序如下：

1. 建设用地申请

建设单位和个人在取得建设用地规划许可证后，方可向县级以上地方人民政府土地管理部门申请用地，编制申请用地报告。

2. 协商征地数量和补偿安置方案

县级以上人民政府土地管理部门对建设用地申请进行审核，划定用地范围，并组织建设单位与被征用土地单位以及有关单位依法商定征用土地协议和补偿、安置方案，报县级以上人民政府批准。

3. 划拨土地

建设用地的申请，依照法律规定，经县级以上人民政府批准后，由土地管理部门根据建设进度需要进行一次或者几次分期划拨建设用地。

4. 核发国有土地使用证

建设项目竣工后，由自然资源与规划部门、住建部门核查实际用地后，由县级以上人民政府办理土地登记手续，核发《国有土地使用证》。

三、勘察设计文件(A3)

勘察工作是基本建设的基础工作之一，勘察成果是工程设计的基本依据。

(一) 工程地质勘查报告

1. 勘察工作的内容和方法

(1) 勘察工作的内容

工程建设的勘察工作主要包括自然条件的调查、工程勘察、水文勘察、地震调查等内容。

①自然条件的调查主要是气象、气候条件的观察，资源环境评价，地形测量和地形图的测绘工作。

②工程勘察包括建筑物基础的岩土工程勘察，公路工程、铁路工程、海港工程等地质勘查。

③地震调查主要指工程建设地区的地震情况调查，并做出建筑物的地震安全评价。

（2）勘察的方法

常用的地质勘查方法有野外调查、测绘、钻探、槽探、现场试验、室内试验和长期观测等。对于城市基本建设勘察来说，一般多采用槽探、井探、物探、试验室试验等。

2．工程地质勘查

对于一个建设项目，为查明建筑物的地质条件而进行的综合性的地质勘查工作，称为工程地质勘查。

城市工程地质勘查一般分为四个阶段：

（1）选址勘察阶段

选址勘察是工程地质勘查的第一阶段，任务是对拟选场地的稳定性和适宜性做出评价。以收集资料、踏勘为主要手段，对工程地质条件复杂的可做必要的勘探工作。

（2）初步勘察阶段

初步勘察是工程地质勘查的第二阶段，任务是对建设场地内建设地段的稳定性做出评价。

（3）详细勘察阶段

详细勘察是工程地质勘查的第三阶段，任务是对建筑地基做出工程地质评价，并为地基基础设计、地基处理与加固、不同地质现象的防治工程提供工程地质资料。

（4）施工勘察阶段

施工勘察是对工程地质条件复杂或有特殊施工要求的建筑物地基进行进一步的勘察工作。

3．工程地质勘查报告

工程地质勘查报告是为查明建设地区工程地质条件，进行综合性的地质勘查工作所获得的成果而编写的报告。通过工程地质勘查，对建设地区工程地质情况和存在问题做出评价，为工程建设的规划、设计、施工提供必需的参考依据。

岩土工程详细勘察报告案例

工程地质勘查报告的内容分为文字和图表两部分。

文字部分的内容包括前言、地形、地貌、地层结构、含水层构造、不良地质现象、场地最大冻结深度、地震基本烈度、预测环境工程地质的变化和不良影响、工程地质建议等。

图表部分包括工程地质分区图、平面图、剖面图、勘探点平面位置图、钻孔柱状图，以及不良地质现象的剖面图、物探剖面图和地层的物理力学性质、试验成果资料等。

（二）建设用地钉桩（验线）通知单

规划行政主管部门在核发规划许可证时，应当向建设单位一并发放建设用地钉桩（验线）通知单。

建设单位在施工前应当向规划行政主管部门提交填写完整的《建设用地钉桩（验线）申请单》。规划行政主管部门应当在收到验线申请后 3 个工作日内组织验线。经验线合格的，方可施工。对未经验线进行建设的，由规划、建设行政主管部门分别对建设单位和施工单位予以警告，并责令限期补验。对未按照规划许可证批准内容进行建设，尚能及时纠正的，由规划行政主管部门责令限期改正；不履行规划许可证规定和要求的，责令限期履行；构成违法建设的依照有关规定给予行政处罚。

（三）工程测量、测绘成果

工程测量是工程建设中各种测量工作的总称。工程设计阶段的工程测量，按工作程序和作业性质主要有地形测量和拨地测量。

1. 地形测量

工程建设的地形测量指建设用地范围内的地形测量，反映地貌、水文、植被、建筑物和居民点。地形测量大都采用实地测量，测量结果直接，内容详尽。基建项目地形测量所绘地形图的比例尺一般为1:1000或1:500。根据测绘地点的水平位置、高程和地面形态及建筑物、构筑物等实测结果，绘制出建设用地范围内的地形图。

2. 拨地测量

征用的建设用地，要进行位置测量、形状测量和确定四至，一般称为拨地测量。拨地测量一般采用解析实钉法。

根据拨地条件，一般以规划部门批准的建设用地钉桩通知单中规定的条件，选定测量控制点，进行拨地导线测量、距离测量、测量成果计算等一系列工作，编制出征用土地的测量报告。

测量报告的内容有拨地条件、成果表、工作说明、略图、条件坐标、内外作业计算记录手簿等资料，并将拨地资料和定线成果展绘在1:1000或1:500的地形图上，建立图档。

测量成果报告是征用土地的依据性文件，也是工程设计的基础资料。

（四）规划设计条件通知书

1. 建设单位申报规划设计条件

建设项目立项后，建设单位应向规划行政管理部门申报规划设计条件，并准备好相关文件和图纸。相关文件和图纸为：①发改委批准的可行性研究报告；②建设单位对拟建项目说明；③拟建方案示意图；④地形图和用地范围；⑤其他。

2. 规划行政管理部门签发《规划设计条件通知书》

规划行政主管部门对建设单位申报的规划设计条件进行审查和研究，同意进行设计时，签发《规划设计条件通知书》，作为方案设计的依据。

主要内容包括：①用地情况：包括规划建设用地面积和代征城市公共用地面积（代征道路用地和绿化用地面积）；②用地使用性质：土地使用性质及其可兼容性质；③用地使用强度：用地强度是指用地范围的容积率、建筑密度、居住人口和居住建筑面积毛密度；④建设设计要求：建筑规模、建筑高度、建筑层数（地上、地下）、建筑规划用地边界线、建筑物间距、交通出入的方位（机动车、人流）、停车数量（机动车、自行车）、绿化（绿地率、绿地位置、保留古树及其他树木）、人均集中绿地面积；⑤城市设计要求；⑥市政要求；⑦配套要求；⑧其他；⑨遵守事项。

（五）设计文件

所有新建、扩建、改建和技术改造项目在项目立项被批准以后，应当及时委托设计单位根据规划管理部门签发的工程设计条件通知书及附图，进行工程设计，编制设计文件。

委托设计是指建设单位对有设计能力的设计单位或者经过招投标中标单位提出委托设计

的委托书，建设单位和设计单位签订设计合同。

一般建设项目实行两阶段设计，即初步设计和施工图设计。

对于技术比较复杂，采用新工艺、新技术的重大项目，而又缺乏设计经验的，通常采用三阶段设计，即初步设计、技术设计和施工图设计。

1. 初步设计图纸及说明

初步设计图纸主要包括总平面图、建筑图、结构图、给水排水图、电气图、弱电图、采暖通风及空气调节图、动力图、技术与经济概算等。

初步设计说明书由设计总说明和各专业的设计说明书组成。

设计总说明内容一般应包括下列几个方面：

（1）工程设计的主要依据

①批准的设计任务书、协议书；

②工程所在地区的气象、地理，建设场地的工程地质概述；

③水、电、气、燃料等能源的供应，公用设施的利用和交通运输的条件；

④城建规划、环境保护部门等对有关用地、环保、消防、人防、抗震设防等的要求和依据资料；

⑤建设单位提供的使用要求或生产工艺的设计资料。

（2）工程设计的规模和设计范围

①工程设计的规模及项目组成；

②如果是分期建设，应说明近期、远期工程的情况；

③承担设计的范围与分工。

（3）设计的指导思想和设计特点

①设计在贯彻国家政策、法令和有关规定等方面的阐述；

②采用新技术、新材料、新设备和新结构的情况；

③对环境保护、节约用地、节约能源、综合利用、抗震设防等采取的主要措施；

④根据使用功能要求，对总体布局和选用标准方面的综合叙述。

（4）总指标

①总用地面积、总建筑面积、总建筑占地面积；

②总概算或建筑工程的总投资，节约或超过投资的主要原因分析；

③水、电、气、燃料等能源总消耗量和单位消耗量，主要建筑材料（三材）总消耗量；

④其他相关的技术经济指标及分析。

（5）需提请在设计审批时解决或确定的主要问题

①有关城市规划、红线、拆迁和水、电、气、燃料等能源供应的协作问题；

②设计总建筑面积、总投资（概算）存在的问题；

③设计选用标准方面的主要问题；

④有关主要设计基础资料和施工条件的落实。

各专业初步设计说明书的内容详见《建筑工程设计文件编制深度的规定》。

若工程简单、规模小，设计总说明和各专业的设计说明书可合并编写，有关内容可适当简化，初步设计说明书的章节也可适当缩减。

2. 技术设计

技术设计是对初步设计的补充和深化，是对于一些技术比较复杂或有特殊要求的建设项目，以及采用新工艺、新技术的重大项目，而又缺乏设计经验的，通常增加技术设计。

技术设计的目的：

(1)对设计方案中比较复杂的技术问题和有关科学试验新开发的项目以及外援项目、特殊要求的建设项目，需通过更详细的设计和计算，对于工艺流程、建筑结构、工程技术问题等进一步阐明其可靠性和合理性。

(2)核实建设规模，检查设备选型。

3. 施工图设计及说明

施工图设计主要包括总平面图、建筑图、结构图、给水排水图、电气图、弱电(智能)图、采暖通风及空气调节图、动力图设计，施工预算等。

在图纸目录中先列新绘制图纸，后列选用的标准图、通用图或重复利用图。

施工图说明书由设计总说明和各专业的设计说明书组成。一般工程的设计说明，可分列写在有关的图纸上。如重复利用某一专门的施工图纸及其说明时，应详细注明其编制单位资料名称和编制日期。如果施工图设计阶段对初步设计有改变，应重新计算并列出主要技术经济指标表。这些表格可列在总平面布置图上。

各专业施工图设计说明书的内容详见《建筑工程设计文件编制深度的规定》。

4. 施工图设计审查

建筑工程施工图设计文件审查是为了加强工程项目设计质量的监督和管理，保护国家和人民生命财产安全，保证建设工程设计质量而实施的行政管理。

国务院《建设工程质量管理条例》规定"建设单位应当将施工图设计文件报县级以上政府建设行政主管部门或者其他有关部门审查""施工图设计文件未经审查和批准的不得使用"。目前实施的是对各类新建、改建、扩建的建设工程项目的施工图设计文件的审查。

(1)管理部门和审查机构

各级建设行政主管部门(县级以上)负责本辖区施工图审查的管理工作，并委托施工图审查机构审查，建筑业管理办公室负责对施工图审查机构的考核管理和工程施工图审查的备案等监督管理工作，并委托质量监督总站实施备案。

(2)审查范围

审查范围是行政地域范围内符合建筑工程设计等级分级标准中的各类新建、改建、扩建的建设工程项目。

(3)审查内容

①建筑物的稳定性、安全性，包括地基基础和主体结构体系是否安全、可靠；

②是否符合消防、节能、环保、抗震、卫生、人防等有关强制性标准和规范；

③施工图是否达到规定的深度要求；

④是否损害公众利益。

四、招投标及合同文件（A4）

（一）勘察设计招投标文件

1. 勘察招标

勘察是招标人委托有资质的勘察设计单位对建设项目的可行性研究立项选址，并作为后期设计工作提供现场的实际资料。

由于建设项目的建设地点、规模、性质、复杂程度的不同，工程设计所需的技术要求千差万别，委托勘察工作的内容和科研项目也相应不同。在招标文件中勘察任务应具体明确，给出任务的数量指标，如地质勘探的孔位、眼数、总钻探进尺长度等。勘察任务可以采取勘察设计总承包，也可单独发包给具有相应资质的勘察单位实施完成，前者对招标人较为有利，后者使招标人可以摆脱实施过程中可能遇到的协调义务，而且能使勘察工作直接根据设计需要进行，满足设计对勘察资料精度、内容及进度的要求，必要时还可以进行补充勘察工作。

勘察的内容有以下 8 个类别：①自然条件观测；②地形图测绘；③资源探测；④岩土工程勘察；⑤地震安全性评价；⑥工程水文地质勘查；⑦环境评价和环境观测；⑧模型试验和科研。

2. 设计招标

为了保证设计指导思想连续地贯彻于设计的各个阶段，一般工程项目多采用技术设计招标或施工图设计招标，不单独进行初步设计招标，由中标的设计单位承担初步设计任务。招标人应根据工程项目的具体特点决定发包的工作范围，可以采用设计全过程总发包的一次性招标，也可以选择分单项或分专业的发包招标。

以招标投标方式委托设计任务，是为了让设计的技术和成果作为有价值的商品进入市场，通过招标择优确定实施单位，达到拟建工程项目能够采用先进的技术和工艺、降低工程造价、缩短建设周期和提高投资效益的目的。设计招标的特点表现为承包任务是投标人通过自己的智力劳动，将招标人对建设项目的设想变为可实施的蓝图。

在设计招标文件中建设方只是简单介绍工程项目的实施条件、预期达到的技术经济指标、投资限额、进度要求等，招标人通过开标、评标程序对各方案进行比较选择后确定中标人。鉴于设计任务本身的特点，设计招标应采用设计方案竞选的方式招标。

设计招标与其他招标在程序上的主要区别表现为如下几个方面：

（1）招标文件的内容不同

设计招标文件中仅提出设计依据、工程项目应达到的技术指标、项目限定工作范围、项目所在地基本资料、要求完成的时间等内容，而无具体的工作量。

（2）对投标书的编制要求不同

投标人的投标报价不是按规定的工程量清单填报单价后算出总价，而是首先提出设计构思和初步方案，并论述该方案的优点和实施计划，在此基础上进一步提出报价。

（3）开标形式不同

开标时不是由招标单位的主持人宣读投标书并按报价高低排定标价次序，而是由各投标人自己说明投标方案的基本构思和意图，以及其他实质性内容，而且不按报价高低排定标价次序。

（4）评标原则不同

评标时不过分追求标价的高低，评标委员更多关注于所提供方案的技术先进性、所达到的技术指标、方案的合理性，以及对工程项目投资效益的影响。

3. 设计招标文件

方案竞选的设计招标文件是指导投标人正确编标报价的依据，既要全面介绍拟建工程项目的特点和设计要求，还应详细提出应当遵守的投标规定。

（1）招标文件的主要内容：招标文件通常由招标人委托有资质的招标代理机构准备，其内容应包括以下几个方面：

①投标须知，包括所有对投标要求的有关事项；②设计依据文件，包括设计任务书及经批准的有关行政文件复印件；③项目说明书，包括工作内容、设计范围和深度、建设周期和设计进度要求等方面内容，并告知建设项目的总投资限额；④合同的主要条件；⑤设计依据资料，包括提供设计所需资料的内容、方式和时间；⑥组织现场考察和召开标前会议的时间、地点；⑦投标截止日期；⑧招标可能涉及的其他有关内容。

（2）设计要求文件的主要内容：招标文件中，对项目设计提出明确要求的"设计要求"或"设计大纲"是最重要的文件，大致包括以下内容：

①设计文件编制的依据；②国家有关行政主管部门对规划方面的要求；③技术经济指标要求；④平面布局要求；⑤结构形式方面的要求；⑥结构设计方面的要求；⑦设备设计方面的要求；⑧特殊工程方面的要求；⑨其他有关方面的要求，如环境、消防等。

编制设计要求文件应兼顾三个方面：严格性——文字表达应清楚不被误解；完整性——任务要求全面不遗漏；灵活性——要为投标人发挥设计创造性留有充分的自由度。

4. 对投标人的资格审查

对申请投标人的资格审查，无论是对公开招标还是邀请招标，审查的基本内容相同。

（1）资格的审查

资格审查是审查投标人所持有的资质证书是否与招标项目的要求一致，具备实施资格。审查的主要内容包括证书的种类、证书的级别、允许承接的业务范围。

（2）能力的审查

判定投标人是否具备承担发包任务的能力，通常审查投标人的技术力量和所拥有的技术设备两方面是否满足要求。

（3）经验的审查

通过投标人报送的最近几年完成的工程项目表，评定其设计能力和水平，侧重于考察已完成的设计项目与招标工程在规模、性质、形式上是否相适应。

5. 评标

（1）勘察投标书的评审：①勘察方案是否合理；②勘察技术水平是否先进；③各种数据是否可靠；④报价是否合理。

（2）设计投标书的评审：①设计方案的优劣；②投入与产出经济效益比较；③设计进度快慢；④设计资历和社会信誉；⑤报价的合理性。

（二）勘察设计承包合同

发包人通过招标方式与选择的中标人就委托的勘察、设计任务签订合同。订立合同，委托勘察、设计任务是发包人与承包人的自主市场行为，但必须遵守相关法律、法规的要求。

为保障勘察、设计承包合同的内容完整、责任明确、风险责任合理分担，原建设部和国家工商行政管理总局在2016年颁布了建设工程勘察合同示范文本和建设工程设计合同示范文本（简称合同范本）。

1. 勘察承包合同

（1）发包人应提供的勘察依据文件和资料：①提供本工程立项批准文件（复印件），用地（附红线范围）、施工、勘察许可等批准文件（复印件）；②提供工程勘察任务委托书、技术要求和工作范围的地形图、建筑总平面布置图；③提供勘察工作范围已有的技术资料及工程所需的坐标和高程资料；④提供勘察工作范围内地下已有埋藏物的资料（如电力、通信电缆、各种管道、人防设施、洞穴等）及具体位置图；⑤其他必要的相关资料。

（2）委托任务的工作范围：①工程勘察内容；②技术要求；③预计的勘察工作量；④勘察成果资料提供的份数。

（3）合同工期：合同约定的勘察工作的开始时间和终止时间。

（4）勘察费用：①勘察费用的预算金额；②勘察费用的支付程序和每次支付的百分比。

（5）发包人应为勘察人提供的现场工作条件：根据工程项目的具体情况，合同双方当事人可以在合同内约定由发包人负责保证勘察工作顺利开展应提供的条件。

（6）违约责任：①承担违约责任的条件和处理办法；②违约金的计算方法等。

（7）合同争议的最终解决方式：合同中应明确约定解决合同争议的方式和处理方法。

建设工程勘察合同
（GF-2016-0203）

（8）合同条款详见建设工程勘察合同示范文本（GF—2016—0203）。

2. 设计承包合同

（1）发包人应提供的文件和资料：①设计依据文件和资料，主要包括经批准的项目可行性研究报告或项目建议书，城市规划许可文件、工程勘察资料等。②项目设计的要求，主要包括工程的范围和规模，限额设计的要求，设计依据的标准，法律、法规规定应满足的其他条件。

（2）委托任务的工作范围：①设计范围。合同内应明确建设规模，详细列出工程分项的名称、层数和建筑面积。②建筑物的合理使用年限要求。③委托的设计阶段和内容。包括方案设计、初步设计和施工图设计的全过程，也可以是其中的某个阶段。④设计深度的要求。方案设计文件应当满足编制初步设计文件和控制概算的需要；初步设计文件应当满足编制施工招标文件、主要设备材料订货和编制施工图设计文件的需要；施工图设计文件应当满足设备材料、非标准设备制作和施工的需要。具体的内容应根据项目的特点在合同中约定。设计人员应根据国家有关标准进行设计，设计标准可以高于国家规范的强制性规定。⑤设计人配合施工的要求，包括向发包人和施工承包人进行设计交底；处理有关设计问题；参加重要隐蔽工程部位验收和竣工验收等。

（3）设计人交付设计资料的时间：合同约定的方案设计、初步设计和施工图设计交付时间。

（4）设计费用：①合同双方应根据国家有关规定确定设计费用；②设计费用的分阶段支付进度款的条件和每次支付总设计费的百分比及金额。

（5）发包人应为设计人提供的现场工作条件。

(6)违约责任(详见"工程设计合同示范文本")。

(7)合同争议的最终解决方式(详见"工程设计合同示范文本")。

(8)合同条款详见建设工程设计合同示范文本(GF—2015—0209)/(GF—2015—0210)。

(三)施工招投标文件

建设工程施工招投标是建设单位以竞争的方式择优选择施工队伍的一种管理制度。它的特点是发包的工作内容具体、明确,各投标人编制的投标书在评标时易于进行横向对比。虽然投标人按照招标文件的工程量表中既定的工作内容和工程量编标报价,但价格的高低并非是确定中标人的唯一条件,投标过程实际上是各投标人完成该任务的技术、经济、管理等综合能力的竞争。

1. 招投标程序

建设工程施工招投标程序与设计招投标程序基本相同,一般按下述程序进行:

(1)招标准备阶段

招标准备阶段的工作由招标人单独完成,投标人不参与。主要工作包括选择招标方式、办理招标备案手续、组织招标班子和编制招标有关文件。

(2)招投标阶段

此阶段工作是发布招标公告,资格预审,确定投标单位名单,分发招标文件以及图纸和技术资料,组织踏勘现场和招标文件答疑,接受投标文件,建立评标组织,制定评标、决标的办法。

(3)决标阶段

从开标日到签订合同这一时期称为决标阶段,是对各投标书进行评审比较,最终确定中标人的过程。此阶段工作是召开开标会议,审查投标标书,组织评标,公开标底,决标前谈判,决定中标单位,发布中标通知书,签订施工承发包合同。

(4)工程施工招投标流程见图1-4。

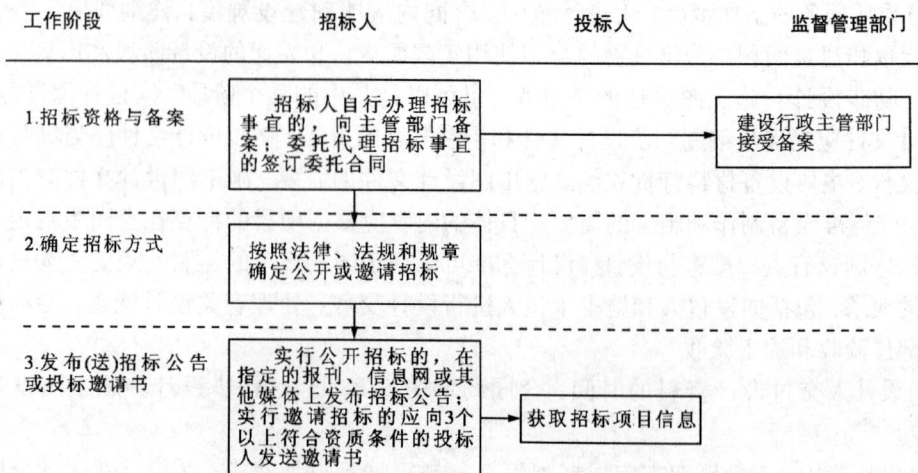

工作阶段	招标人	投标人	监督管理部门
1.招标资格与备案	招标人自行办理招标事宜的,向主管部门备案;委托代理招标事宜的签订委托合同		建设行政主管部门接受备案
2.确定招标方式	按照法律、法规和规章确定公开或邀请招标		
3.发布(送)招标公告或投标邀请书	实行公开招标的,在指定的报刊、信息网或其他媒体上发布招标公告;实行邀请招标的应向3个以上符合资质条件的投标人发送邀请书	获取招标项目信息	

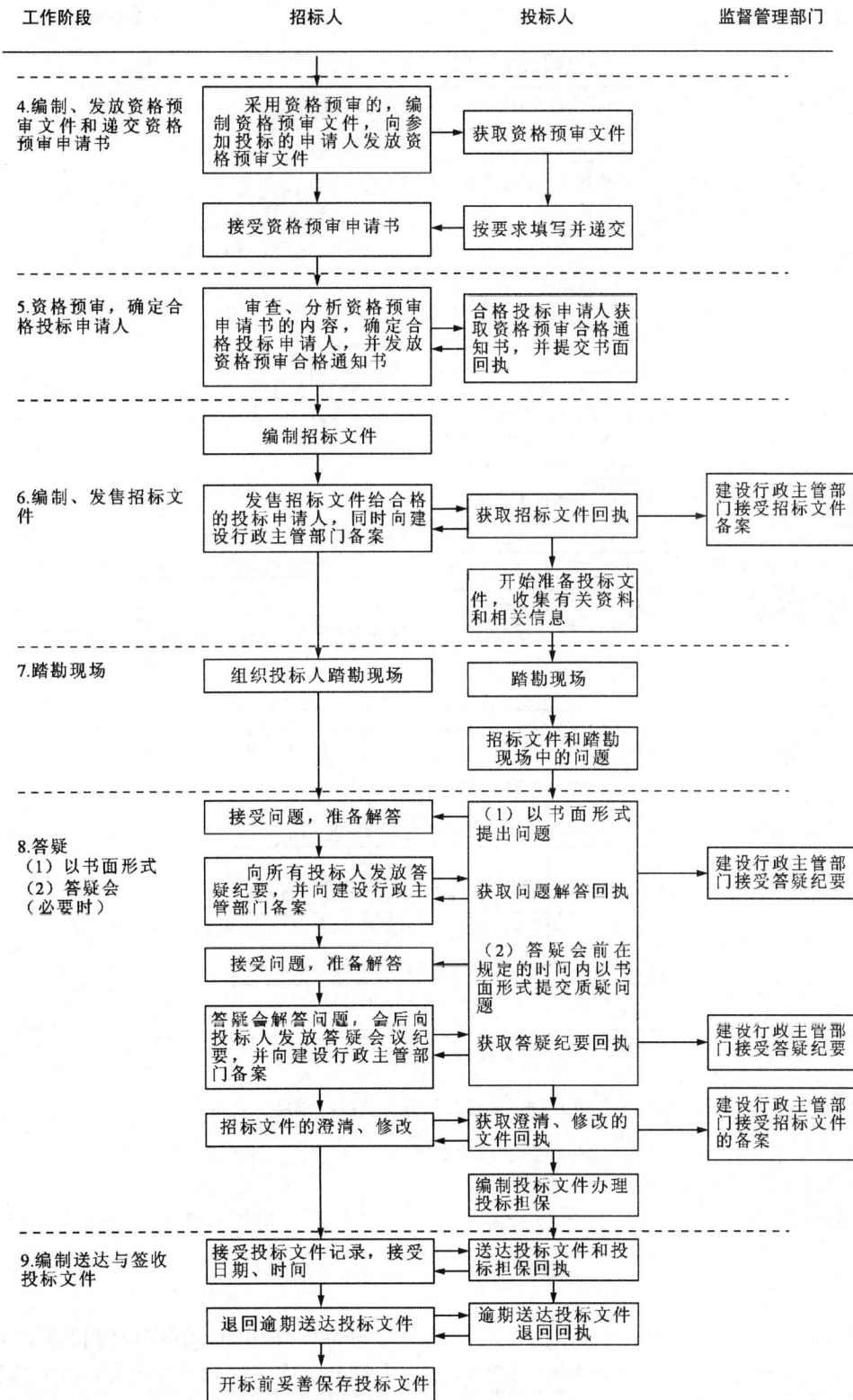

工作阶段	招标人	投标人	监督管理部门

4.编制、发放资格预审文件和递交资格预审申请书
- 采用资格预审的，编制资格预审文件，向参加投标的申请人发放资格预审文件 → 获取资格预审文件
- 接受资格预审申请书 ← 按要求填写并递交

5.资格预审，确定合格投标申请人
- 审查、分析资格预审申请书的内容，确定合格投标申请人，并发放资格预审合格通知书 → 合格投标申请人获取资格预审合格通知书，并提交书面回执

6.编制、发售招标文件
- 编制招标文件
- 发售招标文件给合格的投标申请人，同时向建设行政主管部门备案 → 获取招标文件回执 → 建设行政主管部门接受招标文件备案
- 开始准备投标文件，收集有关资料和相关信息

7.踏勘现场
- 组织投标人踏勘现场 | 踏勘现场
- 招标文件和踏勘现场中的问题

8.答疑
（1）以书面形式
（2）答疑会（必要时）
- 接受问题，准备解答 ← （1）以书面形式提出问题
- 向所有投标人发放答疑纪要，并向建设行政主管部门备案 → 获取问题解答回执 → 建设行政主管部门接受答疑纪要
- 接受问题，准备解答 ← （2）答疑会前在规定的时间内以书面形式提交质疑问题
- 答疑会解答问题，会后向投标人发放答疑会议纪要，并向建设行政主管部门备案 ← 获取答疑纪要回执 → 建设行政主管部门接受答疑纪要
- 招标文件的澄清、修改 → 获取澄清、修改的文件回执 → 建设行政主管部门接受招标文件的备案
- 编制投标文件办理投标担保

9.编制送达与签收投标文件
- 接受投标文件记录，接受日期、时间 ← 送达投标文件和投标担保回执
- 退回逾期送达投标文件 → 逾期送达投标文件退回回执
- 开标前妥善保存投标文件

工作阶段	招标人	投标人	监督管理部门

| 10.开标 | 组织并主持开标、唱标 ← 代表参加开标 | | |

| 11.组建评标委员会 | 依法组建评标委员会 | | |

12.评标	评标委员会评标 符合性鉴定 技术标评审 商务标评审 资格审查（后审）		
	评标委员会就投标文件的内容进行澄清或答辩 → 对评标委员会的澄清内容进行书面澄清答复或答辩		
	完成评标 推荐中标候选人或确定中标人 编写评标报告		

| 13.招投标情况书面报告及备案 | 编写招标投标情况书面报告，确定中标人15日内向建设行政主管部门备案 → | | 建设行政主管部门接受备案 |

| 14.发出中标通知书 | 向中标人发出中标通知书，向未中标人发出中标结果 | 中标人接受中标通知书，未中标人接受中标结果 | |

15.签订合同	招标人与中标人签订合同协议		
	办理、提交支付担保 ← 办理、提交履约担保		
	退回投标保证金 ← 接受投标保证金回执		
	办理合同备案 →		建设行政主管部门接受备案

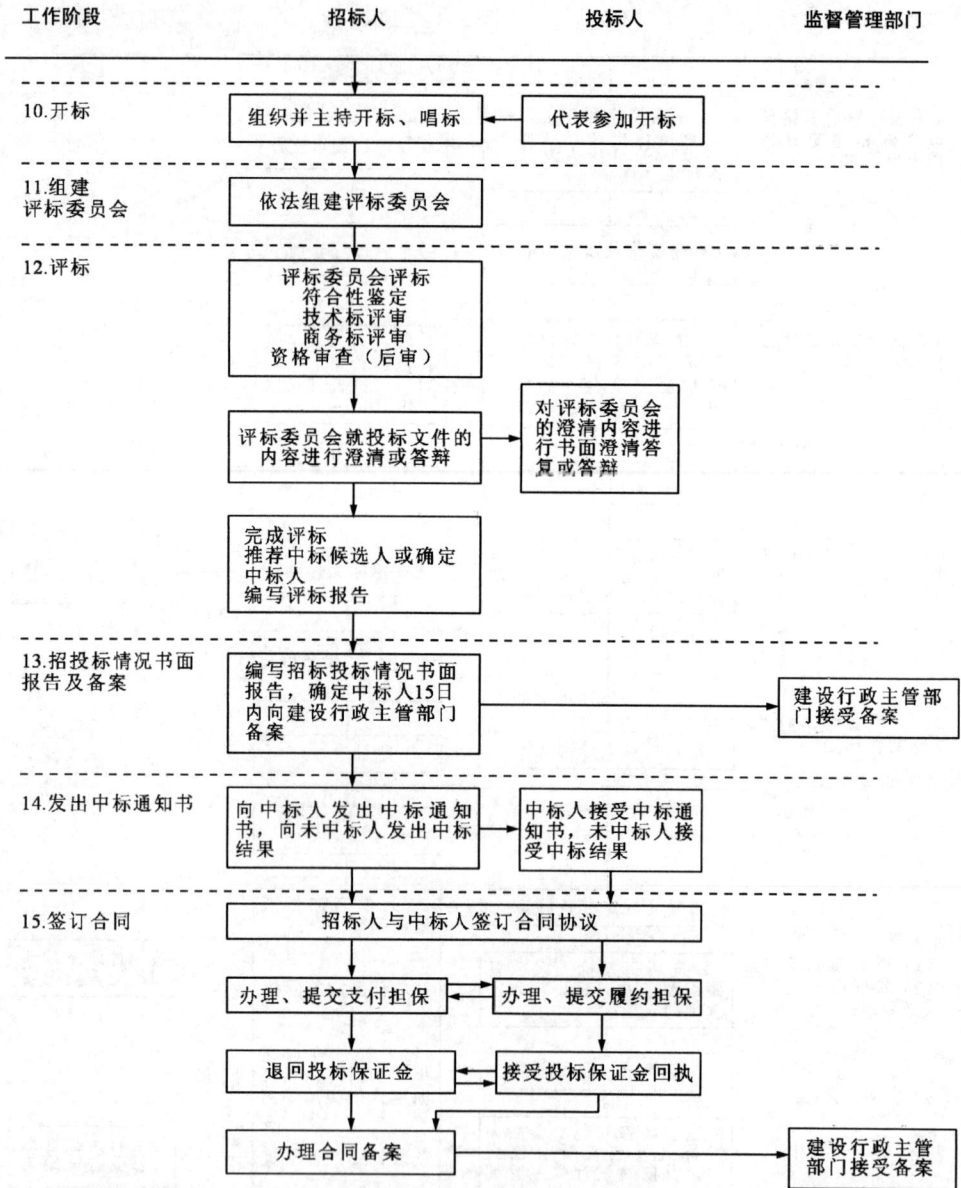

图 1-4　建设工程施工招投标程序

2. 编制招标文件

在招标方式、合同类型、发包数量确定后，建设单位应组织或委托咨询机构编写招标文件。

（1）招标公告

由招标人通过指定的报刊、信息网或其他媒介，并同时在中国工程建设网和建筑业信息网上发布招标公告；实行邀请招标的，应向 3 个以上符合资质条件的投标人发送投标邀请书。

主要介绍招标工程项目基本情况和招标单位的情况、投标单位购买预审文件办法等有关事宜。

（2）资格预审文件

资格预审文件由资格预审须知和资格预审申请表两部分组成。资格预审须知是明确参加投标单位应知事项和申请人应具备的资历及有关证明文件。

由投标人填写的资格预审申请表是按照招标单位对投标申请人的要求条件而编写的。

（3）招标文件

招标文件是投标人编写投标书和报价的依据，文件中的各项内容应尽可能完整、详细，明确而具体，要最大限度减少误解和可能产生的争议。

表1-2　施工招标合同示范文本推荐的招标文件组成结构

第一卷　投标须知、合同条件及合同格式	
第一章	投标须知
第二章	合同通用条件
第三章	合同专用条件
第四章	合同格式
第二卷　技术规范	
第五章	技术规范
第三卷　投标文件	
第六章	投标书及投标书附录
第七章	工程量清单与报价单
第八章	辅助资料表
第九章	资格审查表（有资格预审的不再采用）
第四卷　图纸	
第十章	图纸

（4）招标控制价

工程施工招投标通常要编制标底，一般委托工程造价单位编制。编制标底应根据图纸和有关资料确定工程量，标底价格要考虑成本、利润和税金，而且要与市场实际相一致，还要考虑人工、材料、机械价格等变动因素和不可预见因素的影响，既利于竞争，又保证工程质量。

标底须报请主管部门审定，审定后应密封保存，严格保密，不得泄露，直至开标。

3. 编制投标文件

投标单位在正式投标前进行投标资格预审，投标单位要填写资格预审文件，申请投标。招标单位要对提交申请的投标单位进行资质审查，并将审查结果通知各申请投标人，确定合格的投标单位。

（1）投标单位应向招标单位提供的文件材料：①企业的营业执照和资质证书；②企业简历；③自有资金情况和财务状况；④全体职工人数、人员技术等级、自有设备；⑤近三年承建的主要工程和质量；⑥现有主要施工任务。

（2）编写投标文件

投标单位根据招标文件的要求认真编写投标书，投标书编制完成后在规定的期限内密封送达招标单位。

4. 开标、评标和中标

（1）开标：①开标由招标人主持，邀请所有的投标人参加；②当众检查投标文件，并应得到公证机关公证。

（2）评标：①评标由招标人依法组建的评标委员会负责，在严格保密的情况下进行；②评标委员会应当客观公正地履行职责，遵守职业道德，对所提的评审意见承担个人责任。

（3）中标

中标单位确定后，招标单位向中标单位发出通知书，然后招标单位与中标的施工单位签订施工合同。

（四）施工承包合同

建设工程施工合同
（GF-2017-0201）

建设工程施工合同是建设单位（招标单位）与施工单位根据有关法律、法规，遵循平等、自愿、公平和诚实信用的原则，签订完成某一建设工程施工任务，明确相互权利、义务关系的有法律效力的协议。《建设工程施工合同示范文本》（GF—2017—0201）中把合同分为协议书、通用合同条款、专用合同条款三个部分，并附有11个附件。

（1）协议书

合同协议书是施工合同的总纲性法律文件，经双方当事人签字盖章后合同即成立。标准化的协议书需要填写的主要内容包括工程概况、合同工期、质量标准、签约合同价和合同价格形式、项目经理、合同文件构成、承诺以及合同生效条件。

（2）通用合同条款

通用条款是根据有关法律、法规规定及建设工程施工的需要订立，它是一个规范性文本，适用于各个建设工程项目，建设单位和施工单位都应遵守。通用条款包括：一般约定、发包人、承包人、监理人、工程质量、安全文明施工与环境保护、工期和进度、材料与设备、试验与检验、变更、价格调整、合同价格、计量与支付、验收和工程试车、竣工结算、缺陷责任与保修、违约、不可抗力、保险、索赔和争议解决。共20个条款。

（3）专用合同条款

专用条款是结合具体工程实际，经协商达成一致意见的条款，是对通用条款的具体化、补充或修改。其内容由合同当事人根据建设工程项目的具体特点和实际要求细化。

（4）附件

建设工程施工合同示范文本中有11个附件，即"承包人承揽工程项目一览表""发包人供应材料设备一览表"和"工程质量保修书"等。

（五）监理招投标文件

1. 招标文件

招标人为了指导投标人正确编制投标书，监理招标文件应包括以下几个方面的内容，并提供必要的资料。

（1）投标须知

①工程项目综合说明，包括主要的建设内容、规模、工程等级、地点、总投资、现场条件、开竣工日期；②委托的监理范围和监理业务；③投标文件的格式、编制、递交；④无效投标文件的规定；⑤投标起止时间，开标、评标、定标的时间和地点；⑥招标文件、投标文件的

澄清与修改；⑦评标的原则等。

（2）合同条件；

（3）业主提供的现场办公条件（包括交通、通信、住宿、办公用房等）；

（4）对监理单位的要求（包括现场监理人员、检测手段、工程技术难点等方面）；

（5）有关技术规定；

（6）必要的设计文件、图纸、有关资料；

（7）其他事宜。

2. 投标文件

投标人根据招标文件编制投标书，投标书应注意以下几方面的合理性：

（1）投标人的资质（包括资质等级、批准的监理业务范围、主管部门或股东单位、人员综合情况等）；

（2）监理大纲的合理性；

（3）拟派项目的主要监理人员（总监理工程师和主要专业监理工程师）；

（4）人员派驻计划和监理人员的素质（学历证书、职称证书、上岗证书等）；

（5）监理单位提供用于工程的检测设备和仪器，或委托有关单位检测的协议；

（6）近几年监理单位的业绩和奖惩情况；

（7）监理费报价和费用的组成；

（8）招标文件要求的其他情况。

（六）委托监理合同

建设工程委托监理合同，是委托人与监理人就委托的工程项目管理内容签订的明确相互权利、义务关系的有法律效力的协议。《建设工程监理合同示范文本》（GF—2012—0202）中把合同分为协议书、通用条件、专用条件三个部分。

建设工程监理合同
（GF-2012-0202）

（1）协议书

协议书是总的纲领性法律文件，经双方当事人签字盖章后合同即成立。合同中需要明确和填写的主要内容包括：工程概况，委托人向监理人支付报酬的期限和方式，合同签订、生效、完成时间，双方愿意履行约定的各项义务的表示。

（2）通用条件

监理合同的通用性文件，适用于各类建设工程项目监理，委托人和监理人都必须遵守。其内容包括：定义与解释、双方义务、违约责任、支付、合同生效、变更、暂停、解除与终止、争议解决、其他。

（3）专用条件

由于通用条件适用于各行各业建设项目的建设工程监理，对于具体建设工程项目监理，某些条款内容已不具有适用性，需要在签订建设工程委托监理合同时，根据建设工程项目的具体情况和实际要求，对通用条件中的某些条款进行补充和修正。

五、开工文件（A5）

（一）建设工程规划许可证及附件

新开工的项目，建设单位应向工程规划部门和建设行政主管部门申请办理建设工程规划许可证和建设工程施工许可证。

1. 开工应具备的条件

（1）有经过审批的可行性研究报告和初步设计文件；

（2）已列入国家或地方的年度基本建设计划；

（3）完成了征用土地、拆迁安置工作；

（4）落实了三通一平（或四通、五通、六通、七通一平）；

（5）施工图纸和原材料物资准备能满足工程施工进度的要求；

（6）办理了施工招标手续，与施工单位签订了施工合同；

（7）选定了建设监理部门，并与监理单位签订了工程施工监理合同；

（8）资金到位，并取得了审计机关出具的开工前审计意见书；

（9）建设项目与市政有关部门协调，落实了配套工程设计并签订了合同；

（10）办理了建设工程规划许可证；

（11）办理了建设工程施工许可证。

根据开工项目应具备的条件，建设单位基本落实前九项的条件，即可申请办理建设工程规划许可证和建设工程施工许可证。

2. 建设工程规划许可证

建设工程规划许可证是建设单位在规划区内新建、改建、扩建的建筑物、构筑物、道路、管线和其他工程设施，必须持有相关批准文件向规划行政主管部门提出申请，由规划行政主管部门提出规划要求，并审查设计施工图等有关文件、核发的法规性文件。

（1）建设工程规划许可证申报程序：①建设单位领取并填写规划审批申请表，加盖建设单位和申报单位公章；②提交申报建设工程规划许可证要求报送的文件和图纸；③规划行政管理部门填发建设工程规划许可证立案表，作为申报建设工程规划许可证的回执；④城市规划行政管理部门进行审查，对不符合规划要求的初步设计提出修改意见，发出修改工程图纸通知书，修改后重新申报；⑤经审查合格的建设工程，建设单位在取件日期内在规划管理单位领取建设工程规划许可证；⑥办理建设工程规划许可证要经过建设单位申请和规划行政管理部门审查批准。

（2）申报建设工程规划许可证要求报送的文件和图纸：①年度施工任务批准文件；②人防、消防、环保、园林、市政、文物、通信、教育、卫生等有关行政主管部门的审批意见和要求，以及取得的协议书；③工程竣工档案登记表；④工程设计图，包括总平面图，各层平、立、剖面图，基础平面图和设计图纸目录；⑤其他。

（3）核发建设工程规划许可证

建设工程规划许可证还包括建设工程规划许可证附图与附件。附图与附件由发证机关确定，与建设工程规划许可证具有同等的法律效力。

建设工程规划许可证中除正文外，还规定了应注意的事项：

①建设工程放线后，由测绘院、规划行政管理部门验线，合格后方可施工；

②与消防、交通、环保、市政等部门未尽事宜，由建设单位负责与有关行政主管部门联系，妥善解决；

③建设工程规划许可证发出后 2 年内工程未动土，该许可证自动失效，再需要建设时应向审批机关重新申报，经审核批准后方可动工；

④建设工程竣工后应按规定编制工程竣工档案，报送城市建设档案馆。

(二)建设工程施工许可证申请表

建设工程开工前，建设单位应当按照国家有关规定向工程所在地建设行政主管部门申请领取施工许可证。建设单位在取得建设工程规划许可证和其他有关行政主管部门的批准文件后，向建设行政主管部门提出申请开工报告，填报建设工程开工审批表，由建设行政主管部门审查批准，核发给建设单位工程施工许可证。

申请表是指新建、改建、扩建项目在工程正式动工前，对具备了开工条件的建设项目，由建设单位向建设行政主管部门提出要求开工的申请。

填写工程开工审批表，一般由建设单位会同施工单位共同办理，其基本内容包括：

(1)建设工程概况；

(2)可行性研究报告和初步设计的批准文件；

(3)列入年度建设计划；

(4)完成了施工现场准备，完成了三通一平、测量放线等工作；

(5)施工材料、物资准备基本就绪，建筑材料、施工机具等已做好准备，开工必备的物资已进场；

(6)施工技术准备完成了施工图设计和施工组织设计；

(7)组织准备已建立了项目组织机构和项目管理规划；

(8)资金准备已出具证明文件，审计部门出具了审计证明；

(9)与施工单位签订了施工合同；

(10)与监理单位签订了监理合同；

(11)其他。

(三)建设工程施工许可证

建设单位准备好应当提供的各种文件材料到建设行政主管部门办理建设工程施工许可证。建设行政主管部门应当自收到申请之日起15日内对符合条件的申请者发给施工许可证。

1. 审批建设工程施工许可证

建设行政主管部门及有关部门接到工程开工审批表后，要进行逐项认真审查、核实，确定是否具备了开工条件。基本建设大中型项目批准开工之前，发改委或委托有关部门现场检查落实开工条件，凡未达到开工条件的，不予批准。小型项目的开工审批工作按各地区、各部门制定的具体办法办理。

2. 核发建设工程施工许可证

建设工程施工许可证是新建、改建、扩建工程开工必备的依据性文件，开工的建设项目经审查具备开工条件后，由具有审批权限的建设行政主管部门核发建设工程施工许可证。

建设单位应当自领取施工许可证之日起3个月内开工。因故不能按期开工，应当向发证机关申请延期。延期以两期为限，每次不超过3个月。因故不能按期开工超过6个月的，应当重新办理开工报告的审批手续。

(四)各种建设费用

建设单位在办理开工文件的同时还需要依照相关法律法规向相关行政管理部门缴纳相关费用。包括：①人防专项基金；②墙改专项基金；③散装水泥专项基金；④劳保统筹；⑤质量监督费；⑥防雷监督费；⑦白蚁防治费；⑧城市配套费；⑨其他相关的费用。

六、商务文件(A6)

(一)工程投资估算资料

投资估算是投资决策阶段的项目建议书，它包括从工程筹建到竣工验收、交付使用所需的全部费用。具体包括建筑安装工程费，设备、工器具购置费，工程建设其他费用，预备费，固定资产投资方向调节税，建设期贷款利息等。投资估算由建设单位编制或委托设计单位(或咨询单位)编制，主要依据相应建设项目投资估算招标，参照以往类似工程的造价资料编制的。它对初步设计的概算和工程造价起控制作用。

(1)建筑安装工程费用

指建设单位为从事该项目建筑安装工程所支付的全部生产费用。包括直接用于各单位工程的人工、材料、机械使用费，其他直接费以及分摊到各单位工程中的管理费及利税。

(2)设备、工器具费用

设备、工器具费用是指建设单位按照建设项目设计文件要求而购置或自备的设备及工器具所需的全部费用，包括需要安装与不需要安装设备及未构成固定资产的各种工具、器具、仪器、生产家具的购置费用。

(3)工程建设其他费用

工程建设其他费用是指除上述工程和设备、工器具费用以外的，根据有关规定在固定资产投资中支付，并列入建设项目总概算或单项工程综合概算的费用。

(4)预备费

指初步设计和概算中难以预料的工程和费用。其中包括实行按施工图概算加系数包干的概算包干费用。

(二)工程设计概算资料

初步设计阶段，设计单位根据初步设计规定的总体布置及单项工程的主要建筑结构和设备清单来编制建设项目总概算。

设计概算一般包括：建筑安装工程费用，设备、工器具购置费用，其他工程和费用，预备费等。

设计概算经批准后是确定建设项目总造价、编制固定资产投资计划，签订建设项目贷款总合同的依据，也是控制建设项目基本建设拨款、考核设计经济合理性的依据。

(三)工程施工图预算资料

工程项目招标投标阶段，根据施工图设计确定的工程量编制施工图预算。

招标单位(或委托单位)编制的施工图预算是确定标底的依据，投标单位编制的施工图预算是确定报价的依据，标底、报价是评标、决标的重要依据。

施工图预算经审核后，是确定工程概算造价、签订工程承包合同、实行建筑安装工程造价包干的依据。

第三节　建筑工程准备阶段文件资料的收集与管理

一、建筑工程准备阶段文件资料的收集

(一)工程准备阶段文件资料类别

熟悉建设工作流程，是为了帮助初学者熟悉建筑工程资料，学习如何编制、怎样整理纷繁的建筑工程资料。但建筑工程资料数量多，内容丰富，一栋大型建筑形成的文件资料可能成百上千份。这些文件资料产生于各个工作环节，来自不同的参建单位。从资料员的工作职责来看，其中一项重要工作就是收集资料。面对一份文件资料，或者说在收集整理资料的过程中，要知道它来自哪里，判断它属于哪类资料。建筑工程资料管理工作要通过对所有的建筑工程资料进行科学的分类后，达到有效查找利用的目的。

根据中华人民共和国住房和城乡建设部(简称住建部)印发的《建筑工程资料管理规程》(JGJ/T 185—2009)部颁标准的规定，将建筑工程准备阶段文件类别归类为 A 类。建筑工程准备阶段产生的文件资料主要按决策立项文件(A1 类)、建设用地文件(A2 类)、勘察设计文件(A3 类)、招投标及合同文件(A4 类)、开工文件(A5 类)、商务文件(A6 类)等几部分进行分类。

为了便于认识、把握这部分文件资料的基本内容，我们也可以把工程准备阶段文件资料按资料形成的主体，即建设单位、勘察设计单位、监理单位的文件资料分别进行收集、分类。

(二)决策立项文件

A1 类，决策立项文件。决策立项文件是建设工程立项和报批过程中产生的文件，主要有：

A1—01 项目建议书；

A1—02 项目建议书的批复文件，或发展与改革委员会批准工程立项的文件；

A1—03 可行性研究报告及附件；

A1—04 可行性研究报告的批复文件；

A1—05 立项会议纪要、领导批示等；

A1—06 工程立项的专家建议资料；

A1—07 建设项目评估的研究资料；

A1—08 其他相关文件。

(三)建设用地文件

A2 类，建设用地文件。建设用地文件主要是项目报建过程中形成的规划、国土部门产生的资料，主要有：

A2—01 建设项目选址规划意见通知书；

A2—02 建设用地批准文件，包括建设项目用地定位通知书；

A2—03 拆迁安置意见，有关协议、方案等；

A2—04 建设用地规划许可证及项目建设规划红线图；

A2—05 国有土地使用证和使用国有土地的批准文件；

A2—06 划拨建设用地文件。

(四)勘察设计文件

A3 类,勘察设计文件。勘察设计文件是勘察设计单位在勘察设计过程中形成的相关文件。由于勘察设计工作的连续性,通常可将这两部分资料合并整理。主要有:

A3—01 岩土工程勘察报告;

A3—02 建设用地钉桩通知单(书);

A3—03 地形测量和拨地测量成果报告;

A3—04 审定设计方案通知书及审查意见;

A3—05 审定设计方案通知书要求征求有关部门的审查意见和要求取得的有关协议;

A3—06 初步设计图及设计说明;

A3—07 消防设计审核意见;

A3—08 施工图设计文件审查通知书及审查报告;

A3—09 施工图及设计说明。

(五)招投标及合同文件

A4 类,招投标及合同文件。招投标及合同文件产生于勘察设计、监理和施工招投标过程中,主要有:

A4—01 勘察招投标文件;

A4—02 勘察合同;

A4—03 设计招投标文件;

A4—04 设计合同;

A4—05 监理招投标文件;

A4—06 委托监理合同;

A4—07 施工招投标文件;

A4—08 施工合同。

(六)开工文件

A5 类,开工文件。开工文件分别来源于建设单位、设计单位、建设行政管理部门等。主要有:

A5—01 建设项目列入年度计划的申报文件;

A5—02 建设项目列入年度计划的批复文件或年度计划项目表;

A5—03 规划审批申报表及报送的文件和图纸;

A5—04 建设工程规划许可证及其附件;

A5—05 工程质量安全监督注册登记;

A5—06 工程开工前的原貌影像资料;

A5—07 施工现场移交单。

(七)商务文件

A6 类,商务文件。商务文件产生于建设单位,主要有:

A6—01 工程投资估算资料;

A6—02 工程设计概算资料;

A6—03 工程施工图预算资料等。

二、建筑工程准备阶段文件资料的管理

(一)建筑工程准备阶段文件资料管理

根据建筑工程准备阶段文件资料的特点,在进行此类文件的收集整理时应注意:

(1)文件资料管理应制度健全、岗位责任明确,并应纳入建筑工程项目管理的各个环节和各级相关人员的职责范围。

(2)及时收集整理。建设、勘察、设计等单位应将本单位形成的所有建筑工程准备阶段文件资料向本单位的档案管理机构移交。勘察、设计等单位应将本单位形成的文件向建设单位移交,最终保证该部分文件的齐全完整。

(3)文件资料不得随意修改;当需要修改时,应实行划改,并由划改人签署。

(4)文件资料在办理的过程中,应内容、印鉴清晰。

(5)文件资料必须保留原件。在文件办理完毕后,如果确因工作需要,可以将相关文件复印以备查考。

(6)严格借用登记手续。由于建筑工程准备阶段文件资料十分重要,所以,在工作环节完成后,应将文件及时保存。在工程建设的过程中,如果需要利用某份文件,一定要认真办理好相关的借用手续,使文件资料可追溯,以防止发生文件丢失的问题。

(二)会议纪要的编写

会议是工程项目开工前后常用的一种管理方式。工程建设将召开各种形式的会议。例如:工程准备阶段的立项会议,工程建设阶段的经常性例会,等等。会议应有专人做好记录,并在会后整理出会议纪要。

会议纪要的主要内容一般包括:会议时间、地点及会议序号;出席会议人员的姓名、职务及单位;会议提交的资料;会议中发言者的姓名及发言内容;会议的有关决定等。

会议纪要的编写要求:

(1)真实、准确。会议纪要应真实,不可以想象发挥;

(2)会议纪要编写好后必须经过审核同意。

思考题

1. 决策立项文件包括哪些文件资料?它们分别产生于哪些建设流程?

2. 开工文件包括哪些文件资料?它们分别由哪些建设相关单位提供?

3. 简述项目建议书的内容及报批程序。

4. 简述可行性研究工作程序及可行性研究报告包含的内容。

5. 简述工程施工阶段包含哪些主要工作阶段,需要哪些主要招投标文件。

6. 建筑工程开工应具备哪些条件?其中施工许可证的领取应包括哪些基本条件?

7. 针对建筑工程准备阶段文件的特点,建设单位应如何做好此阶段文件资料的收集、整理工作?

模块二 工程监理资料的编制与管理

【德育目标】

公正服务 独立自主

【教学目标】

熟悉工程监理资料的构成，把握监理资料的基本内容；熟悉工程资料审批的程序与要求；掌握施工报审文件的内容及填写要求。

【技能抽查要求】

能填写工程资料报审表和审批表。

【职业岗位要求】

工程资料审批的内容、要点；审核人和审核的程序。

第一节 工程监理资料的分类

一、工程监理资料基本概念

(一)工程监理资料

工程监理资料是监理单位在建筑工程设计、施工等监理过程中形成的文件资料。工程监理资料是监理工作中各种控制与管理的依据与凭证。本模块主要讲解施工过程中所形成的工程监理文件资料。

(二)工程监理资料管理

工程监理资料的管理，是指监理工程师受建设单位委托，在进行建筑工程监理的工作期间，对建筑工程实施过程中形成的与监理相关的文件和档案进行收集积累、加工整理、立卷归档和检索利用等一系列工作。工程监理文件档案资料管理的对象是监理文件档案资料，它们是工程建设监理信息的主要载体之一。

项目监理部的信息管理部门是专门负责工程建设项目信息管理工作的，其中包括监理文件档案资料的管理。因此在工程全过程中形成的所有资料，都应统一归口信息管理部门进行集中加工、收发和管理。信息管理部门是监理文件和档案资料传递渠道的中枢。

监理文件和档案资料的传递流程如下：首先，在监理组织内部，所有文件和档案资料都必须先送交信息管理部门，进行统一整理分类、保存，然后由信息管理部门根据总监理工程师或其授权监理工程师的指令和监理工作的需要，分别将文件和档案资料传递给有关的监理工程师。当然任何监理人员都可以随时查阅经整理分类后的文件和档案。其次，在监理组织外部，在发送或接收建设单位、设计单位、施工单位、材料供应单位及其他单位的文件和档案资料时，也应由信息管理部门负责进行，这样使所有的文件和档案资料只有一个进出口通道，从而在组织上保证监理文件和档案资料的有效管理。

文件和资料的管理和保存，主要由信息管理部门中的资料管理人员负责。作为资料管理人员，必须熟悉各项监理业务，通过分析研究监理文件和档案资料的特点和规律，对其进行系统、科学地管理，使其在工程监理工作中得到充分利用。除此之外，监理资料管理人员还应全面了解和掌握工程建设进展和工作开展的实际情况，结合对文件和档案资料的整理分析，编写有关专题材料，对重要文件资料进行摘要综述，包括编写监理工作月报、工程建设周报等。

（三）工程监理资料管理的内容

工程监理文件档案资料管理的主要内容是：监理文件档案资料收、发文登记；监理文件档案资料传阅；监理文件档案资料分类存放；监理文件档案资料借阅、更改、作废、立卷、归档与移交。

1. 监理文件和档案收文与登记

所有收文应在收文登记表上进行登记（按监理信息分类别进行登记）。应记录文件名称、文件摘要信息、文件的发放单位（部门）、文件编号以及收文日期，必要时应注明接收文件的具体时间，最后由项目监理部负责收文人员签定。

监理信息在有追溯性要求的情况下，应注意核查所填部分内容是否可追溯。如材料报审表中是否明确注明该材料所使用的具体部位，以及该材料质量证明的原件保存处等。如不同类型的监理信息之间存在相互对照或追溯关系时（如：监理工程师通知单和监理工程师通知回复单），在分类存放的情况下，应在文件和记录上注明相关信息的编号和存放处。资料管理人员应检查文件档案资料的各项内容填写和记录是否真实完整，签字认可人员应为符合相关规定的责任人员，并且不得以盖章和打印代替手写签认。文件档案资料以及存储介质质量应符合要求，所有文件档案必须使用符合档案归档要求的碳素墨水填写或打印生成，以适应长时间保存的要求。

有关工程建设照片及声像资料等应注明拍摄日期及所反映工程建设部位等摘要信息。收文登记后应交给项目总监理工程师或由其授权的监理工程师进行处理，重要文件内容应在监理日记中记录。部分收文如涉及建设单位的工程建设指令或设计单位的技术核定单以及其他重要文件，应将复印件在项目监理部专栏内予以公布。

2. 监理文件档案资料传阅与登记

由工程项目监理部总监理工程师或其授权的监理工程师确定文件、记录是否需传阅，如需传阅应确定传阅人员名单和范围，并注明在文件传阅纸上，随同文件和记录进行传阅。也可按文件传阅纸样式刻制方形图章，盖在文件空白处，代替文件传阅纸。每位传阅人员阅后应在文件传阅纸上签名，并注明日期。文件和记录传阅期限不应超过该文件的处理期限。传阅完毕后，文件原件应交还信息管理人员归档。

3. 监理文件资料发文与登记

发文由总监理工程师或其授权人签名，并加盖项目监理部图章，对盖章工作应进行专项登记。

所有发文按监理信息资料分类和编码要求进行分类编码，并在发文登记表上登记。登记内容包括：文件资料的分类编码、发文文件名称、发文日期（强调时效性的文件应注明发文的具体时间）。收件人收到文件后应签名。

信息管理人员根据文件签发人指示确定文件责任人和相关传阅人员。文件传阅过程中，每位传阅人员阅后应签名并注明日期。发文的传阅期限不应超过其处理期限。重要文件的发文内容应在监理日记中予以记录。

项目监理部的信息管理人员应及时将发文原件归入相应的资料柜(夹)中，并在目录清单中予以记录。

4. 监理文件档案资料分类存放

监理文件档案经收/发文、登记和传阅工作程序后，必须使用科学的分类方法进行存放，这样既可满足项目实施过程查阅、求证的需要，又方便项目竣工后文件和档案的归档和移交。项目中应备有存放监理信息的专用资料柜和专用资料夹，信息管理人员则应根据项目规模规划各资料柜和资料夹内容。在大中型项目中应采用计算机对监理信息进行辅助管理。

文件和档案资料应保持清晰，不得随意涂改记录，保存过程中应保持记录介质的清洁和不破损。

项目建设过程中文件和档案的具体分类原则应根据工程特点制定，监理单位的技术管理部门可以明确本单位文件档案资料管理的框架性原则，以便统一管理并体现出企业的特色。下文推荐的施工阶段监理文件和档案分类方法供监理工程师在具体项目操作中予以参考。需要注意的是，下文提出的分类方法在监理开展工作过程中使用，与表6-1中监理资料分类方法有所区别，后者指的是项目竣工后监理单位应交给建设单位以及地方城建档案管理部门的资料，这些资料只是监理工作之中需要和产生文件和档案的一小部分。

5. 监理文件档案资料归档

监理文件档案资料归档内容、组卷方法以及监理档案的验收、移交和管理工作，应根据现行《建设工程监理规范》(GB/T 50319—2013)及《建设工程文件归档规范》(GB/T 50328—2014)并参考工程项目所在地区建设工程行政主管部门、建设监理行业主管部门、地方城市建设档案管理部门的规定执行。

对一些需连续产生的监理信息，如对其有统计要求，在归档过程中应对该类信息建立相关的统计汇总表格以便进行核查和统计，并及时发现错漏之处，从而保证该类监理信息的完整性。

监理文件档案资料的归档保存中应严格按照保存原件为主、复印件为辅和按照一定顺序归档的原则。如监理实践中出现作废和遗失等情况，应明确地记录作废和遗失原因、处理的过程。

按照现行《建筑工程资料管理规程》(JGJ/T 185—2009)，监理文件要求在不同的单位归档保存，现列如表2-1。

6. 监理文件档案资料借阅、更改与作废

项目监理部存放的文件和档案原则上不得外借，如政府部门、建设单位或施工单位确有需要，应经过总监理工程师同意，并在信息管理部门办理借阅手续。监理人员在项目实施过程中需要借阅文件和档案时，应填写文件借阅单，并明确归还时间。信息管理人员办理有关借阅手续后，应在文件夹的内附目录上做特殊标记，避免其他监理人员查阅该文件时，因找不到文件引起工作混乱。

监理文件档案的更改应由原制定单位相应责任人执行，涉及审批程序的，由原审批责任人执行。若指定其他责任人进行更改和审批时，新责任人必须获得所依据的背景资料。监理文件档案更改后，由信息管理部门填写监理文件档案更改通知单，并负责发放新版本文件。发放过程中必须保证项目参建单位中所有相关部门都得到相应文件的有效版本。文件档案换发新版时，应由信息管理部门将原版本收回作废。考虑到日后有可能出现追溯需求，信息管理部门可以保存作废文件样本以备查阅。

表 2-1　监理文件资料类别、来源及保存

工程资料类别		工程资料名称	工程资料来源	工程资料保存			
				施工单位	监理单位	建设单位	城建档案馆
B 类		监理资料					
B1 类	监理管理资料	监理规划	监理单位		●	●	●
		监理实施细则	监理单位	○	●	●	●
		监理月报	监理单位		●	●	
		监理会议纪要	监理单位	○	●	●	
		监理工作日志	监理单位		●		
		监理工作总结	监理单位		●	●	●
		工作联系单(表 B.1.1)	监理单位施工单位	○	○		
		监理工程师通知单(表 B.1.2)	监理单位	○	○		
		监理工程师通知回复单*(表 C.1.7)	施工单位	○	○		
		工程暂停令(表 B.1.3)	监理单位	○	○	○	●
		工程复工报审表*(C.3.2)	施工单位	●	●	●	●
B2 类	进度控制资料	工程开工报审表*(表 C.3.1)	施工单位	●	●	●	●
		施工进度计划报审表*(表 C.3.3)	施工单位	○	○		
B3 类	质量控制资料	质量事故报告及处理资料	施工单位	●	●	●	●
		旁站监理记录*(表 B.3.1)	监理单位	○	●		
		见证取样和送检见证人备案表(表 B.3.2)	监理单位或建设单位	●	●	●	●
		见证记录*(表 B.3.3)	监理单位	●	●		
		工程技术文件报审表*(表 C.2.1)	施工单位	○	○		
B4 类	造价控制资料	工程款支付申请表(表 C.3.6)	施工单位	○	○	●	
		工程款支付证书(表 B.4.1)	监理单位	○	○	●	
		工程变更费用报审表*	施工单位	○	○	●	
		费用索赔申请表	施工单位	○	○	●	
		费用索赔审批表(表 B.4.2)	监理单位	○	●	●	
B5 类	合同管理资料	委托监理合同*	监理单位		●	●	●
		工程延期申请表(表 C.3.5)	施工单位	●	●	●	●
		工程延期审批表(表 B.5.1)	监理单位	●	●	●	●
		分包单位资质报审表*(表 C.1.3)	施工单位	●	●	●	

工程资料类别		工程资料名称	工程资料来源	工程资料保存			
				施工单位	监理单位	建设单位	城建档案馆
B6类	竣工验收资料	单位(子单位)工程预验收报验表*	施工单位	●	●	●	
		单位(子单位)工程质量竣工验收记录**	施工单位	●	●	●	●
		单位(子单位)工程质量控制资料核查记录*	施工单位	●	●	●	
		单位(子单位)工程安全和功能检验资料核查及主要功能抽查记录*	施工单位	●	●	●	
		单位(子单位)工程观感质量检查记录*	施工单位	●	●	●	
		工程质量评估报告	监理单位	●	●	●	●
		监理费用决算资料	监理单位	○	●		
		监理资料移交书	监理单位	●	●		
B类其他资料							

注: 1. 表中工程资料名称与资料保存单位所对应的栏中的"●"表示"归档保存";"○"表示"过程保存",是否归档保存可自行确定。

2. 表中注明为"*"的表,宜由施工单位和监理或建设单位共同形成;表中注明为"**"的表,宜由建设、设计、监理、施工等多方共同形成。

二、工程监理资料的分类

根据《建筑工程资料管理规程》(JGJ/T 185—2009),工程监理资料(B 类)主要由监理管理资料、进度控制资料、工程质量控制资料、工程造价控制资料、施工合同管理资料、监理验收资料等几部分资料构成。

(一)监理管理资料

B1 类,监理管理资料。监理管理资料是在监理管理工作中产生的,主要有:

B1—1 监理规划、实施细则。这是开展监理工作的基础资料。监理规划是指导监理工作的纲领性文件,监理实施细则则是监理日常管理工作的指南。

B1—2 监理月报。

B1—3 监理会议纪要。项目开工后,监理工程师针对工程建设中的实际问题,组织经常性工地会议,进行分析、讨论,监督协调,并做出决定。监理会议有专人做记录,对会议的主要内容加以归纳整理形成会议纪要。会议纪要要求真实、准确、简明扼要。

B1—4 监理日志。监理日志是反映监理日常工作情况的原始记录。监理日志的内容必须保证及时、真实、全面,充分体现参建各方合同的履行程度。每天认真地记好工程中发生的情况是监理人员的重要职责。监理日志分簿册式、活页纸等形式。

B1—5 监理工作总结。

B1—6 监理工作联系单。主要用于监理单位与工程建设其他参与方之间的日常性信息传递。

B1—7 监理工程师通知。

B1—8 监理工程师通知回复单。

B1—9 工程暂停令。

B1—10 工程复工报审表。

（二）进度控制资料

B2 类，进度控制资料。进度控制资料主要包括工程开工/复工报审表、施工进度计划报验申请表、工程临时延期审批表、工程最终延期审批表等。

B2—1 工程开工报审资料。工程开工，承包单位要向监理单位提出申请。同样，工程因某种原因暂停后，再开工也需要向监理单位提出申请复工报审表。

B2—2 施工进度计划报审资料。承包单位根据已批准的施工总进度计划，按施工合同约定或监理工程师要求编写的施工进度计划报验申请需由项目监理机构审查、确认和批准。

（三）质量控制资料

B3 类，工程质量控制资料。质量控制是质量管理工作的一部分，主要有以下资料：

B3—1 质量事故报告及处理资料。质量事故报告及处理资料主要来自施工单位。

B3—2 旁站监理记录。

B3—3 见证取样和送检见证人员备案表。

B3—4 见证记录。

B3—5 工程技术文件报审表。

（四）造价控制资料

B4 类，工程造价控制资料。主要由下列资料构成：

B4—1 工程款支付申请表。

B4—2 工程款支付证书。

B4—3 工程变更费用报审表。

B4—4 费用索赔申请表。

B4—5 费用索赔审批表。

（五）合同管理资料

B5 类，合同管理资料。主要内容有：

B5—1 委托监理合同。

B5—2 工程延期申请表。

B5—3 工程延期审批表。

B5—4 分包单位资质报审表。总承包单位在分包工程开工前，须将分包单位的资格报项目监理机构审查确认。未经总监理工程师确认，分包单位不得进场施工。总监理工程师对分包单位资格的确认不解除总承包单位应负的责任。

（六）竣工验收资料

B6 类，监理竣工验收资料。主要来自施工单位和监理单位。包括：

B6—1 单位（子单位）工程竣工预验收报验表。

B6—2 单位（子单位）工程质量竣工预验收记录。

B6—3 单位(子单位)工程质量控制资料核查记录。

B6—4 单位(子单位)工程安全和功能检验资料核查及主要功能抽查记录。

B6—5 单位(子单位)工程观感质量检查记录。

B6—6 工程质量评估报告。

B6—7 监理费用决算资料。

B6—8 监理资料移交书。

第二节　工程监理主要文件资料的编写

监理文件按《建设工程监理规范》(GB/T 50319—2013)规定之程序编制。由于《建设工程监理规范》所提的文件内涵与《建筑工程资料管理规程》基本相同,根据工程实际使用情况,下面统一按照《建筑工程资料管理规程》(JGJ/T 185—2009)的文件结构介绍基本的监理资料的编写方法。

一、监理管理资料

(一)监理规划

监理规划是在签订委托监理合同及收到设计文件后,由总监理工程师主持、专业监理工程师参加编制的,经监理单位技术负责人审核批准用来指导项目监理机构全面开展监理工作的纲领性文件。

监理规划的内容应有针对性,做到控制目标明确、措施有效、工作程序合理、工作制度健全、职责分工清楚,对监理实践有指导作用。监理规划应有时效性,在项目实施过程中,应根据情况的变化做必要的调整、修改,经原审批程序批准后,再次报送建设单位。

监理规划至少应包含以下 12 项内容:

(1)工程概况。包括工程名称、建设地址、工程项目组成及建设规模、主要建筑结构类型、建筑面积、工期及开竣工日期、工程质量等级、预计工程投资总额、主要设计单位及工程总承包单位等。

监理规划范本

(2)监理工作的范围、内容、目标。监理工作范围应根据监理合同界定的工作范围来划分,如果监理单位承担全部工程项目的工程建设监理任务,监理的范围为全部工程项目。在工程项目建设的不同阶段,监理的工作内容都不相同,在项目的施工阶段,监理工作内容主要是三控制(投资控制、质量控制、进度控制)、二管理(信息管理、合同管理)、一协调(组织协调)。监理工作目标是监理单位所承担工作项目的投资、工期、质量等的控制目标,应按照监理合同所确定的监理工作目标来控制。

(3)监理工作依据。包括建设工程相关的法律、法规、规范、标准;建设项目设计文件;监理大纲;委托监理合同文件以及与建设工程项目相关的合同文件。

(4)监理组织形式、人员配备及进退场计划、监理人员岗位职责。按照项目监理机构的岗位设置内容以图或表来表示组织形式。根据监理工作内容、工作复杂程度,配备相应层次和数量的总监理工程师、总监代表、专业监理工程师和监理员,明确各职能部门的职责以及各类监理人员的职责分工。

(5)监理工作制度。包括监理会议制度、信息和资料管理制度、监理工作报告制度以及

其他监理工作制度。

（6）工程质量控制。包括质量控制目标的分解、质量控制程序、质量控制要点和控制质量风险的措施等。

（7）工程造价控制。包括造价控制目标的分解、造价控制程序、造价控制要点和控制造价风险的措施等。

（8）工程进度控制。包括工期控制目标的分解、进度控制程序、进度控制要点和控制进度风险的措施等。

（9）安全生产管理的监理工作。针对安全生产管理制定详细的工作方法及相应的措施。

（10）合同与信息管理。包括信息管理，工程变更管理，索赔管理要点、程序以及合同争议的处理方法等。

（11）组织协调。包括参建各方的组织协调和监理单位内部的组织协调工作。

（12）监理工作设施。包括由建设单位按照监理合同约定提供的设施和监理单位自备的监理设施。

当工程项目较为特殊时，监理规划还应增加其他必要的内容。

（二）监理实施细则

对专业性较强、危险性较大的分部分项工程，应编制"监理实施细则"。监理实施细则是根据监理规划，在落实了各专业的监理责任后，由专业监理工程师编写并经总监理工程师批准，针对工程项目中某一专业或某一方面开展监理工作的操作性文件。其主要内容包括专业工程特点、监理工作流程、监理工作要点和监理工作方法及措施。它的编制程序与依据应符合下列规定：

（1）对中型及以上或专业性较强的或技术复杂的工程项目，项目监理机构应编制监理实施细则；对规模较小或小型的工程可将监理规划编制得详细一点，不再另行编写监理实施细则。

（2）监理实施细则应符合监理规划的要求，并应体现项目监理机构对所监理的工程项目的专业特点，做到详细具体、具有可操作性。例如：砖混、框架、排架、框剪等不同结构类型的建筑各有特点，在专业技术、管理和目标控制方面都有具体要求，应分别编制。

监理实施细则
（示范文本）

（3）监理实施细则必须在相应工程开始前编制完成。当某分部或单位工程按专业划分构成一个整体的局部或施工图未出齐就开工等情况时，可按工程进展情况分阶段编写监理实施细则。

（4）在监理工作实施过程中，监理实施细则应根据实际情况进行补充、修改和完善。

（三）监理月报

监理月报是在工程施工过程中项目监理机构就工程实施情况和监理工作定期向建设单位所做的报告。项目监理机构每月以监理月报的形式向建设单位报告本月的监理工作情况，使建设单位了解工程施工的基本情况，同时掌握工程进度、质量、投资及施工合同的各项目标完成的监理控制情况。

监理月报范本

监理月报由项目总监理工程师组织编写，由总监理工程师签认，报送建设单位和本监理单位，报送时间由监理单位和建设单位协商确定，一般在收到承包单位项目经理部报送来的

工程进度,汇总了本月已完工程量和本月计划完成工程量的工程量表、工程款支付申请表等相关资料后,在上月 26 日到本月 25 日编制完毕,并于下月 5 日前发出。

监理月报的内容有四点,根据建设工程规模大小决定汇总内容的详细程度,具体为:

(1)本月工程实施情况;

(2)本月监理工作情况;

(3)本月施工中存在的问题及处理情况;

(4)下月监理工作重点。

有些监理单位还加入了①承包单位、分包单位机构、人员、设备、材料构配件变化;②分部、分项工程验收情况;③主要施工试验情况;④天气、温度、其他原因对施工的影响情况;⑤工程项目监理部机构、人员变动情况等的动态数据,使月报更能反映不同工程当月施工实际情况。

编写监理月报时还应注意以下事项:

(1)月报的内容要求实事求是,按提纲要求逐项编写。要求义字简练,表达有层次,突出重点,多用数据说明,但数据必须有可靠的来源。

(2)提纲中开列的各项内容编排顺序不得任意调换或合并;各项内容如本期未发生,应将项目照列,并注明"本期未发生"。

(3)月报底稿要求字体工整,不得潦草,使用规范的简体汉字,使用国家标准规定的计量单位,如 m、cm^2、mm^2、t、L 等,不使用中文计量单位名称,如千克、吨、米、平方厘米、兆帕等。

(4)文中出现的数字一律使用阿拉伯数字,如地下 2 层、第 15 层,不使用地下二层、第十五层等。

(5)各种技术用语应与各种设计、标准、规范、规程中所用术语相同。

(6)本规定中的各种表格的表号不得任意变动,不得自行增减栏目,也不得颠倒各栏目的排列顺序,以免打印时发生错误。

(7)月报中参加工程建设各方的名称做如下统一规定:

①建设单位:不使用业主、甲方、发包方、建设方。

②承包单位:不使用乙方、承包商、承包方;可使用总包单位和分包单位;承包单位分包的包清工的建筑队一律称包工队;承包单位派驻施工现场的执行机构统称项目经理部。

③监理单位:不使用监理方;监理单位派驻施工现场的执行机构统称项目监理部。一般不宜单独使用"监理"一词,应具体注明所指为监理公司、监理单位、项目监理部、监理人员或者监理工程师。

④设计单位:不使用书记员、设计、设计人员等。

(8)文稿中所用的图表及文件,要求字迹及图表线条清楚,一律使用黑色或蓝黑色墨水,或黑色圆珠笔,不得使用铅笔或红蓝铅笔。

(9)各项目经理部编写的监理月报稿,应按目录顺序排列,各表格应排列至相应适当位置,并装订成册,经总监理工程师检查无误并签认后再打印。

(10)各项图表填报的依据及各表格中填表的统计数字,均应由监理工程师进行实地调查或进行实际计量计算,如需承包单位提供时,也应进行审查与核对无误后自行填写,严禁将图表、表格交承包单位任何人员代为填报。

（四）监理会议纪要

监理例会是履约各方沟通情况，交流信息、协调处理、研究解决合同履行中存在的各方面问题的主要协调方式，由项目监理机构主持。会议纪要根据会议记录整理，与会各方代表应会签，其主要内容包括：

（1）会议地点及时间；

（2）会议主持人；

（3）与会人员姓名、单位、职务；

（4）会议主要内容、议决事项及其负责落实单位、负责人和时限要求；

①检查上次会议议定事项的落实情况，分析未完事项原因；

②检查分析工程项目进度计划完成情况，提出下一阶段进度目标及其落实措施；

③检查分析工程项目质量状况，针对存在的质量问题提出改进措施；

④检查工程量核定及工程款支付情况；

⑤解决需要协调的有关事项；

⑥其他事项。例会上意见不一致的重大问题，应将各方的主要观点，特别是相互对立的意见记入"其他事项"中。会议纪要的内容应准确如实，简明扼要，经总监理工程师审阅，与会各方代表会签，发至合同有关各方，并应有签收手续。

监理例会会议纪要范文

（五）监理日志

监理日志由专业监理工程师和监理员书写，监理日志和施工日志一样，都是反映工程施工过程的实录，一个同样的施工行为，往往两本日志可能记载有不同的结论，事后在工程发现问题时，日志就起了重要的作用，因此，认真、及时、真实、详细、全面地做好监理日志，对发现问题、解决问题，甚至仲裁、起诉都有作用。

监理日志有不同角度的记录，项目总监理工程师可以指定一名监理工程师对项目每天总的情况进行记录，通称为项目监理日志；专业监理工程师可以从各专业的角度进行记录；监理员可以从负责的单位工程、分部工程、分项工程的具体部位施工情况进行记录，侧重点不同，记录的内容、范围也不同。项目监理日志的主要内容有：

（1）天气和施工环境情况；

（2）当日施工进展情况；

（3）当日监理工作情况，包括旁站、巡视、见证取样、平行检验等情况；

（4）当日存在的问题及协调解决情况；

（5）其他有关事项。

监理工作总结

（六）监理工作总结

监理总结有工程竣工总结、专题总结、月报总结三类，三类总结在建设单位都属于要长期保存的归档文件，专题总结和月报总结在监理单位是短期保存的归档文件，而工程竣工总结属于要报送城建档案管理部门的监理归档文件。

工程竣工的监理总结主要内容有：

（1）工程概况；

（2）项目监理机构；

（3）建设工程监理合同履行情况；

（4）监理工作成效；

（5）监理工作中发现的问题及其处理情况（该内容为总结的要点，主要内容有质量问题、质量事故、合同争议、违约。索赔等处理情况）；

（6）说明和建议。

（七）工作联系单（表 B.1.1）

本表适用于参与建设工程的建设单位、施工单位、监理单位、勘察设计单位和质监单位相互之间就有关事项的联系，发出单位有权签发的负责人应为：建设单位的现场代表（施工合同中规定的工程师）、承包单位的项目经理、监理单位的项目总监理工程师、设计单位的本工程设计负责人、政府质量监督部门的负责该工程的工程师，不能任何人随便签发，若用正式函件形式进行通知或联系，则不宜使用本表，改由发出单位的法人签发。该表的事由为联系内容的主题词。若用于混凝土浇灌申请时，可由工程项目经理部的技术负责人签发，工程项目监理部也用本表予以回复，本表可以由土建工程监理工程师签署。本表签署的份数根据内容及涉及范围而定。

工作联系单的编写要点：

（1）熟悉把握质量标准；

（2）注重工程相关细节和关键点；

（3）明确逻辑关系，文字表述清楚；

（4）对质量要指出具体的时间、地点、问题所在，并提出改进要求。

施工单位对监理工作联系单一般应有回复。如果不需回复时，下发时应有签收记录，并应注明收件人的姓名、单位和收件日期，并由相关单位各保存一份备查。

（八）监理工程师通知单（表 B.1.2）

监理工程师通知单是工程项目监理部按照委托监理合同所授予的权限，针对承包单位出现的各种问题而发出的要求承包单位进行整改的指令性文件。工程项目监理部使用时要注意尺度，既不能不发通知，也不能滥发，以维护监理通知的权威性。监理工程师现场发出的口头指令及要求，也应采用此表，事后予以确认。承包单位应使用"监理工程师通知回复单"（表 C.1.7）回复。本表一般可由专业工程监理工程师签发，但发出前必须经过总监理工程师同意，重大问题应由总监理工程师签发。填写时，"事由"应填写通知内容的主题词，相当于标题，"内容"应写明发生问题的具体部位、具体内容，写明监理工程师的要求、依据。

（九）监理工程师通知回复单（表 C.1.7）

本表用于承包单位接到项目监理部的"监理工程师通知单"（表 B.1.2），并已完成了监理工程师通知单上的工作后，报请项目监理部进行核查。表中应对监理工程师通知单中所提问题产生的原因、整改经过和今后预防同类问题准备采取的措施进行详细的说明，且要求承包单位对每一份监理工程师通知都要予以答复。监理工程师应对本表所述完成的工作进行核查，签署意见，批复给承包单位。本表一般可由专业工程监理工程师签认，重大问题由总监理工程师签认。

（十）工程暂停令（表 B.1.3）

发生下述五种情况中任何一种，总监理工程师应根据停工原因、影响范围，确定工程停工范围，签发工程暂停令，向承包单位下达工程暂停的指令。

（1）建设单位要求暂停施工且工程需要暂停施工的；

（2）施工单位未经批准擅自施工或拒绝项目监理机构管理的；

（3）施工单位未按审查通过的工程设计文件施工的；

（4）施工单位未按批准的施工组织设计、（专项）施工方案施工或违反工程建设强制性标准的；

（5）施工存在重大质量、安全事故隐患或发生质量、安全事故的。

表内必须注明工程暂停的原因、范围、停工期间应进行的工作及责任人、复工条件等。签发本表要慎重，要考虑工程暂停后可能产生的各种后果，并应率先征得建设单位同意，在紧急情况下未能实现报告时，应在事后及时向建设单位做出书面报告。

（十一）工程复工报审表（表 C.3.2）

当暂停施工原因消失，具备复工条件时，施工单位向监理单位报请复工时填写。项目监理机构应审查施工单位报送的复工报审表及有关材料，符合要求后，总监理工程师应及时签署审查意见，并应报建设单位批准后签发工程复工令；施工单位未提出复工申请的，总监理工程师应根据工程实际情况指令施工单位恢复施工。

二、进度控制资料

（一）工程开工报审表（表 C.3.1）

施工阶段承包单位向监理单位报请开工时填写，如整个项目一次开工，只填报一次，如工程项目中涉及多个单位工程且开工时间不同，则每个单位工程开工都应填报一次。承包单位认为已具备开工条件时向项目监理部申报"工程开工报审表"及相关材料，总监理工程师应组织专业监理工程师审查，同时具备下列条件时，由总监理工程师签署审查意见，报建设单位批准后，总监签发工程开工令。

（1）设计交底和图纸会审已完成。

（2）施工组织设计已由总监理工程师签认。

（3）施工单位现场质量、安全生产管理体系已建立，管理及施工人员已到位，施工机械具备使用条件，主要工程材料已落实。

（4）进场道路及水、电、通信等已满足开工要求。

（二）施工进度计划报审表（表 C.3.3）

《施工进度计划报审表》是由施工单位按施工合同约定编制的施工总进度计划和阶段性施工进度计划，报项目监理机构审查、确认和批准的资料。项目监理机构审查后提出审查意见，并由总监理工程师审核后报建设单位。审查的重点是：

（1）施工进度计划应符合施工合同中工期的约定。

（2）施工进度计划中主要工程项目无遗漏，应满足分批投入试运、分批动用的需要，阶段性施工进度计划应满足总进度控制目标的要求。

（3）施工顺序的安排应符合施工工艺要求。

（4）施工人员、工程材料、施工机械等资源供应计划应满足施工进度计划的需要。

（5）施工进度计划应符合建设单位提供的资金、施工图纸、施工场地、物资等施工条件。

三、质量控制资料

(一)质量事故报告及处理资料

当施工过程中发生了工程质量问题(事故)时,项目监理机构应要求施工单位报送质量事故调查报告和经设计等相关单位认可的处理方案,并应对质量事故的处理过程进行跟踪检查,同时应对处理结果进行验收。项目监理机构应及时向建设单位提交质量事故书面报告,并应将完整的质量事故处理记录整理归档。

(二)旁站监理记录(表 B.3.1)

旁站监理是在工程项目实施过程中,项目监理人员在施工现场对承包商的施工活动进行的跟踪监理。旁站监理是监理单位执行法律和规范、规定所应尽的职责,是监理单位为保证工程质量的自身价值体现。

1. 旁站监理的范围

《房屋建筑工程施工旁站监理管理办法(试行)》规定:施工阶段监理中对房屋建筑工程的关键部位、关键工序的施工质量实施全过程现场跟班监督活动。

关键部位与关键工序的质量控制,不同结构类型的工程,其控制内容是不同的。在地基基础工程方面包括土方回填、混凝土灌注桩浇筑、地下连续墙、土钉墙、后浇带等其他结构混凝土、防水混凝土浇筑、卷材防水细部构造处理、钢结构安装;在主体结构方面包括梁柱节点钢筋隐蔽过程、混凝土浇筑、预应力张拉、装配式结构安装、钢结构安装、网架结构安装、索膜安装等。

监理单位在编制监理规划时,应当制定旁站监理方案,明确旁站监理的范围、内容、程序和旁站监理人员的职责等。

2. 旁站监理工作的主要操作程序

(1)检查用于该旁站监理的全部工程的材料、半成品和构配件是否经过检验,该检验是否合格;

(2)检查特殊工种的上岗操作证书,无证不准上岗;

(3)检查施工机械、设备运行是否正常;

(4)检查施工环境是否对工程质量产生不利影响;

(5)按批准执行的施工方案、操作工艺,检查操作人员的技术水平,操作条件是否达到标准要求,是否经过技术交底;

(6)检查施工是否按技术标准、规范、规程和批准的设计文件、施工组织设计、"工程建设标准强制性条文"施工;

(7)施工方的质量管理人员、质量检查人员,必须在岗并定期进行检查;

(8)对已施工的工程进行检查,看其是否存在质量和安全隐患,发现问题及时上报;

(9)做好监理的有关资料填报、整理、签审、归档等工作。

3. 旁站监理资料要求

(1)旁站监理必须坚决执行并记录,记录应及时、准确;内容完整、齐全,技术用语规范,文字简练明了。

(2)旁站监理记录是监理工程师或总监理工程师依法行使其签字权的重要依据。对于需要旁站监理的关键部位、关键工序施工，凡没有实施旁站监理或者没有旁站监理记录的，监理工程师或总监理工程师不得在相应文件上签字。

（3）经工程师验收后，应当将旁站监理记录存档备查。

（4）签字及盖章必须齐全，不得代签和加盖手章，不签字无效。

填写旁站监理记录应符合现行国家标准《建设工程监理规范》（GB/T 50319—2013）的有关规定。监理单位填写的旁站监理记录应一式三份，并由建设单位、监理单位、施工单位各保存一份。

（三）见证取样和送检见证人员备案表（表 B.3.2）

为了加强建设工程质量管理和监督，每个单位工程必须有 1～2 名取样和送检见证人，见证人由施工现场监理人员或由建设单位委派具有一定试验知识的专业技术人员担任。见证人设定后，建设单位根据建设工程质量监督的有关规定，向工程质量监督机构办理见证取样和送检见证人员备案书表，一式五份（质量监督站、检测单位、建设单位、监理单位、施工单位各一份）。工程竣工后将备案表存入工程档案。见证人和送检单位对送检试验样品的真实性和代表性负法律责任。

（四）见证记录（表 B.3.3）

见证记录是见证人员对关键部位、关键工序的施工质量现场监督活动有关情况的记录。见证记录在建筑工程质量控制管理中十分重要，关键部位、关键工序施工时，如果监理人员和承包单位现场质检人员未在见证记录上签字的，则不能进行下一道工序的施工。

（五）工程技术文件报审表（表 C.2.1）

建设工程技术文件一般是按照交工技术文件（即归档文件）来划分，每个行业都有不同的要求和范畴，从项目前期市场调研、可行性研究，到设计文件、施工过程文件，以及设备材料的采购文件及厂商资料等，都属于技术文件。主要有施工组织设计（方案）报审表、工程材料/构配件/设备报验表、施工测量放线报验单、工程报验单、工程质量事故报告单、工程质量整改通知、工程质量事故处理方案报审、工程变更单、混凝土浇灌申请书等。

该表的填报要求将在模块三施工单位文件资料管理中详细说明。

四、造价控制资料

（一）工程款支付申请表（表 C.3.6）

在分项、分部工程或按照施工合同付款的条款完成相应工程的质量并已通过监理工程师认可后，承包单位要求建设单位支付合同内项目及合同外项目的工程款时，填写本表向工程项目监理部申报。

工程款支付申请表中应包含的附件有：

（1）在申请工程预付款支付时：施工合同中有关规定；

（2）在申请工程进度款支付时：已经核准的工程量清单，监理工程师的审核报告、款额计算和其他有关的资料；

（3）在申请工程竣工结算款支付时：竣工结算资料、竣工结算协议书；

（4）在申请工程变更费用支付时："工程变更单"及有关资料；

（5）在申请索赔费用支付时："费用索赔审批表"（表 B.4.2）及有关资料；

（6）合同内项目及合同外项目其他应附的付款凭证。

工程项目监理部的专业工程监理工程师对本表及其附件进行审批，提出审核记录及批复建议。同意付款时，应注明应付的款额及其计算方法，报总监理工程师审批，并将审批结果以"工程款支付证书"（表 B.4.1）批复给施工单位并通知建设单位。不同意付款时应说明理由。

（二）工程款支付证书（表 B.4.1）

本表为项目监理部收到承包单位报送的"工程款支付申请表"（表 C.3.6）后用于批复用表。由各专业工程监理工程师按照施工合同进行审核，及时抵扣工程预付款后，确认应该支付工程款的项目及款额，提出意见，经过总监理工程师审核签认后，报送建设单位，作为支付的证明，同时批复给承包单位，随本表应附承包单位报送的"工程款支付申请表"（表 C.3.6）及其附件。

（三）工程变更费用报审表（表 C.3.7）

本表用于当工程发生工程变更后，承包单位依据合同向建设单位申请工程变更费用所使用的文件。总监理工程师组织专业监理工程师对工程变更费用做出评估，组织建设单位、施工单位等共同协商确定工程变更费用。详见模块三施工单位文件资料管理的相关要求。

（四）费用索赔申请表（表 C.3.8）

本表用于费用索赔事件结束后，承包单位向项目监理部提出费用索赔时填报。在本表中详细说明索赔事件的经过、索赔理由、索赔金额的计算式等，并附有必要的证明材料，经过承包单位项目经理签字。总监理工程师应组织监理工程师对本表所述情况及所提的要求进行审查与评估，并与建设单位协商后，在施工合同规定的期限内签署"费用索赔审批表"（表 B.4.2）或要求承包单位进一步提交详细资料后重报申请，批复承包单位。

（五）费用索赔审批表（表 B.4.2）

本表用于收到施工单位报送的"费用索赔申请表"（表 C.3.8）后，工程项目监理部针对此项索赔事件，进行全面的调查了解、审核与评估，然后做出批复。本表中应详细说明同意或不同意此项索赔的理由，同意索赔时，说明同意支付的索赔金额及其计算方法，并附有关的资料。本表由专业工程监理工程师审核后，报总监理工程师签批，签批前应与建设单位、承包单位协商确定批准的赔付金额。

五、合同管理资料

（一）委托监理合同

建设工程委托监理合同简称为监理合同，是指工程建设单位聘请监理单位代其对工程项目进行管理，明确双方权利、义务的协议。建设单位称委托人，监理单位称受托人。委托监理合同特征如下：

（1）监理合同的当事人双方应当是具有民事权利能力和民事行为能力、取得法人资格的企事业单位、其他社会组织，个人在法律允许范围内也可以成为合同当事人。作为委托人必须是有国家批准的建设项目，落实投资计划的企事业单位、其他社会组织及个人，作为委托人必须是依法成立具有法人资格的监理单位，并且所承担的工程监理业务应与单位资质相符合。

（2）监理合同的订立必须符合工程项目建设程序。

（3）与工程建设实施阶段所签订的其他合同，如勘察设计合同、施工承包合同、物资采购合同、加工承揽合同的标的物是产生新的物质或信息成果不同，监理合同的标的是服务，即监理工程师凭据自己的知识、经验、技能受业主委托为其所签订的其他合同的履行实施监督和管理。因此《中华人民共和国合同法》将监理合同划入委托合同的范畴。合同法第二百七十六条规定"建设工程实施监理的，发包人应当与监理人采用书面形式订立委托监理合同。发包人与监理人的权利和义务以及法律责任，应当依照本法委托合同以及其他有关法律、行政法规的规定。"

为规范建设市场各方主体行为，委托监理合同按《建设工程监理合同（示范文本）》（GF－2012—0202）执行。

（二）工程延期申请表（表 C.3.5）

当发生工程延期事件，并有持续性影响时，承包单位填报本表，向工程项目监理部申请工程临时延期；工程延期事件结束，承包单位向工程项目监理部最终申请确定工程延期的日历天数及延迟后的竣工日期，此时应将本表表头的"临时"两字改为"最终"。申报时应在本表中详细说明工程延期的依据、工期计算、申请延长竣工日期，并附有证明材料。工程项目监理部对本表所述情况进行审核评估，分别用"工程临时延期审批表"及"工程最终延期审批表"批复承包单位项目经理部。

（三）工程延期审批表（表 B.5.1）

本表用于工程项目监理部接到承包单位报送的"工程（临时/最终）延期申请表"后，对申报情况进行调查、审核与评估，初步做出是否同意延期申请的批复。项目监理机构批准工程延期应同时满足下列条件：

（1）施工单位在施工合同约定的期限内提出工程延期；

（2）因非施工单位原因造成施工进度滞后；

（3）施工进度滞后影响到施工合同约定的工期。

"工程临时延期审批表"中"说明"是指说明总监理工程师同意或不同意工程临时延期的理由和依据。如同意，应注明暂时同意工期延长的日数，延长后的竣工日期。同时应指令承包单位在工程延长期间，随延期时间的推移，应陆续补充的信息与资料。"工程最终延期审批表"中"说明"是指说明总监理工程师同意或不同意工程最终延期的理由和依据，同时应注明最终同意工期延长的日数及竣工日期。本表由总监理工程师签发，签发前应征得建设单位同意。

（四）分包单位资质报审表（表 C.1.3）

依据施工合同约定由总承包单位自主选择分包单位的，应由总承包单位根据完成分包施工任务的能力择优选择好分包单位并报监理单位审查，专业监理工程师和总监理工程师分别签署意见，审查批准后，分包单位才能进场完成相应的施工任务。总包单位对分包单位的资质审核主要内容有：

（1）分包单位资质（营业执照、资质等级、安全生产许可）；

（2）分包单位业绩材料；

(3)拟分包工程内容、范围;

(4)专职管理人员和特种作业人员的资格证、上岗证。

六、竣工验收资料

(一)单位(子单位)工程竣工预验收报验表

工程竣工预验报验单是承包单位向建设单位和项目监理机构提请,当单位(子单位)工程经承包单位自检符合竣工条件后,提出的对该工程项目进行初验的申请。

总监理工程师组织项目监理人员根据有关规定与施工单位共同对工程进行检查验收,合格后总监理工程师签署《工程竣工预验收报验单》并及时报告建设单位和编写《工程质量评估报告》。

单位工程竣工预验收资料内容包括单位(子单位)工程质量竣工验收记录、单位(子单位)工程质量控制资料核查记录、单位(子单位)工程安全和功能检验资料核查及主要功能抽查记录、单位(子单位)工程观感质量检查记录。

竣工预验收的程序:

(1)当单位工程达到竣工验收条件后,承包单位应在自审、自查、自评工作完成后,编制竣工报告,施工单位的法定代表人和技术负责人签章后填写工程竣工预验收报验表,并将全部竣工资料报送项目监理机构,申请竣工预验收。

(2)总监理工程师应组织各专业监理工程师对竣工资料及各专业工程的质量情况进行全面检查,对检查出的问题,应督促承包单位及时整改。

(3)总监理工程师应组织各专业监理工程师对本专业工程的质量情况进行全面检查,对发现影响竣工验收的问题,签发《监理工程师通知单》,要求承包单位整改和完善。

(4)对需要进行工程安全和功能检验的工程项目(包括单机试车和无负载试车),监理工程师应督促承包单位及时进行试验,并对重要项目进行现场监督、检查,必要时请建设单位和设计单位参加;监理工程师应认真审查试验报告单。

(5)监理工程师应督促承包单位搞好成品保护和现场清理。

(6)经项目监理机构对竣工资料及实物全面检查、验收合格后,由总监理工程师签署申请工程竣工报验表,并向建设单位提出质量评估报告,请建设单位组织工程竣工验收。

(二)单位(子单位)工程质量竣工验收记录

(三)单位(子单位)工程质量控制资料核查记录

(四)单位(子单位)工程安全和功能检验资料核查及主要功能抽查记录。

(五)单位(子单位)工程观感质量检查记录

以上(二)至(五)均为单位(子单位)工程竣工验收资料,具体要求详见模块三施工单位文件资料管理的相关要求,在此不再赘述。

(六)工程质量评估报告

工程质量评估报告是项目监理机构对被监理工程的单位(子单位)工程施工质量进行总体评价的技术性文件。工程质量评估报告应由总监理工程师组织专业监理工程师进行编写。其内容包括以下四个部分:

1. 工程概况

应说明工程所在地理位置、建筑面积、设计单位、施工单位、监理单位,建筑物功能、结构形式、装饰特色等。

2. 质量评估依据

(1)合同条款、设计文件;

(2)建筑工程质量验收系列标准;

(3)国家、地方现行有关建筑工程质量管理办法、规定等。

3. 分部分项工程及质量评定

分部工程质量评估报告应叙述分项工程划分及施工单位自评质量等级情况,要着重反映监理工程日常对分项工程质量等级的核查情况。地基与基础分部工程还应重点说明桩基的施工质量状况,主体工程分部应增加对建筑物沉降观测对混凝土强度的评定情况,砖混结构应说明对砂浆强度的评定情况。编写单位工程质量评估报告时,要简述各分部工程的质量评定情况,设备安装、调试、试运转情况。重点叙述对质量保证资料的审查、观感质量评定等,反映工程的结构、安全、重要使用功能、装饰工程的质量特色等,此外还应说明建筑物有无异常的沉降、裂缝、倾斜等情况。

4. 质量评估意见

监理单位应对所评估的分部、分项、单位工程有个确切的意见。单位工程竣工后,监理工程师应根据主体、装饰工程质量等级评定、质量保证资料的审查、观感质量评定评估工程的结构安全、重要使用功能及主要质量情况,并应有确切的质量评估结论性意见。

(七)监理费用决算资料

监理费用是委托人按照合同约定给付监理人的酬金。合同约定全部工作任务完成后,监理单位提交相应监理费用决算资料,委托人与监理人结清并支付全部酬金。

(八)监理资料移交书

监理单位全部工作任务完成后,向建设单位移交工程监理资料,附移交明细表,由移交单位和接受单位双方签认。

思考题

1. 《建设工程监理规范》与《建筑工程资料管理规程》对监理资料的分类有何异同?

2. 监理规划属于哪一类监理资料?由谁组织编制?其内容由哪些部分构成?

3. 监理规划与监理实施细则在内容上主要存在哪些区别?

4. 专业监理工程师与监理员分别记录的监理日志在内容上有何异同?

5. 分别阐述工作联系函、监理工程师通知、工程暂停令三个监理文件的使用条件。

6. 分别从建筑工程文件资料的角度阐述如何报审分包单位、工程技术文件、工程材料。

【本模块表格范例】

表 B.1.1　工作联系单

工程名称	××工程		编　号	×××

致　××监理公司　（单位）

事由：关于原老路基地基处理方案。

内容：

　　现我方已基本完成主干道以西道路的路基整平工作。由于原老路路基达不到设计要求，致使我方无法开展下一步工作，已停工整整 10 天，整体施工进度计划已严重滞后。我方分别于 2010 年 8 月 8 日和 2010 年 8 月 10 日两次请建设工程质量检测中心对原老路路基进行弯沉试验，试验结果容许弯沉值远远超过图集 93ZJ 007—3 中的设计要求（详见试验报告）。而设计院于 2010 年 8 月 15 日工作联系函中未明确给出路基处理方案，要求换填材料由建设方自定。由于地基处理方案迟迟不能确定，如此有利的天气而不能施工，导致我方大量人员、机械设备闲置。

　　为尽快确定路基处理方案，我方根据公司多年从事道路施工经验提出地基处理意见：从现场实际情况来看，路基达不到设计要求的主要原因为回填土不符合要求，全部是风化岩和杂土，且下水管网已做好，回填后没有分层压实（见所附照片）。所以处理方式只有换填，并分层压实。现我方建议对基层以下 2.5 m 的回填土全部换填，然后回填 1.5 m 的级配砂，用水夯实，面层再回填 1 m 的好土分层碾压。

　　望贵方尽快确定路基处理方案为盼，以助我方追赶整体施工进度！

单　位　　××建筑工程公司　　

负责人　　　　×××　　　　

日　期　　××年××月××日　

表 B.1.2　监理工程师通知

工程名称	××工程	编　号	×××

致　　××建筑工程公司　　（施工总承包单位/专业承包单位）

事由：关于　室内回填土土质和夯实问题

内容：

商业楼主楼基础施工已达到±0.000，今日9:00起已开始用自卸汽车运土回填，现已在主楼东段堆土近百立方米，存在以下问题：

1.运来的土中，含有较多的淤泥质土和草皮等有机杂质（这些不合格土，在土堆中有多处且比较集中，说明在取土时是可以把它们分开的）；

2.汽车运来的土，一次填土深度超过2 m，没有按施工规范分层填筑，难以夯实。

要求：

1. 暂停运土入场，把已运来的土先行分散，同时，清除淤泥质土和草皮等有机杂质，再按设计和施工规范要求分层进行回填、夯实，并做好填土压实度的试验记录；

2. 注意在回填管沟时，用人工先从管边两侧对称填土夯实，至管顶0.5 m以上，方能用打夯机夯实；

3. 再次运土入场时，要注意区分土质，防止不合格土混杂入场。

附件：（略）

监　理　单　位_____××监理公司_____

总/专业监理工程师_____×××_____

日　　　期_____××年××月××日_____

表 B.1.3　工程暂停令

工程名称	××工程	编　号	×××

致：　××建筑工程公司　（施工总承包单位/专业承包单位）

由于　设计单位提出的工程变更：Ⅰ区二层吊顶内水电管线安装交叉抵触（《工程变更单》××—××号）　原因，现通知你方必须于　2010 年　6 月　6 日　9 时起，对本工程的　Ⅰ区二层吊顶内水电管线安装　部位（工序）实施暂停施工，并按要求做好下述各项工作：

1. 由监理工程师和承包单位有关人员共同对Ⅰ区二层吊顶内水电管线安装施工进度进行记录；

2. 按设计变更及附图要求：降低吊顶标高，调整管线安装平面布置，对相应专业有关施工人员进行技术交底；

3. 组织施工班组按设计变更及附图要求，对Ⅰ区二层吊顶内水电管线进行整改，安装处理完成后，项目部组织自检并报项目监理部重新验收。

监　理　单　位_____××监理公司_____

总监理工程师_____×××_____

日　　　期_____××年××月××日_____

表 B.2.1 工程进度计划报审表

工程名称	××工程	编 号	×××

致： ××建筑工程公司 （施工总承包/专业承包单位）

我方根据施工合同的有关规定，已完成____2010年3季7月____施工进度计划的编制，并经我单位技术负责人批准，请予以审查。

附件：

1．施工总进度计划

2．阶段性进度计划（说明、图表、工程量、工作量、资源配备）

施工单位 ××建筑工程公司

项目经理 ×××

日 期 ××年××月××日

审查意见：

经检查：施工进度计划编制有可行性和可操作性，与工程实际情况相符，符合合同工期及总控制计划要求，予以通过，同意按此计划组织施工。

专业监理工程师 ×××

日 期 ××年××月××日

审查意见：

同意按此进度计划执行。

监 理 单 位 ××监理公司

总监理工程师 ×××

日 期 ××年××月××日

64

表 B.3.1 旁站监理记录

工程名称	××工程			编 号	×××
开始时间	××年××月××日	结束时间	××年××月××日	日期及天气	晴

监理的部位或工序：

　　主体结构一层的全部混凝土柱的浇筑

施工情况：

　　主体结构一层的全部混凝土柱的浇筑自××年××月××日×时×分开始浇筑至××年××月××日×时×分浇筑完毕。混凝土全部采用预拌混凝土，利用混凝土罐车运输，泵送混凝土连续浇筑。混凝土振捣采用插入式振捣器。

监理情况：

　　经检查，施工企业现场持证上岗的质检人员为×××一直在岗；施工机械完好；混凝土浇筑完全符合施工方案以及工程建设强制性标准的要求；商品混凝土已按预拌混凝土标准进行了出厂检验和交货检验，并根据实际情况留置了3组混凝土试块。

发现问题：

　　一切正常，未发现异常情况。

处理结果：

备注：

监理单位名称：_____××监理公司_____　　　　施工单位名称：_____××建筑工程公司_____

旁站监理人员(签字)：_____×××_____

　　　　　　　　　　　　　　　　　　　　　　　质检员(签字)：_____×××_____

表 B.3.2 见证取样和送检见证人员备案表

工程名称	××工程		编　号	×××
质量监督站	××市质量监督站		日　期	××年××月××日
检测单位	××技术开发公司			
施工总承包单位	××工程有限公司			
专业承包单位	×××			
见证人员签字	×××	见证取样和 送检印章	（印章）	
	×××			
建设单位(章)		监理单位(章)		

表 B.3.3 见证记录

工程名称	××工程		编　号	×××	
样品名称	混凝土试块(C30)	试件编号	5—17	取样数量	1组
取样部位/地点	施工现场		取样日期	××年××月××日	
见证取样说明	依据施工图纸(图号：结施08)和国家有关现行标准、规范等，第五层梁板混凝土等级为C30，采用预拌混凝土。混凝土一次浇筑量为120 m³，需留置混凝土强度试块1组。 从施工现场混凝土罐车出料口见证试验1组。混凝土试块制作及养护符合规范规定，见证取样和送检符合建设程序要求。				
见证取样 和送检印章	（印章）				
签 字 栏	取样人员		见证人员		
	×××		×××		

表 B.4.1　工程款支付证书

工程名称	××工程	编　号	×××

致　××建筑工程公司　（建设单位）

　　根据施工合同__17__条__4__款的约定，经审核施工单位的支付申请及附件，并扣除有关款项，同意本期支付工程款共（大写）__贰佰壹拾叁万元整__（小写：__¥2130000.00__），请按合同约定及时支付。

　　其中：

　　1. 施工单位申报款为：__¥2732500.00__元

　　2. 经审核施工单位应得款为：__¥2363000.00__元

　　3. 本期应扣款为：__¥233000.00__元

　　4. 本期应付款为：__¥2130000.00__元

附件：

　　1. 施工单位的工程支付申请表及附件

　　2. 项目监理机构审查记录

　　　　　　　　　　　　　　　　　　　监 理 单 位___　　××监理公司　　___

　　　　　　　　　　　　　　　　　　　总监理工程师___　　　×××　　　___

　　　　　　　　　　　　　　　　　　　日　　　期___　××年××月××日___

表 B.4.2　费用索赔审批表

工程名称	××工程	编　　号	×××

致　××建筑工程公司　（施工总承包/专业承包单位）

　　根据施工合同　　条　　款的约定，你方提出的__钢筋半成品加工制作__费用索赔申请（第3__号），索赔（大写）__伍万叁仟肆佰元整__（小写__¥53400.00__），经我方审核评估：

　　□不同意此项索赔

　　☑同意此项索赔，金额为（大写）__伍万叁仟肆佰元整__元

同意/不同意索赔的理由：

　　按设计变更通知单（编号××），施工单位加工制作钢筋接头形式由锥螺纹全部改为滚轧直螺纹接头，已制作成型钢筋及连接套均作废，需重新按设计变更要求制作。

索赔金额的计算：

　　（执行××市2010年预算定额，具体计算公式和计算数据略，本页必要时加附页。）

　　　　　　　　　　　　　　　　　　　监 理 单 位___　　　××监理公司　　　___

　　　　　　　　　　　　　　　　　　　总监理工程师___　　　×××　　　___

　　　　　　　　　　　　　　　　　　　日　　　期___××年××月××日___

表 B.5.1　工程延期审批表

工程名称	××工程	编　号	×××

致　　××建筑工程公司　　（施工总承包/专业承包单位）

　　根据施工合同　10　条　3　款的约定，我方对你方提出的　××　工程延期申请（第××号）要求延长工期　15　日历天的要求，经过审核评估：

　　☑同意工期延长　15　日历天，使竣工日期（包括已指令延长的工期）从原来的　2010　年　12　月　05　日延迟到　2010　年　12　月　20　日，请你方执行。

　　□不同意延长工期，请按约定竣工日期组织施工。

说明：
　　因建设单位对本工程5月份进度款未及时支付给施工单位，造成水泥、钢筋等原材料不能及时购置进场投入工程使用，经甲乙方协商，同意延长工期。

监 理 单 位_____××监理公司_____

总监理工程师_____×××_____

日　　　期_____××年××月××日_____

模块三　施工单位文件资料的编制与管理

【德育目标】

求真务实　工匠精神

【教学目标】

掌握施工资料分类、编号基本原则；掌握各类施工资料的运用条件及运用流程；掌握各类施工资料的编制、填写要求；能熟练运用常用施工资料实现施工项目管理目标。

【技能抽查要求】

能正确填写施工技术资料、施工测量资料、施工记录（土建）、施工质量验收记录（土建）；能正确填写施工日志，能草拟工程联系函和工程洽商记录等文件。

【职业岗位要求】

施工资料填写、编制的相关规定；施工管理资料；施工技术资料；施工测量资料；施工物资资料；施工记录；施工试验记录；施工质量验收记录；工程竣工验收资料；安全管理及文明施工资料。

第一节　施工文件资料管理的基本要求

一、施工资料的形成过程及管理流程

在建筑工程的各类文件资料中，最复杂、最重要且比较容易出现问题的当属施工资料。根据相关规定，在施工过程中所形成的文件资料，应该按照报验、报审程序，通过施工单位的有关部门审核后，再报送建设单位或监理单位进行审核认定。施工资料的报验、报审具有时限性的要求，与工程有关的各单位宜在合同中约定清楚报验、报审的时间及应该承担的责任。如果没有约定，施工资料的申报、审批应遵守国家和当地建设行政主管部门的有关规定，并不得影响正常施工。

施工单位文件资料的形成过程如图 3-1～图 3-7 所示。

二、施工资料的历史沿革

建筑工程质量安全问题一直是关系国计民生的重大问题。1985 年以后，通过建立、健全工程质量监督站、检测中心，政府加强了对工程质量的监管，尤其规范了工程资料整理要求。1988 年出台《建筑安装工程质量检验评定统一标准》，1997 年出台《中华人民共和国建筑法》，2000 年出台《建设工程质量管理条例》，2001 年出台新的建筑工程施工质量验收标准、规范，对工程质量的稳步提高起了巨大的推动作用，更对施工资料整理提出了严格要求，资料员的工作越来越重要。

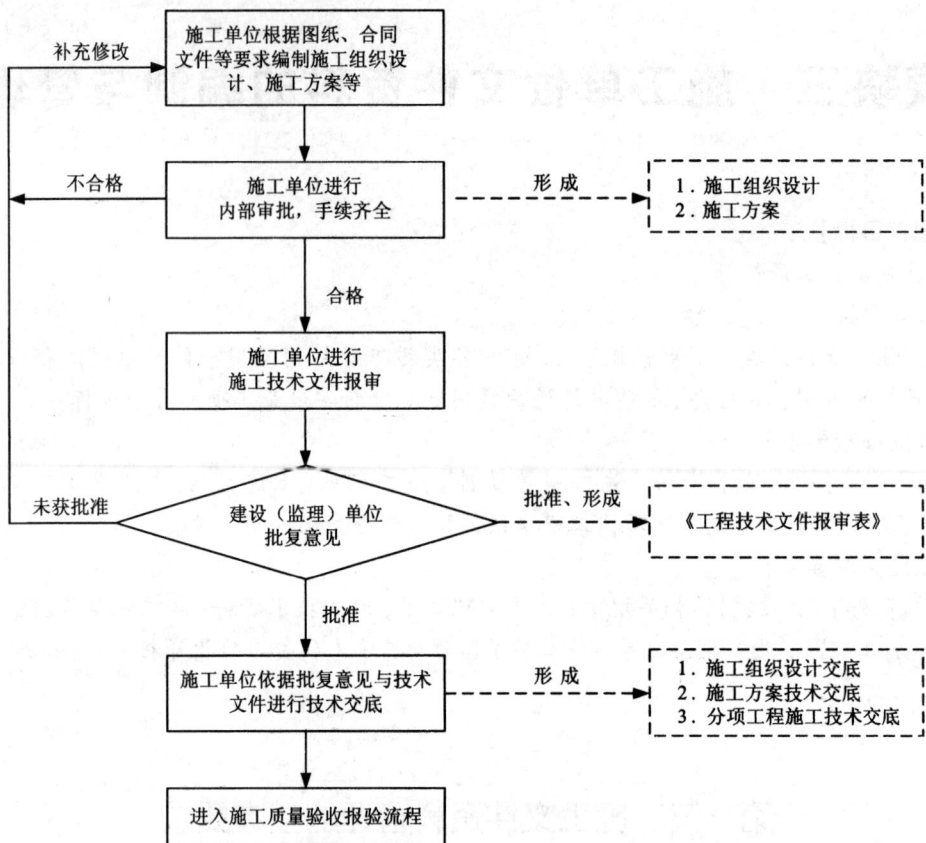

图 3-1 施工技术资料管理流程

1988 年《建筑安装工程质量检验评定统一标准》明确提出了 5 类、25 项单位工程质量保证资料的整理要求，直到现在仍具有指导意义。以 2001 年新建筑工程施工质量验收标准、规范出台为标志，施工资料整理进入了新阶段。

(一)建筑工程施工质量验收常用规范

(1)《建筑工程施工质量验收统一标准》(以下简称《统一标准》)(GB 50300—2013)

(2)《建筑地基基础工程施工质量验收标准》(GB 50202—2018)

(3)《砌体结构工程施工质量验收规范》(GB 50203—2011)

(4)《混凝土结构工程施工质量验收规范》(GB 50204—2015)

(5)《钢结构工程施工质量验收规范》(GB 50205—2001)

(6)《木结构工程施工质量验收规范》(GB 50206—2012)

(7)《屋面工程质量验收规范》(GB 50207—2012)

(8)《地下防水工程质量验收规范》(GB 50208—2011)

(9)《建筑地面工程施工质量验收规范》(GB 50209—2010)

(10)《建筑装饰装修工程质量验收标准》(GB 50210—2018)

項目部根据建筑工程预算书或工程量清单编制物资进场批次计划，并签订供货合同

供应单位根据供货合同要求组织工程物资进场

提交相关质量证明文件

相关质量证明文件包括：
1．出厂合格证
2．出厂质量保证书及质量检测报告
3．进口商品商检证明
4．质量检验部门出具的认可文件等
5．环保、消防部门出具的认可文件等
（提交的质量证明文件内容应由供应双方事先约定）

項目部对进场物资、材料、设备进行验收，并填写验收单

抽样测试

开箱检查

不合格

退货或按合同约定处理

合格

項目部向监理工程师呈报物资材料报验资料

形成

1．材料、构配件进场检验记录
2．材料试验报告（通用）
3．设备开箱检查记录
4．设备及管道附件试验记录
5．物资进场复试报告（试验单位提供）

建设（监理）单位审核

工程材料/构配件/设备报审表

工程施工

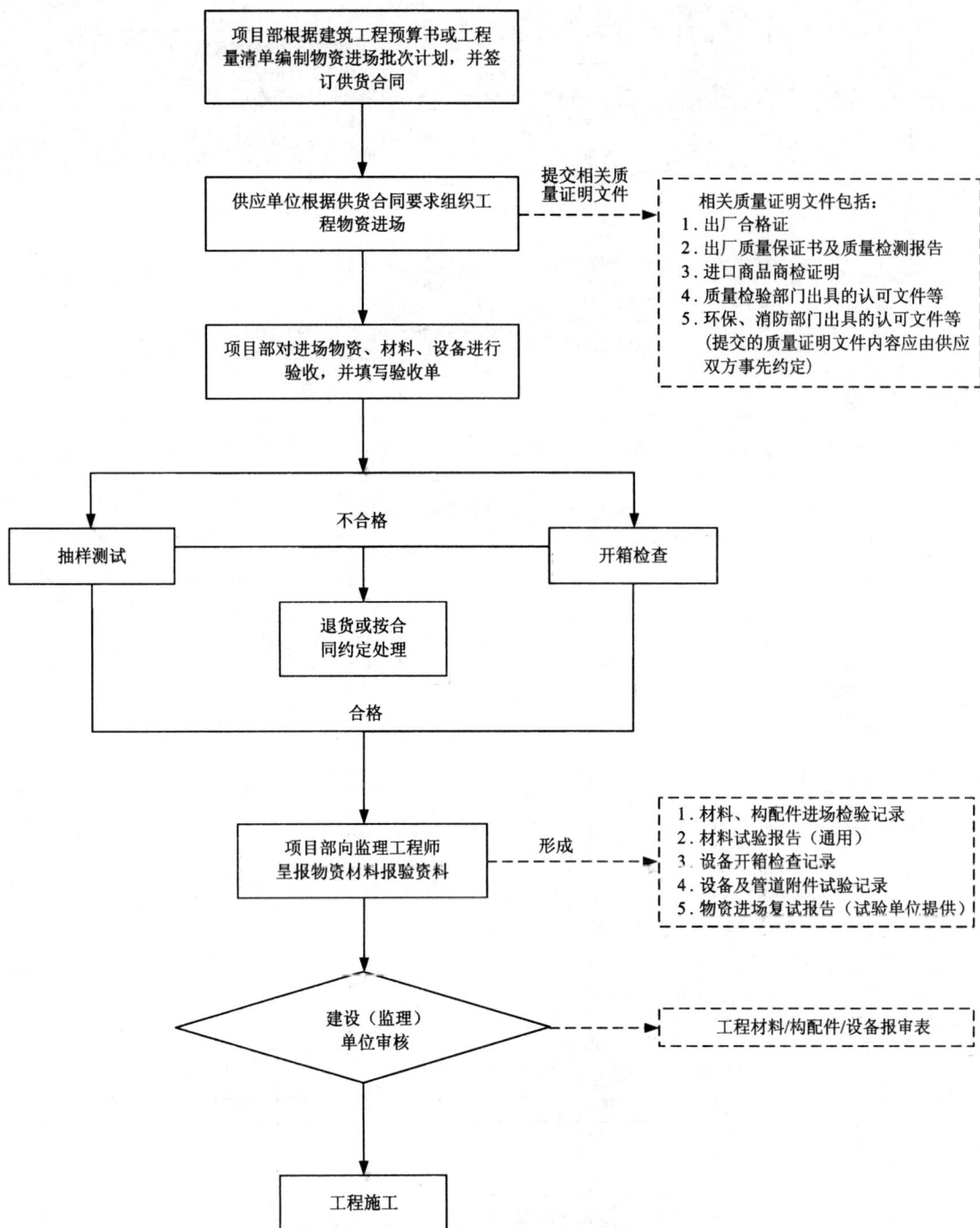

图 3-2　施工物资资料管理流程

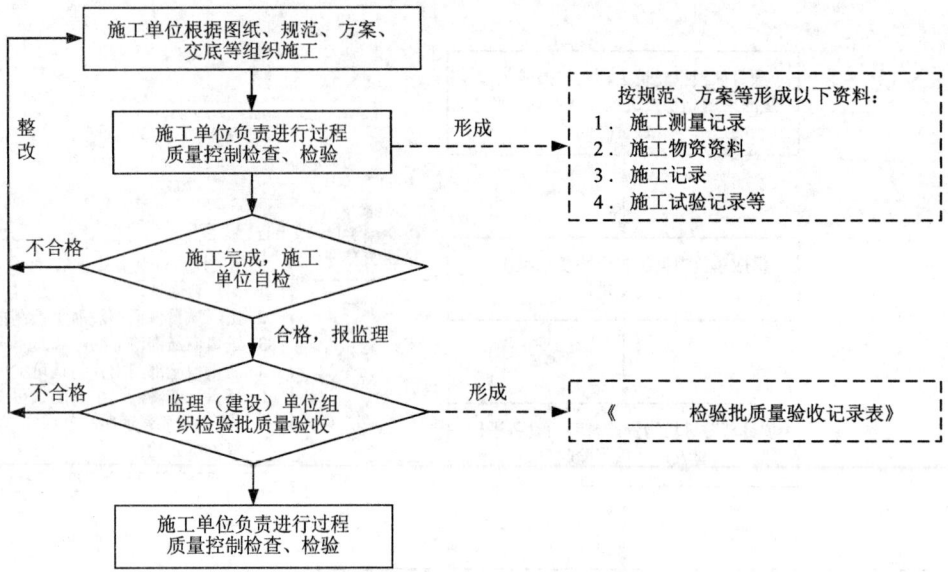

图 3 - 3　检验批质量验收流程

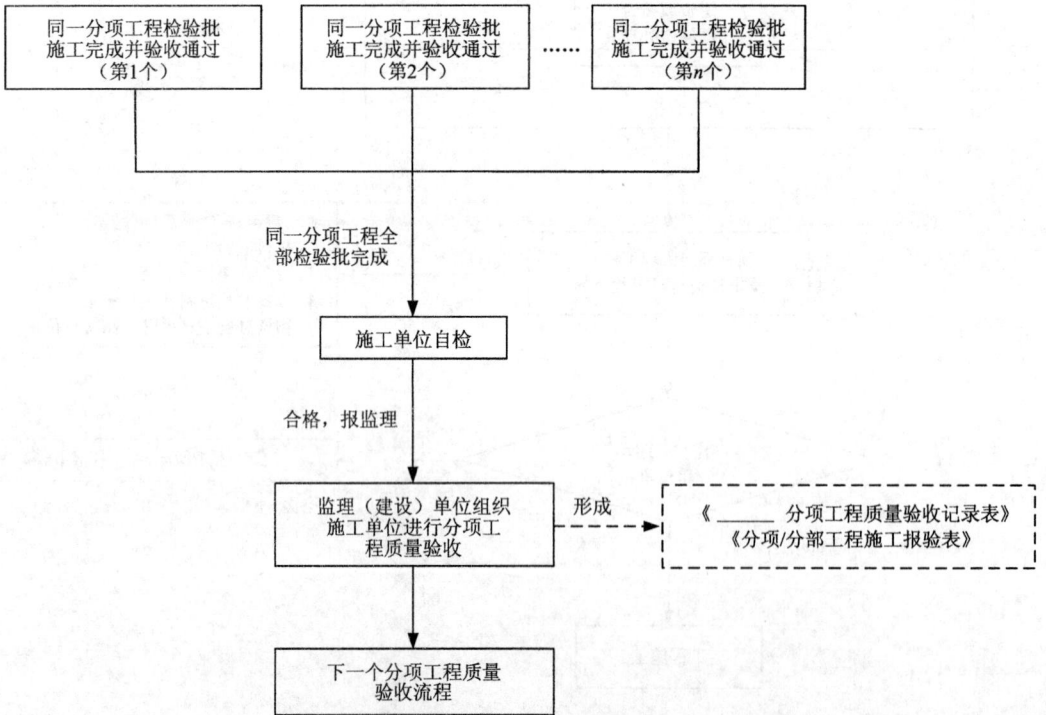

图 3 - 4　分项工程质量验收流程

| 同一子分部工程的分项工程施工完成并验收通过（第1个） | 同一子分部工程的分项工程施工完成并验收通过（第2个） | …… | 同一子分部工程的分项工程施工完成并验收通过（第n个） |

同一子分部工程全部分项工程完成

施工单位自检 ——形成→ 子分部工程验收文件：
1. 施工管理资料
2. 施工技术资料
3. 施工测量资料
4. 施工物资资料
5. 施工记录
6. 施工试验记录
7. 分项工程质量验收记录

合格，报监理

监理（建设）单位组织施工单位进行子分部工程质量验收 ——形成→ 《_____分部（子分部）工程质量验收记录表》
《分部/子分部工程施工报验表》

下一个子分部工程质量验收流程

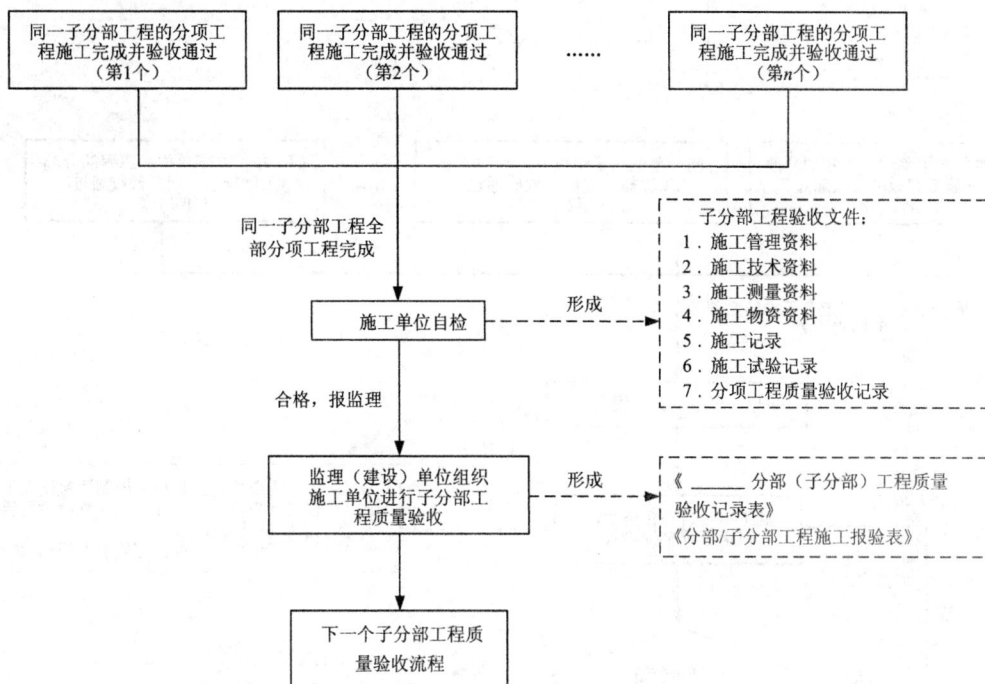

图 3－5　子分部工程质量验收流程

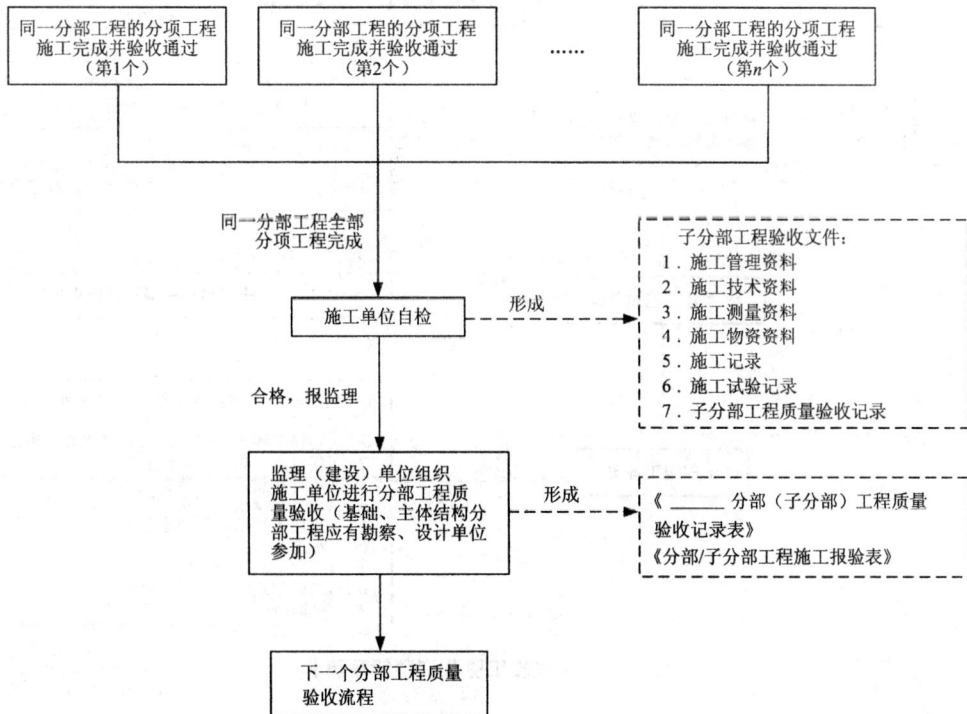

| 同一分部工程的分项工程施工完成并验收通过（第1个） | 同一分部工程的分项工程施工完成并验收通过（第2个） | …… | 同一分部工程的分项工程施工完成并验收通过（第n个） |

同一分部工程全部分项工程完成

施工单位自检 ——形成→ 子分部工程验收文件：
1. 施工管理资料
2. 施工技术资料
3. 施工测量资料
4. 施工物资资料
5. 施工记录
6. 施工试验记录
7. 子分部工程质量验收记录

合格，报监理

监理（建设）单位组织施工单位进行分部工程质量验收（基础、主体结构分部工程应有勘察、设计单位参加） ——形成→ 《_____分部（子分部）工程质量验收记录表》
《分部/子分部工程施工报验表》

下一个分部工程质量验收流程

图 3－6　分部工程质量验收流程

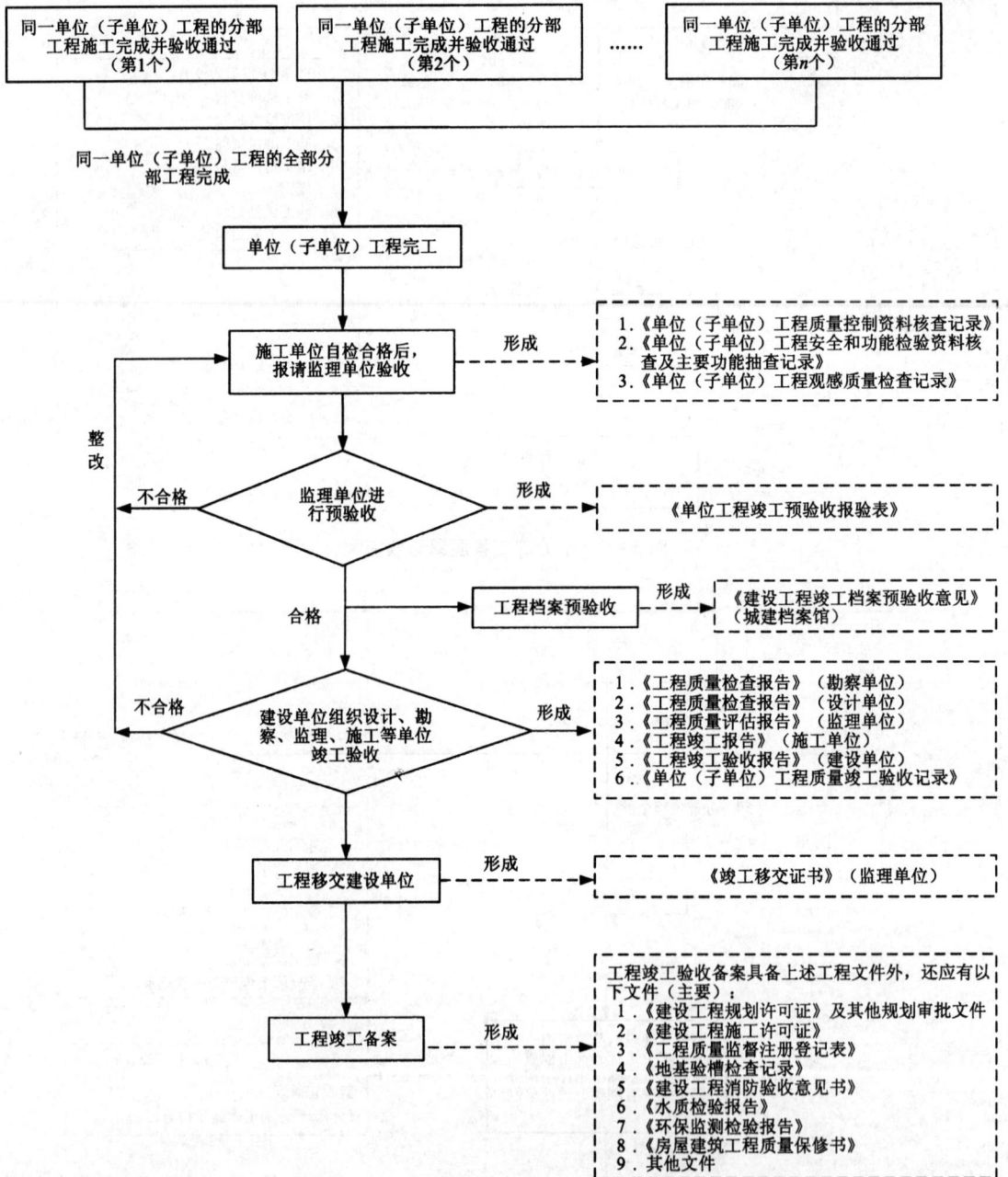

| 同一单位（子单位）工程的分部工程施工完成并验收通过（第1个） | 同一单位（子单位）工程的分部工程施工完成并验收通过（第2个） | …… | 同一单位（子单位）工程的分部工程施工完成并验收通过（第n个） |

同一单位（子单位）工程的全部分部工程完成

单位（子单位）工程完工

施工单位自检合格后，报请监理单位验收 —形成→

1.《单位（子单位）工程质量控制资料核查记录》
2.《单位（子单位）工程安全和功能检验资料核查及主要功能抽查记录》
3.《单位（子单位）工程观感质量检查记录》

监理单位进行预验收

不合格 ←整改

—形成→ 《单位工程竣工预验收报验表》

合格 → 工程档案预验收 —形成→ 《建设工程竣工档案预验收意见》（城建档案馆）

建设单位组织设计、勘察、监理、施工等单位竣工验收

不合格

—形成→
1.《工程质量检查报告》（勘察单位）
2.《工程质量检查报告》（设计单位）
3.《工程质量评估报告》（监理单位）
4.《工程竣工报告》（施工单位）
5.《工程竣工验收报告》（建设单位）
6.《单位（子单位）工程质量竣工验收记录》

工程移交建设单位 —形成→ 《竣工移交证书》（监理单位）

工程竣工备案 —形成→

工程竣工验收备案具备上述工程文件外，还应有以下文件（主要）：
1.《建设工程规划许可证》及其他规划审批文件
2.《建设工程施工许可证》
3.《工程质量监督注册登记表》
4.《地基验槽检查记录》
5.《建设工程消防验收意见书》
6.《水质检验报告》
7.《环保监测检验报告》
8.《房屋建筑工程质量保修书》
9.其他文件

图 3-7　工程竣工验收资料管理流程

（11）《建筑给水排水及采暖工程施工质量验收规范》（GB 50242—2002）

（12）《通风与空调工程施工质量验收规范》（GB 50243—2016）

（13）《建筑电气工程施工质量验收规范》（GB 50303—2015）

（14）《电梯工程施工质量验收规范》（GB 50310—2002）

（15）《智能建筑工程质量验收规范》（GB 50339—2013）

（16）《建筑节能工程施工质量验收标准》（GB 50411—2019）

（二）新旧标准、规范在资料整理要求方面的变化

《统一标准》提出了建筑工程施工现场质量管理、质量控制和质量验收规定，各"专业验收规范"对建筑材料、构配件、建筑设备的进场复验，涉及结构安全和使用功能检测的项目提出了具体要求。新旧标准、规范在资料整理要求方面有不小的变化，简要介绍几点。

1. 检验批

检验批是《统一标准》提出的新概念，并沿用至 2013 版规范中。

（1）检验批是指按同一生产条件或按规定的方式汇总起来供检验用的，由一定数量样本组成的检验体。

（2）检验批是建筑工程质量验收的最小单位。

目前，建筑工程质量验收划分如下：

单位工程（子单位工程）—分部（子分部）工程—分项工程—检验批。

（3）检验批包括材料、构配件和从原材料到最终验收的各施工工序。

（4）检验批表格的推出替代了原有的工程质量检验评定用表，用主控项目和一般项目替代了原来的保证项目、基本项目、允许偏差项目。

主控项目涉及的内容主要有：①建筑材料、构配件、建筑设备的进场复验；②涉及结构安全和使用功能的检测、抽查项目，如试块的强度、外窗的三性检测等；③必须严格控制的项目，如桩轴线位移、箍筋弯钩形式等。

一般项目是土控项目以外对检验批有影响的仅进行一般技术性能要求的检验项目，如钢筋外观质量、砌休灰缝质量等。

（5）检验批表格及填写要求在全国范围内有比较统一的要求，后文中将就此问题作详细描述。

2. 质量控制资料

新标准、规范出台以前，我们整理的主要是 1988 年《建筑安装工程质量检验评定统一标准》要求的在单位工程中起保证作用的资料，即保证资料。新的《统一标准》将单位工程验收合格的资料要求定位为"质量控制资料应完整"。

（1）质量控制资料主要是指建筑结构、设备性能、使用功能方面的主要技术资料。

（2）质量控制资料必须由总监理工程师进行核查确认，既可以按单位工程所包含的分部（子分部）工程分别核查，也可以综合抽查。

（3）质量控制资料通过对建筑结构、设备性能、使用功能方面主要技术性能的检验来实现质量控制，说明工程质量是安全的，使用功能是可以得到保证的。

（4）质量控制资料所包含的项目详见《建筑工程施工质量验收统一标准》（GB 50300—

2013）附录表 H.0.1 - 2。

3. 单位（子单位）工程安全和功能检验资料

《统一标准》要求：对涉及结构安全和使用功能的重要分部工程应进行抽样检测。

（1）单位（子单位）工程所含分部工程有关安全和功能的检测项目应尽可能在分项、分部（子分部）工程中完成。

（2）在单位工程验收时，要检查其资料是否完整，包括检测项目、检测程序、检验方法和检验报告的结果是否都达到规范规定的要求。

（3）安全和功能检验项目详见《建筑工程施工质量验收统一标准》（GB 50300—2013）附录表 H.0.1 - 3。

4. 单位（子单位）工程、分部（子分部）工程的划分

（1）单位（子单位）工程的划分

《统一标准》将具有独立施工条件和能形成独立使用功能作为单位、子单位工程划分的基本要求。施工前可以由建设、监理、施工单位自行商议确定，并据此收集整理施工资料和组织竣工验收。

（2）分部（子分部）工程的划分

《统一标准》要求：当分部工程量较大且较复杂时，可按材料种类、施工特点、施工程序、专业系统及类别等划分为若干子分部工程。即可将能形成独立专业体系的工程划分为若干子分部工程。

分部（子分部）工程具体划分方法详见《建筑工程施工质量验收统一标准》（GB 50300—2013）附录 B。

上述主要是提供一个用新标准、规范指导施工资料整理的思路，施工资料整理的具体要求及详细内容将在后文逐一介绍。

三、施工资料台账及收发登记制度

（一）施工资料台账的内容

1. 施工资料台账的具体内容

根据《中华人民共和国档案法》，各有关人员做好文件资料的立卷归档工作是各自的义务和岗位职责。施工资料台账包括多种类别，如实验台账、材料采购与使用台账等，具体内容有：

（1）工程项目质量和安全生产管理目标。

（2）工程报建手续，包括：①工程项目立项文件；②设计文件；③规划许可，包括建设用地规划许可证和建设工程规划许可证；④中标通知书；⑤合同备案，包括《施工合同》备案表和《监理合同》备案表；⑥具备施工条件的证明文件，包括项目开工安全生产条件审查报告、建设工程质量监督申报书、项目开工监理证明、拆迁许可证与拆迁进度证明；⑦施工许可证。

（3）工程质量终身责任制承诺书。

（4）施工单位资格证书，包括：资质证书、营业执照、安全生产许可证。

（5）施工项目部成立文件。

（6）施工单位质量安全保障体系核实表，包括：①施工总承包单位监管人员证书；②施工总承包单位项目部关键岗位人员证书；③施工总承包单位企业带班领导证书；④专业分包单位资格证书；⑤专业分包单位项目部关键岗位人员从业资格。

（7）图纸会审记录。

（8）施工方案技术交底记录。

（9）企业推行建筑施工质量安全标准化工作实施方案。

（10）企业贯彻推行建筑施工质量安全标准化技术手册目录（具体资料企业留存备查）。

（11）企业质量、安全生产管理体系的全套资料目录（具体资料企业留存备查）。

（12）重大危险源控制记录。

（13）安全文明措施费使用情况登记。

（14）工程劳务分包合同履行核查表。

（15）工程款及民工工资支付情况记录。

（16）民工上岗培训，如：民工学校成立图片、民工培训记录。

（17）关键部位质量、安全生产企业控制记录。

（18）项目部关键岗位人员上岗履职评价。

（19）地基与基础工程：①地基（桩基验孔）工程质量验收；②桩基工程质量验收；③基础阶段质量安全达标验收；④基础工程质量验收。

（20）主体工程：①主体阶段质量安全达标验收；②主体工程质量验收。

（21）装饰装修阶段质量安全达标验收。

（22）建筑节能工程质量验收。

（23）工程预验收。

（24）工程竣工验收。

（25）企业领导带班记录。

（26）企业文函（含施工企业质量安全工作会议纪要、整改通知、停工通知）。

（27）工程使用质量回访记录。

2. 施工资料台账建立要求

建立一个项目详细、条理清晰的工程管理台账系统，需要有一系列庞大的数据库的支持，而且各数据库之间还需要建立很多联系，如果在这一过程中能有效地将计算机技术加以利用，就可以大大提高工作效率。再进一步，如能把各种基础资料，如会议纪要、图片、变更报告等附在系统中，那么整个系统将更加完善。具体来说，工程档案资料工作是工程建设过程的一部分，应纳入建设全过程管理并与工程建设同步；建立资料台账时，施工资料应该按照先后顺序分类，对同一类型的资料应按照其时间先后顺序进行排序；档案资料室对接工程文件应及时建立工程文件接收总登记账和分类账；设备资料文件不足部分，由施工单位自行联系复制，复制的设备资料应加盖复印件印章；按资料的内容不同进行分类整理，如按施工管理资料、施工技术资料、进度造价资料、施工物资资料、施工记录、施工试验记录与检测报告、施工质量验收记录、竣工验收资料等内容进行分类整理。

施工单位及项目经理部应配备适当的房间、器具(如文件筐、文件夹、文件盒、文件柜)等来存放文件资料,并加强管理和增强防范意识,做好防火、防盗、防虫、防露、防光、防尘等工作。

(二)施工资料收发登计制度的制定

施工资料收登制度是指施工项目部对施工资料的收文登记管理制度。其目的是为了规范施工资料管理流程,加强收文管理,提高办事效率。该制度应由施工项目部技术负责人组织制定,内容可包括:

(1)施工资料收登管理负责人(一般为技术负责人)及具体实施人(一般为资料员,也可指定专人实施)。

(2)施工资料的规范性检查。重点检查资料是否有缺漏、错误等现象,如发生这类问题,该资料应予以退回处理。

(3)收文登记。应根据施工资料的不同,对资料进行分类登记,实施人应要求资料提供人签名、并签署提交日期。

(4)施工资料存放。根据资料载体不同,妥善存放,原则上同类载体资料统一存放。

(5)施工资料的定期整理。可参照《建筑工程资料管理规程》(JGJ/T 185—2009)的规定,根据施工资料保存年限、归类要求进行定期整理。

第二节　施工文件资料体系

一、施工文件资料的分类

(一)施工文件资料分类原则

由于当前施工文件资料的分类方法在全国范围内做法并不统一。为保证本教材的通用性,在本文中我们按照《建筑工程资料管理规程》(JGJ/T 185—2009)部颁标准对施工文件资料予以分类。

从专业分类上看,施工文件资料可按以下6个专业归集:建筑与结构工程、给排水与采暖工程、通风与空调工程、建筑电气工程、建筑智能工程、电梯工程;从工程管理上看,施工文件资料又可以分为:施工管理资料(C1)、施工技术资料(C2)、进度造价资料(C3)、施工物资资料(C4)、施工记录(C5)、施工试验记录及检测报告(C6)、施工质量验收记录(C7)、竣工验收资料(C8)。例如,图纸会审、设计、洽商记录属于技术资料范畴;工程定位测量、放线记录属于施工记录范畴;原材料出厂合格证书及进场检(试)验报告属于施工物资资料范畴等。这两种分类方法并不矛盾,我们把它们相互交织的部分称为"通用资料",而把各专业有区别的称为"专业资料"。

按照《建筑工程资料管理规程》,施工资料分类如表 3 – 1 所示。

表 3-1　施工文件资料类别、来源及保存

工程资料类别		工程资料名称	工程资料来源	工程资料保存			
				施工单位	监理单位	建设单位	城建档案馆
C 类		施工资料					
C1 类	施工管理资料	工程概况表(表 C.1.1)	施工单位	●	●	●	●
		施工现场质量管理检查记录(表 C.1.2)	施工单位	○	○		
		企业资质证书及相关专业人员岗位证书	施工单位	○	○		
		分包单位资质报审表(表 C.1.3)	施工单位	●	●	●	
		建设工程质量事故调查、勘察记录(表 C.1.4)	调查单位	●	●	●	●
		建设工程质量事故报告书	调查单位	●	●	●	●
		施工监测计划	施工单位	○	○		
		见证记录	监理单位	●	●	●	
		见证试验检测汇总表(表 C.1.5)	施工单位	●	●		
		施工日志(表 C.1.6)	施工单位	●			
		监理工程师通知回复单(表 C.1.7)	施工单位	○	○		
C2 类	施工技术资料	工程技术文件报审表(表 C.2.1)	施工单位	○	○		
		施工组织设计及施工方案	施工单位	○	○		
		危险性较大分部分项工程施工方案专家论证表(表 C.2.2)	施工单位	○	○		
		技术交底记录(表 C.2.3)	施工单位	○			
		图纸会审记录(表 C.2.4)	施工单位	●	●	●	●
		设计变更通知单(表 C.2.5)	设计单位	●	●	●	●
		工程洽商记录(技术核定单)(表 C.2.6)	施工单位	●	●	●	●
C3 类	进度造价资料	工程开工报审表(表 C.3.1)	施工单位	●	●	●	●
		工程复工报审表(表 C.3.2)	施工单位	●	●	●	●
		施工进度计划报审表(表 C.3.3)	施工单位	○	○		
		施工进度计划	施工单位	○	○		
		人、机、料动态表(表 C.3.4)	施工单位	○	○		
		工程延期申请表(表 C.3.5)	施工单位	●	●	●	●
		工程款支付申请表(表 C.3.6)	施工单位	○	○	●	
		工程变更费用报审表(表 C.3.7)	施工单位	○	○	●	
		费用索赔申请表(表 C.3.8)	施工单位	○	○	●	
C4 类	施工物资资料	出厂质量证明文件及检测报告					
		砂、石、砖、水泥、钢筋、隔热保温、防腐材料、轻集料出厂质量证明文件	施工单位	●	●	●	●
		其他物资出厂合格证、质量保证书、检测报告和报关单或商检证等	施工单位	●	○	○	

工程资料类别		工程资料名称	工程资料来源	工程资料保存			
				施工单位	监理单位	建设单位	城建档案馆
C4类	施工物资资料	材料、设备的相关检验报告、型式检测报告、3C 强制认证合格证书或 3C 标志	采购单位	●	○	○	
		主要设备、器具的安装使用说明书	采购单位	●	○	○	
		进口的主要材料设备的商检证明书	采购单位	●	○	●	●
		涉及消防、安全、卫生、环保、节能的材料、设备的检测报告或法定机构出具的有效证明文件	采购单位	●	●	●	
		进场检验通用表格					
		材料、构配件进场检验记录（表 C.4.1）	施工单位	○	○		
		设备开箱检验记录（表 C.4.2）	施工单位	○	○		
		设备及管道附件试验记录（表 C.4.3）	施工单位	●	○	●	
		进场复试报告					
		钢材试验报告	检测单位	●	●	●	●
		水泥试验报告	检测单位	●	●	●	●
		砂试验报告	检测单位	●	●	●	●
		碎（卵）石试验报告	检测单位	●	●	●	●
		外加剂试验报告	检测单位	●	●	○	
		防水涂料试验报告	检测单位	●	○	●	
		防水卷材试验报告	检测单位	●	○	●	
		砖（砌块）试验报告	检测单位	●	●	●	●
		预应力筋复试报告	检测单位	●	●	●	●
		预应力锚具、夹具和连接器复试报告	检测单位	●	●	●	●
		装饰装修用门窗复试报告	检测单位	●	○	●	
		装饰装修用人造木板复试报告	检测单位	●	○	●	
		装饰装修用花岗石复试报告	检测单位	●	○	●	
		装饰装修用安全玻璃复试报告	检测单位	●	○	●	
		装饰装修用外墙面砖复试报告	检测单位	●	○	●	
		钢结构用钢材复试报告	检测单位	●	●	●	●
		钢结构用防火涂料复试报告	检测单位	●	●	●	
		钢结构用焊接材料复试报告	检测单位	●	●	●	
		钢结构用高强度大六角头螺栓连接副复试报告	检测单位	●	●	●	
		钢结构用扭剪型高强螺栓连接副复试报告	检测单位	●	●	●	
		幕墙用铝塑板、石材、玻璃、结构胶复试报告	检测单位	●	●	●	
		散热器、采暖系统保温材料、通风与空调工程绝缘材料、风机盘管机组、低压配电系统电缆的见证取样复试报告	检测单位	●	○	●	
		节能工程材料复试报告	检测单位	●	●	●	

续表 3 – 1

工程资料类别		工程资料名称	工程资料来源	工程资料保存			
				施工单位	监理单位	建设单位	城建档案馆
C5 类	施工记录	通用表格					
		隐蔽工程验收记录*（表 C.5.1）	施工单位	●	●	●	
		施工检查记录*（表 C.5.2）	施工单位	○			
		交接检查记录*（表 C.5.3）	施工单位	○			
		专用表格					
		工程定位测量记录*（表 C.5.4）	施工单位	●	●	●	●
		基槽验线记录	施工单位	●	●	●	●
		楼层平面放线记录	施工单位	○	○		
		楼层标高抄测记录	施工单位	○	○		
		建筑物垂直度、标高观测记录*（表 C.5.5）	施工单位	●	○	●	
		沉降观测记录	建设单位委托测量单位提供	●	○	●	●
		基坑支护水平位移监测记录	施工单位	○	○		
		桩基、支护测量放线记录	施工单位	○	○		
		地基验槽记录*（表 C.5.6）	施工单位	●	●	●	●
		地基钎探记录	施工单位	○		●	●
		混凝土浇灌申请书	施工单位	○			
		预拌混凝土运输	施工单位	○			
		混凝土开盘鉴定	施工单位	○	○		
		混凝土拆模申请单	施工单位	○	○		
		混凝土预拌测温记录	施工单位	○	○		
		大体积混凝土养护测温记录	施工单位	○	○		
		大型构件吊装记录	施工单位	○	○	●	●
		焊接材料烘焙记录	施工单位	○	○	●	
		地下工程防水效果检查记录*（表 C.5.7）	施工单位	○	○	●	
		防水工程试水检查记录*（表 C.5.8）	施工单位	○	○	●	
		通风(烟)道、垃圾道检查记录*（表 C.5.9）	施工单位	○	○	●	
		预应力筋张拉记录	施工单位	●	○	●	●
		有黏结预应力结构灌浆记录	施工单位	●	○	●	●
		钢结构施工记录	施工单位	●	○	●	
		网架(索膜)施工记录	施工单位	●	○	●	
		木结构施工记录	施工单位	●	○	●	
		幕墙注胶检查记录	施工单位	●	○	●	
		自动扶梯、自动人行道的相邻区域检查记录	施工单位	●	○	●	
		电梯电气装置安装检查记录	施工单位	●	○	●	
		自动扶梯、自动人行道电气装置检查记录	施工单位	●	○	●	
		自动扶梯、自动人行道整机装置安装检查记录	施工单位	●	○	●	

工程资料类别		工程资料名称	工程资料来源	工程资料保存			
				施工单位	监理单位	建设单位	城建档案馆
C6 类	施工试验记录及检测报告	通用表格					
		设备单机试运转记录*（表 C.6.1）	施工单位	●	○	●	●
		系统试运转调试记录*（表 C.6.2）	施工单位	●	○	●	●
		接地电阻测试记录*（表 C.6.3）	施工单位	●	○	●	●
		绝缘电阻测试记录*（表 C.6.4）	施工单位	●	○	●	●
		专用表格					
		建筑与结构工程					
		锚杆试验报告	检测单位	●	○	●	●
		地基承载力检验报告	检测单位	●	○	●	●
		桩基检测报告	检测单位	●	○	●	●
		土工击实试验报告	检测单位	●	○	●	●
		回填土试验报告（应附图）	检测单位	●	○	●	●
		钢筋机械连接试验报告	检测单位	●	○	●	●
		砂浆配合比申请单、通知单	检测单位	○	○		
		砂浆抗压强度试验报告	检测单位	●	○	●	●
		砌筑砂浆试块强度统计、评定记录*（表 C.6.5）	施工单位	●		●	●
		混凝土配合比申请单、通知单	检测单位	○	○		
		混凝土抗压强度试验报告	检测单位	●	○	●	●
		混凝土试块强度统计、评定记录*（表 C.6.6）	施工单位	●		●	●
		混凝土抗渗试验报告	检测单位	●	○	●	●
		砂、石、水泥放射性指标报告	施工单位	●	○	●	●
		混凝土碱总量计算书	施工单位	●	○	●	●
		外墙饰面砖样板板黏结强度试验报告	检测单位	●	○	●	●
		后置埋件抗拔试验报告	检测单位	●	○	●	●
		超声波探伤报告、探伤记录	检测单位	●	○	●	●
		钢构件射线探伤报告	检测单位	●	○	●	●
		磁粉探伤报告	检测单位	●	○	●	●
		高强度螺栓抗滑移系数检测报告	检测单位	●	○	●	●
		钢结构焊接工艺评定	检测单位	○	○	●	●
		网架节点承载力试验报告	检测单位	●	○	●	●
		钢结构胶缝试验报告	检测单位	●	○	●	●
		木结构胶缝试验报告	检测单位	●	○	●	●
		木结构构件力学性能试验报告	检测单位	●	○	●	●
		木结构防护剂试验报告	检测单位	●	○	●	●

续表 3－1

工程资料类别		工程资料名称	工程资料来源	工程资料保存			
				施工单位	监理单位	建设单位	城建档案馆
C6类	施工试验记录及检测报告	幕墙双组分硅酮结构密封胶混匀性及拉断试验报告	检测单位	●	○	●	●
		幕墙的抗风压性能、空气渗透性能、雨水渗透性能及平面内变形性能检测报告	检测单位	●	○	●	●
		外门窗的抗风压性能、空气渗透性能与雨水渗透性能检测报告	检测单位	●	○	●	●
		墙体节能工程保温板材与基层黏结强度现场拉拔试验	检测单位	●	○	●	
		外墙保温浆料同条件养护试件试验报告	检测单位	●	○	●	
		结构实体混凝土强度检验记录＊（表C.6.7）	施工单位	●	○	●	
		结构实体钢筋保护层厚度检测记录＊（表C.6.8）	施工单位	●	○	●	
		围护结构现场实体检验	检测单位	●	○	●	
		室内环境检测报告	检测单位	●	○	●	
		节能性能检测报告	检测单位	●	○	●	●
		给排水及采暖工程					
		灌（满）水试验记录＊（表C.6.9）	施工单位	○	○	●	
		强度严密性试验记录＊（表C.6.10）	施工单位	●	○	●	●
		通水试验记录＊（表C.6.11）	施工单位	○	○	●	
		冲（吹）洗试验记录＊（表C.6.12）	施工单位	○	○	●	
		通球试验记录	施工单位	○	○	●	
		补偿器安装记录	施工单位	○	○	●	
		消火栓试射记录	施工单位	●	○	●	
		安全附件安装检查记录	施工单位	●	○		
		锅炉烘炉试验记录	施工单位	●	○		
		锅炉煮炉试验记录	施工单位	●	○		
		锅炉试运转记录	施工单位	●	○	●	
		安全阀定压合格证书	检测单位	●	○		
		自动喷水灭火系统联动试验记录	施工单位	●	○	●	●
		建筑电气工程					
		电气接地装置平面示意图表	施工单位	●	○	●	○
		电气器具通电安全检查记录	施工单位	○	○	●	
		电气设备空载试运行记录＊（表C.6.13）	施工单位	●	○	●	●
		建筑物照明通电试运行记录	施工单位	●	○	●	
		大型照明灯具承载试验记录＊（表C.6.14）	施工单位	●	○	●	
		漏电开关模拟试验记录	施工单位	●	○	●	
		大容量电气线路节点测温记录	施工单位	●	○	●	
		低压配电电源质量测试记录	施工单位	●	○	●	

工程资料类别		工程资料名称	工程资料来源	工程资料保存			
				施工单位	监理单位	建设单位	城建档案馆
C6类	施工试验记录及检测报告	建筑物照明系统照度测试记录	施工单位	○	○	●	
		智能建筑工程					
		综合布线测试记录	施工单位	●	○	●	●
		光纤损耗测试记录	施工单位	●	○	●	●
		视频系统端测试记录	施工单位	●	○	●	●
		子系统检测记录*（表C.6.15）	施工单位	●	○	●	●
		系统试运行记录	施工单位	●	○	●	●
		通风与空调工程					
		风管漏光检测记录*（表C.6.16）	施工单位	○	○	●	
		风管漏风检测记录*（表C.6.17）	施工单位	●	○	●	
		现场组装除尘器、空调机漏风检测记录	施工单位	○	○	●	
		各房间室内风量测量记录	施工单位	●	○	●	
		管网风量平衡记录	施工单位	●	○	●	
		空调系统试运转调试记录	施工单位	●	○	●	●
		空调水系统试运转调试记录	施工单位	●	○	●	●
		制冷系统气密性试验记录	施工单位	●	○	●	●
		净化空调系统检测记录	施工单位	●	○	●	●
		防排烟系统联合试运转记录	施工单位	●	○	●	●
		电梯工程					
		轿厢平层准确度测量记录	施工单位	○	○	●	
		电梯层门安全装置检测记录	施工单位	●	○	●	
		电梯电气安全装置检测记录	施工单位	●	○	●	
		电梯整机功能检测记录	施工单位	●	○	●	
		电梯主要功能检测记录	施工单位	●	○	●	
		电梯负荷运行试验记录	施工单位	●	○	●	●
		电梯负荷试运行试验曲线图标	施工单位	●	○	●	
		电梯噪声测试记录	施工单位	○	○	○	
		自动扶梯、自动人行道安全装置检测记录	施工单位	●	○	●	
		自动扶梯、自动人行道整机性能、运行试验记录	施工单位	●	○	●	●
C7类	施工质量验收记录	检验批质量验收记录*（表C.7.1）	施工单位	○	○	○	
		分项工程质量验收记录*（表C.7.2）	施工单位	●	●	●	
		分部（子分部）工程质量验收记录**（表C.7.3）	施工单位	●	●	●	●
		建筑节能分部工程质量验收记录**（表C.7.4）	施工单位	●	●	●	●
		自动喷水系统验收缺陷项目划分记录	施工单位	●	○	○	

续表 3－1

工程资料类别		工程资料名称	工程资料来源	工程资料保存			
				施工单位	监理单位	建设单位	城建档案馆
C7类	施工质量验收记录	程控电话交换系统分项工程质量检验记录	施工单位	●	○	●	
		会议电视系统分项工程质量验收记录	施工单位	●	○	●	
		卫星数字电视系统分项工程质量验收记录	施工单位	●	○	●	
		有线电视系统分项工程质量验收记录	施工单位	●	○	●	
		公共广播域紧密广播系统分项工程质量验收记录	施工单位	●	○	●	
		计算机网络系统分项工程质量验收记录	施工单位	●	○	●	
		应用软件系统分项工程质量验收记录	施工单位	●	○	●	
		网络安全系统分项工程质量验收记录	施工单位	●	○	●	
		空调与通风系统分项工程质量验收记录	施工单位	●	○	●	
		变配电系统分项工程质量验收记录	施工单位	●	○	●	
		公共照明系统分项工程质量验收记录	施工单位	●	○	●	
		给排水系统分项工程质量验收记录	施工单位	●	○	●	
		热源和热交换系统分项工程质量验收记录	施工单位	●	○	●	
		冷冻和冷却水系统分项工程质量验收记录	施工单位	●	○	●	
		电梯和自动扶梯系统分期工程质量验收记录	施工单位	●	○	●	
		数据通信接口分项工程质量验收记录	施工单位	●	○	●	
		中央管理工作站及操作分站分项工程质量验收记录	施工单位	●	○	●	
		系统实时性、可维护性、可靠性分项工程质量验收记录	施工单位	●	○	●	
		现场设备安装及检测分项画等号质量验收记录	施工单位	●	○	●	
		火灾自动报警及消防联动系统分项工程质量验收记录	施工单位	●	○	●	
		综合防范功能分项工程质量验收记录	施工单位	●	○	●	
		视频安防监控系统分项工程质量验收记录	施工单位	●	○	●	
		入侵报警系统分项工程质量验收记录	施工单位	●	○	●	
		出入口控制(门禁)系统分项工程质量验收记录	施工单位	●	○	●	
		巡更管理系统分项工程质量验收记录	施工单位	●	○	●	
		停车场(库)管理系统分项工程质量验收记录	施工单位	●	○	●	
		安全防范综合管理系统分项工程质量验收记录	施工单位	●	○	●	
		综合布线系统安装分项工程质量验收记录	施工单位	●	○	●	
		综合布线系统性能检测分项工程质量验收记录	施工单位	●	○	●	
		系统集成网络连接分项工程质量验收记录	施工单位	●	○	●	
		系统数据集成分项工程质量验收记录	施工单位	●	○	●	
		系统集成整体协调分项工程质量验收记录	施工单位	●	○	●	
		系统集成综合管理及冗余功能分项工程质量验收记录	施工单位	●	○	●	
		系统集成可维护性和安全性分项工程质量验收记录	施工单位	●	○	●	
		电源系统分项工程质量验收记录	施工单位	●	○	●	

续表 3－1

工程资料类别	工程资料名称		工程资料来源	工程资料保存			
				施工单位	监理单位	建设单位	城建档案馆
C8类	竣工验收资料	工程竣工报告	施工单位	●	●	●	
		单位(子单位)工程竣工预验收报验表*(表C.8.1)	施工单位	●	●	●	
		单位(子单位)工程质量竣工验收表*(表C.8.2－1)	施工单位	●	●	●	
		单位(子单位)工程质量控制资料核查记录*(表C.8.2－2)	施工单位	●	●	●	
		单位(子单位)工程安全和功能检验资料核查及主要功能抽查记录*(表C.8.2－3)	施工单位	●	●	●	●
		单位(子单位)工程观感质量检查记录*(表C.8.2－4)	施工单位	●	●	●	●
		施工决算资料	施工单位	○	○	●	
		施工资料移交书	施工单位	●		●	
		房屋建筑工程质量保修书	施工单位	●	●	●	
C类其他资料							

注：1. 表中工程资料名称与资料保存单位所对应的栏中"●"表示"归档保存"；"○"表示"过程保存"，是否归档保存可自行确定。

2. 表中注明"*"的表，宜由施工单位和监理或建设单位共同完成；表中注明"＊＊"的表，宜由建设、设计、监理、施工等多方共同形成。

表 3－2 分部(子分部)工程代号索引

分部工程代号	分部工程名称	子分部工程代号	子分部工程名称	分项工程名称	备注
01	地基与基础工程	01	无支护土方	土方开挖、土方回填	
		02	有支护土方	排桩、降水、排水、地下连续墙、锚杆、土钉墙、水泥土桩、沉井与沉箱，钢及混凝土支撑	单独组卷
		03	地基与基础处理	灰土地基、砂和砂石地基、碎砖三合土地基，土工合成材料地基，粉煤灰地基，重锤夯实地基，强夯地基，振冲地基，砂桩地基，预压地基，高压喷射注浆地基，土和灰土挤密桩地基，注浆地基，水泥粉煤灰碎石桩地基，夯实水泥土地基	复合地基单独组卷
		04	桩基	锚杆静压桩基静立压桩，预应力离心管桩，钢筋混凝土预制桩，钢桩，混凝土灌注桩(成孔、钢筋笼、清孔、水下混凝土灌注)	单独组卷
		05	地下防水	防水混凝土，水泥砂浆防水层，卷材防水层，涂料防水层，金属板防水层，塑料板防水层，细部构造，喷锚支护，复合式衬砌、地下连续墙、盾构法隧道；渗排水、盲沟排水，隧道、坑道排水；预注浆、后注浆，衬砌裂缝注浆	
		06	混凝土基础	模板、钢筋、混凝土，后浇带混凝土，混凝土结构缝处理	
		07	砌体基础	砖基础、混凝土砌块砌体，配筋砌体，石砌体	
		08	劲钢(管)混凝土	劲钢(管)焊接，劲钢(管)与钢筋的连接，混凝土	
		09	钢结构	焊接钢结构，栓接钢结构，钢结构制作，钢结构安装，钢结构涂装	单独组卷

86

续表 3 - 2

分部工程代号	分部工程名称	子分部工程代号	子分部工程名称	分项工程名称	备　注
02	主体结构	01	混凝土结构	模板、钢筋、混凝土，预应力、现浇结构、装配式结构	
		02	劲钢(管)混凝土结构	劲钢(管)焊接、螺栓连接，劲钢(管)与钢筋的连接，劲钢(管)制作、安装，混凝土	
		03	砌体结构	砖砌体，混凝土小型空心砌块砌体，石砌体，填充墙砌体，配筋砖砌体	
		04	钢结构	钢结构焊接，紧固件连接，钢零部件加工，单层钢结构安装，多层及高层钢结构安装，钢结构涂装、钢构件组装，钢构件预拼装，钢网架结构安装，压型金属板	单独组卷
		05	木结构	方木和原木结构、胶合木结构、轻型木结构、木构件防护	单独组卷
		06	网架和索膜结构	网架制作，网架安装，索膜安装，网架防火，防腐涂料	单独组卷
03	建筑装饰装修	01	地　面	整体面层：基层，水泥混凝土面层，水泥砂浆面层，水磨石面层，防油渗面层，水泥钢(铁)屑面层，不发火(防爆的)面层；板块面层：基层，砖面层(陶瓷锦砖、缸砖、陶瓷地砖和水泥花砖面层)，大理石面层和花岗石面层，预制板块面层(预制水泥混凝土、水磨石板块面层)，料石面层(条石、块石面层)，塑料板面层，活动地板面层，地毯面层；木竹面层：基层，实木地板面层(条材、块材面层)，实木复合地板面层(条材、块材面层)，中密度(强化)复合地板面层(条材面层)，竹地板面层	
		02	抹　灰	一般抹灰，装饰抹灰，清水砌体勾缝	
		03	门　窗	木门窗制作与安装，金属门窗安装，塑料门窗安装，特种门安装，门窗玻璃安装	
		04	吊　顶	暗龙骨吊顶，明龙骨吊顶	
		05	轻质隔墙	板材隔墙，骨架隔墙，活动隔墙，玻璃隔墙	
		06	饰面板(砖)	饰面板安装，饰面砖粘贴	
		07	幕　墙	玻璃幕墙，金属幕墙，石材幕墙	单独组卷
		08	涂　饰	水性涂料涂饰，溶剂型涂料涂饰，美术涂饰	
		09	裱糊与软包	裱糊、软包	
		10	细　部	橱柜制作与安装，窗帘盒、窗台板和暖气罩制作与安装，门窗套制作与安装，护栏和扶手制作与安装，花饰制作与安装	
04	建筑屋面	01	卷材防水屋面	保温层，找平层，卷材防水层，细部构造	
		02	涂膜防水屋面	保温层，找平层，涂膜防水层，细部构造	
		03	刚性防水屋面	细石混凝土防水，密封材料嵌缝，细部构造	
		04	瓦屋面	平瓦屋面，油毡瓦屋面，金属板屋面，细部构造	
		05	隔热屋面	架空屋面，蓄水屋面，种植屋面	
05	建筑给水排水及采暖	01	室内给水系统	给水管道及配件安装，室内消火栓系统安装，给水设备安装，管道防腐，绝热	
		02	室内排水系统	排水管道及配件安装，雨水管道及配件安装	

分部工程代号	分部工程名称	子分部工程代号	子分部工程名称	分项工程名称	备注
05	建筑给水排水及采暖	03	室内热水供应系统	管道及配件安装，辅助设备安装，防腐，绝热	
		04	卫生器具安装	卫生器具安装，卫生器具给水配件安装，卫生器具排水管道安装	
		05	室内采暖系统	管道及配件安装，辅助设备及散热器安装，金属辐射板安装，低温热水地板辐射采暖系统安装，系统水压试验及调试，防腐，绝热	
		06	室外给水管网	给水管道安装，消防水泵接合器及室外消火栓安装，管沟及井室	
		07	室外排水管网	排水管道安装，消防水泵接合器及室外消火栓安装，管沟及井室	
		08	室外供热管网	管道及配件安装，系统水压试验及调试，防腐，绝热	
		09	建筑中水系统及游泳池系统	建筑中水系统管道及辅助设备安装，游泳池水系统安装	
		10	供热锅炉及辅助设备安装	锅炉安装，辅助设备及管道安装，安全附件安装，烘炉、煮炉和试运行，换热站安装，防腐，绝热	单独组卷
		11	自动喷淋灭火系统	消防水泵和稳压泵安装，消防水箱安装和消防水池施工，消防气压给水设备安装，消防水泵接合器安装，管网安装，喷头安装，报警阀组安装，其他组件安装，系统水压试验，气压试验，冲洗，水源测试，消防水泵调试，稳压泵调试，报警阀组调试，排水装置调试，联动试验	单独组卷
		12	气体灭火系统	灭火剂储存装置的安装、选择阀及信号反馈装置安装、阀驱动装置安装、灭火剂输送管道安装、喷嘴安装、预制灭火系统安装、控制组件安装、系统调试	单独组卷
		13	泡沫灭火系统	消防泵的安装、泡沫液储罐的安装、泡沫比例混合器的安装、管道阀门和泡沫消火栓的安装、泡沫产生装置的安装、系统调试	单独组卷
		14	固定水炮灭火系统	管道及配件安装、设备安装、系统水压试验、系统调试	单独组卷
06	建筑电气	01	室外电气	架空线路及杆上电气设备安装，变压器、箱式变电所安装，成套配电柜、控制柜（屏、台）和动力、照明配电箱（盘）及控制柜安装，电线、电缆导管和线槽敷设，电线、电缆穿管和线槽敷设，电缆头制作、导线连接和线路电气试验，建筑物外部装饰灯具、航空障碍标志灯和庭院路灯安装，建筑照明通电试运行，接地装置安装	

续表 3－2

分部工程代号	分部工程名称	子分部工程代号	子分部工程名称	分项工程名称	备注
06	建筑电气	02	变配电室	变压器、箱式变电所安装，成套配电柜、控制柜(屏、台)和动力、照明配电箱(盘)安装，裸母线、封闭母线、插接式母线安装，电缆沟内盒电缆竖井内电缆敷设，电缆头制作、导线连接和线路电气试验，接地装置安装，避雷引下线和变配电室接地干线敷设	
		03	供电干线	裸母线、封闭母线、接插式母线安装，桥架安装盒桥架内电缆敷设，电缆沟内盒电缆竖井内电缆敷设，电线、电缆导管和线槽敷设，电线、电缆穿管和线槽敷设，电缆头制作、导线连接和线路电气试验	
		04	电气动力	成套配电柜、控制柜(屏、台)和动力、照明配电箱(盘)及安装，低压电动机、电加热器及电动执行机构检查、接线，低压电气动力设备检测、试验和空载试运行，桥架安装盒桥架内电缆敷设，电线、电缆导管和线槽敷设，电线、电缆穿管和线槽敷设，电缆头制作、导线连接和线路电气试验，插座、开关、风扇安装	
		05	电气照明安装	成套配电柜、控制柜(屏、台)和动力、照明配电箱(盘)及安装，电线、电缆导管和线槽敷设，电线、电缆穿管和线槽敷设，槽板配线，钢索配线，电缆头制作、导线连接和线路电气试验，普通灯具安装，专用灯具安装，插座、开关、风扇安装，建筑照明通电试运行	
		06	备用和不间断电源安装	成套配电柜、控制柜(屏、台)和动力、照明配电箱(盘)及安装，柴油发电机组安装，不间断电源的其他功能单元安装，裸母线、封闭母线、插接式母线安装，电线、电缆导管和线槽敷线，电缆头制作、导线连接和线路电气试验，接地装置安装	
		07	防雷及接地安装	接地装置安装，避雷引下线和变配电室接地干线敷设，建筑物等电位连接，接闪器安装	
07	智能建筑	01	通信网络系统	通信系统，卫星及有线电视系统，公共广播系统	
		02	办公自动化	计算机网络系统，信息平台及办公自动化应用软件，网络安全系统	
		03	建筑设备监控系统	空调与通风系统、变配电系统、照明系统、给排水系统、热源和热交换系统、冷冻和冷却系统、电梯和自动扶梯系统、中央管理工作站与操作分站，分系统通信接口	单独组卷
		04	火灾报警及消防联动系统	火灾和可燃气体探测与火灾报警控制系统，消防联动系统	单独组卷
		05	安全防范系统	电视监控系统，入侵报警系统，巡更系统，出入口控制(门禁)系统，停车管理系统	按分项单独组卷
		06	综合布线系统	综合布线系统	单独组卷

分部工程代号	分部工程名称	子分部工程代号	子分部工程名称	分项工程名称	备 注
07	智能建筑	07	智能化集成系统	集成系统网络,实时数据库,智能化集成系统与功能接口,信息安全	单独组卷
		08	电源与接地	机房,智能建筑电源,防雷及接地	
		09	环境	空间环境,室内空调环境,视觉照明环境,电磁环境	单独组卷
		10	住宅(小区)智能化系统	火灾自动报警及消防联动系统,安全防范系统(含电视监控系统、入侵报警系统、巡更系统、门禁系统、楼宇对讲系统、住户对讲呼救系统、停车管理系统),物业管理系统(多表现场计量及与远程传输系统、建筑设备监控系统、公共广播系统、小区网络及信息服务系统、物业办公自动化系统),智能家庭信息平台	
08	通风与空调	01	送排风系统	风管与配件制作,部件制作,风管系统安装,空气处理设备安装,消声设备制作与安装,风管与设备防腐,风机安装,系统调试	
		02	防排烟系统	风管与配件制作,部件制作,风管系统安装,防排烟风口、常闭正压风口与设备安装,风管与设备防腐,风机安装,系统调试	
		03	除尘系统	风管与配件制作,部件制作,风管系统安装,除尘器与排污设备安装,风管与设备防腐,风机安装,系统调试	
		04	空调风系统	风管与配件制作,部件制作,风管系统安装,空气处理设备安装,消声设备制造与安装,风管与设备防腐,风机安装,风管与设备绝热,系统调试	
		05	净化空调系统	风管与配件制作,部件制作,风管系统安装,空气处理设备安装,消声设备制造与安装,风管与设备防腐,风机安装,风管与设备绝热,系统调试	
		06	制冷设备系统	制冷机组安装,制冷剂管道及配件安装,制冷附属设备安装,管道及设备的防腐绝热,系统调试	
		07	空调水系统	管道冷热(媒)水系统安装,冷却水系统安装,冷凝水系统安装,阀门及部件安装,冷却塔安装,水泵及附属设备安装,管道与设备的防腐与绝热,系统调试	
09	电梯	01	电力驱动的拽引式或强制式电梯安装	设备进场验收,土建交接检验,驱动主机,导轨,门系统,轿厢,对重(平衡重),安全部件,悬挂装置,随行电缆,补偿装置,电气装置,整机安装验收	单独组卷
		02	液压电梯安装	设备进场验收,土建交接检验,液压系统,导轨,门系统,轿厢,平衡重,安全部件,悬挂装置,随行电缆,电气装置,整机安装验收	单独组卷
		03	自动扶梯、自动人行道安装	设备进场验收,土建交接检验,整机安装验收	单独组卷

表 3 – 3　应单独组卷子分部(分项)工程名称及代号参考表

序号	分部工程名称	分部工程代号	应单独组卷的子分部(分项)工程	应单独组卷的子分部(分项)工程代号
1	地基与基础	01	有支护土方	02
			地基(复合)	03
			桩　基	04
			钢结构	09
2	主体结构	02	预应力	01
			钢结构	04
			木结构	05
			网架与索膜	06
3	建筑装饰装修	03	幕　墙	07
4	建筑屋面	04	—	—
5	建筑给水、排水及采暖	05	供热锅炉及辅助设备	10
6	建筑电气	06	变配电室(高压)	02
7	智能建筑	07	通信网络系统	01
			建筑设备监控系统	03
			火灾报警及消防联动系统	04
			安全防范系统	05
			综合布线系统	06
			环　境	09
8	通风与空调	08	—	—
9	电　梯	09	—	—

(二)施工文件资料编号的组成

(1)施工资料编号应填入右上角的编号栏。

(2)通常情况下,资料编号应采用 7 位编号,由分部工程代号(2 位)、资料类别编号(2 位)和顺序号(3 位)组成,每部分之间用横线隔开。

编号形式如下:

$$\underbrace{\times\times}_{①} - \underbrace{\times\times}_{②} - \underbrace{\times\times\times}_{③} \longrightarrow 共7位编号$$

①为分部工程代号(共 2 位),应根据资料所属的分部工程,按表 3 – 2 规定的代号填写。

②为资料的类别编号(共 2 位),应根据资料所属类别,按表 3 – 1 规定的类别编号填写。

③为顺序号(共 3 位),应根据相同表格、相同检查项目,按时间自然形成的先后顺序号填写。

地基验槽记录 表C.5.6	编号	01-C5-001

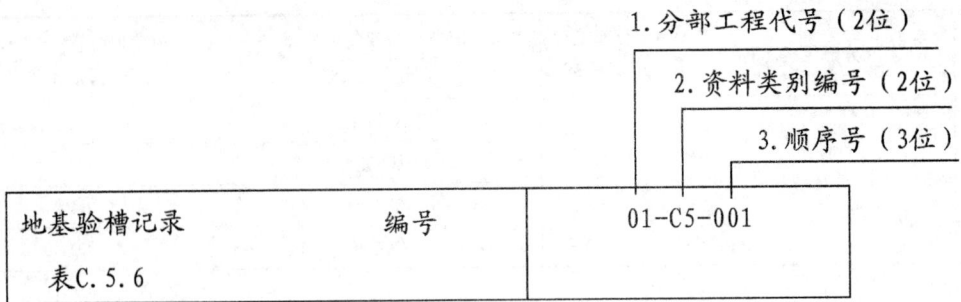

（3）应单独组卷的子分部（分项）工程（见表3-3），资料编号应为9位编号，由分部工程代号（2位）、子分部（分项）工程代号（2位）、资料的类别编号（2位）和顺序号（3位）组成，每部分之间用横线隔开。

编号形式如下：

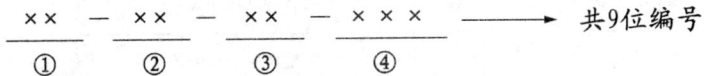

$$\underset{①}{\underline{××}} - \underset{②}{\underline{××}} - \underset{③}{\underline{××}} - \underset{④}{\underline{×××}} \longrightarrow 共9位编号$$

①为分部工程代号（共2位），应根据资料所属的分部工程，按表3-2规定的代号填写。

②为子分部（分项）工程代号（共2位），应根据资料所属的子分部（分项）工程，按表3-2规定的代号填写。

③为资料的类别编号（共2位），应根据资料所属类别，按表3-1规定的类别编号填写。

④为顺序号（共3位），应根据相同表格、相同检查项目，按时间自然形成的先后顺序号填写。

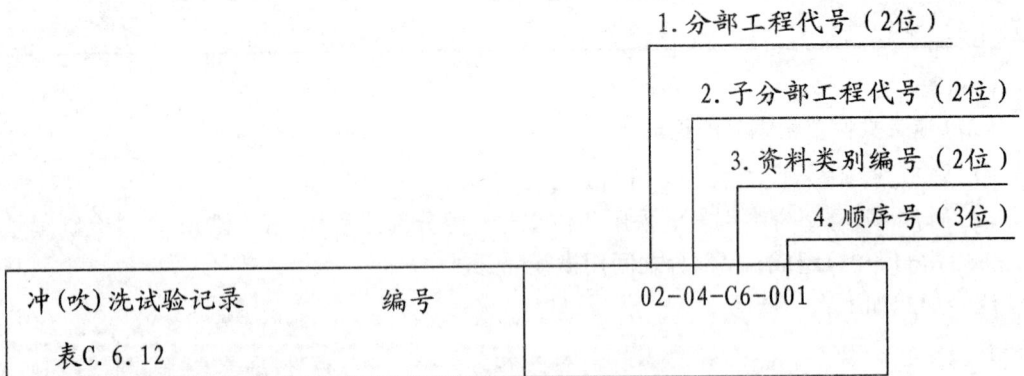

1. 分部工程代号（2位）

2. 子分部工程代号（2位）

3. 资料类别编号（2位）

4. 顺序号（3位）

冲（吹）洗试验记录 表C.6.12	编号	02-04-C6-001

（三）施工文件资料编号填写原则

1. 类别编号填写原则

施工资料的类别编号应依据表3-1的要求，按C1~C8类填写。

2. 顺序号填写原则

（1）对于施工专用表格，顺序号应按时间先后顺序，用阿拉伯数字从001开始连续标注。

（2）对于同一施工表格（如隐蔽工程检查记录、预检记录等）涉及多个（子）分部工程时，顺序号应根据（子）分部工程的不同，按（子）分部工程的各检查项目分别从 001 开始连续标注。

举例如下：

隐蔽工程验收记录（表 C.5.1）		编号	03 – 03 – C5 – 001
工程名称			
隐检项目	门窗安装（预埋件锚固件或螺栓）	隐检日期	

隐蔽工程验收记录（表 C.5.1）		编号	03 – 04 – C5 – 001
工程名称			
隐检项目	吊顶安装（龙骨、吊件）	隐检日期	

隐蔽工程验收记录（表 C.5.1）		编号	03 – 05 – C5 – 001
工程名称			
隐检项目	轻质隔墙安装（预埋件、连接件或拉结筋）	隐检日期	

（3）无统一表格或外部提供的施工资料，应在资料的右上角注明编号，填写要求按照前述规定。

二、施工资料整理的基本要求

（1）各参建单位填写的施工资料应符合法律、法规、规程，以施工质量验收标准及规范、工程合同、设计文件等为依据。

（2）施工资料必须反映工程施工中的实际情况，具有永久或长期保存价值和可追溯性。

（3）施工项目部要有健全的质量保证体系，为资料整理提供支持；资料员要树立良好的职业道德，不得弄虚作假；应该具有判断不合格试验报告的能力。

（4）严格执行"见证取样"和"送检"制度，试验单上必须有计量认证"CMA"和见证取样专用章。

（5）施工资料应与工程进度同步收集、整理，并应按专业分类，应做到项目完整，内容真实，碳素笔填写，签证齐全，结论明确，无未了事项。

（6）施工资料必须使用原件，确有特殊原因不能使用原件的，应在复印件或抄件上加盖公章并注明原件存放处。

（7）总承包单位负责由各分包单位编制的全部施工资料的汇总和归档；分包单位负责其承包范围内的施工资料收集和整理。

（8）施工资料的形成一般以单位工程为对象，要在施工组织设计中做出施工资料形成的规划，使施工资料覆盖到工程的每个部位，并尽可能以最少的资料整理工作覆盖最大的范围，减少人力和资金的投入。例如钢筋批次越多，投入的人力和检测资金就越多，要通过计算最大批量尽量减少钢筋进场次数以减少检测次数。

(9)以单位工程为对象是施工资料整理的主要形式，但不是唯一形式，如桩基、网架、玻璃幕墙等可单独形成一套资料。

三、见证取样和送检

(一)见证取样

"统一标准"规定：涉及结构安全的试块、试件以及有关材料，应按规定进行见证取样。根据建设部建[2000]211号文，下列试块、试件和材料必须实施见证取样和送检：①用于承重结构的砼试块；②用于承重墙体的砌筑砂浆试块；③用于承重结构的钢筋及连接接头试件；④用于拌制砼和砌筑砂浆的水泥；⑤用于承重墙的砖和砼小型砌块；⑥用于承重结构的砼中使用的掺加剂；⑦地下、屋面、厕浴间使用的防水材料；⑧国家规定必须实行见证取样和送检的其他试块、试件和材料。

(二)送检及送检数量

送检时，不仅要将涉及工程地基基础，主体结构安全的试块、试件以及有关材料送往施工单位试验室进行检测，同时要送往具有相应资质等级且具有对社会承揽检测任务资格的工程质量检测单位进行检测。

《建筑工程施工质量验收统一标准》条文解释规定了送检数量。无特殊要求的情况下，见证取样和送检的比例不得低于有关技术标准中规定应取样数量的30%。建筑工程常用原材料及施工过程试验取样规定及取样方法见附录一，常用建材试验检查项目见附录二。

(三)见证取样送检程序

(1)建设(监理)和施工单位应向工程质量监督站和监督站授权的检测单位递交"见证授权书"和"取样授权书"，供查核存档。

(2)施工企业取样人员在现场进行取样和试块制作时，见证人员必须在旁见证、指正。

(3)见证人员应和取样人员一道及时对试样采取有效的封样措施并共同送样。

(4)有见证取样送检检测权的检测单位应及时接受并查验试样外观、尺寸是否符合试验要求，并由收样人在有取样人、见证人已共同签名的"见证取样送检委托单"的"收样人签名"栏内签名，并查验取样和见证人员证书。

(5)检测单位对可以立即测试(含钢材、混凝土、砂浆已有龄期28 d的试块)的，应立即安排测试，让送样人旁观试验，并填发报告，报告应字迹清楚、数据齐全、签章完备，结论用语准确。报告应由见证人签收。

(6)检测单位对不能立即测试，尚须进行标准养护至28 d的混凝土、砂浆试块及水泥性能检测等，施工企业又无标准养护条件的，检测单位可另行收取标准养护成本费(除水泥外)。待至龄期到达后再通知取样，见证人到场验证封样后进行测试，出具报告。

(7)在检测报告中必须注明见证单位名称、见证人员姓名。发现试验结果不合格的情况，应及时直接向监督站发出试验报告。

第三节　主要施工资料的编写要求

一、施工管理资料

(一)工程概况表(表 C.1.1)

(1)工程概况表是对工程基本情况的简要描述,应包括单位工程的一般情况、构造特征、设备系统等。

(2)一般情况:工程名称、建筑用途、建筑地点、建设单位、监理单位、施工单位、建筑面积、结构类型和建筑层数等。

(3)构造特征:地基与基础、柱、内外墙、梁、板、楼盖、内外墙装饰、楼地面装饰、屋面构造、防火设备等。

(4)设备系统名称:工程所含的设备各系统名称。

(5)其他:指特殊需要说明的内容。

(二)施工现场质量管理检查记录(表 C.1.2)

建筑工程项目部应建立质量责任制度及现场管理制度;健全质量管理体系;宣贯施工技术标准;审查资质证书、施工图、地质勘查资料和施工技术文件等。施工单位应按规定填写本表,报项目总监理工程师(或建设单位项目负责人)检查,并做出检查结论。

文件填写应注意:

(1)现场质量管理制度。主要是图纸会审、设计交底、技术交底、施工组织设计编制程序、工序交接、质量检查评定制度、质量例会制度及质量问题处理制度等。

(2)质量责任制栏。质量负责人的分工,各项质量责任的落实规定,定期检查及有关人员奖惩制度等。

(3)主要专业工种操作上岗证书栏。专业工种、特殊工种均须进行培训并持证上岗。

(4)分包方资质与对分包单位的管理制度栏。专业分包单位的资质应在其承包业务的范围内承建工程,总承包单位应有管理分包单位的制度。

(5)施工图审查情况栏。重点是看建设行政主管部门出具的施工图审查批准书及审查机构出具的审查报告。

(6)地质勘查资料栏。有勘察资质的单位出具的正式地质勘查报告齐全。

(7)施工组织设计、施工方案及审批栏。检查编写内容、有针对性的具体措施,编制程序、内容,有编制单位、审核单位、批准单位,并有贯彻执行的措施。

(8)施工技术标准栏。是操作的依据和保证工程质量的基础,承建企业应编制不低于国家质量验收规范的操作规程的企业标准。要有批准程序,由企业的总工程师、技术委员会负责人审核批准,有批准日期、执行日期、企业标准编号及标准名称。企业应建立技术标准档案。施工技术标准是培训工人、技术交底和施工操作的主要依据,也是质量检查评定的标准。施工项目部应配备标准员对其进行有效管理。

(9)工程质量检验制度栏。三检制等质量检验制度必须建立,包括原材料、设备进场检验制度,施工过程的试验报告,竣工后的抽查检测。

（10）搅拌站及计量设置栏。主要是说明设置在工地搅拌站的计量设施的精确度、管理制度等内容。

（11）现场材料、设备存放与管理栏。这是为保证材料、设备质量必须具有的措施，项目部要根据材料、设备性能制订管理制度，建立相应的库房等。

（三）分包单位资质报审表（表 C.1.3）

总承包单位在选定某一分包单位后应填写《分包单位资质报审表》报监理单位审查。

（1）该文件由两部分组成：第一部分由施工单位填写，主要包括拟分包工程名称、拟分包单位名称、工程数量及金额等内容。第二部分由监理工程师填写审查意见。

（2）本文件的附件中应附拟分包单位的资格证明材料。主要包括：分包单位营业执照、分包单位资质等级证书、分包单位近年来工程业绩资料等。

（3）总承包单位必须严格执行国家相关法律、法规的要求选择合格分包单位，严禁非法转包和违法分包。

（4）专业监理工程师应在全面、细致的审查资格证明文件后在意见栏中做出"同意"或"不同意"的明确表态，并由总监理工程师签认后生效。

（四）建设工程质量事故调查、勘查记录（表 C.1.4）

（1）工程质量事故是指在工程建设过程中或在交付使用后，因勘察、设计、施工等过失造成工程质量不符合有关技术标准、设计文件以及施工合同规定的要求，需加固补强、返工、报废及造成人身伤亡或者重大经济损失的事故。

（2）工程质量事故按《关于做好房屋建筑与市政基础设施工程质量事故报告和调查处理工作的通知》分为一般事故、较大事故、重大事故和特大事故。

（3）工程质量事故并发安全事故的，施工单位应依据国务院《生产安全事故报告和调查处理条例》（493号令）之规定在1小时内向县级以上建设行政主管部门报告。事故报告应当及时、准确、完整，任何单位和个人对事故不得迟报、漏报、谎报或者瞒报。县级以上建设行政主管部门依据事故严重程度组成不同规格的事故调查组进驻现场，对事故进行调查。

（4）《建设工程质量事故调查、勘察记录》主要由调（勘）查人填写。填写内容主要包括：A. 工程名称；B. 调（勘）查时间、地点；C. 被调查人；D. 调（勘）查笔录；E. 现场证物照片及事故证据资料等。

（五）见证试验检测汇总表（表 C.1.5）

（1）见证取样

涉及结构安全的试块、试件以及有关材料，应按规定进行见证取样，按原建设部建〔2000〕211号文执行。

（2）送检及送检数量

送检是指不仅要将涉及工程地基基础，主体结构安全的试块、试件以及有关材料送往施工单位试验室进行检测，而且同时要送往有资质等级且具有对社会承揽检测任务资格的工程质量检测单位进行检测。

《建筑工程施工质量验收统一标准》条文解释规定了送检数量：见证取样和送检的比例不得低于有关技术标准中规定应取样数量的30%。

（3）在见证试验完成，各试验项目的试验报告齐全后，应填写《见证试验检测汇总表》。

（4）有见证取样和送检的各项目，凡未按规定送检或送检次数达不到要求的，其工程质量应由有相应资质等级的检测单位进行检测确定。

（5）施工过程中，应由施工单位取样人员在现场进行原材料取样和试件制作，并在《见证记录》上签字。见证记录应分类收集、汇总整理。

（六）施工日志（表 C.1.6）

施工日志应由项目经理部确定专人负责填写，记录从工程开工之日起至竣工之日止的全部技术质量管理和生产经营活动。其主要内容包括：

（1）工程的开、竣工日期，主要分部、分项工程的施工起止日期，以及技术资料的提供情况。工程准备工作的记录，包括：现场准备，施工组织设计学习，各级技术交底要求，熟悉图样中的重要问题、关键部位和应抓好的措施，向班、组长的交底日期、人员及其主要内容。

（2）进入施工以后对班组抽检活动的开展情况及其效果，组织互检和交接检的情况及效果，施工组织设计及技术交底的执行情况的记录和分析。

（3）分项工程质量评定、质量检查，隐蔽工程验收、上级组织的各项检查等技术活动的日期、结构、存在问题及处理情况记录。有关领导或部门对工程所做的生产、技术方面的决定或建议。新工艺、新材料的推广使用情况。

（4）原材料检验结果、施工检验结果的记录，包括：日期、内容、达到的效果及未达到要求的处理情况及结论。混凝土试块、砂浆试块的留置组数、时间，以及 28 天的强度试验报告结果。

（5）质量、安全、机械事故的记录，包括：原因、调查分析、责任人、研究情况、处理结论等，对人员伤亡、经济损失等的记录。

（6）有关洽商、变更情况，交底的方式、对象、结果的记录。有关归档资料的转交时间、对象及主要内容的记录。

（7）气候、气温、地质以及其他特殊情况（如：停电、水、停工待料）的记录。

（七）监理工程师通知回复单（表 C.1.7）

（1）《监理通知回复单》是与《监理通知》有因果关系的相对应的一组文件，是施工单位对监理通知指令的严肃回应。

（2）《监理通知回复单》表格分两大部分：第一部分由施工单位填写。施工单位在接到监理单位发来的《监理通知》指令后，应认真依据指令所提要求进行整改，消除隐患。在此基础上，填写《监理通知回复单》，将整改结果向监理单位汇报，并请监理工程师复验。在回复时应全面回应指令要求，重点说明整改措施和预防措施。第二部分由监理单位填写。监理单位在接到《监理通知回复单》后应及时派出专业监理工程师对有关问题部位进行复查，并根据复查结果签署意见。

（3）文件经总监理工程师签认后生效，监理单位和施工单位应分别保存作为工程资料。

二、施工技术资料

（一）工程技术文件报审表（表 C.2.1）

（1）《工程技术文件报审表》是承包单位在编制完相关工程技术文件后在该项工程开工之前就工程技术文件的合理性、可行性向监理单位报验并取得认可的文件。

（2）工程技术文件是用于该工程项目的应报审技术文件的全称，其范围应根据监理方案等文件合理确定。

（3）承包单位可一次报审一份文件，也可以一次报审多份技术文件。

（4）所报审的技术文件应作为附件与本表一并呈报，附件应与报审表中的内容完全一致。

（5）《工程技术文件报审表》应由施工单位项目技术负责人签发。

（6）专业监理工程师应在全面、细致的审查技术文件后签署审核意见，经总监理工程师签认后生效。

（7）总监理工程师应组织审查并在约定的时间内核准，同时报送建设单位，需要修改时，应由总监理工程师签发书面意见退回承包单位修改后再报，重新审核。

（二）施工组织设计及施工方案

单位工程施工组织设计是承包单位在单位工程开工前为工程所做的施工组织、施工工艺、施工计划等方面的设计，是对拟建单位工程全过程中各项活动的有关技术、经济和组织等方面的综合性文件。建设工程实行总包和分包的，由总包单位负责编制单位工程施工组织设计，分包单位在总包单位的总体部署下负责编制分包工程的施工组织设计。

1. 施工组织设计包括的内容

（1）工程概况：①工程简介，包括工程地理位置，建筑面积，层数（地上/地下），建筑特点，结构特点等工程整体情况；②建设地点特征，包括三通一平情况、气温、冬雨季时间、主导风向、风力和地震烈度，并依据勘察资料对地形地貌、工程地质和地下水等情况进行简述；③施工条件，包括三通一平情况、材料及预制加工品的供应情况，施工单位的机械、运输、劳动力和项目部的管理情况。

（2）施工方案和施工方法：①施工方案的选择：施工方案和施工方法的拟定，应在拟订的几个可行的施工方案中突出主要矛盾进行分析比较，选用最优方案。选用施工方案应着重解决几个问题：确定总的施工程序。按基建程序办事，必须做好施工准备工作才能开工。一般应遵守"先地下，后地上""先主体，后围护""先结构，后装修"的原则；确定施工流向。②分项工程施工方法的选择应以技术成熟为原则，着重突出企业优势。

（3）施工进度计划——编制施工进度计划表或施工网络计划图。

（4）施工准备工作计划。单位工程开工前，可根据施工具体需要和要求，编制施工准备工作计划。具体项目有：①技术准备：熟悉施工图纸及会审纪要，编制和审定施工组织设计，编制施工控制预算，各种加工半成品技术的准备和计划，新技术试验项目的试制；②现场准备及测量放线：施工定位测量放线，拆除障碍物，场地平整，临时道路和临时供水、供电、供热管线的敷设，有关生产、生活临时设施的搭设，水平和垂直运输设备的搭设。

（5）各项资源需要量计划：①材料需要量计划；②劳动力需要量计划；③构件和加工半成品需要量计划；④施工机具需要量计划；⑤运输计划等。

（6）施工平面图。施工平面图一般用1∶200～1∶500的比例绘制，其内容包括：①地上一切建筑物、构筑物及地下管线；②测量放线标桩、地形等高线、土方取弃场地；③起重机轨道和运行路线；④材料、加工半成品、构件和机具堆场；⑤生产生活用临时设施（包括搅拌站、钢筋棚、仓库、办公室、供水供电线路和道路）；⑥安全防火设施。

（7）主要技术保证措施。根据单位工程特点和施工条件制定以下具体措施：①保证工程质量措施；②保证施工安全措施；③保证施工进度措施；④冬雨期施工措施；⑤降低成本措施；⑥提高劳动生产率措施；⑦成品保护措施；⑧文明施工、现场 CI 保证措施。

（8）技术经济指标。技术经济指标是编制单位工程施工组织设计的最后效果，应在编制相应的技术组织措施计划的基础上进行计算。主要有以下几项指标：①工期指标（与相应定额工期相比）；②劳动生产率指标；③质量安全指标；④降低成本率；⑤主要工种工程机械化程度；⑥三大材料节约指标。

2. 施工组织设计编制的重点与难点

《单位工程施工组织设计》编制的重点在于如何在整个施工项目实施规划的大框架下制定出合理的单位工程施工部署方案。除此之外，还有为保证这一施工部署顺利实施的一系列计划措施。

（1）约束性

《单位工程施工组织设计》是在已经完成审批的《施工项目实施规划》的框架条件下编制的。因此，编制《单位工程施工组织设计》时的约束条件更为严格。并且，本单位工程必须与本项目内的其他单位工程统筹考虑施工部署、资源供应、进度协调、作业支持等诸多问题，这比单体工程施工组织困难得多。

（2）针对性

《单位工程施工组织设计》是指导单位工程施工的纲领性文件，是施工活动的行动指南。因此，该文件的编制必须要有针对性，做到有的放矢。要做到这一点就必须对施工对象特征、施工条件等内容做充分的分析，在此基础上才能对文件内容做出较准确的安排。

（3）有效性

判断《单位工程施工组织设计》编制的优劣具体体现在文件的有效性上。一个好的《单位工程施工组织设计》应该满足技术上可行、经济上合理的基本要求，既符合建设行业通用规范的要求，又能体现本企业自身的特色。

（4）具体性

《单位工程施工组织设计》的编制对象是某一具体单位工程，因此作为施工作业的指导文件必须达到足够的设计深度，这与《施工项目实施规划》的编制有本质的区别。

《单位工程施工组织设计》与《施工项目实施规划》或者称之为标前施工组织设计从编制内容上看有许多相似之处。事实上它们之间是有区别的，主要体现在：

①编制时间不同，《施工项目实施规划》是在整个项目实施之前编制，而《单位工程施工组织设计》在该单位工程开工之前编制。

②编制对象不同，《施工项目实施规划》的编制对象是工程项目全体，而《单位工程施工组织设计》的编制对象仅为一个单位工程。

③编制目的不同，《施工项目实施规划》的编制目的是为实现全项目目标，而《单位工程施工组织设计》的编制目的是保证单位工程的顺利施工。

④详细程度不同，《施工项目实施规划》侧重宏观控制而《单位工程施工组织设计》侧重具体实施。

某些建筑体量较小且技术要求不复杂的单体项目，其《施工项目实施规划》和《单位工程施工组织设计》相对而言差别也就并不明显了。

(三)危险性较大分部分项专项施工方案专家论证表(表C.2.2)

1.一般专项施工方案的编制

主要分部(子分部)工程、分项工程、重点部位、技术复杂或采用新技术的关键工序应编制《专项施工方案》,冬、雨期施工也应编制《冬、雨期施工方案》。施工方案应经施工单位技术负责人审批后,再填写《工程技术文件报审表》,报监理单位审定签字实施。

对于钢筋混凝土结构一般性建筑常见的专项施工方案包括:①土石方工程专项施工方案;②桩基础工程专项施工方案;③钢筋分项工程专项施工方案;④模板分项工程专项施工方案;⑤混凝土分项工程专项施工方案;⑥防水工程施工专项施工方案;⑦外架搭拆专项施工方案;⑧塔吊安拆专项施工方案。

编制专项施工方案应遵循以下原则:

(1)可靠性

专项施工方案所涉及的内容都关系到建筑结构和施工作业的安全。因此编写时应特别注意专项方案的可靠性。在方案设计计算中所选用的计算模型应合理,取用的设计荷载应准确,设计计算的结构应可靠。这都要求编者有较高的技术水平、较丰富的实践经验、较严谨的工作作风。

(2)严密性

专项施工方案所涉及的施工活动都有较大的施工难度。体现在:施工设备复杂、施工技术复杂、施工组织困难。这就要求编者对专项方案中的施工准备、施工部署、施工方法多着笔墨,尽可能做到详尽而周密。

(3)经济性

专项施工方案的编制同样也应依照经济技术分析的基本原则进行。编制的过程实行多方案的比选,选出技术上可行、经济上最合理的方案。

2.危险性较大工程专项施工方案的编制

根据原建设部关于"危险性较大工程安全专项施工方案专家论证审查报告"(建质【2004】213号)的指示精神,凡是危险性较大的工程必须编制安全专项施工方案,并且必须经过专家论证审查后方可施工。其安全专项施工方案及专家论证审查意见,均是施工技术资料的重要组成部分。

需编制安全专项施工方案的工程包括:

(1)开挖深度超过5 m(含5 m)的基坑(槽)并采用支护结构施工的工程;或基坑虽未超过5 m,但地质条件和周围环境复杂、地下水位在坑底以上的工程;

(2)开挖深度超过5 m(含5 m)的基坑、基槽的土方开挖;

(3)各类工具式模板工程,包括滑模、爬模、大模板等;水平混凝土构件模板支撑系统及特殊结构模板工程;

(4)起重吊装工程;

(5)脚手架工程,包括:高度超过24 m的落地式钢管脚手架、附着式升降脚手架,包括整体提升与分片式提升脚手架、悬挑式脚手架、门型脚手架、挂脚手架、吊篮脚手架、卸料平台;

(6)采用人工、机械拆除或爆破拆除的工程;

(7)其他危险性较大的工程,包括:建筑幕墙的安装施工,预应力结构张拉施工,隧道工程施工,桥梁工程施工(含架桥),特种设备施工,网架和索膜结构施工,6 m以上的边坡施工,大江、大河的导流、截流施工,港口工程、航道工程,采用新技术、新工艺、新材料可能影响建设工程质量安全,已经行政许可,尚无技术标准的施工。

须经专家审查论证的专项施工方案的工程包括:

(1)开挖深度超过5 m(含5 m)或地下室三层以上(含三层),或深度虽未超过5 m(含5 m),但地质条件和周围环境及地下管线极其复杂的工程;

(2)地下暗挖及遇有溶洞、暗河、瓦斯、岩爆、涌泥、断层等地质复杂的隧道工程;

(3)水平混凝土构件模板支撑系统高度超过8 m,或跨度超过18 m,或施工总荷载大于10 kN/m²,或集中线荷载大于15 kN/m的模板支撑系统;

(4)30 m及以上高空作业的工程;

(5)大江、大河中深水作业的工程;

(6)城市房屋拆除爆破和其他土石大爆破工程。

(四)技术交底记录(表C.2.3)

(1)《技术交底》是向参与建设项目管理的上级机构或个人向下级机构或个人所做的就施工中涉及的某些工作内容(包括组织、操作、质量、安全等)的要求、标准、方法、计划、措施等进行讲解和交代所形成的文件。其目的是使下级机构或个人熟悉和了解所承担工程项目的特点、设计意图、技术要求、施工工艺以及应注意的问题。

(2)技术交底一般是按照工程施工的难易程度、建筑物的规模、结构复杂程度等,在不同层次的施工人员范围内进行的。需要注意的是,针对不同层次、不同岗位的人员所进行的技术交底在内容上应有所区别:一是针对不同岗位人员其技术交底的内容各有侧重;二是要符合被交底人的实际水平。

(3)技术交底应按设计图纸、标准图集、现行施工验收规范、施工组织设计等的要求进行。在编制交底文件时要有确切根据,不可与设计要求、验收标准、施工组织相矛盾。

(4)技术交底的主要内容:①主要的施工方法、关键性的施工技术及对施工过程中可能遇到问题的解决方法;②特殊工程部位的技术处理细节及其注意事项;③新技术、新工艺、新材料、新结构施工技术要求与实施方案及其注意事项;④进度要求、施工部署、施工机械、劳动力安排与组织;⑤总包与分包单位之间相互协作配合关系及其有关问题、施工质量标准和安全技术等。⑥技术交底的内容与深度要有针对性,力求全面、明确、及时,并突出重点。

填写技术交底记录应注意以下几个方面:①执行标准名称及编号系指施工单位自行制定的企业标准(如施工操作工艺标准、工法等)的名称、编号;②企业标准应有编制人、批准人、批准时间、执行时间、标准名称及编号;③企业标准的质量水平不得低于国家施工质量验收规范的规定要求;④施工单位当前如无企业标准,可暂选用国家有关部委、省市及其他企业公开发布的标准,但选用标准的质量水平不得低于国家现行施工质量验收规范的规定要求;⑤交底内容摘要,只填写已交待执行标准中的章节标题和补充内容概要。

(5)施工员向施工班组进行技术交底可按以下内容编制交底记录:①施工时间、施工地点、施工内容;②施工准备工作,包括施工机具和施工人员;③施工程序及施工方法;④技术要点说明;⑤质量要求;⑥施工安全、成品保护及文明施工。

(6)交底双方应签字,并写明日期。

（五）图纸会审记录（表 C.2.4）

（1）《图纸会审记录》是参与工程建设的各方在设计交底后对设计单位提供的设计图纸进行审查，由设计单位对提出的问题进行说明而形成的文件。因此，该文件的编写以会议纪要的形式进行。

（2）图纸会审纪要是图纸会审过程中各方达成一致的意见、决定、标准、变更等的原始记录。经各方签字认可的图纸会审记录应视为设计文件的一部分或补充，与正式设计文件具有同等法律效力。

建设、监理、施工等单位收到设计图纸后，为了正确贯彻设计意图，熟悉和掌握图纸内容、要求和特点，及时发现图纸差错和施工中可能出现的问题和矛盾，及时提出新的设想和建议而进行的审查。

图纸会审一般是由建设单位或建设单位委托监理单位主持，由建设、监理、设计、施工（必要时邀请各主管部门包括消防、环保）等单位参加，由设计单位对参建各方自审提出的问题予以解决的一次综合会审会议。这里的施工单位以土建施工单位为主，也包括各专业施工单位。

图纸会审的目的一是通过事先熟悉设计图纸，达到领会设计意图、工程质量标准，以及新结构、新技术、新材料、新工艺的技术要求，了解图纸间的尺寸关系、相互要求与配合等内在联系，采取正确的施工方法去实现设计意图；二是在熟悉设计图纸的基础上，通过设计、建设、监理、施工等单位土建、安装等专业人员的会审，将有关技术问题在施工之前解决，给后续施工创造良好的条件。图纸会审之前，各方（特别是施工、监理单位）应先进行内部预审。其目的一是熟悉施工图纸；二是将提出的问题整理归类，以便会审时一并提出。图纸会审一般先由设计单位进行设计交底，然后各单位相关技术人员按工种分组进行图纸会审，对提出的问题应记录准确、详细，分组会审完后再进行各工种间的综合协调，避免出现矛盾与遗漏等问题。凡直接涉及设备制造厂家的工程项目及施工图，应由订货单位邀请制造厂家代表到会，并请建设单位、监理单位与设计单位的代表一起进行技术交底与图纸会审。图纸会审纪要应由专人负责协调整理，经参与会审的各方确认无误后，签字、盖章方为有效。生效的图纸会审纪要将被视为设计文件的一部分。图纸会审后，发生的一切需修改施工图的问题，可由设计单位直接发出工程变更单进行修改。

（3）在进行设计交底与图纸会审时应重点把握以下问题：

①设计单位资质情况，是否存在无证设计或越级设计；施工图纸是否经过设计单位各级人员签署，是否通过施工图审查机构审查。

②设计图纸与说明书是否齐全、明确、坐标、标高、尺寸、管线、道路等交叉连接是否相符；图纸内容、表达深度是否满足施工需要；施工中所列各种标准图册是否已经具备。

③施工图与设备、特殊材料的技术要求是否一致；主要材料来源有无保证，能否代换；新技术、新材料的应用是否落实。

④设备说明书是否详细，与规范、规程是否一致。

⑤土建结构布置与设计是否合理，是否与工程地质条件紧密结合，是否符合抗震设计要求。

⑥几家设计单位设计的图纸之间有无相互矛盾；各专业之间、平立剖面之间、总图与分图之间有无矛盾；建筑图与结构图的平面尺寸及标高是否一致，表示方法是否清楚；预埋件、

预留孔洞等设置是否正确；钢筋明细表及钢筋的构造图是否表示清楚；混凝土柱、梁接头的钢筋布置是否清楚，是否有节点详图；钢构件安装的连接节点图是否齐全；各类管沟、支吊架(墩)等专业间是否协调统一；是否有综合管线图，通风管、消防管、电缆桥架是否相互冲突。

⑦设计是否符合施工技术装备条件。如需采取特殊技术措施时，技术上有无困难，能否保证安全施工。

⑧施工安全、环境卫生有无保证。

⑨建筑、结构、设备等图纸本身及相互之间是否错误和矛盾；图纸与说明之间有无矛盾；设计和施工之间有无矛盾。建筑与结构是否存在不能施工或不便施工的技术问题，或导致质量、安全及工程费用增加等问题。

⑩防火、消防设计是否满足有关规程要求。

开工前的设计交底与图纸会审在同一时间进行，是同一项活动的前后两个步骤。有些地区的文件就将两者合并，发挥同一功能。但是，一般认为它们还是有区别的。

(六)设计变更通知单(工程变更单)(表 C.2.5)

(1)《设计变更通知单》是在图纸会审后，由于各种原因需要对设计文件部分内容进行修改而办理的变更设计文件。

(2)图纸会审后对设计文件的变更要求，可能来自建设单位(如对建筑构造、细部做法、使用功能等方面提出修改)、设计单位(如原设计有错误、做法改变、尺寸矛盾、结构变更等)或施工单位(如钢筋代换、发现图纸有差错、做法或尺寸有矛盾、合理化建议等)。

(3)对不同情况下工程变更的实施具有不同的工作程序。设计单位对原设计存在的缺陷提出的工程变更可直接编制设计变更文件(有些地区将这类文件叫《设计变更单》)；建设单位或施工单位提出的工程变更，应先提交总监理工程师，由总监理工程师组织专业监理工程师审查，审查同意后，再由建设单位转交原设计单位编制设计变更文件。当工程变更涉及安全、环保等内容时，应按规定经有关部门审定。

(4)由原设计单位直接发出的工程变更由原设计单位编制；由建设单位、监理单位、施工单位提出的工程变更由提出单位编制。

(5)凡涉及工程变更后的工程价款调整，施工单位必须在变更确定后14日内提交项目监理机构，项目监理机构在收到工程变更费用申请表后14日内必须审查完变更费用申请，并确认变更价款。当项目监理机构不同意承包单位提出的变更费用时，按处理合同争议的方式解决。

(6)工程变更的实施应先变更后实施。特殊情况应先征得设计单位的口头同意，施工后再及时补办书面变更手续。

(7)设计变更通知单，必须有设计单位盖章方为有效。

(七)工程洽商记录(技术核定单)(表 C.2.6)

(1)《工程洽商记录》是建设单位、设计单位、监理单位和施工单位多方之间协商解决施工过程中实发问题的文件记载，其目的是弥补设计的不足及解决现场实际问题。凡施工过程中遇到施工方法的变动、材料的代用、施工条件发生变动或为纠正施工图中的错误等情况，均可通过工程洽商予以解决。

（2）工程洽商分技术洽商与经济洽商两种，技术洽商主要用来协调处理施工中出现的技术问题；经济洽商是施工单位与建设单位在工程建设过程中进行的纯粹的经济协商，是工程结算的依据，它由合约管理人员按有关规定办理。

（3）《工程洽商记录》应分专业办理，其编制应由提出方填写，内容应该翔实、全面、详细地记录参建各方针对该问题所达成的一致看法。文件经各参加单位在确认无误后签署生效，并具有补充协议的法律地位。

由此可见，要对已经审批的施工图进行修改可以通过三种方式：①图纸会审纪要；②工程变更单；③工程洽商记录。以上我们只讨论了这三类文件文字部分的要求，对于修改施工图我们应请原设计单位严格按照国家制图标准的要求绘制变更图，在此不再赘述。

三、进度造价资料

（一）工程开工报审表（表 C.3.1）

《工程开工报审表》是项目监理机构审核工程。经承包单位自检已满足开工条件后提出开工申请，确已具备开工条件的批复文件。

（1）本表在报送审查时，承包单位应在表中加盖公章，并由项目负责人签字。《工程开工报告》作为附件，一并呈报。

（2）承包单位在编写工程开工报告时应确保下列条件得到满足：①施工许可证已获政府主管部门批准，并已签发《建设工程施工许可证》；②征地拆迁工作能够满足工程施工进度的需要；③施工图纸及有关设计文件已齐备；④施工组织设计（方案）已经监理机构审定并经总监理工程师批准；⑤施工现场的场地、道路、水、电、通信和临时设施已满足开工要求，地下障碍已清楚或查明；⑥测量控制桩已经项目监理机构复查合格；⑦施工、管理人员已按设计到位，相应的组织机构和制度已经建立，施工设备、料具已按需要到场，主要材料供应已落实。

（3）总监理工程师应对承包单位报送的资料进行认真核实，根据国家现行建筑法规和当地政府主管部门的要求，确认应当具备的各种报建手续是否完善，施工图是否已经法定图纸审查机构审查通过，检查承包单位劳动力是否已按计划就绪，机具设备是否安装到位且处于良好状态，各岗位的管理人员是否已全部到位，质量管理、技术管理和质量保证的组织机构、制度是否建立、健全等。

对可以在开工后再完善才能满足上述要求、且又需要先期开工的，应要求承包单位在指定的期限内完善。对不能按期完善开工条件的，可下令停工直至具备条件为止。

（4）对涉及结构安全或对工程质量产生较大影响的分包单位，分包单位应填此表并经总包单位签署意见报总监理工程师批准。

（二）工程复工报审表（表 C.3.2）

《工程复工报审表》是为了核查造成工程停工的因素是否已经消除，或存在的质量、安全隐患经过返工、整改是否已具备复工条件的批复文件。

（1）本表第一部分由承包单位填写，并提出证明已具备复工条件的相关资料。

1）工程暂停是由于非承包单位的原因引起的（如业主的资金问题，拆迁问题），此时应说明引起停工的这些因素已经消除，具备复工条件；

2）工程暂停是由于承包单位的原因引起的（如因承包单位管理不到位，质量或安全出现问题或存在重大隐患等），此时应说明承包单位已针对这些问题提出整改措施并进行整改，证明引起停工的原因已经消除。

（2）总监理工程师审核意见

1）若工程暂停是由于非承包单位的原因引起的，总监理工程师只需审查确认这些因素确实已经消除，便可签发本表；

2）若工程暂停是由于承包单位的原因引起的，总监理工程师应重点审查整改措施是否正确有效，还应确认承包单位在采取这些措施后不会再发生类似的问题，方可签发本表。

（3）监理机构应注意合同规定的时限。根据施工合同范本，总监理工程师应在48小时内答复承包单位以书面形式提出的复工申请。总监理工程师未能在规定的时间内提出处理意见，或收到承包单位复工申请后48小时内未给予答复，承包单位可自行复工。

（三）施工进度计划报审表（表 C.3.3）

《施工进度计划报审表》是项目监理机构对承包单位报送的工程施工进度计划进行审查的批复文件。

（1）本表应由承包单位填写编制说明或计划表，并由编制人、项目负责人签字。在本表之后应附具体施工进度计划。施工进度计划一般用横道图或网络计划表示，其编制方法参见相关技术规范。

（2）专业监理工程师根据施工进度计划的审查结果填写"同意""不同意"或者"应补充"的意见，或在审查意见栏相应位置中画"√"表示。

（3）专业监理工程师审查并同意后，应由总监理工程师审核、签字。

（4）调整计划是在原有计划已不适应实际情况，为确保进度控制目标的实现，需要制定新的计划目标时对原有进度计划进行调整。进度计划的调整方法一般采用压缩关键工作的持续时间来压缩工期或通过组织搭接作业、平行作业来缩短工期，专业监理工程师应慎重审核，尽量减少变更计划的调整。

（四）人、机、料动态表（表 C.3.4）

施工单位每月25日前，报《____年____月人、机、料动态表》；主要施工设备进场调试合格后开始使用前也应填写本表报项目监理部。塔吊、外用电梯等的安检资料及计量设备检定资料应作为本表的附件，监理单位留存备案。

（五）工程延期申请表（表 C.3.5）

工程发生延期事件时，施工单位在合同约定的期限内，向项目监理部提交《工程延期报审表》，在项目监理部最终评估出延期天数并与建设单位协商一致后，由总监理工程师给予批复。

（六）工程款支付申请表（表 C.3.6）

《工程款支付申请表》是承包单位根据施工合同中有关工程款支付约定的条款，向项目监理机构申请支付工程预付款、工程进度款、工程结算款时填写的表格。

（1）申请支付工程款金额应包括合同内工程款、工程变更增减费用、批准的索赔费用，扣除本期应扣预付款、保留金及施工合同中约定的其他费用。

（2）申请支付的工程款应按实、分段依据合同条款计取。所申请的工程款数额应有可靠依据，大小写金额填写应准确无误。

（3）工程款支付报审应随有关附件一并申报。附件内容应包括工程量清单、计算方法等。

（4）专业监理工程师对承包单位报送的工程款支付申请表进行审核时，应会同承包单位对现场实际完成情况进行计量，对验收手续齐全、资料符合验收要求并符合施工合同规定的计量范围内的工程量予以核定。

（5）专业监理工程师应对承包单位报送的《工程款支付报审表》所列款项依据承包合同、实际完成工程量清单及计算规则逐一进行详细审查并提出审查意见。经总监理工程师签认后生效。

（6）《工程款支付证书》是项目监理机构在收到承包单位的《工程款支付申请表》后，根据承包合同和有关规定审查复核后签署的，用于建设单位向承包单位支付工程款的证明文件。它是项目监理机构向建设单位转呈的支付证明书。

（七）工程变更费用报审表（表 C.3.7）

《工程变更费用报审表》是承包单位收到总监理工程师签认的《工程变更单》《图纸会审记录》或《设计变更通知单》后，在承包合同约定的期限内就变更工程价款报项目监理机构审核确认的资料。

本文件分两部分，承包单位填写第一部分后报监理单位审核并签认。填写时应注意以下内容：

（1）工程变更费用报审表中应载明产生该部分费用变动的依据；

（2）工程变更费用报审表中应列出完整的计算式将工程变更所引起的费用变化表达清楚，若变动费用的确是由其他文件确定的，应将相应文件编号及内容列入表中；

（3）工程变更费用报审表由项目经理签署后报监理单位审查；

（4）总监理工程师应在承包合同规定的期限内签发《工程变更费用报审表》，在签认此表之前应与建设单位、承包单位协商。

如出现以下情况，监理单位可拒审工程变更费用：

（1）未经监理工程师审查同意，擅自变更设计或修改施工方案进行施工而计量的费用；

（2）工序施工完成后，未经监理工程师验收或验收不合格而计量的费用；

（3）隐蔽工程未经监理工程师验收确认合格而计量的费用。

应当注意的是，工程变更费用报审表只能用于（变更单下发时）拟变更部位未施工情况；而对于已施工完工程后相关方要求再变更的，应按费用索赔处理返工。

（八）费用索赔申请表（表 C.3.8）

索赔事件终止后，施工单位填写《费用索赔报审表》报项目监理部审批。

四、施工物资资料

（一）材料、构配件进场检验记录表（表 C.4.1）

《材料、构配件进场检验记录表》是项目监理机构对承包单位提请的工程项目进场物资的审查、确认的批复文件。

施工单位首先要组织对拟进场的物资（原材料、构配件、设备）进行自检，并按有关规定进行抽样检测，确认合格后填写工程物资进场报验单，连同出厂合格证、质量保证书、复试报告等一并报专业监理工程师进行质量认可。

（1）该文件由两部分组成：第一部分由施工单位填写，主要包括拟进场物资的名称、规格、数量、使用部位等内容。第二部分由监理工程师填写审查意见。

(2)承包单位提请工程材料、构配件、设备进场报验时必须提供数量清单、质量证明文件、自检结果等附件,如无附件资料或附件资料不齐全不得报验。

(3)凡需要抽样检测的工程材料有见证取样要求的,复试报告必须有"见证取样"证章。

(4)工程材料报验还应满足以下具体要求:①施工单位对所有进场的原材料、构配件必须报验,材料报验要和设计文件中要求的材料、构配件的品种、数量相一致,并与实际使用批次相符合;②进场原材料、购配件报验应及时,监理单位可以和施工单位、材料供应单位协商确定进场材料、构配件进场时的报验方法;③预制构件厂必须对成品、半成品进行严格检查后,签发出厂合格证,不合格的产品不得出厂;④原材料均应"双控",有出厂合格证书及进场检(试)验报告,应与现场实际施工情况相符,即证单应相符;⑤原材料出厂合格证书及进场检(试)验报告应为原件或复印件加盖鲜章;⑥原材料进场检(试)验报告应有试验编号,以便与试验室的有关资料查证核实;⑦原材料进场检(试)验报告应试验项目齐全,各项实测数据符合标准规定的技术要求,结论清楚、正确,签证齐全;⑧专业监理工程师应仔细核查材料出厂质量证明书(合格证)与材料自检和复试报告的相关内容是否一致、齐全;⑨如原材料质量有问题,须经总监理工程师签字批准并报设计单位书面同意,确定降级使用或按不合格材料及时报告施工单位技术负责人及进货单位进行处理,且应注明使用部位,并将质量签证与报告单一并存档;⑩不合格原材料的试验报告单不得抽撤或损毁。如经总监理工程师质量签证后仍对质量有疑问时,应由省级以上检测单位进行仲裁;⑪凡抄件(复印件)应注明原件存放单位,并有抄写日期、抄件人、抄件单位的签字和鲜章;⑫原材料进场检(试)验报告应与其他施工技术资料对应一致,交圈吻合。

(5)部分材料、构配件在进场前,虽经建设单位和监理单位看过样品或进行过生产现场调研,但这个过程不能代替进场后使用前的报验,仍然必须按审程序报审。

(6)报验应按材料品种、批次填报,不得多品种、多批次混填。

(7)对新材料、新产品,承包单位应报送有关法定部门鉴定、确认的证明文件;对进口材料,承包单位还应报送进口商检证明文件,其质量证明文件即质量合格证书,应该是中文文本(证明文件一般应为原件,如为复印件,需加盖经销部门鲜章,并注明原件存放处)。

(8)专业监理工程师在审查报审文件后,应在意见栏中做出"同意"或"不同意"的明确表态,并由总监理工程师签认后生效。

(二)设备开箱检验记录(表 C.4.2)

《设备开箱检验》用于设备到货后,由业主、供货商、施工单位、监理单位及物资部门的现场代表共同进行开箱检验,对设备的名称、规格、数量以及完好情况进行外观检查,并做详细的记录。

(1)准备工作:发货清单、技术协议(或供货合同),联系开箱相关人员及所需工具。

(2)开箱使用合适的工具,不得猛敲猛砸,以防损坏设备,对装有精密设备的箱体,更应注意保护。

(3)电气、仪表设备及配件,应同电仪专业人员一起验收后交电仪专业人员保管。

(4)对随机供货的备品、备件认真清点、检查,妥善保管使用。

(5)设备开箱检验发现有设备损坏或以后安装中发现有质量缺陷,要及时与供货厂商代表共同检查协商处理。

(6)对于随机附带的设备使用说明书及相关资料应妥善保管，以备日后安装、调试使用，并做好台账。

(7)技术资料依据技术协议中所列进行核对，特别对于进口设备及配件要求提供报关单和原产地证明(或当地商会证明)；为方便存档，要求供货方提供技术资料合订本，并附资料目录以备查阅。

(三)设备及管道附件试验记录(表 C.4.3)

设备、阀门、闭式喷头、密闭水箱或水罐、风机盘管、成组散热器及其他散热设备在安装前按规定进行试验时，均应填写设备及管道附件试验记录。

施工单位填写的设备及管道附件检查记录应一式三份，并由建设单位、监理单位、施工单位各保存一份。

五、施工记录资料

(一)隐蔽工程验收记录(通用)(表 C.5.1)

隐蔽工程在隐蔽前应由施工单位通知有关单位进行验收，并形成验收文件。

凡是被下道工序所掩盖的项目均应作隐蔽工程验收记录。隐蔽工程验收工作是在自检合格基础上由班组长、施工员、质检员组织有设计单位、建设(监理)单位代表参加的共同对隐蔽工程隐蔽前的检查，地基与基础工程施工阶段应请勘查单位的有关人员参加。隐蔽工程验收中如发现质量问题，应会同设计单位、建设单位、施工单位协商解决，并认真做好复验工作。

1. 注意下列常见隐蔽工程部位

(1)地基验槽记录

①地基验槽内容：土质情况、标高、槽宽、放坡情况，地基处理情况应有洽商记录(必要时附图)。

②地基验槽结论：地基土质和勘探报告的土质是否一致，标高和设计图纸的要求是否一致；基槽几何尺寸应符合设计要求，基底应挖至设计要求土层(即老土)。

③与地基验槽互证的资料有：①地质勘探报告(见竣工验收资料)；②钎探记录，包括钎探平面布置图(见施工记录)；③地基处理记录(见施工记录)；④基槽复验记录(见施工记录)。

④根据检查结果填写隐蔽验收记录。

(2)地基处理复验记录

如验槽中存在问题，必须按处理意见及工程洽商对地基进行处理，处理后对地基进行复验，须有复验意见，符合要求后签证。

(3)地下室施工缝、变形缝、止水带、穿墙管等亦应作隐蔽验收

(4)钢筋绑扎隐蔽工程

①钢筋隐蔽的部位

梁、柱、板、墙、阳台、雨罩、楼梯等构件钢筋的绑扎与安装。

②隐蔽验收内容

品种、规格、尺寸、数量、间距、接头、位置、搭接倍数、平直、弯折、弯钩、箍筋、绑扎、

预埋件、保护层等。

有关的规定见设计图纸、变更和规范的要求。

（5）钢筋焊接工程

①类型：现场结构焊接主要包括现场结构钢筋焊接和预制构件现场焊接连接。

②钢筋焊接隐蔽验收范围：工业与民用房屋构筑物的钢筋混凝土和预应力混凝土结构中钢筋、钢筋骨架和钢筋网片；预制构件焊接主要包括外墙板缝槽钢筋焊接，大楼板连接筋焊接，阳台尾筋焊接，楼梯、阳台栏板等焊接；钢筋焊接的形式、种类及焊口形式；各种焊接的质量要求：应在隐蔽验收记录中注明接头数量、质量（观感、试验）等。

例如：《混凝土结构工程施工质量验收规范》（GB 50204—2015）第5.4.4条规定：当受力钢筋采用机械连接或焊接接头时，设置在同一构件内的焊接接头宜相互错开。纵向受力钢筋机械连接或焊接接头连接区段的长度为35倍d且不小于500 mm，凡接头中点位于该连接区段长度的接头均属于同一连接区段。同一连接区段内，纵向受力钢筋机械连接及焊接接头面积百分率为该区段内有接头的纵向受力钢筋截面面积与全部纵向受力钢筋截面面积的比值。同一连接区段内，纵向受力钢筋的接头面积百分率应符合设计要求。当设计无具体要求时，应符合下列要求：①在受拉区不宜大于50%；②接头不宜设置在有抗震设防要求的框架梁端、柱端的箍筋加密区；当无法避开时，对等强度高质量机械连接接头，不应大于50%；③直接承受动力荷载的结构构件中，不宜采用焊接接头；当采用机械连接接头时，不应大于50%。

（6）外墙板空腔立缝、平缝、十字缝接头、阳台、雨罩、女儿墙平缝及外立缝等的处理和细部做法必须严格施工，做好隐蔽验收记录。

（7）屋面防水层下各层细部做法

屋面防水层下各层细部做法应填写隐蔽验收记录。

防水层检验内容包括：基层、防水层铺设（方向、搭头、压边、收头、顺向、厚度等），节点细部做法（高低跨、变形缝、沉降缝、檐口、天沟等阴阳角及转角处、连接处，以及营建设备穿过防水层的封固处等）。

（8）厕浴间防水层下各层细部做法

厕浴间防水层下各层细部做法应在隐蔽验收记录上注明。

①厕所、洗室、淋浴室等处地面应设防水层（一般用油膏防水或用涂膜防水）；

②卷材铺贴方向应随流水方向，顺脊搭接，与地漏附加层交接严密；

③穿通楼板的管道应加套管，管根部处黏接紧密；

④地漏应低于地面，使流水畅通，地漏处黏接紧密。

2. 隐蔽验收记录整理要求

①隐蔽验收各项目必须填写齐全，不得漏填。

②隐蔽手续应及时办理，不得后补。

③隐蔽内容填写应齐全、完整，不得漏检。凡施工图上有的，在画简图位置，直接写上建施图号或结施图号；若采用标准图，大样、节点可注明采用图集编号、节点位置。但施工图纸和设计图集没有的或涉及建筑工程施工图设计文件审查内容、涉及结构安全的重大变更或事故处理必须画详图，并要求写出详细文字说明。

④检查意见（复查意见）应具体明确。

⑤设计单位、建设单位、施工单位负责人应签字齐全，不得漏签或代签。

⑥基础、主体钢筋工程、现场结构焊接工程（钢筋焊接，外墙板键槽钢筋焊接，大楼板的连接筋焊接，阳台尾筋和楼梯、阳台栏板等焊接），应分层、分部位、分施工段分别做隐蔽验收。

⑦各项目隐蔽内容时间和检验批质量验收记录时间相对应。

⑧如钢筋焊接经检查后不符合要求时，需补焊或重焊，并要有复验合格记录，由复验人签字。

⑨隐蔽应符合施工程序，不在同一程序中施工的工程不得一次进行，更不得填写一张隐蔽工程验收记录。

(二)施工检查记录(通用)(表 C.5.2)

《施工检查记录》(通用)表格用于(施工方)对工程项目重要施工环节和步骤进行自检所使用的通用型表格。施工检查记录的内容主要由三部分组成，即：检查依据、检查内容、检查结论。重点是对检查内容的详细描述，包括：施工内容、施工部位、使用材料或构配件、施工方法、操作人员、作业时间、施工情况等。本表由专业工长、专业质检员、专业技术负责人进行签认，施工单位保存。

(三)交接检查记录(通用)(表 C.5.3)

不同施工单位之间工程交接，应进行交接检查，填写《交接检查记录》。交接检查主要应用于不同施工主体对同一施工项目的工序有先后逻辑关系的情况，同一施工单位的工序先后交接检查不适用此表，但总分包之间因有合同关系，亦适用此表。移交单位、接收单位和见证单位共同对移交工程进行验收，并对质量情况、遗留问题、工序要求、注意事项、成品保护等进行记录。此文件由移交单位、接收单位、见证单位共同保存。

(四)工程定位测量记录(表 C.5.4)

《工程定位测量记录》是项目监理机构对承包单位进行的建(构)筑物定位(放线)工作进行核查和确认的批复文件。

(1)该文件由两部分组成：第一部分由施工单位填写，主要包括测量放线的部位及内容。第二部分由监理工程师填写审查意见。

(2)承包单位应根据规划部门的坐标点、施工总平面图、设计要求，组织有工程测量放线经验的人员从事测量放线工作。在反复检查、核对无误后，填表报监理工程师审查。

(3)施工测量报验的范围包括红线桩的校核成果、水准点的引测结果、平面坐标控制网及高程控制网成果、施工轴线控制桩、各楼层墙轴线、柱轴线、边线、门窗洞口位置线、水平控制线、轴线竖向投测控制线等放线结果等。

(4)本表在报送审查时，应提交相应的工程测量质量证明文件作为附件。无附件资料或附件资料不齐全不得报验。工程测量质量证明文件主要包括测量放线依据、测量放线成果、测量仪器的校验证明等。

(5)专业监理工程师应详细审查、核对相关资料，并实地查验放线精度是否符合规范及标准要求，施工轴线控制桩的位置、轴线和高程的控制标志是否牢固、明显等。

(6)专业监理工程师在审查报审文件后应在意见栏中做出"同意"或"不同意"的明确表态，并由总监理工程师签认后生效。

（7）工程定位测量应注意以下几点：①标高引测要以规划部门指定的基准桩为准，不得任意借用相邻建筑物标高，应首先核验基准点和龙门桩高程。②定位放线要以规划部门指定的基线为准；应首先核验标准轴线桩位置，并对照施工平面图检查建筑物各轴线尺寸。③要绘制定位放线和标高引测平面示意图，图中注明基准轴线桩的位置和各点高程。

（五）建筑物垂直度、标高观测记录（表 C.5.5）

本表用来记录对建筑物进行垂直度及标高检查之记录数据。相关测量方法见《工程测量规范》（GB 50026—2007）。

（六）地基验槽记录（表 C.5.6）

（1）地基验槽内容：土质情况、标高、槽宽、放坡情况，地基处理情况应有洽商记录（必要时附图）。

（2）地基验槽结论：地基土质和勘探报告的土质是否一致，标高和设计图纸的要求是否一致；基槽几何尺寸应符合设计要求，基底应挖至设计要求土层（即老土）。

（3）与地基验槽有关联的资料有：①地质勘探报告；②钎探记录，包括钎探平面布置图；③地基处理记录；④基槽复验记录。

（4）根据检查结果填写隐蔽验收记录；

（5）如验槽中存在问题，必须按处理意见及工程洽商对地基进行处理。处理后对地基进行复验，复试合格后再进行工程签证。

（七）地下工程防水效果检查记录（表 C.5.7）

（1）地下防水工程应按设计规定的防水等级，制定防水技术方案，进行防水施工及质量控制，防水工程施工完成后应进行防水效果检查，以确保防水工程的安全及使用功能。

（2）防水效果检查的依据为设计要求、《地下防水工程质量验收规范》（GB 50208—2011）第3.0.1条及其他有关规定。包括：混凝土的变形缝、施工缝、后浇带、穿墙套管、预埋件等设置的形式和构造情况；检查防水层的基层处理，防水材料的规格、厚度、铺设方式、阴阳角处理、搭接密封处理等。

（3）规范按渗漏情况将地下工程的防水等级分为4级，各级标准应符合表3-4之规定。具体工程的防水等级出设计确定。

表3-4 地下工程防水等级标准

防水等级	标　　准
1级	不允许渗水，结构表面无湿渍
2级	不允许漏水，结构表面可有少量湿渍；工业与民用建筑：湿渍总面积不大于总防水面积的1‰，单个湿渍面积不大于0.1 m²，任意100 m²防水面积不超过1处。
3级	有少量漏水点，不得有线流和漏泥砂；单个湿渍面积不大于0.3 m²，单个漏水点的漏水量不大于2.5 L/d，任意100 m²防水面积不超过7处。
4级	有漏水点，不得有线流和漏泥砂；整个工程平均漏水量不大于2 L/（m²·d），任意100 m²防水面积的平均漏水量不大于4 L/（m²·d）

（4）渗漏水检查方法：

1）地下防水工程质量验收时，施工单位必须提供地下工程"背水内表面的结构工程展开图"。

2）房屋建筑地下室只检查围护结构内墙和底板。

3）施工单位必须在"背水内表面的结构工程展开图"上详细标示：工程自检时发现的裂缝，并标明位置、宽度、长度和漏水现象；经修补、堵漏的渗漏部位；防水等级标准容许的渗漏水现象。

4）地下防水工程验收时，经检查、核对标示好的"背水内表面的结构工程展开图"必须附于防水效果检查记录后。

5）当被验收的地下工程有结露现象，不宜进行渗漏检验。

6）房屋建筑地下室渗漏水现象检测：

①地下工程防水等级对"湿渍面积"与"总防水面积"的比例作了规定。按防水等级 2 级设防的房屋建筑地下室，单个湿渍的最大面积不大于 0.1 m^2，任意 100 m^2 防水面积上的湿渍不超过 1 处。

②湿渍的现象：湿渍主要是由混凝土密实度差异造成毛细现象或有混凝土容许裂缝产生，在混凝土表面肉眼可见的"明显色泽变化的潮湿斑"。一般在人工通风条件下可消失，即蒸发量大于渗入量状态。

③湿渍的检测方法：检查人员用干手触摸湿斑，无水分浸润感觉。用吸墨纸或报纸贴附，纸不变颜色。检查时，要用粉笔勾画出湿渍的范围，然后用钢尺测量高度和宽度，计算面积，标示在"展开图"上。

④渗水的现象：渗水是由于混凝土密实度差异或混凝土有害裂缝（宽度大于 0.2 m）而产生的地下水连续渗入混凝土结构，在背水的混凝土墙壁表面肉眼可观察到明显的流挂水膜范围，在加强人工通风的条件下也不会消失，即渗入量大于蒸发量的状态。

⑤渗水的检验方法：检查人员用干手触摸可感觉到水分浸润，手上会沾有水分。用吸墨纸或报纸贴附，纸会浸润变颜色。检查时，要用粉笔勾画出渗水范围，然后用钢尺测量高度和宽度，计算面积，标示在"展开图"上。

⑥对房屋建筑地下室检测出来的"渗水点"，一般情况下应准予修补堵漏然后重新验收。

⑦对防水混凝土结构的细部构造渗漏水检测，尚应按本条内容执行。若发现严重渗水必须分析原因，查明原因，应准予修补堵漏，重新验收。

（5）填写文件时要注意：记录中要注明施工图纸编号（如有变更应注明变更的出处），刚性防水混凝土的强度等级、抗渗等级，柔性防水材料的型号、规格，防水材料的复试报告编号、施工铺设方法、搭接长度、宽度等。

（八）防水工程试水检查记录（表 C.5.8）

防水工程试水检查记录应符合现行国家标准《建筑地面工程施工质量验收规范》（GB 50209—2010）、《屋面工程质量验收规范》（GB 50207—2012）的有关规定。

施工单位填写的防水工程试水检查记录应一式三份，并由建设单位、监理单位、施工单位各保存一份。

（九）通风道、烟道、垃圾道检查记录（表 C.5.9）

施工单位填写的通风道、烟道、垃圾道检查记录应一式三份，并由建设单位、监理单位、施工单位各保存一份。

(十)其他常用施工记录

1. 地基处理记录

地基处理是指地基不能满足设计要求时对地基的补强处理。地基处理记录一般包括地基处理方案、地基处理的施工试验记录、地基处理检查记录。

(1)地基处理方案

①地基处理方案一般是经验槽后,由设计勘察部门提出,施工单位记录并写成的书面处理方案。

②地基处理方案中应有工程名称、验槽时间,有钎探记录分析。应说明实际地基与地质勘查报告是否相符合;标注清楚需要处理的部位;写明需要处理的实际情况;处理的具体方法和质量要求。最后必须要有设计、勘探人员签认。

③地基处理方案应交监理单位核查、签认。

(2)地基处理的施工试验记录

①《建筑地基基础工程施工质量验收规范》(GB 50202—2012)第4.1.5条要求:对灰土地基、砂和砂石地基、土工合成材料地基、粉煤灰地基、强夯地基、注浆地基、预压地基,其竣工后的结果(地基强度或承载力)必须达到设计要求的标准;

②灰土、砂、砂石和三合土地基,应做干土质量密度(干容量)或贯入度试验。干土质量密度试验同回填土的干密度试验;

③重锤夯实地基:重锤夯实地基应有试验报告及最后下沉量和总下沉量记录;

④强夯地基施工记录,对锤重、落距、夯击点布置及夯击次数要做好记录。

(3)地基处理检查记录

地基处理检查记录是施工单位会同建设(监理)单位对地基处理的检查、验收记录。记录中要注明各处理部位是如何进行处理的,处理后是否达到设计要求或相应施工规范的规定,而且记录要请建设(监理)单位签认。

(4)地基处理记录几点具体要求:

①地基处理工程是特殊性专业施工,施工单位应具备相应的资质。如有分包情况,应将施工过程中的质量保证体系及质量检验制度归入施工现场管理检查记录《建筑工程施工质量统一标准》(GB 50300—2013)附录 A 的"第4项:分包方资质与对分包单位的管理制度"一栏;

②地基处理工程应有单独的针对性强、切实可行的施工组织设计;

③地基处理记录是地基处理资料的重要组成部分,地基处理资料主要有:①地质勘探报告和地基勘探补充意见报告;②地基处理设计图纸、设计变更;③地基处理依据标准;④地基检测资料,包括砂、石子、水泥、素土等原材料检验资料和地基承载力检测等;⑤地基钎探记录及钎探平面布置图。

一般由勘探部门做出。凡不是复合地基的工程,现场必须做钎探记录及钎探平面布置图。地基钎探具体标准参见《建筑地基基础工程施工质量验收规范》(GB 50202—2012)。

2. 桩基施工记录

(1)钢筋混凝土预制桩基施工记录

钢筋混凝土预制桩基施工记录主要包括:现场预制桩的检查验收资料、试桩或试验记录、桩施工记录、补桩记录、桩的节点处理记录。

1)现场预制桩检查验收资料:①桩的结构图;②材料检验记录;③钢筋隐蔽验收记录;

④混凝土试块强度报告；⑤桩的检查记录；⑥桩的养护方法等。

2）试桩或试验记录：

①桩基打桩前应做（基桩静载荷试验）试桩或桩的动荷载试验。打试桩主要是了解桩的贯入度、持力层的强度、桩的承载力以及施工过程中遇到的各种问题和反常情况等。试桩或试验时应请建设单位、设计单位和质量监督部门参加，并做好试桩或试验记录，画出各土层深度，打入各土层的锤击次数，最后精确地测量贯入度等。

②桩施工记录：要求据实填写清楚齐全。打桩中如有异常情况应记录在备注栏中。

3）桩施工记录：

桩施工要有平面位置图（定位图、复核图），图上要注明方向、轴线、各桩编号、位置、标高。出现问题的桩要注明情况，要标示出打桩顺序及补桩情况。最后要有打桩负责人、制图人签字。

4）补桩记录表：①打桩不符合要求，应进行补桩的要有补桩记录。②补桩平面图：补桩要有补桩平面图，图中应标清原桩和补桩的平面位置，补桩要有编号，要说明补桩的规格、质量情况，有制图及补打桩负责人签字。

5）桩的节点处理资料：桩的节点处理主要是指接桩节点处理，接桩方法有焊接接桩、法兰接桩和硫磺胶泥锚接桩。

各种接桩的适用范围如下：焊接接桩和法兰接桩适用于各类土层，硫磺胶泥锚接桩适用于软弱土层。

6）现场预制桩质量验收资料：①地质勘探报告；②桩结构设计图纸；③桩轴线定位记录；④桩位竣工平面（轴线复核）图；⑤桩施工记录；⑥成品桩出厂合格证及检验记录；⑦现场检验记录包括：材料合格证及材料试验报告、混凝土配合比、现场混凝土计量和坍落度检验记录、钢筋隐蔽工程验收、每批浇捣混凝土强度试验报告、每批浇筑检验批质量验收记录等。

（2）钢筋混凝土灌注桩的施工记录

1）灌注桩按成孔方法分为钻孔灌注桩、爆扩灌注桩、振动灌注桩、冲击灌注桩、捣实灌注桩；

2）灌注桩的桩位偏差必须符合《建筑地基基础工程施工质量验收规范》（GB 50202—2012）第5.1.4条要求，每浇注50 m³必须有1组试件；

3）灌注桩的砼试件强度，是检验桩体材料质量的主要手段之一，必须具备供检验的试件；

4）灌注桩的施工记录主要包括：①桩位测量放线图；②灌注桩的施工记录；③桩的检查试验资料；④桩位竣工平面图。

5）桩位测量放线图应与设计基础平面图一致，并要有放线控制点（坐标高程）、放线的拨角和距离、检验校核数量、桩位（坐标高程）及其编号。

6）灌注桩的施工记录要依据现场实际情况填写清楚齐全，准确真实。

7）灌注桩的质量验收资料：①桩设计图纸、施工说明和地质资料。②材料合格证及材料试验报告。③从开孔至混凝土浇筑的各工序施工记录。④隐蔽验收记录。⑤混凝土配合比和试块抗压试验。⑥桩体完整性和单桩承载力检测报告：要符合《建筑地基基础工程施工质量验收规范》（GB 50202—2012）第5.1.5条规定：工程桩应进行承载力检验。对于地基基础设计等级为甲级或地质条件复杂，成桩质量可靠性低的灌注桩，应采用静载荷试验的方法进行检验，检验桩数不应少于总桩数的1%，且不应少于3根，当总桩数少于50根时，应不少于2根。单桩承载力检验，《建筑地基基础设计规范》(GB 50007—2011)、《建筑基桩检测技术规范》(JGJ 106—2014)都做了规定(具体由设计单位根据有关规范和工程的具体条件在设计文件中规定)。⑦桩轴线定位记录。⑧桩位竣工平面(轴线复核)图：要标注清楚灌注桩完工后桩的实际位置(坐标、高程)，桩的标号，各轴线桩的变更情况及处理情况等。

3. 混凝土的开盘鉴定及浇灌申请记录

混凝土施工前应有开盘鉴定记录和浇灌申请单，不同配合比的混凝土都要有开盘鉴定记录和浇灌申请单。目前，施工现场多将混凝土的开盘鉴定及浇灌申请记录用浇灌令来代替。

(1)混凝土开盘鉴定记录的内容：

1)混凝土应按国家现行标准《普通混凝土配合比设计规程》(JGJ 55—2011)的有关规定，根据混凝土强度等级、耐久性和工作性等要求进行配合比设计。对有特殊要求的混凝土，其配合比设计尚应符合国家现行有关标准的专门规定，即混凝土按设计配合比、试配配合比、施工配合比三种配合比进行调整。

2)首次使用的混凝土配合比应进行开盘鉴定，其工作性应满足设计配合比的要求。开始生产时应至少留置一组标准养护试件，作为验证配合比的依据。检验方法：检查开盘鉴定资料和试件强度试验报告。

3)混凝土开盘鉴定记录内容包括：①混凝土所用原材料与配合比是否合格；②混凝土试配配合比换算为实际使用施工配合比；③混凝土的计量、搅拌和运输；④混凝土拌合物和易性试验；⑤混凝土试块抗压强度。

4)混凝土所用原材料应与试配配合比所用原材料一致，如有变化应重新试配。

5)试配配合比要换算为施工配合比。

6)混凝土开盘鉴定要有施工单位、搅拌单位的主管技术部门和质量检验部门参加，做试配的试验室也应派人参加鉴定，混凝土开盘鉴定一般在施工现场浇筑点进行。

7)混凝土搅拌物的检验：混凝土开盘鉴定主要就是对混凝土拌合物的检验，以鉴定拌合物的和易性。检查方法有坍落度试验和维勃度试验。

(2)混凝土浇灌申请单

1)混凝土浇灌申请单应由施工班组填写、申报，由建设(监理)单位和工长或质量检查员批准，每一班组都应填写清楚齐全；

2)准备工作必须全部完备，表上各条准备完备者打"√"，不完备者应补做好后再申请；

3)表中各项准备工作确系准备完备后，方可批准浇注混凝土。

4. 结构吊装记录

所有吊装构件都应有吊装施工记录。

(1)预制混凝土框架结构、钢结构及大型构件吊装施工记录内容包括：构件类别、型号、位置、搭接长度、实际吊装偏差及吊装平面图等。

(2)钢结构工程竣工验收记录(以大型钢网架结构制作及安装记录为例说明)

1)网架是空间钢结构的一种。首先，由上、下弦和腹杆组成各种体形的网格单元，将各种网格单元按一定规律组合起来，就形成各种形式的网架。网架结构常用形式有：①由平面桁架系组成的两向正交正放网架、两向正交斜放网架、两向斜交斜放网架、三向网架、单向折线形网架；②由三角锥体组成的正放四角锥网架、正放抽空四角锥网架、棋盘形四角锥网架、斜放四角锥网架、星形四角锥网架；③由三角锥体组成的三角锥网架、抽空三角锥网架、蜂窝形三角锥网架。

2）网架资料整理主要内容：①竣工图纸和设计变更；②施工现场质量管理检查记录；③有关安全及功能的检验和见证检测项目检查记录；④有关观感检验项目检查记录；⑤分部、分项、检验批质量验收记录；⑥施工组织设计；⑦强制性条文检验项目检查记录及证明文件；⑧隐蔽验收记录；⑨原材料、零部件、成品质量验收合格证试验报告及性能检测报告；⑩焊接缝质量检验（超声波或 α 射线）；⑪高强度螺栓检验记录；⑫网架总拼就位后的几何尺寸偏差和挠度值检查记录；⑬不合格项的处理记录及验收记录。

（3）幕墙工程（玻璃、金属、石材）

1）检验项目：材料进场检验、安装节点与连接检验、防火检验、防雷检验、安装质量检验等；

2）检验依据：《玻璃幕墙工程质量检验标准》（JGJ/T 139—2001）、《建筑装饰装修工程质量验收规范》（GB 50210—2011）；

3）幕墙工程资料整理主要内容：①设计图纸文件、材料代用文件以及建筑设计单位对幕墙工程设计的确定文件；②各种材料：五金配件、构件及组件的产品合格证、性能检测报告、进场验收记录和复验报告；③硅酮结构胶的认定证书和抽查合格证明，进口硅酮结构胶的商检证；国家指定检测机构出具的硅酮结构胶相容性和剥离黏结性试验报告；石材用密封胶的耐污染性试验报告；④后置埋件的现场拉拔强度检测报告；⑤幕墙的抗风压性能、空气渗透性能、雨水渗透性能及平面变形性能检测报告（物理性能）；⑥打胶、幕墙环境的温度、湿度记录，双组分硅酮结构胶的混匀性试验记录及拉断试验记录；⑦防雷装置测试记录；⑧隐蔽验收记录；⑨幕墙构件和组件的加工制作记录；⑩幕墙安装施工记录；⑪自验记录（检验批、分项、子分部）；⑫竣工验收证书；⑬正常情况下物理耐用年限质量保证书。

5. 混凝土施工测温记录

当室外日平均气温连续 5 天稳定低于 5℃时，即为进入冬期施工。冬期混凝土施工应有测温记录，内容包括大气温度、原材料温度、出罐温度、入模温度和养护温度。大气测温一般为每天测室外温度不少于 4 次（早晨、中午、傍晚、夜间）。

（1）施工测温记录主要有混凝土冬期测温记录和大体积混凝土施工测温记录。

1）冬期施工混凝土养护测温记录。

①冬期混凝土必须要留有测温孔并做测温记录，测温要有测温点布置图。布置图要与结构平面一致，要标注清楚各测温点的编号及位置。

②测温孔在混凝土浇筑时预留，一般每一构件不少于一个测温孔，混凝土接槎处一定要留有测温孔，测温孔一般要深入混凝土内（过主筋）。混凝土浇筑初期每 2 小时进行一次测温，8 小时后，每 4 小时测温一次。

③记录表中各项内容：测温时间、大气温度、各测孔温度、平均温度、间隔时间、成熟度等都要填写清楚、准确、真实，签字齐全。

2）大体积混凝土施工测温记录、裂缝检查记录。

①大体积混凝土是指混凝土的长、宽、高均大于 1.0 m 的混凝土。大体积砼的另一种定义是浇注砼时必须考虑水化热对砼材料内部结构的影响的一种特殊砼。一般说来当厚度大于 400 mm 且面积较大时，施工中就应该采取措施考虑水化热的影响。

②大体积砼施工措施：①控制砼入模温度；②掺放缓凝剂；③砼表面保温措施；④前6天养护采用不同的水温养护；⑤砼内外最大温差不大于25℃。

3）记录表中各项内容：测温时间、大气温度、各测孔温度、平均温度、间隔时间、成熟度等都要填写清楚、准确、真实，签字齐全。

6. 现场预应力张拉施工记录

（1）现场预应力张拉施工记录内容主要包括：各种试验记录、施工方案、技术交底、张拉记录、张拉设备检定记录、质量检查资料等。

（2）现场预应力张拉施工的各种试验记录有：①冷拉钢筋和调直后的冷拔低碳钢丝的机械性能试验；②钢筋的点焊、对焊和焊接铁件电弧焊的机械性能试验；③后张法张拉前混凝土的强度试验报告；④冷拉钢筋机械性能试验记录。

（3）预应力张拉施工质量验收资料：①预应力筋产品合格证、出厂检验报告、进场复验报告；②预应力筋用锚具、夹具和连接器产品合格证、出厂检验报告、进场复验报告；③孔道灌浆用水泥、外加剂产品合格证、出厂检验报告、进场复验报告；④预应力混凝土用金属螺旋管产品合格证、出厂检验报告、进场复验报告；⑤墩头强度试验报告；⑥同条件养护混凝土试件试验报告；⑦预应力张拉记录；⑧预应力筋应力检测记录，见证张拉记录；⑨孔道灌浆记录；⑩孔道灌浆用水泥性能试验报告；⑪孔道灌浆用水泥试件强度试验报告；⑫预应力隐蔽工程验收记录；⑬张拉机具设备及仪表的配套标定报告单；⑭检验批质量验收记录；⑮预应力分项工程质量验收记录。

六、施工试验记录与检测报告资料

（一）设备单机试运转记录（通用）（表 C.6.1）

设备单机试运转记录应符合现行国家标准《建筑给排水及采暖工程施工质量验收规范》（GB 50242—2002）、《通风与空调工程施工质量验收规范》（GB 50243—2016）、《建筑节能工程施工质量验收规范》（GB 50411—2019）的有关规定。

施工单位填写的设备单机试运转记录应一式四份，并由建设单位、监理单位、施工单位、城建档案馆各保存一份。

（二）系统试运转调试记录（通用）（表 C.6.2）

系统试运转调试记录应符合现行国家标准《建筑给排水及采暖工程施工质量验收规范》（GB 50242—2002）、《通风与空调工程施工质量验收规范》（GB 50243—2016）、《建筑节能工程施工质量验收规范》（GB 50411—2019）的有关规定。

施工单位填写的系统运行调试记录应一式四份，并由建设单位、监理单位、施工单位、城建档案馆各保存一份。

（三）接地电阻测试记录（通用）（表 C.6.3）

接地电阻测试记录应符合现行国家标准《建筑电气工程施工质量验收规范》（GB 50303—2015）、《智能建筑工程质量验收规范》（GB 50339—2013）、《电梯工程施工质量验收规范》（GB 50310—2002）的有关规定。

施工单位填写的接地电阻测试记录应一式四份，并由建设单位、监理单位、施工单位、城建档案馆各保存一份。

(四)绝缘电阻测试记录(通用)(表C.6.4)

绝缘电阻测试记录应符合现行国家标准《建筑电气工程施工质量验收规范》(GB 50303—2015)、《智能建筑工程质量验收规范》(GB 50339—2013)、《电梯工程施工质量验收规范》(GB 50310—2002)的有关规定。

施工单位填写的绝缘电阻测试记录应一式三份,并由建设单位、监理单位、施工单位各保存一份。

(五)砌筑砂浆试块强度统计、评定记录(表C.6.5)

单位工程竣工后,一般应以同一单位工程为验收批对砂浆标准养护28 d试块的抗压强度进行统计评定。基础结构工程所用砌筑砂浆如与主体结构工程的品种不同,应将基础和主体各作为一个验收批进行评定。否则,按品种、强度等级相同砌筑砂浆强度分别进行统计评定。

砂浆试块的制作、养护和抗压强度取值,应按现行行业标准《建筑砂浆基本性能试验方法标准》(JGJ/T 70——2009)的规定执行。其合格判定标准为《砌体结构工程施工及验收规范》(GB 50203—2011):

(1)同一验收批中砂浆立方体抗压强度各组平均值$f_{2,m}$不小于f_2。

(2)同一验收批中砂浆立方体抗压强度最小一组平均值$f_{2,min}$不小于$0.75f_2$。

(3)当单位工程仅有一组试块时,其强度不应低于f_2。

注: f_2为验收批砂浆设计强度等级所对应的立方体抗压强度。

例题详见模块四。

施工单位填写的砌筑砂浆试块强度统计、评定记录应一式三份,建设单位、施工单位、城建档案馆各保存一份。

(六)混凝土试块强度统计、评定记录(表C.6.6)

1. 混凝土强度的检验评定方式

混凝土强度的检验评定应分批进行,构成同一验收批的混凝土质量状态应大体一致即:①强度等级相同;②龄期相同;③生产工艺条件基本相同;④配合比基本相同。

2. 评定方法适用条件

(1)验收批的批量和样本容量见表3-5。

表3-5 验收批的批量和样本容量

评定方法	试件组数(样本容量)	代表混凝土数量(验收批量)
方差已知统计法	3组	最大为300 m³
方差未知统计法	≥10组	最小为1000 m³
非统计法	1~9组	最大为900 m³

(2)标准差已知统计方法评定是在混凝土生产条件在较长时间保持一致,且同一品种混凝土的强度变异性能保持稳定,由能提供前一个检验期(不超过3个月)的同一品种混凝土强度的已知标准差的混凝土生产单位进行评定。

标准差未知统计法是在混凝土生产条件在较长时间内不能保持基本一致,混凝土强度变异性能不能保持稳定,或由于前一个检验期内的同一品种混凝土没有足够的混凝土强度数据借以确定验收批混凝土强度标准差时,由生产单位进行评定的一种方法。

对零星生产的预制构件的混凝土或现场搅拌批量不大的混凝土,由于缺乏采用统计法评定的条件,可采用非统计法评定。

统计方法与非统计方法的混凝土合格性评定要求详见《混凝土强度检验评定标准》(GB/T 50107—2010)第5.1条,5.2条,5.3条。

施工单位填写的混凝土试块强度统计、评定记录应一式三份,建设单位、施工单位、城建档案馆各保存一份。

(七)结构实体混凝土强度检验(表 C.6.7)

结构实体混凝土强度检验记录应符合现行国家标准《混凝土结构工程施工质量验收规范》(GB 50204—2015)的有关规定。

试验研究表明,与结构实体混凝土组成成分、养护条件相同的同条件养护试件,其强度可以作为检验结构实体混凝土强度的依据。本文件就是利用这一原理检测结构实体混凝土强度是否合格。同条件养护试件强度的判定,仍按现行国家标准《混凝土强度检验评定标准》(GB/T 50107—2010)的有关规定执行。这里所指的混凝土强度包括现浇混凝土强度及装配式混凝土结构。

结构实体混凝土强度检验记录应一式四份,并由建设单位、监理单位、施工单位、城建档案馆各保存一份。

(八)结构实体钢筋保护层厚度检验记录(表 C.6.8)

结构实体钢筋保护层厚度检验记录应符合现行国家标准《混凝土结构工程施工质量验收规范》(GB 50204—2015)的有关规定。

钢筋的保护层厚度关系到结构的承载力、耐久性、防火等性能,故除在施工过程中应进行尺寸偏差检查外,还应对结构实体中的保护层厚度进行检验。检查方法见验收规范附表 E。

结构实体钢筋保护层厚度检验记录应一式四份,并由建设单位、监理单位、施工单位、城建档案馆各保存一份。

(九)灌(满)水试验记录(表 C.6.9)

非承压管道系统及设备,在安装完毕后,以及暗装、埋地、有绝热层的室内外排水管道进行隐蔽前,应进行灌水、满水试验。

施工单位填写的灌水、满水试验记录应一式三份,并应由建设单位、监理单位、施工单位各保存 份。

(十)强度严密性试验记录(表 C.6.10)

强度严密性试验记录应符合现行国家标准《建筑给排水及采暖工程施工质量验收规范》(GB 50242—2002)、《通风与空调工程施工验收规范》(GB 50243—2016)的有关规定。室内外输送各种介质的承压管道、承压设备在安装完毕后,进行隐蔽前,应进行强度严密性试验。

施工单位填写的强度严密性试验记录应一式四份,并由建设单位、监理单位、施工单位、城建档案馆各保存一份。

(十一)通水试验记录(表 C.6.11)

通水试验记录应符合现行国家标准《建筑给排水及采暖工程施工质量验收规范》(GB 50242—2002)的有关规定。室内外给水、中水及游泳池水系统、卫生洁具、地漏及地面清扫口及室内外排水系统在安装完毕后,应进行通水试验。

施工单位填写的通水试验记录应一式三份,并由建设单位、监理单位、施工单位各保存一份。

(十二)冲(吹)洗试验记录(表 C.6.12)

冲洗、吹洗试验记录应符合现行国家标准《建筑给排水及采暖工程施工质量验收规范》(GB 50242—2002)、《通风与空调工程施工验收规范》(GB 50243—2016)的有关规定。室内外给水、中水、游泳池水系统、采暖、空调水、消防栓、自动喷水等系统管道,以及设计有要求的管道在使用前做冲洗试验及介质为气体的管道系统做吹洗试验时,应填写冲洗、吹洗试验记录。

施工单位填写的通水试验记录应一式三份,并由建设单位、监理单位、施工单位各保存一份。

(十三)电气设备空载试运行记录(表 C.6.13)

为确保电气设备的运行安全,应对建筑主要电气设备进行空载试运行,由此形成《电气设备空载试运行记录》。电动机通电试运行时间为 2 小时,其间共记录设备电压、电流 3 次,即分别在开始时、运行 1 小时、运行 2 小时行将结束时。

施工单位填写的电气设备空载试运行试验记录应一式四份,并由建设单位、监理单位、施工单位、城建档案馆各保存一份。

(十四)大型照明灯具承载试验记录(表 C.6.14)

大型照明灯具承载试验记录应符合现行国家标准《建筑电气工程施工质量验收规范》(GB 50303—2015)的有关规定。

施工单位填写的通水试验记录应一式三份,并由建设单位、监理单位、施工单位各保存一份。

(十五)智能建筑工程子系统检测记录(表 C.6.15)

智能建筑工程子系统检测记录应符合现行国家标准《智能建筑工程施工质量验收规范》(GB 50339—2013)的有关规定。

施工单位填写的通水试验记录应一式四份,并由建设单位、监理单位、施工单位、城建档案馆各保存一份。

(十六)风管漏光检测记录(表 C.6.16)

风管漏光检测记录是通风与空调专业专门对风管漏光检测的原始记录。由施工单位及监理单位共同完成。

风管漏光检测的依据是《通风与空调工程施工验收规范》(GB 50243—2016);检测的方法以透光法为主。即利用光线对小孔的强穿透力,对系统风管严密程度进行检测的方法。

对系统风管的检测,宜采用分段检测、汇总分析的方法。系统风管漏风检测以总管和干管为主。当采用透光法检测系统的严密性时,低压系统风管以每 10 m 接缝,漏光点不大于 2

处，且每100 m接缝平均不大于16处为合格；中压系统风管以每10 m接缝，漏光点不大于1处，且100 m接缝平均不大于8处为合格。验收意见由上述参建各方签署意见后存档。

(十七) 风管漏风检测记录(表 C.6.17)

风管漏风检测记录是通风与空调专业专门对风管漏风检测的原始记录。由施工单位及监理单位共同完成。风管漏风检测的依据是《通风与空调工程施工验收规范》(GB 50243—2002)。

漏风量测试应采用经检验合格的专用测量仪器，或采用符合现行国家标准《流量测量节流装置》规定的计量元件搭设的测量装置。

漏风量测试装置可采用风管式和风室式。漏风量测试装置的风机，其风压和风量应选择分别大于被测定系统或设备的规定试验压力及最大允许漏风量的1.2倍。

漏风量值必须在系统经调整后，保持稳压的条件下进行。漏风量测试装置的压差测定应采用微压计，其最小读数分格不应大于2.0 Pa。验收意见由上述参建各方签署意见后存档。

七、施工质量验收记录

(一) _____检验批质量验收记录(表 C.7.1)

检验批资料填写范例

(1)检验批施工质量验收记录由施工项目质量检查员填写，专业监理工程师(建设单位项目负责人)组织施工质量检查员等进行验收。

(2)检验批表的右上方编号×××××□□□是按单位工程的分部、子分部、分项、检验批统一进行编排的。第1、2位数字××为分部工程代码，第3、4位数字××为子分部工程代码。第5、6位数字××为分项工程代码，第7、8、9位数字是各分项工程检验批验收的顺序号。应当注意有些分项工程在不同分部工程、子分部工程中出现，有些子分部工程在不同的分部工程中出现，造成一表多号，填写时应正确选择。

(3)工程名称应填全称，与合同文件中的单位工程的名称一致；施工单位、分包单位应填写全称，与合同公章名称一致。

(4)检验批部位应填写具体，如某层×轴线至×轴线之间；总包项目经理、分包项目经理均应是合同中指定的项目经理；专业工长、施工班组长均应由本人签字。

(5)施工执行标准是指企业标准(或引用的推荐标准，但必须经企业认可为企业标准)，企业标准应有名称及编号、编制人、批准人、批准时间、执行时间。

(6)施工单位对主控项目、一般项目的检验，应按执行标准进行自行检验，严禁弄虚作假；对定性项目，如原材料、混凝土强度、砂浆强度等，可填写资料份数，其他定性项目可填写"符合要求"或"不符合要求"；对定量项目，如允许偏差、计算合格点百分率项目，可直接填写检查数据，计算合格点率。超执行标准的数字，而没有超过DB(或QB)验收标准的用"○"圈住，对超过DB(或QB)验收标准的用"△"圈住。

(7)监理(建设)单位验收意见(栏)对定性项目填写"符合要求"或"不符合要求"，对定量项目填写"合格"或"不合格"；对不符合验收标准规定的项目，应写明原因和处理意见，待处理合格后再验收。

(8)施工单位检验结果(栏)，填写"检验符合标准规定"。项目专业质量检查员签字、盖章。

(9)监理(建设)单位验收意见(栏)，填写"验收合格"或"验收不合格"。专业监理工程

师(建设单位项目技术负责人)签字、盖章生效。

(二)_____分项工程质量验收记录(表 C.7.2)

(1)分项工程质量应由监理工程师(或建设单位项目技术负责人)组织施工方项目技术负责人进行验收。

(2)分项工程名称应填写具体,和检验批表的名称一致。

(3)检验批部位(栏),将本分项工程所含检验批逐项填写,并注明部位、区段,以便检查是含有无遗漏的部位。

(4)施工单位检验意见(栏),填写"符合设计要求及标准×××的合格规定"。

(5)监理(建设)单位验收意见(栏),填写"合格"或"不合格"。

(6)施工单位检验结果(栏),填写"检验符合标准×××合格规定"。由项目技术负责人签字。

(7)监理(建设)单位验收结论(栏),填写"验收合格"或"验收不合格"。由监理工程师(建设单位项目负责人)签认、盖章。

(8)分项工程质量验收合格应符合下列规定:①分项工程所含的检验批均应符合合格质量的规定;②分项工程所含的检验批的质量验收记录应完整。

(9)分项工程质量的验收是在检验批验收合格的基础上进行的,因此该文件的写作主要是对该分项工程所含检验批验收记录进行统计和整理的过程。当然也存在少数直接在分项工程质量验收阶段验收的内容。验收分项工程时应注意以下问题:①核对检验批的部位、区段是否全部覆盖分项工程的范围,有没有缺漏的部位;②一些在检验批中无法检验的项目,在分项工程中直接验收;③检验批验收记录的内容及签字人是否正确、齐全。

(三)_____分部(子分部)工程质量验收记录(表 C.7.3)

(1)分部工程施工质量验收记录应由施工单位项目技术负责人将自行检验合格的分部工程内容填写好后,再由总监理工程师(或建设单位项目负责人)组织有关人员验收。

(2)(子)分部工程名称(栏),依据验收规范填写子分部工程名称;分项数(栏),填写各自分部工程实际的分项数。

(3)施工单位意见(栏),施工单位根据自行检验结果,填写"符合标准×××的合格规定"。

(4)验收意见(栏),由总监理工程师填写"检验××个子分部,计××个分项工程,符合设计要求及标准 QB(或 DB)××/×××合格规定,或检验××个子分部,计××个分项工程,其中××子分部的××分项工程不符合设计要求及标准 QB(或 DB)××/×××合格规定"。

(5)施工质量控制资料核查(栏),先由施工单位检验合格,再交监理单位验收。由总监理工程师组织专业监理工程师对已核查过的子分部工程质量控制资料逐项检查和审查,符合要求后,将各子分部工程已通过审查的资料逐项进行统计,填写核查施工质量控制资料××份,"符合要求"或"不符合要求"。

(6)安全和功能检验资料核查及主要功能抽查(栏),先由施工单位检验合格,再交监理单位验收。由总监理工程师(或建设单位项目负责人)组织专业监理工程师进行检验。除对已核查和抽查过的子分部工程安全和功能检验资料逐项检查和审查外,还要对分部工程进行安全和功能抽测项目、抽测报告是否达到设计要求及规范规定逐项进行核查验收,填写核查、抽查安全及主要功能检验资料和抽查资料××份，"符合要求"或"不符合要求"。

（7）施工观感质量检查评价（栏）。分部工程施工观感质量检查评价由施工单位先自行检查合格后，再由总监理工程师（或建设单位项目负责人）组织专业监理工程师、项目经理、技术负责人等进行检查评价。检查评价人数不少于5人。

通过现场检查，在听取有关人员意见后，以总监理工程师为主和专业监理工程师共同确认，填写：检验××个子分部，其中评为"好"××个子分部，占（　）%，且无"差"子分部，共同确认为"好"或"一般"或"差"。

1）检查评价为"好"的子分部占总数的50%及以上的，可共同确认为"好"，低于50%可共同确认为"一般"。

2）检查评价有"差"的子分部确认为"差"。

（8）验收单位（栏）。

1）施工单位（栏），由总承包单位项目经理亲自签认，并加盖资格章。填写"检验符合标准×××合格规定"。

2）勘察单位（栏），勘察单位只可签认地基基础分部工程，由项目负责人亲自签认，并加盖公章。填写"基坑（槽），现场检验地质条件与勘察报告相符"或"现场检验地质条件与勘察报告不符，但经处理满足设计要求"。

3）设计单位（栏），设计单位只可签认地基基础、主体结构分部工程，由项目负责人亲自签认，并加盖资格章。填写"施工质量符合设计要求，同意验收"。对不符合设计要求的，应写明原因和处理意见。

4）监理（建设）单位（栏），由总监理工程师（或建设单位项目负责人）亲自签认验收，总监理工程师应加盖资格章，填写"符合标准合格规定，验收合格"。

（四）建筑节能分部工程质量验收记录（表 C.7.4）

建筑节能分部工程质量验收由监理单位组织，施工单位、监理单位、设计单位、建设单位共同参与对节能分部工程进行验收。

建筑节能分部工程验收的依据是《建筑节能工程施工验收规范》（GB 50411—2007）；验收的内容包括墙体、屋面、门窗、幕墙、地面、采暖、通风与空调的节能设计的措施以及施工质量。验收意见由上述参建各方签署意见后存档。

八、竣工验收资料

（一）单位（子单位）工程竣工预验收报验表（表 C.8.1）

（1）施工单位在单位（子单位）工程施工完毕，经自检合格并达到竣工预验收条件后填写《单位（子单位）工程施工质量竣工预验收报验表》，并附相应的竣工资料（包括分包单位的竣工资料）报项目监理部，申请工程竣工预验收。

（2）总监理工程师应组织项目监理部人员与施工单位人员根据有关规定共同对工程进行竣工预验收。主要验收已完工程是否符合我国现行法律、法规要求；是否符合我国现行工程建设标准；是否符合设计文件要求；是否符合施工合同要求等。

（3）对于存在的问题，施工单位应依据监理单位整改通知要求及时处理，整改合格后由总监理工程师签署《单位（子单位）工程施工质量竣工预验收报验表》。

(二)单位(子单位)工程质量竣工验收记录(表 C.8.2 - 1)

(1)单位(子单位)工程由建设单位(项目)负责人组织施工单位(含分包单位)、设计单位、监理单位的项目负责人进行验收。

(2)单位(子单位)工程的名称填全称,即批准项目的名称,并注明是单位工程或子单位工程。

(3)验收记录(栏)由施工单位填写。验收结论(栏)由监理(建设)单位填写。综合验收结论由参加验收各方共同商定后,再由建设单位填写,应对工程质量是否符合设计和规范要求及总体质量水平做出评价。

1)分部工程(栏),由项目经理组织有关人员对所含分部(子分部)工程检查合格后,交监理工程师。经验收组成员验收后,施工单位填写验收记录(栏),注明共验收几个分部,经验收符合标准及设计要求的几个分部。总监理工程师在验收结论(栏)填写"验收合格"。

2)质量控制资料核查(栏),由施工单位检查合格,提交监理单位验收。将每个分部、子分部工程质量控制资料逐项统计,由施工单位填入验收记录(栏)。

3)安全和功能检验资料核查及主要功能抽查(栏),包括两个方面,一个是在分部(子分部)工程抽查过的项目,必须检查检测报告的结论;另一方面是单位工程抽查的项目,要检查其全部检查方法、程序和结论。由施工单位检验合格,将统计检查的项数和抽查的项数,分别填入验收记录栏相应的空格内。总监理工程师(或建设单位项目负责人)在验收结论(栏)填写"符合要求"或"不符合要求"。

4)施工观感质量检查评价(栏),由施工单位检查合格,提交监理验收,施工单位按检验的项数及符合要求的项目数填写在验收记录(栏)中。由总监理工程师或建设单位项目负责人组织审查,按项目核查及抽查情况,填写"经现场检查评价共同确认为好或一般、差"。

5)综合验收结论(栏),综合验收是在前五项内容均验收符合要求后进行的验收。由建设单位组织设计、监理、施工等相关单位的人员分别进行核查验收有关项目,并由总监理工程师组织进行现场观感组织检查。经各项目审查符合要求,再由建设单位项目负责人在综合验收(栏)内填写"综合验收合格"。

(4)参加验收单位(栏),勘察、设计、施工、监理、建设单位都同意验收时,其各单位项目负责人,总监理工程师、施工单位负责人要亲自签字,以示对质量负责,并加盖单位公章,注明签字验收的日期。

(三)单位(子单位)工程质量控制资料核查记录(表 C.8.2 - 2)

(1)质量控制资料核查,应按项目分别进行。施工单位应先将资料分项目整理成册,项目顺序按本表顺序。每个项目按层次核查,并判断其能否满足规范要求。

(2)份数(栏),由施工单位填写。

(3)核查意见(栏),由总监理工程师组织专业监理工程师进行核查。填写"符合要求"或"不符合要求"。

(4)核查人(栏),由总监理工程师亲自签认。

(5)结论(栏),由总监理工程师(或建设单位项目负责人)按项目核查情况填写:共核查××项,其中符合要求的××项,不符合要求的××项,结论写"符合要求"或"不符合要求"。由总包单位项目经理和总监理工程师签字,并加盖资格章。

（四）单位（子单位）工程安全与功能检验资料核查及主要功能抽查记录（表 C.8.2-3）

（1）由施工单位检验合格，再交监理单位验收。由总监理工程师（或建设单位项目负责人）组织专业监理工程师核查、抽查，施工单位项目经理、技术负责人等参加。

（2）份数（栏），由施工单位填写。

（3）核查意见（栏）和抽查意见（栏），按项目分别进行核查和抽查，抽查项目由验收组协商确定。对在分部、子分部已进行安全和功能检测的项目，核查其结论是否符合设计要求；对在单位（子单位）工程进行安全和功能检测的项目，应核查其结论是否符合设计要求。按项目逐项核查及抽查后均填写"符合要求"或"不符合要求"。

（4）核查（抽查）人（栏），由总监理工程师签认。

（5）结论（栏），由总监理工程师（或建设单位项目负责人）按项目核查及抽查情况填写：共核、抽查××项（核查项数＋抽查项数），其中符合要求××项，不符合要求××项，结论填写"符合要求"或"不符合要求"。由总包单位项目经理和总监理工程师（或建设单位项目负责人）签字，并加盖资格章。

（五）单位（子单位）工程观感质量检查记录（表 C.8.2-4）

（1）参加人员（栏），总监理工程师（或建设单位项目负责人）、专业监理工程师、项目经理、技术负责人等质量评价人员不少于7人。

（2）单位工程施工观感质量检查评价，实际是复查各分部（子分部）工程验收后，到单位工程竣工时的质量变化，以及分部（子分部）工程验收时还没有进行的观感质量验收。由施工单位检验合格，交监理验收。

（3）由总监理工程师（或建设单位项目负责人）组织专业监理工程师，会同参加验收人员共同进行。通过现场全面检查和听取有关人员的意见后，由总监理工程师为主和专业监理工程师共同确定质量评价："好""一般""差"。

1)"好"的项数占总项数50%及以上，且无"差"项，可共同确认为"好"。

2)"好"的项数占总数低于50%，且无"差"项，可共同确认为"一般"。

3)检查评价有"差"项可共同确认为"差"。当有影响安全、使用功能的严重影响观感的"差"项，必须返修处理，否则不予验收。

4)观感质量检查记录由总包单位项目经理和总监理工程师（或建设单位项目负责人）签字，并加盖印章。

第四节　施工现场安全资料管理

一、施工现场安全资料收集

1. 安全目标管理资料

项目制定安全生产目标管理计划时，要经过项目分管领导审查同意，由主管部门与实行安全生产目标管理的单位签订责任书，将安全生产目标管理纳入各单位的生产经营或资产经营目标管理计划，主要负责人应对安全生产目标管理计划的制定与实施负首要责任。

安全生产目标管理还要与安全生产责任制挂钩。企业要对安全责任目标进行层层分解，逐级考核，考核结果应和各级负责及管理人员工作业绩挂钩，列入各项工作考核的主要内容，具体见表3-9。

2. 安全生产责任制及考核资料

安全生产责任制是企业安全生产各项规章制度的核心，严格考核是执行安全生产责任制的关键。为了确保安全责任制落到实处，各企业均应制定项目安全生产责任考核办法，考核项目部各级管理人员，含项目经理、技术负责人、工长、安全员、质检员、材料员、消防保卫员、机械管理员、班组长等人员的安全生产责任制的执行情况。目的是督促项目安全生产责任制的贯彻落实，激励项目安全管理机制的正常运行。

3. 安全检查资料

（1）可分为行业级安全检查、公司级安全检查、分公司级安全检查，项目级安全检查。

（2）检查的形式：定期安全检查、季节性安全检查、临时性安全检查、专业性安全检查。

（3）内容：查思想、查制度、查管理、查领导、查违章、查隐患。

（4）安全检查必须按文件规定执行，安全检查的结果必须形成文字记录：安全检查的整改必须做到"四定"，即定人、定时间、定措施、定复查人。

定期检查制度——施工单位对生产中安全工作，除进行经常检查外，每年还要定期地进行2~4次群众性的检查。这种检查包括普遍性检查、专业性检查和季节性检查，这几种检查可以结合进行。

1）施工单位安全检查生产管理部门总负责，各级安全管理机构具体实施。

2）定期检查时间：公司每季一次、分公司每月一次，项目部每周一次进行安全检查：班组长、班组兼安全员班前对施工现场、作业场所、工具设备进行检查，班中验证考核，发现问题立即整改。

3）专业性检查：可突出专业的特点，如施工用电、机械设备等组织的专业性专项检查。

4）季节性检查：可突出季节性的特点，如雨季安全检查，应以防漏电、防触电、防雷击、防坍塌，防倾倒为重点检查；冬季安全检查应以防火灾、防触电、防煤气中毒为重点进行检查。

开展安全检查必须有明确的目的、要求和具体计划，并且必须建立企业领导负责、有关人员参加的安全生产检查组织，以加强领导，做好这项工作。

表3-9　安全管理目标及分解

安全责任考核制度	"各级管理人员安全责任考核制度"的具体内容：企业（单位）建立各级管理人员安全责任考核制度，旨在实现安全目标分解到人，安全责任落实到人，考核到人
项目安全管理目标	"项目安全管理目标"的具体内容： 1）根据上级安全管理目标的条款规定，制定本项目级的安全管理目标； 2）确定目标的原则：可行性、关键性、一致性、灵活性、激励性、概括性； 3）下级不能照搬照抄上级的安全管理目标，无论从定量或定性上讲，下级的安全管理目标要严于或高于上级的安全管理目标。其保证措施要严格得多，否则将起不到自下而上的层层保证作用； 4）安全管理目标的主要内容： ①伤亡事故控制目标：杜绝死亡及重伤，一般事故应有控制指标； ②安全达标目标：根据工程特点，按部位制定安全达标的具体目标； ③文明施工目标：根据作业条件的要求，制定文明施工的具体方案和实现文明施工的目标

续表 3-9

项目安全管理 目标的分解	"项目安全管理目标责任分解"的内容: 把项目的安全管理目标责任按专业管理层层分解到人,安全责任落实到人
项目安全管理 目标责任 考核办法	"项目安全目标责任考核办法"的具体内容: 根据公司(分公司)的目标责任考核办法,结合项目的实际情况及安全管理目标的具体内容,对应按月进行条款分解,按月进行考核,制定详细的奖惩办法
项目安全管理 目标责任 考核办法	"项目安全目标责任考核办法"的具体内容: 按"项目安全目标责任考核办法"的规定,结合项目安全管理目标责任分解,以评分表的形式按责任分解进行打分,奖优罚劣与经济挂钩,及时兑现

对查出有隐患不能立即整改的,要建立登记、整改、检查、销项台账。要制定整改计划,定人、定措施、定经费、定完成日期。在隐患没有消除前,必须采取可靠的防护措施,如有危及人身安全的紧急险情,应立即停止作业。

4. 安全教育记录资料

为了贯彻安全第一、预防为主的方针,从事工程建设的建筑企业必须加强企业员工安全培训教育工作,增强员工的安全意识和安全防护能力,减少伤亡事故的发生。建筑企业员工必须定期接受安全教育培训。企业对员工进行的安全培训教育记录形成安全教育资料。

5. 班前安全活动资料

班组是施工企业最基层组织,只有搞好班组安全生产,项目的安全生产才有保障。班组每变换一次工作内容或同类工作变换到不同的地点时要进行一次交底,安全交底不能简单化、形式化,要力求精练,主体明确,内容齐全。

班前安全活动主要内容:由班组长组织所有成员,结合工种施工的具体操作部分,讲解关键部位的安全生产要领,安全操作要点及安全注意事项,并形成文字处理记录。班组安全活动每天都要进行,每天都要记录。不能以布置生产工作替代安全活动内容。

6. 特种作业资料

表 3-10 特种作业资料内容

特种作业 人员范围	特种作业人员范围:电工作业;锅炉司炉;压力容器操作;起重机械作业;爆破作业;金属焊接(气割)作业;机动车辆驾驶,登高架设作业等。从事特种作业的人员,必须经过规定部门的培训,并持证上岗
特种作业 的条件	1)年满18周岁以上,但从事爆破作业和煤矿井下瓦斯检验的人员,年龄不得低于20周岁。 2)工作认真负责,身体健康,无妨碍从事本工作的疾病和心理缺陷。 3)具有本作业所需的文化程度和安全、专业技术知识及实践经验
特种作业 人员培训	1)从事特种作业的人员,必须进行安全教育和安全技术培训。 2)培训方法为:企业单位自行培训;企业单位的主管部门组织培训;考核,发证部门或指定的单位培训。 3)培训的时间和内容,根据国家(或部)颁发的特种作业《安全技术考核标准》和有关的规定而定。主要以本工种的安全操作规程为主,同时学习国家颁发的有关劳动保护法规,以及本公司的有关安全生产的规章制度。 4)专业(技工)学校的毕业生,已按国家(或部)颁发的特种作业《安全技术考核标准》和有关规定进行教学、考核的,可不再进行培训

特种作业 人员复审	1)取得操作证的特种作业人员，必须定期进行复审。 2)复审期限，机动车驾驶按国家有关规定执行外，其他特种作业人员每两年进行一次。 3)复审内容：复试本工种作业的安全技术理论和实际操作；进行体格检查；对事故责任者进行重点检查。 4)复审由考核发证部门或其指定的单位执行。 5)复审不合格者，可在两个月内再进行一次复审；仍不合格者，收缴操作证。凡未经复审者，不得继续独立作业。 6)在两个月复审期间，做到安全无事故的特种作业人员，经所在单位审查，报经发证部门批准后，可以免试，但不得连续免试。 7)每次复审情况，负责复审的部门(单位)要在操作证上注册签章

注：根据工种编制的"特种作业人员名册登记表"的排列程序，应集中整理特种作业人员上岗证复印件，并排列序号，以便核实。特种作业人员持证上岗必须实行动态管理；上岗证到期未复审视同无证。

二、主要安全资料的编制

(一)安全目标管理资料的编制

(1)各级管理人员安全责任考核制度依据"安全生产，人人有责""管生产必须管安全"的原则。为更好地贯彻执行"安全第一，预防为主"的安全生产方针政策和落实责任，制定各级管理人员安全责任考核制度的具体内容见表3-11。

(2)对项目安全管理目标进行责任分解。

(3)为了明确项目管理目标的实现，达到责任明确、责任落实到人、考核到人，应制定项目安全目标责任考核办法，考核内容见表3-12。

表 3 – 11 施工管理人员安全责任考核制度

考核内容	1)控制指标(根据国家要求企业具体情况制定)； 2)现场安全达标目标(合格率、优良率情况)； 3)施工目标(创建文明工地等要求)
安全责 任落实	1)企业法人代表是企业安全生产的第一责任人，对本企业的安全生产负总责；所属单位的负责人是本单位安全生产的第一负责人，对本单位的安全生产负总责。 2)各部门，如生产、技术等按各自的安全职责，对自己的安全职责负直接责任。 3)项目经理是项目施工安全的第一责任者；项目经理部管理人员按目标责任分解负各自的安全责任
考核办法	1)各级考核制度，公司接受上级考核；分公司接受公司的考核；项目经理接受分公司的考核；项目经理负责对项目部管理人员进行考核。 2)根据各级要求及自己的具体情况制定考核办法，明确奖罚。 3)考核结果作为评选先进、个人立功的重要依据之一
安全责任 考核制度化	1)每月要求至少进行一次安全责任考核，并认真执行，不走过场，防止流于形式。 2)考核记录存入档案，作为个人先进业绩评价的重要业绩之一

表 3 - 12 项目安全目标责任考核办法

项目安全 管理目标	制定年、月达标计划，并将目标分解到人，责任落实考核到人。 1）杜绝死亡事故及重伤事故，每年轻伤少于 3 人。 2）确保每月施工安全及文明施工检查达优良标准。 3）确保实现市级文明工地
考核细则	1）用《建筑施工安全检查标准》（JGJ59—2011）的各分项评分表，对各分项责任人进行打分考核。当分项检查评分表得分在 70 分以下为不合格，70 分（包括 70 分）至 80 分为合格，80 分及以上为优良。 2）各分项检查评分表通过汇总所得出的结果用来评价项目经理安全达标责任落实情况，因为项目经理对项目的安全生产负总责，是第一责任者，各级管理人员目标责任落实的好坏，直接体现了项目经理安全管理业绩。 3）评分表采用《建筑施工安全检查标准》（JGJ59—2011）中的相关表格； 4）评分方法参见《建筑施工安全检查标准》（JGJ59—2011）中的相关内容
奖惩办法	1）达优良等级奖励 100～300 元； 2）达不合格等级时，处罚 200 元；连续三次达不到合格等级的项目管理人员除经济处罚外，将采取下岗处理措施
附表	项目管理人员安全目标责任考核评定见相关规范

（二）安全生产责任制及考核资料的编制

安全生产责任制是企业安全生产各项规章制度的核心，严格考核是执行安全生产责任制的关键。为了确保安全生产责任制落到实处，各企业均应制定项目安全生产责任考核办法。考核项目部各级管理人员，含项目经理、技术负责人、工长、安全员、质量员、材料员、消防保卫员、机械管理员、班组长等人员的安全生产责任制的执行情况。目的是督促项目安全生产责任制的贯彻落实，激励项目安全管理制度正常运行。

1. 明确考核办法

采用评定表打分办法，应得分为 100 分，根据考核项目的完成情况和评分标准打分（详见考核评分表）。实得 80 分及其以上者为优良，70～80 分为合格，70 分以下为不合格。

2. 考核时间

每月月底应对项目运行安全情况进行一次考核。实行逐级考核，分公司接受总公司考核，项目经理接受分公司考核，项目部由项目经理对项目所属管理人员进行考核。

3. 制定奖惩办法

例如：

（1）对实得分 80 分及其以上达优良者，给予 100～200 元奖励，并作为年终经济兑现、评选先进的重要依据之一。

（2）对实得分为 70 分以下的管理人员视情节轻重，给予罚款 100～200 元，警告批评，以观后效或调离工作岗位等处理。

（3）安全生产责任制的考核奖惩均在月份工资中兑现。

表 3 –13　项目管理人员安全生产责任制考核记录汇总表

单位名称：　　　　　　　　　　工程概况：　　　　　　　　考核日期：　　年　月　日

序号	姓名	职务	考核结果	奖惩	备注

表 3 –14　项目管理人员安全目标责任考核评分表

单位名称：　　　　　　　　　　施工现场名称：　　　　　　　　　　　年　月　日

序号	分项名称	责任人		实得分	经济挂钩		备注
		职务	姓名		奖励	罚款	
1	安全管理(满分100分)						
2	文明施工(满分100分)						
3	脚手架(满分100分)						
4	基坑支护与模板工程(满分100分)						
5	"三宝""四口"防护(满分100分)						
6	施工用电(满分100分)						
7	物料提升机与外用电梯(满分100分)						
8	塔式起重机(满分100分)						
9	超重吊装(满分100分)						
10	施工机具(满分100分)						
	小计						

评语：

(三)安全检查记录的编制

安全生产检查应该始终贯彻领导与群众相结合的原则,边检查,边改进,并且及时总结和推广先进经验,抓好典型。安全检查记录见表3–15。

表 3 – 15　安全检查记录

施工单位：　　　　　　　　　　　　　　　　　　日期：　　年　　月　　日

建设单位		工程名称	

检查情况记录：

接受检查单位负责人：　　　　　　　　　　　　　　　检查人：

（四）事故隐患整改通知单

表 3 – 16　事故隐患整改通知单

工程名称：　　　　　　　　　　　　编号

	检查日期			检查部位 项目内容
	检查人员签名			
	检查发现的违章、 事故隐患记录			
整 改 通 知	对重大事故隐患列项实行	整改措施	完成整改	整改责任人	复查日期

整 改 通 知	"三定"的整改方案				
	整改复查记录	项目负责人签名： 安全员签名： 整改负责人签名：			
		整改记录	遗留问题的处理	整改责任人： 复查责任人： 安全生产责任人： 　　年　　月　　日	

(五)事故隐患整改复查单

表 3-17　事故隐患整改复查单

施工单位：　　　　　　　　　　　　　　　　　　　日期：　　年　　月　　日

建设单位		工程名称	

检查情况记录：

接受检查单位负责人：　　　　　　　　　　　　　　　　　　检查人：

(六)安全教育记录台账

安全教育记录由安全管理部门据实填报。

表 3-18　安全教育记录台账

姓名	性别	出生年月	工种	文化程度	家庭住址	入场时间	受教育时间	教育内容	考核结果

(七)班前安全活动资料编制

1. 班组安全活动内容

讲解现场一般安全知识；当前作业环境应掌握的安全技术操作规程；落实岗位安全生产责任制；建立、明确安全监督岗位，并加强其重要作用；季节性施工作业环境、作业位置安全；检查设备安全装置；检查工机具状况；个人防护用品的穿戴；危险作业的安全技术的检查与落实；作业人员身体状况，情绪的检查；禁止损坏安全标志，乱拆安全设施；不违章作业，拒绝违章指挥；材料、物质整顿；工具、设备整顿；活完场清工作的落实。

2. 班前安全活动资料编写要点

（1）班组长应根据班组承担的生产和工作任务，科学地安排好班组班前生产日常管理工作。

（2）班前班组全体成员要提前 15 min 到达岗位，在班组长的组织下，进行交接班，召开班前安全会议，清点人数，由班组长安排工作任务，针对工程施工情况，条件环境，作业项目，交代安全施工要点。

（3）班组长和班组兼职安全员负责督促检查安全防护装置。

（4）全体成员要在穿戴好劳动保护用品后，上岗交接班，熟悉上一班生产管理情况，检查设备和工况完好情况，按作业计划做好生产的一切准备工作。

（5）班组必须经常性地在班前开展安全活动，形成制度化，并做好班前安全记录活动。

（6）班组长不得寻找借口，取消班前安全活动；班组组员决不能无故不参加班前安全活动。

（7）项目经理及其他管理人员应分头定期或不定期地检查或参加班前安全活动，以监督其执行或提高安全活动质量。

（8）项目安全员应不定期地抽查班组班前安全活动记录，看是否有漏记，对记录质量状态进行检查。

班组班前安全活动记录见表 3-19。

表 3-19　班组班前安全活动记录

工种名称：　　　　　　　　　　　　　　　　　　　班组（工种）：

出勤人数		作业部位		月　日　星期	
工作内容及安全交底内容	工作内容： 交底内容：				
作业检查发现问题及处理意见					兼职安全员：
班组负责人			天气		

三、安全资料的收集、整理与归档

（一）安全资料的主要内容

表 3 – 20　安全资料一览表

前期策划安全资料	1. ×××项目安全生产、文明施工保证计划； 2. ×××项目危险源的辨识和风险性评价； 3. ×××项目重大危险源控制措施； 4. ×××项目安全生产责任制度； 5. ×××项目安全生产检查制度； 6. ×××项目安全生产验收制度； 7. ×××项目安全生产教育培训制度； 8. ×××项目安全生产技术管理制度； 9. ×××项目安全生产奖罚制度； 10. ×××项目安全生产值班制度； 11. ×××项目消防保卫制度； 12. ×××项目重要劳动防护用品管理制度； 13. ×××项目安全生产报告、统计制度
安全管理资料	1. 总、分包合同和安全协议； 2. 项目部安全生产责任制； 3. 特种作业的管理； 4. 安全教育管理的记录； 5. 项目劳动保护的管理； 6. 安全检查； 7. 安全目标管理； 8. 班前安全活动
临时用电安全资料	1. 临时用电施工组织设计及变更资料； 2. 临时用电安全技术交底； 3. 临时用电验收资料； 4. 电气设备测试、调试记录； 5. 接地电阻的遥测记录； 6. 电工值班、维修记录； 7. 临时用电安全检查记录； 8. 临时用电器材合格证
机械安全资料	1. 机械租赁合同及安全管理协议书； 2. 机械拆装合同书； 3. 机械设备平面布置图； 4. 机械安全技术交底； 5. 塔吊安装、顶升、拆除验收记录； 6. 外用电梯安装验收记录； 7. 机械操作人员的上岗证书； 8. 机械安全检查记录
安全防护资料	1. 施工中的安全防护措施方案； 2. 脚手架施工方案； 3. 脚手架组装、升、降验收手续； 4. 各类安全防护设施的验收检查记录； 5. 防护安全技术交底； 6. 防护安全检查记录； 7. 防护用品合格证和检测资料

(二)安全资料的管理

(1)项目经理部应建立证明安全管理系统运行必需的安全记录，包括台账、报表、原始记录等。资料的整理应做到现场与记录符合，行为与记录符合，以便更好地反映出安全管理的全貌和全过程。

(2)项目经理部资料员应积极配合安全员及时收集、整理安全资料。安全记录的建立、收集和整理，应按照国家、行业、地方和上级的有关规定，确定安全记录种类、格式。

(3)当规定表格不能满足安全记录需要时可编制经施工企业技术负责人批准的文件形式予以记录。

(4)确定安全记录的部门或相关人员，实行按岗位职责分工编写，按照规定收集、整理包括分包单位在内的各类安全管理资料，并装订成册。

(5)对安全记录进行标识、编目和立卷，并符合国家、行业、地方或上级有关规定。

(三)安全资料的保存

(1)安全资料按篇及编号分别装订成册，装入档案盒内。

(2)安全资料集中存放于资料柜内，加锁并设专人负责管理，以防丢失损坏。

(3)工程竣工后，安全资料上交公司档案室保管，备查。

思考题

1. 施工单位文件资料管理职责是如何规定的？

2. 简述监理单位在施工技术资料管理流程中所起的作用。

3. 简述施工单位物资进场的报验程序及所需要提交的文件。

4. 建筑工程分别由哪些专业所构成？专业之间的施工资料有何内在联系？

5. 施工文件资料编号的组成有哪些规定？

6. 哪些分部分项工程应单独组卷？

7. 哪些原材料或构配件必须进行见证取样？

8. 施工管理资料分别由哪些表格文件组成？各文件有何含义？填写时应重点注意哪些问题？

9. 施工技术资料分别由哪些表格文件组成？各文件有何含义？填写时应重点注意哪些问题？

10. 施工物资资料分别由哪些表格文件组成？各文件有何含义？填写时应重点注意哪些问题？

11. 施工记录资料分别由哪些表格文件组成？各文件有何含义？填写时应重点注意哪些问题？

12. 施工质量验收资料分别由哪些表格文件组成？各文件有何含义？填写时应重点注意哪些问题？

13. 如何运用项目安全管理责任评分表进行项目管理人员安全责任考核？

14. 常见项目安全资料包括哪些内容？与规范《建筑施工安全检查标准》(JGJ 59—2011)有何关系？

【本模块表格范例】

表 C.1.1　工程概况表

工程名称	××工程	编　号	00－C1－001

<table>
<tr><td rowspan="11">一般情况</td><td>建设单位</td><td colspan="3" style="text-align:center">××大学</td></tr>
<tr><td>建筑用途</td><td>住　宅</td><td>设计
单位</td><td>××设计研究院</td></tr>
<tr><td>建筑地点</td><td>××大学校园内</td><td>勘察
单位</td><td>××勘测设计院</td></tr>
<tr><td>建筑面积</td><td>12554m²</td><td>监理
单位</td><td>××监理公司</td></tr>
<tr><td>工　期</td><td>220 天</td><td>施工
单位</td><td>××工程有限公司</td></tr>
<tr><td>计划开
工日期</td><td>2012.12.28</td><td>计划竣
工日期</td><td>2013.7.30</td></tr>
<tr><td>结构类型</td><td>框架</td><td>基础
类型</td><td>桩基</td></tr>
<tr><td>层次</td><td>6 层</td><td>建筑
檐高</td><td>22.9m</td></tr>
<tr><td>地上面积</td><td>12554m²</td><td>地下
面积</td><td>—</td></tr>
<tr><td>人防等级</td><td>—</td><td>抗震
等级</td><td>6</td></tr>
<tr><td colspan="4"></td></tr>
<tr><td rowspan="9">构造特征</td><td>地基与
基础</td><td colspan="3" style="text-align:center">桩基础</td></tr>
<tr><td>柱、内外墙</td><td colspan="3" style="text-align:center">框架柱,外墙采用 200 多孔砖,内墙采用 200 粉煤灰砌块</td></tr>
<tr><td>梁、板、楼盖</td><td colspan="3" style="text-align:center">有梁楼盖</td></tr>
<tr><td>外墙装饰</td><td colspan="3" style="text-align:center">乳白色墙砖、油绿色墙砖、浅灰色墙砖</td></tr>
<tr><td>内墙装饰</td><td colspan="3" style="text-align:center">内墙白色涂料</td></tr>
<tr><td>楼地面
装饰</td><td colspan="3" style="text-align:center">陶瓷地砖地面</td></tr>
<tr><td>屋面构造</td><td colspan="3" style="text-align:center">SBS 柔性防水与刚性屋面相结合</td></tr>
<tr><td>防火设备</td><td colspan="3" style="text-align:center">—</td></tr>
<tr><td colspan="4"></td></tr>
<tr><td colspan="2">机电系统名称</td><td colspan="3" style="text-align:center">—</td></tr>
<tr><td colspan="2">其他</td><td colspan="3" style="text-align:center">—</td></tr>
</table>

表 C.1.2 施工现场质量管理检查记录

工程名称	××工程	施工许可证（开工证）	×××	编号	00 - C1 - 002
建设单位	××大学	项目负责人		×××	
设计单位	××建筑设计院	项目负责人		×××	
勘察单位	××勘测设计院	项目负责人		×××	
监理单位	××监理公司	总监理工程师		×××	
施工单位	××建筑工程公司	项目经理	×××	项目技术负责人	×××

序号	项 目	内 容
1	现场质量管理制度	质量例会制度；月评比及奖罚制度；三检及交接检制度；质量与经济挂钩制度
2	质量责任制	岗位责任制；设计交底会制；技术交底制；挂牌制度
3	主要专业工种操作上岗证书	测量工、钢筋工、起重工、木工、混凝土工、电焊工、架子工有证
4	分包方资质与对分包单位的管理制度	资质在承包业务范围内，总包有管理分包单位的制度
5	施工图审查情况	审查报告及审查批准书
6	地质勘查资料	地质勘查报告
7	施工组织设计编制及审批	施工组织设计编制、审核、批准齐全
8	施工技术标准	有模板、钢筋、混凝土灌注等20多种
9	工程质量检验制度	有原材料及施工检验制度；抽测项目的检测计划，分项工程质量三检制度
10	混凝土搅拌站及计量设置	有管理制度和计量设施精确度及控制措施
11	现场材料、设备存放与管理制度	按材料、设备性能要求制定管理措施、制度，设置相应库房与存放场地

检查结论：
施工现场管理制度齐全、完整，能保证工程质量。

总监理工程师（建设单位项目负责人）：×××

×× 年 ×× 月 ×× 日

表 C.1.3 分包单位资质报审表

工程名称	××工程	施工编号	××××
		监理编号	××××

致　××监理公司　（监理单位）

　　经考察，我方认为拟选择的 ××混凝土有限公司 (专业承包单位)具有承担下列工程的施工资质和工作能力，可以保证本工程项目按合同的约定进行施工。分包后，我方仍承担总包单位的责任。请予以审查和批准。

附：1.☑ 分包单位资质材料

　　2.☑ 分包单位业绩材料

　　3.☑ 中标单位通知书

分包工程名称(部位)	工程量	分包工程合同额	备注
砼供应	5000m³	150 万元	—
合　计	5000m³	150 万元	—

施工总承包单位(章)　××建筑工程公司

项 目 经 理　　　×××

专业监理工程师审查意见：

　　该分包单位经审查核实，具备分包资格及条件，拟同意分包，请总监理工程师审核。

专业监理工程师　　　×××

日　　期　××年××月××日

总监理工程师审查意见：

　　经审核，该分包单位具备分包资格，同意分包。

监 理 单 位　　　××监理公司

总监理工程师　　　×××

日　　期　　××年××月××日

表 C.1.4 建设工程质量事故调查、勘查记录

工程名称	××工程		编号	02－01－C1－004
			日期	××年××月××日
调(勘)查时间	××年××月××日×时×分至×时×分			
调(勘)查地点	工地现场			
参加人员	单位	姓名	职务	电话
被调查人	×××	×××	×××	××××
陪同调(勘)查人员	×××	×××	×××	××××
	×××	×××	×××	××××
调(勘)查笔录	(略)			
现场证物照片	□有 ☑无 共 张 共 页			
事故证据资料	☑有 □无 共 张 共 页			
被调查人签字	×××	调(勘)查人签字		×××

表 C.1.5 见证试验检测汇总表

工程名称			编号	02 - 01 - C1 - 005
	××工程		填表日期	××年××月××日
建设单位	××大学		检测单位	××技术开发公司
监理单位	××监理公司		见证人员	×××
施工单位	××建筑工程公司		取样人员	×××
试验项目	实验组数/次数	见证试验组/次数	不合格次数	备忘
混凝土试块	10	10	0	/
水泥	6	6	0	/
页岩普通砖	6	6	0	/
页岩多孔砖	6	6	0	/
加气混凝土砌块	6	6	0	/
钢筋	23	23	0	/
制表人(签字)	×××			

表 C.1.6 施工日志

工程名称	×× 工程		编号	00 - C1 - 006
			日期	×× 年 ×× 月 ×× 日
施工单位	×× 建筑工程公司			
天气状况		风力	最高/最低气温	
晴		北风 2～3 级	24℃/19℃	

生产情况记录：(施工单位、施工内容、机械作业、班组工作、生产存在问题等)

地下二层

1. Ⅰ段(1～13 轴/A～J 轴)顶板钢筋绑扎，埋件固定，塔吊作业(××型号)，钢筋班组 15 人。

2. Ⅱ段(13～19 轴/A～J 轴)梁开始钢筋绑扎，塔吊作业(××型号)，钢筋班组 18 人。

3. Ⅲ段(19～28 轴/B～F 轴)该部位施工图纸由设计单位得出修改，待设计通知单下发后，组织相关人员施工。

4. Ⅳ段(28～41 轴/B～G 轴)剪力墙、柱模板安装，塔吊作业(××型号)，木工班组 21 人。

5. 发现问题：Ⅰ段顶板(1～13 轴/A～J 轴)钢筋保护层厚度不够，马镫筋间距未按要求布置。

技术质量安全工作记录：(技术质量安全活动、检查评定验收、技术质量安全问题等)

1. 建设单位、设计、监理、施工单位在现场召开技术质量安全工作会议，参加人员：×××(职务)等。

(1) ±0.000 以下结构于 ×月×日前完成。

(2)地下三层回填土 ×月×日前完成，地下二层回填土 ×月×日前完成。

(3)对施工中发现问题(××××××××××问题)，立即返修，整改复查，必须符合设计、规范要求。

2. 安全生产方面：由安全员带领 3 人巡视检查，重点是"三宝、四口、五临边"，检查全面到位，无隐患。

3. 检查评定验收：各施工班组施工工序科学、合理，Ⅱ段(13～19 轴/A～J 轴)梁、Ⅳ段(28～41 轴/B～G 轴)剪力墙、柱予以验收，实测误差达到规范要求。

参加验收人员

监理单位：×××(职务)等

施工单位：×××(职务)等

记录人(签字)	×××

表 C.1.7 监理工程师通知回复单

工程名称	××工程	施工编号	××××
		监理编号	××××
		日 期	××年××月××日

致：　××监理公司　（监理单位）

我方接到编号为　001　的监理工程师通知后，已按要求完成　质量、安全隐患整改　工作，现上报，请予以复查。

详细内容：

1. 脚手架、临时用电、架空层支模架专项方案内容已补充完善。

2. 塔吊安、拆方案编制审批程序已按要求重新编制，塔吊开工前安全条件审查已办理。

3. 塔吊、临建在基坑边，已按建发(2009)155 号文的规定进行完善。

专业承包单位　　××专业工程公司　　　　　　　　项目经理/负责人　　　×××　　

施工总承包单位　××建筑工程公司　　　　　　　　项目经理/负责人　　　×××　　

复查意见：

经复查对(001)号《监理通知》提出的问题，项目经理部进行了全面的整改处理。

监　理　单　位　　××监理公司　　

总/专业监理工程师　　　×××　　

日　　　　　期　　××年××月××日

表 C.2.1 工程技术文件报审表

工程名称	××工程	施工编号	××××
		监理编号	××××
		日 期	××年××月××日

致：___××监理公司___（监理单位）

我方已编制完成了___脚手架专项工程___技术文件，并经相关技术负责人审查批准，请予以审定。

附：审查文件__5__册

专业承包单位___×××___   项目经理/负责人___×××___

施工总承包单位___××建筑工程公司___   项目经理/负责人___×××___

专业监理工程师审查意见：

经核查，施工单位报送的脚手架专项工程施工方案，理论方法正确，荷载取用合理，计算结果准确，能保证施工过程中的质量和安全，同意按此方案施工。

专业监理工程师___×××___

日 期___××年××月××日___

总监理工程师审查意见：

审定结论：☑同意 □修改后再报 □重新编制

监理单位___××监理公司___

总监理工程师___×××___

日 期___××年××月××日___

表 C.2.2　危险性较大分部分项工程施工方案专家论证表

工程名称	××工程	编　号	02-01-C2-002
施工总承包单位	××建筑工程公司	项目负责人	×××
专业承包单位	××	项目负责人	××
分项工程名称	高支模		

专家一览表

姓　名	性　别	年　龄	单　位	职务	职称	专业
×××	××	××	×××	××	××	××
×××	××	××	×××	××	××	××
×××	××	××	×××	××	××	××
×××	××	××	×××	××	××	××
×××	××	××	×××	××	××	××

专家论证意见：

　　经核查施工单位高支模专项施工方案，专家组一致认定该施工方案理论方法正确，荷载取用合理，计算结果准确，能保证施工过程中的质量和安全，同意按此方案施工。

××年××月××日

签字栏	组长：××× 专家：×××、×××、×××、×××、×××

表 C.2.3 技术交底记录

工程名称	××工程	编 号	02-01-C2-003
		交底日期	××月××日
施工单位	××建筑工程公司	分项工程名称	砌体工程
交底摘要	砌体工程施工技术交底	页 数	共 1 页，第 1 页

交底内容：

一、材料准备

砌块、水泥、砂、掺合料、拉结钢筋、预埋件、木砖等。

二、主要机具

搅拌机、手推车、磅秤、外用电梯、砖笼、胶皮管、筛子、大铲、瓦刀、扁子、托线板、线坠、小白线、卷尺、铁水平尺、皮数杆、小小桶、砖夹子、扫帚等。

三、作业条件

1. 完成室外及房心回填土、基础、主体工程结构验收完毕，并经有关部门验收合格。

2. 弹好墙身线、轴线，根据现场砌块的实际规格尺寸，再弹出门窗洞口位置线，经验线符合设计图纸的标高尺寸要求。

3. 皮数杆：用 30 mm×40 mm 木料制作，皮数杆标上门窗洞口、木砖、拉结筋、圈梁、过梁的尺寸、标高。按标高立好皮数杆，转角处距墙身或墙角 50 mm 设置皮数杆。皮数杆应垂直、牢固标高一致，经复核，满足要求。

4. 根据最下面第一皮砖的标高，拉通线检查，如水平缝厚度超过 20 mm，用细石混凝土找平，不得用水泥砂浆找平或砍砖包含子砸平。

5. 砂浆由试验室做配合比试配，准备好试模。

四、操作工艺

1. 工艺流程：墙体放线、砌块浇水→制备砂浆→砌块排列→铺砂浆→砌块就位→校正→竖缝灌砂浆→勒缝

2. 墙体放线：砌体施工前，应将基础面或楼层结构面按标高找平，依据砌筑图放出第一皮砌块的轴线、砌体边线和洞口线。

3. 拌制砌筑砂浆：现场采用砂浆搅拌机拌合砂浆，严格按照配合比配制。

4. 砂浆配合比用重量比，计量精度为：水泥±2%，砂及掺合料±5%。

（略）

签字栏	交底人	×××	审核人	×××
	接受交底人		×××	

表 C.2.4　图纸会审记录

工程名称	××工程		编　号	00-C2-004
			日　期	××年××月××日
设计单位	××建筑设计院		专业名称	土建
地　点	工地会议室		页　数	共 <u>1</u> 页，第 <u>1</u> 页
序　号	图　号	图纸问题	答复意见	
1	结—1	结构说明 3 中，混凝土材料：地下室底板外墙使用抗渗混凝土，未给出抗渗等级。	抗渗等级为 P8	
2	结—3 结—5	地下一层顶板③~⑤轴/ⓒ~ⓔ轴分布筋未标注。	分布筋双向双排，均为 $\phi8@200$	
3	结—10	Z14 中标高为 25.20~28.00 m 与剖面图不符。	Z14 标高应改为 21.50~28.00 m。	
4	结—12	地下室外墙防水层使用 SBSII 型防水卷材，是否需加砌砖墙做防水层保护层。	砌 120 厚砖墙做保护层。	
签字栏	建设单位	设计单位	监理单位	施工单位
	×××	×××	×××	×××

146

表 C.2.5　设计变更通知单

工程名称		××工程		编　号	00-C1-006
				日　期	××年××月××日
设计单位		××建筑设计院		专业名称	土建
变更摘要		结构施工图变更		页　数	共 1 页，第 1 页
序　号	图　号	变　更　内　容			
1	结—3	DL1、DL2 梁底标高 -2.000 改为 -1.800，且 DL1 上挑耳取消			
2	结—14	Z10 中配筋 φ18 改为 φ20，根数不变。			
3	结—30	KL-42，44 的梁高 700 改为 900。			
4	结—40	二层顶梁 LL-8 梁高出板面 0.55 改为 0.60。			
5		结构图中标注尺寸 878 全部改为 873			
6		KZ5 截面 1378 改为 1373，基础也相应改变			
签字栏	建设单位	设计单位		监理单位	施工单位
	×××	×××		×××	×××

表 C.2.6　工程洽商记录(技术核定单)

工程名称	××工程		编　号	01-01-C2-006
			日　期	××年××月××日
设计单位	××建筑设计院		专业名称	土建
洽商摘要	根据验槽要求,地基深挖回填处理		页　数	共__1__页,第__1__页
序　号	一	图　号		一
洽商内容	从勘察及设计验槽情况来看,本工程的地基原土被雨水浸泡,应在原设计标高6.50 m基础上再下挖0.5 m,所涉及的范围为宽度12 m,长度17 m。挖到7.00 m后,回填级配砂石,并进行人工夯实,需增加的工程量为:4台2寸的潜水泵排水1.5台班,人工挖土方102.00 m³。 　　(示意图略)			

签字栏	建设单位	设计单位	监理单位	施工单位
	×××	×××	×××	×××

表 C.3.1 工程开工报审表

工程名称	××工程	施工编号	××××
		监理编号	××××
		日　期	××年××月××日

致：××监理公司（监理单位）

我方承担的_____××_____工程，已完成了以下各项工作，具备了开工条件，特申请施工，请核查并签发开工指令。

附件：具备开工条件

　　1.工程施工许可证(复印件)

　　2.施工组织设计

　　3.主要管理人员资格证明

　　4.特殊工种人员资格证明

　　5.施工测量放线

　　6.施工现场道路、水电、通信等已达到开工条件

　　　　　　　　　　施工总承包单位(章)_××建筑工程公司__

　　　　　　　　　　项 目 经 理_____×××_____

复查意见：

　　所报工程开工资料齐全、有效，具备动工条件。同意于××年××月××日开工。

　　　　　　　　　　监 理 单 位_____××监理公司_____

　　　　　　　　　　总监理工程师_____×××_____

　　　　　　　　　　日　　期_____××年××月××日_____

表 C.3.2 工程复工报审表

工程名称	××工程	施工编号	××××
		监理编号	××××
		日 期	××年××月××日

致：××监理公司 （监理单位）

根据×× 号《工程暂停令》，我方已按要求完成了以下各项工作，具备了复工条件，特此申请，请核查并签发复工指令。

附：具备复工条件的说明或证明

专业承包单位＿＿＿＿＿××＿＿＿＿＿　　　项目经理/负责人＿＿＿×××＿＿＿

施工总承包单位＿××建筑工程公司＿　　　项目经理/负责人＿＿＿×××＿＿＿

复查意见：

经核查，施工方按要求进行了整改，具备复工条件，同意于××年××月××日复工。

监 理 单 位＿＿＿＿××监理公司＿＿＿

专业监理工程师＿＿＿＿×××＿＿＿＿

总 监 理 工 程 师＿＿＿＿×××＿＿＿＿

日 期＿＿××年××月××日＿＿

150

表 C.3.3 施工进度计划报审表

工程名称	××工程	施工编号	××××
		监理编号	××××
		日　期	××年××月××日

致：__××监理公司__（监理单位）

　　我方已根据施工合同的有关约定完成了__××__工程总/年第__1__季度__3__月份工程施工进度计划的编制，请予以审查。

附：施工进度计划及说明

施工总承包单位(章)××建筑工程公司

项　目　经　理_____×××_____

专业监理工程工程师审查意见：

　　经核查，本月施工进度满足总进度计划的要求。

专业监理工程师_____×××_____

日　　　　期_____××年××月××日_____

复查意见：

　　进度满足合同要求。

监　理　单　位_____××监理公司_____

总监理工程师_____×××_____

日　　　期_____××年××月××日_____

表 C.3.4 ××年××月人、机、料动态表

工程名称	××工程		编号	00－C3－004
			日期	××年××月××日

致：××监理公司（监理单位）

　　根据××年 ×× 月施工进度情况，我方现报上×× 年××月人、机、料统计表。

劳动力	工种	混凝土工	瓦工	木工	钢筋工	电工	水暖工	其他	合计
	人数	30	40	100	65	6	5	16	262
	持证人数	20	34	85	50	6	5	10	210

主要机械	机械名称	生产厂家	规格、型号	数量
	塔 吊	湘潭	60/80	2
	搅拌机	江苏	JZ—350	2
	卷扬机	浙江	JJK—1.5	2
	水 泵	山东	20 mm	4
	振捣棒	河北	HG—50	18

主 要 材 料	名称	单位	上月库存量	本月进场量	本月消耗量	本月库存量
	水泥 P.O32.5	t	25.30	249.5	234.5	40.3
	钢材	t	198.6	895.6	900	194.2
	木材	m³	321	43.8	260	104.8
	砌块	块	1800	10000	7800	4000

附件：塔吊安检资料、特殊工种岗位证书复印件等。

　　　　　　　　　　　　　　　　　　　　施工单位 ××建筑工程公司

　　　　　　　　　　　　　　　　　　　　项目经理 ×××

152

表 C.3.5　工程延期申请表

工程名称	××工程	编号	00－C3－005
		日期	××年××月××日

致：××监理公司 （监理单位）

　　根据施工合同 10 条 2 款的约定,由于 甲供材料不能按期到位 的原因,我方申请工程延期,请予以批准。

附:

　　1. 工程延期的依据及工期计算。

　　　合同竣工日期:

　　　申请延长竣工日期:

　　2. 证明材料

专业承包单位 ××	项目经理/负责人 ×××
施工总承包单位 ××建筑工程公司	项目经理/负责人 ×××

表 C.3.6　工程款支付申请表

工程名称	××工程	编号	00－C3－005
		日期	××年××月××日

致：××监理公司 （监理单位）

　　我方已完成 ±0.00 以下的全部工程内容 工作,按照合同约定第 17 条 4 款的约定,建设单位应在 2010 年 7 月 1 日前支付该工程款共(大写) 人民币 叁佰陆拾玖万圆整

　　(小写:￥3,690,000),现报上 基础 工程付款申请表,请予以审查并开具工程款支付书。

附件:

　　工程量清单;

　　计算方法。

　　　　　　　　施工总承包单位(章) ××建筑工程公司

　　　　　　　　项目经理 ×××

表 C.3.7 工程费用报审表

工程名称	××工程	施工编号	××××
		监理编号	××××
		日　期	××年××月××日

致：　××监理公司　（监理单位）

　　兹申报工程第__10__号工程变更单，申请费用见附表，请予以审核。

附表：工程费用变更费用计算书

专业承包单位　__××专业公司__　　　　项目经理/负责人__×××__

施工总承包单位__××建筑工程公司__　　项目经理/负责人__×××__

监理工程工程师审查意见：

　　1. 工程量符合实际情况。

　　2. 此变更符合《工程变更单》所包括的工作内容。

　　3. 定额项目选用合理，单价、合价计算正确。

　　　　　　　　　　　　　　　　监理工程师__×××__

　　　　　　　　　　　　　　　　日　期　××年××月××日

总监理工程师审查意见：

　　同意施工单位提出的该项变更费用申请。

　　　　　　　　　　　　　　　　监理单位_____××监理公司_____

　　　　　　　　　　　　　　　　总监理工程师_____×××_____

　　　　　　　　　　　　　　　　日　期_____××年××月××日_____

表 C.3.8 费用索赔申请表

| 工程名称 | ××工程 | 编　号 | 00－C3－008 |
| | | 日　期 | ××年××月××日 |

致：　××监理公司　（监理单位）

　　根据施工合同第__23__条__1__的约定，由于__三层1段①~⑨轴/Ⓐ~Ⓛ轴剪力墙柱已按原图施工完毕，设计单位变更通知修改，按洽商附图施工__的原因，我方要求索赔金额（大写）__叁拾陆万陆仟壹佰圆整__，请予以批准。

附件：

　　1. 索赔的详细理由及经过

　　2. 索赔金额的计算

　　3. 证明材料

专业承包单位_____××_____　　项目经理/负责人_____×××_____

施工总承包单位____××建筑工程公司____　　项目经理/负责人_____×××_____

154

表 C.4.1　材料、构配件进场检验记录

工程名称				××工程		编　　号	02-01-C4-001
						检验日期	××年××月××日
序号	名称	规格型号	进场数量	生产厂家	外观检验项目	试件编号	备注
				质量证明编号	检验结果	复验编号	
1	钢筋	6.5	3 t	湘钢	合格	××××	
				××××	合格	××××	
2	钢筋	8	8 t	湘钢	合格	××××	
				××××	合格	××××	
3	钢筋	10	5 t	萍钢	合格	××××	
				××××	合格	××××	
4	钢筋	12	6 t	涟钢	合格	××××	
				××××	合格	××××	
5	钢筋	14	8 t	涟钢	合格	××××	
				××××	合格	××××	

检查意见(施工单位)：

　　按照 GB50204—2011 规范 5.3 检验，钢筋质量符合规定。

　　附表：共　10　页

验收意见(监理/建设单位)：

　　产品质量符合设计要求和现行标准规定。

☑同意　□重新检验　□退场　　验收日期：××年××月××日

签字栏	施工单位		××建筑工程公司	专业质检员	专业工长	检验员
				×××	×××	×××
	监理或建设单位		××监理公司	专业工程师	×××	

表 C.4.2 设备开箱检验记录

工程名称	××工程	编　号	08 - 04 - C4 - 002
		检验日期	××年××月××日
设备名称	轴流式风机	规格型号	××××
生产厂家	××风机有限公司	产品合格证编号	××××
总数量	6 台	检验数量	6 台

进场检验记录				
包装情况	包装完好、无缺损、标识明确			
随机文件	装箱单 6 份、合格证 6 份、说明书 6 份、设备图 6 份			
备件与附件	××××			
外观情况	机体表面无缺损、无锈蚀、漆面完好			
测试情况	合格			

缺、损附备件明细					
序号	附备件名称	规格	单位	数量	备注

检查意见(施工单位):

经检查确认,风机质量证明文件资料齐全,风机外观质量良好,符合设计要求。

附表:共 __5__ 页

验收意见:(监理/施工单位):

产品质量符合设计要求和现行标准规定。

☑同意　□重新检验　□退场　验收日期:××年××月××日

签字栏	供应单位	××风机有限公司	责任人	×××
	施工单位	××建筑工程公司	专业工长	×××
	监理或建设单位	××监理公司	专业工程师	×××

156

表 C.4.3　设备及管道附件试验记录

工程名称	××工程		编　号	05-01-C4-003			
使用部位	消火栓系统		检验日期	××年××月××日			
试验要求	强度及严密性试验						
设备/管道附件名称	闸阀						
材质、型号	Z15W						
规格	DN50						
试验数量	8						
试验介质	水						
工称或工作压力	1.2 MPa						
强度试验	试验压力	2.4 MPa					
	试验时间	1 h					
严密性试验	试验压力	1.76 MPa					
	试验时间	2 h					
签字栏	施工单位	××建筑工程公司	专业质检员		专业工长	检验员	
			×××		×××	×××	
	监理或建设单位	××监理公司			专业工程师	×××	

表 C.5.1 隐蔽工程验收记录

工程名称	××工程	编　号	02-01-C5-001
隐蔽工程	钢筋工程	隐蔽日期	××年××月××日
隐蔽部位	二层梁板钢筋　Ⓐ-Ⓚ轴线 交①-⑩轴线		标高6.300

隐蔽依据:施工图号___结施02___,设计变更/洽商/技术核定单(编号×　×)及有关国家现行标准等。

主要材料名称及规格/型号:×××、×××、×××、×××等

隐检内容:

1. 钢筋有质量合格证明书,并且复试合格。复试报告编号×××××。钢筋无锈蚀,无污染。

2. 钢筋的规格、数量、位置、形状等均符合设计及规范要求。

3. 钢筋的加工按照标准进行,并有检查记录。

4. 钢筋绑扎牢固,符合设计及规范要求。

检查结论:

经检查,该检验批已达到隐蔽验收条件。

☑同意隐蔽　　□不同意隐蔽,修改后复查

复查结论:

经检查钢筋的规格、型号、数量、位置、形状及绑扎情况等均符合设计及规范要求。

同意隐蔽,并进入下一道工序施工。

复查人:×××　　复查日期:××年××月××日

签字栏	施工单位	××建筑工程公司	专业质检员	专业工长	检验员
			×××	×××	×××
	监理或建设单位	××监理公司		专业工程师	×××

158

表 C.5.2 施工检查记录(通用)

工程名称	××工程	编　号	02－03－C5－002
		检查日期	××年××月××日
检查日期	××年××月××日	检查项目	砌　筑

检查依据:

　1. 施工图纸:结01,结05;

　2.《砌体工程施工质量验收规范》(GB 50203—2011)。

检查内容:

　瓦工班15人砌筑①~⑫轴/Ⓐ~Ⓙ轴填充墙,并于当日全部完成。

检查结论:

　质检员检查时发现一处填充墙砌筑不合格(①轴/Ⓑ~Ⓒ轴 卧室)并责令瓦工班进行返工处理。

复查结论:

　经检查:1轴/B~C轴卧室处填充墙返工重新砌筑,检查内容已整改完成,符合设计及 GB 50203—2011 规定。

　　　　　　　　　　　　　复查人:×××　　　　　复查日期:××年××月××日

签字栏	施工单位	××建筑工程公司	
	专业技术负责人	专业质检员	专业工长
	×××	×××	×××

表 C.5.3 交接检查记录(通用)

工程名称	××工程	编号	06-04-C5-003
		检查日期	××年××月××日
移交单位	××建筑工程公司	见证单位	××监理公司
交接部位	××设备基础	接收单位	××机电设备安装公司

交接内容:

　　按 GB 50242—2002 第4.4.1条、第13.2.1条和 GB 50243—2002 第7.1.4条规定及施工图纸××要求,设备就位前对其基础进行验收,合格后方能安装。

　　内容包括:设备基础的混凝土强度等级(C25)、坐标、标高、几何尺寸及螺栓孔位置等。

检查结论:

　　经移交、接收和见证三方单位共同检查:设备基础混凝土强度等级达到设计强度的142%,坐标位置偏差+5 mm,不同平面的标高偏差最大值-8 mm,几何尺寸偏差最大值-10 mm,螺栓孔中心线位置偏差最大值5 mm,符合设计要求和 GB 5.242—2002、GB 50243—2002 规定,验收合格,同意移交。

复查结论(由接收单位填写)

　　经检查,满足下道工序施工要求,同意移交。

　　　　　　　　　　　　复查人:×××　　　　　复查日期:××年××月××日

见证意见:

　　经交接双方同意,工程交接属实。

签字栏	移交单位	接收单位	见证单位
	××建筑工程公司	××机电设备安装公司	××监理公司

160

表 C.5.4　工程定位测量记录

工程名称	××工程	编　　号	01 - 02 - C5 - 004
		图纸编号	护坡桩位图
委托单位	××建筑工程公司	施测日期	××年××月××日
复测日期	××年××月××日	平面测量依据	市测绘院××普测××号
高程依据	市测绘院××普测××号	使用仪器	型号：　　出厂编号： 型号：　　出厂编号：
允许偏差	桩基轴线 ±20 mm	仪器校验日期	××年××月××日

定位抄测示意图：

　定位图详见：附图1(略)

复测结果：

　经复测：1. 护坡桩中心点距相应轴线间距均在 ±10 mm 偏差以内；

　　　　　2. 桩中心点距间距误差均在 ±10 mm 以内；

　　　　　3. 基坑壁抄测 -3.00 mm 标高线，误差在 ±3 mm 以内。

签字栏	施工单位	××建筑 工程公司	测量人员 岗位证书号	×××	专业技术 负责人	×××
	施工测量负责人	×××	复测人	×××	试测人	×××
	监理或建设单位	××监理公司			专业工程师	×××

表 C.5.5　建筑物垂直度、标高观测记录

工程名称	××工程	编　号	02-01-C5-005
施工阶段	主体	观测阶段	主体

观测说明(附观测示意图)：

　　观测点布置详见附图1(略)

垂直度测量(全高)		标高测量(全高)	
观测部位	实测偏差/mm	观测部位	实测偏差/mm
①轴/Ⓐ轴	偏南4	①轴/Ⓐ轴	+5
①轴/Ⓐ轴	偏西3		
①轴/Ⓕ轴	偏北3	①轴/Ⓕ轴	+3
①轴/Ⓕ轴	偏西2		
⑫轴/Ⓐ轴	偏东3	⑫轴/Ⓐ轴	+5
⑫轴/Ⓐ轴	偏南2		
⑫轴/Ⓕ轴	偏北4	⑫轴/Ⓕ轴	+2
⑫轴/Ⓕ轴	偏东2		

结论：

　　经检查，符合《混凝土结构工程施工质量验收规范》(GB 50204—2015)允许垂直度偏差以内和标高高差值以内。

签字栏	施工单位	××建筑工程公司	专业技术负责人	专业质检员	施测人
			×××	×××	×××
	监理或建设单位	××监理公司		专业工程师	×××

表 C.5.6　地基验槽记录

工程名称	××工程	编　号	01－01－C5－006
验槽部位	基础的全部	验槽日期	××年××月××日

依据：施工图号　结施01、结施02、结施03　设计变更/洽商/技术核定编号　××　及有关规范、规程。

验槽内容：

1. 基槽开挖至勘察报告第　××　层，持力层为　××　层。

2. 土质情况　2类黏土 基底为老土层、均匀密实　。

3. 地坑位置、平面尺寸置　满足设计尺寸要求　。

4. 基地绝对高程和相对标高　绝对标高38.25 m，相对标高□—8.7 m　。

申　报　人：＿＿＿＿××＿＿＿＿＿

检查结论：

经检查，槽底土质均匀密实，与地质勘查报告(编号×××)相符，基槽平面位置、槽边尺寸、基槽底标高、定位检查符合设计要求。

地下水情况：槽底在地下水位以上1 m，无坑及穴洞。

☑ 无特殊情况，可进行下道工序　□ 需进行地基处理

签字公章栏	施工单位	勘察单位	设计单位	监理单位	建设单位
	（公章）	（公章）	（公章）	（公章）	（公章）

163

表 C.5.7 　地下工程防水效果检查记录

工程名称	××工程	编　　号	01-05-C5-007
检查部位	地下二层墙体	检查日期	××年××月××日

检查方法及内容：

　　检查人员用干手触摸混凝土墙面，并用报纸贴附在背水墙面上，检查墙体的湿渍面积和有无裂缝及渗水现象。

（图略）

检查结论

　　经检查，地下二层背水墙内表面的混凝土墙面无湿渍及渗水现象，观感质量合格，符合设计要求和《地下防水工程质量验收规范》GB50208—2002 的有关规定。

复查结论：

　　经检验，地下二层墙体结构自防水合格。

　　　　　　　　　　　　　　　　　　　　复查人：×××　　　复查日期：××年××月××日

签字栏	施工单位	××建筑 工程公司	专业技术负责人	专业质检员	专业工长
			×××	×××	×××
	监理或建设单位	××监理公司	专业工程师		×××

表 C.5.8　防水工程试水检查记录

工程名称	××工程		日　　期	××年××月××日
检查日期	××年××月××日		检查部位	所有卫生间
检查方式	☑第一次蓄水　□第二次蓄水		蓄水时间	从××年××月××日时起 至××年××月××日时止
	□淋水　　□雨期观察			

检查方法及内容：

　　在地上 6 层每个卫生间的门口处，用水泥砂浆做挡水墙，在每个地漏周围用水泥砂浆挡高 5 cm，再用棉丝把地漏堵严。然后放水，使卫生间地面最高处蓄水深度达到 20 mm，蓄水时间为 24 h。

检查结论：

　　经过 24 h 蓄水后观察，每个卫生间均无渗漏现象。

　　检查合格。

复查结论：

　　地上 6 层所有卫生间的地面防水效果良好，符合设计要求及规范的规定。

　　合格。

　　　　　　　　　　　　　　　　　复查人：×××　　　复查日期：××年××月××日

签字栏	施工单位	××建筑 工程公司	专业技术负责人	专业质检员	专业工长
			×××	×××	×××
	监理或建设单位	××监理任公司		专业工程师	×××

表 C.5.9　通风道、烟道、垃圾道检查记录

工程名称	××工程				编　号	03－10－C5－009
					检查日期	××年××月××日

检查部位及检查结果						
检查部位	主烟(风)道口		副烟(风)道口		垃圾道	检查人	复查人
	烟道	风道	烟道	风道			

检查部位	主烟(风)道口 烟道	主烟(风)道口 风道	副烟(风)道口 烟道	副烟(风)道口 风道	垃圾道	检查人	复查人
⑦~⑩轴/Ⓔ~Ⓕ轴	√		√			×××	
④~⑥轴/Ⓓ~Ⓕ轴		√		√		×××	
④~⑥轴/Ⓖ~Ⓗ轴		√		×√		×××	×××
①~④轴/Ⓗ~Ⓙ轴	√		√			×××	
⑤~⑥轴/Ⓑ~Ⓕ轴		×√		√		×××	×××
⑦~⑨轴/Ⓘ~Ⓙ轴	√		√			×××	
⑩~⑫轴/Ⓔ~Ⓕ轴	×√		√			×××	×××
⑭~⑯轴/Ⓓ~Ⓕ轴		√		√		×××	
⑭~⑮轴/Ⓖ~Ⓗ轴		√		√		×××	
⑯轴~⑲轴/Ⓗ轴~Ⓙ轴	√		√			×××	
⑭~⑮轴/Ⓑ~Ⓕ轴		√		√		×××	
⑬~⑪轴/Ⓒ~Ⓖ轴	√					×××	

签字栏	施工单位	××建筑工程公司	
	专业技术负责人	专业质检员	专业工长
	×××	×××	×××

166

表 C.6.1 设备单机试运转记录(通用)

工程名称	××工程	编 号	05－11－C6－001
		试运转时间	2 h
设备名称	离心清水泵	设备编号	××
规格型号	××××	额定数据	××××
生产厂家	××机电安装公司	设备所在系统	消防
序 号	试验项目	实验记录	实验记录
1	连续运转时间	2 h 正常	合格
2	叶轮运转	正常	合格
3	水泵振动	无异常，符合设计要求	合格
4	紧固件连接	无松动	合格
5	壳体密封渗漏情况	无渗漏	合格
6	运行功率	符合要求	合格
7	轴承外壳温度	符合设备说明书的规定	合格
8	泄漏量	符合要求	合格

试运转结论：

该水泵单机连续运转2 h，运转正常平稳，无异常情况，各试验项目均符合水泵说明书的规定及设计要求。

试验合格。

签字栏	施工单位	××建筑工程公司	专业技术负责人	专业质检员	专业工长
			×××	×××	×××
	监理或建设单位	××监理公司	专业工程师		×××

表 C.6.2　系统试运转调试记录(通用)

工程名称	××工程	编　　号	08-04-C6-002
		试运转调试时间	××年××月××日
试运转调试项目	新风机组送风试验	试运转调试部位	一区一至五层、二区一至五层

试运转调试内容:

一区一层、二区一层、共四台 其中

一区东段 BFK-20 一台,一区西段 BFK-20 一台

二区东段 BFK-8 一台,二区西段 BFK-8 一台

一区一层两台新风机组,机房噪声 <70 dB

二区一层两台新风机组,机房噪声 <60 dB

二区新风机组送向各层风量 >3500 m³/h(一台新风机组送风量)

一区新风机组送向各层风量 >3000 m³/h(一台新风机组送风量)

试运转调试结论:

新风机组于 12 月 23 日 18 时运转至 12 月 23 日 20 时,经 2 小时运转,新风机组噪声符合设计要求值,送风情况达到设计要求和规范规定。

签字栏	施工单位	××建筑工程公司	专业技术负责人	专业质检员	专业工长
			×××	×××	×××
	监理或建设单位	××监理公司	专业工程师		×××

168

表 C.6.3 接地电阻测试记录(通用)

工程名称	××工程		编 号	06-07-C6-003
			测试时间	××年××月××日
仪表型号	ZC—8	天气情况	晴	气温/℃	25

接地类型	□防雷接地　　□计算机接地　　□工作接地 □保护接地　　□防静电接地　　□逻辑接地 □重复接地　　□综合接地　　　□医疗设备接地
设计要求	□≤10Ω　　　□≤4Ω　　　☑≤1Ω □≤0.1Ω　　　□≤Ω

试测部位:

试测结论:

　　经测试计算,接地电阻值为 0.2Ω,符合设计要求和《建筑电气工程施工质量验收规范》(GB50303—2011)规定。

签字栏	施工单位	××建筑工程公司		
	专业技术负责人	专业质检员	专业工长	专业试测人
	×××	×××	×××	××× ×××
	监理或建设单位	××监理公司	专业工程师	×××

表 C.6.4 绝缘电阻测试记录(通用)

工程名称		××工程			编　号			06-05-C6-004			
					测试日期			××年××月××日			
测量单位		MΩ(兆欧)			天气情况			晴			
仪表型号		ZC-7	电压		1000V		环境温度		30℃		
层数	箱盘编号	回路号	相　间			相对零			相对地			零对地
			L1—L2	L2—L3	L3—L4	L1—N	L2—N	L3—N	L1—PE	L2—PE	L3—PE	N—PE
三层	3AL3-1	支路1	700			700			700			700
		支路2		600			650			700		700
		支路3			700			750			750	700
		支路4	700			700			700			700
		支路5		750			600			650		700
		支路6			700			700			750	700

测试结论：　合　格

签字栏	施工单位		××建筑工程公司		
	专业技术负责人	专业质检员	专业工长		试测人
					×××
	×××	×××	×××		×××
	监理或建设单位	××监理公司	专业工程师		×××

170

表 C.6.5 砌筑砂浆试块强度统计、评定记录

项目名称	××工程					编　号			02-03-C6-005	
						强度等级			M5	
施工单位	××建筑工程公司					养护方法			标养	
统计期	××年××月××日至××年××月××日					结构部位			一至十层填充墙	
试块组数 n	强度标准 f_2 /MPa		平均值 $f_{2,m}$ /MPa		最小值 $f_{2,min}$ /MPa			$0.75f_2$		
36	5.0		6.3		5.6			3.75		
每组强度值（MPa）	5.6	6.3	6.4	7.2	5.8	6.9	5.7	5.5	6.8	5.7	7.3
	5.6	6.9	6.2	6.4	5.8	7.8	6.8	6.9	5.8	5.8	6.2
	5.8	5.4	5.6	6.3	6.2	7.1	7.5	6.3	6.4	5.9	5.8
	6.3	6.1	6.5								
判定式	$f_{2,m} \geqslant f_2$					$f_{2,min} \geqslant 0.75f_2$					
结果	6.3>5.0					5.6>7.75					

结论：

试块强度符合《砌体工程施工质量验收规范》（GB50203—2011）的规定。

签字栏	批　准	审　核	统　计
	×××	×××	×××
	报告日期	××年××月××日	

表 C.6.6 混凝土试块强度统计、评定记录

工程名称	××工程					编　号	02－01－C6－006		
						强度等级	C30		
施工单位	××建筑工程公司					养护方法	标养		
统计期	××年××月××日 至××年××月××日					结构部位	4～10层柱		

试块组 n	强度标准值$f_{cu,k}$ /MPa		平均值$m_{f_{cu}}$ /MPa		标准差$S_{f_{cu}}$ /MPa		最小值$f_{cu,min}$ /MPa		合格判定系数	
								λ_1	λ_2
30	30.0		33.6		1.8		30.6		1.65	0.85

每组强度值/MPa	32.5	33.6	37.2	34.2	31.5	30.6	36.2	33.5	33.7	32.5
	32.8	34.2	32.3	33.8	35.6	34.5	31.2	32.3	34.2	34.2
	35.1	32.5								

评定界线	☑统计方法(二)				□非统计方法	
	$0.90f_{cu,k}$	$m_{f_{cu}}-\lambda_1 \times S_{f_{cu}}$	$\lambda_2 \times f_{cu,k}$	$1.15f_{cu,k}$	$0.95f_{cu,k}$	
	27.0	30.6	25.5	□	□	

判定式	$m_{f_{cuu}}-\lambda_1 \times S_{f_{cu}}$ $\geqslant 0.90f_{cu,k}$	$f_{cu,min}\geqslant$ $\lambda_2 \times f_{cu,k}$	$m_{f_{cu}}\geqslant$ $1.15f_{cu,k}$	$f_{cu,minn}\geqslant$ $0.95f_{cu,k}$
结　果	30.6≧27.0	30.6≧25.5	□	□

结论：
试块强度符合《混凝土强度检验评定标准》(GBJ 107—2010)的规定。

签字栏	批　准	审　核	统　计
	×××	×××	×××
	报告日期	××年××月××日	

172

表C.6.7 结构实体混凝土强度检测记录

工程名称	××工程							编　号		02 - 01 - C6 - 007	
								结构类型		砼现浇剪力墙	
施工单位	××建筑工程公司							验收日期		××年××月××日	
强度等级	试件强度代表值/MPa									强度评定结果	监理/建设单位验收结果
C30	49.5	48.4								合格	合格
	54.5	53.2									
C40	51.8	58.2	63.6	57	58.6	58.1	49.3	54	50.2	46.2	合格
	57.0	64.0	70.0	62.7	64.5	63.9	54.2	59.4	55.2	50.8	
C50	62.7	46.4	45.8	46.2	42.7					合格	
	69.0	51.0	50.4	50.8	47.0						

结论: 符合 GBJ107—87 及 GB50204—2011 要求, 同意验收。

签字栏	项目专业技术负责人	专业监理工程师或建设单位项目专业技术负责人
	×××	×××

表 C.6.8　结构实体钢筋保护层厚度检验记录

工程名称			×× 工程					编　号			02 - 01 - C6 - 008		
								结构类型			砼现浇剪力墙		
施工单位			×× 建筑工程公司					验收日期			××年××月××日		
构建类别	序号	钢筋保护层厚度/mm							合格点率	评定结果	监理/建设单位验收结果		
		设计值	实测值										
梁	KL梁	30	26	25	26	26			100%	合格	验收合格		
	KL梁	30	25	26	25	25							
	KL梁	30	24	25	24	24							
	KL梁	30	25	25	26	25							
	LL梁	30	24	25	25	26							
板	顶板	15	18	17	18	18	17	18	100%	合格			
	顶板	15	18	19	18	18	18	17					
	顶板	15	16	17	17	18	17	17					
	雨篷板	15	21	22	21	21	21	22					
	雨篷板	15	22	22	21	22	22	21					

结论：

经试验室现场检查，符合设计要求及《混凝土结构工程施工质量验收规范》(GB 50204—2015)规定，同意验收。

签字栏	项目专业技术负责人	专业监理工程师或建设单位项目专业技术负责人
	×××	×××

174

表 C.6.9 灌水、满水实验记录

工程名称	××工程		编 号	05-04-C6-009
			验收日期	××年××月××日
分项工程名称	建筑给排水工程	材质、规格		洗脸盆、拖把池、大便器

试验标准及要求：

　　《建筑给排水及采暖工程施工质量验收规范》(GB 50242—2002)中第 7.2.2 条规定，卫生器具在交付使用前应做满水和通水试验，卫生器具满水后，各连接件应不渗不漏给排水管道畅通无阻。

试验部位	灌(满)水情况	灌(满)水持续时间/min	液面检查情况	渗漏检查情况
洗脸盆(2/5)	满水高度 35 cm	24 h	液面无明显降低	不渗漏
拖把池(1/5)	满水高度 30 cm	24 h	液面无明显降低	不渗漏
大便器(4/15)	满水高度 5 cm	24 h	液面无明显降低	不渗漏

实验结论：

　　经全部检查，洗脸盆、拖把池、大便器、小便器安装符合设计及《建筑给水排水及采暖工程施工质量验收规范》(GB50242—2002)和《建筑给水排水与采暖工程工艺标准》(ZJQ00—SG—010—2003)要求，试验合格。

签字栏	施工单位	××建筑工程公司	专业技术负责人	专业质检员	专业工长
			×××	×××	×××
	监理或建设单位	××监理公司		专业工程师	×××

表 C.6.10 强度严密性试验记录

工程名称	××工程	编 号	05-01-C6-010
		验收日期	××年××月××日
分项工程名称	建筑给排水及采暖	试验部位	室内给水系统
材质、规格	主管：DN25、32、40、50 支管：DN15、20、25、40	压力表编号	××—××

实验要求：

　　室内给水管道采用衬塑钢管，工作压力为1.0 MPa，工作压力为1.0 MPa，试验压力为1.6 MPa，在试验压力下稳压1 h，压力下降，然后降至工作压力的1.5倍（1.5 MPa），稳压2 h，各连接处不渗漏为合格。

实验记录		试验介质	水
		试验压力表设置位置	本层支管末端
	强度试验	试验压力/MPa	0.6 MPa
		试验持续时间/min	1 h
		试验压力降/MPa	0
		渗漏情况	不渗不漏
	严密性试验	试验压力/MPa	0.35
		试验持续时间/min	2h
		试验压力降/MPa	0
		渗漏情况	不渗不漏

试验结论：

　　经检查，试验方式、过程及结果均符合设计要求和《建筑给水排水及采暖工程施工质量验收规范》（GB50242—2002）的规定，合格。

签字栏	施工单位	××建筑 工程公司	专业技术负责人	专业质检员	专业工长
			×××	×××	×××
	监理或建设单位	××监理公司		专业工程师	×××

表 C.6.11　通水试验记录

工程名称	××工程	编　号	05-02-C6-011
		验收日期	××年××月××日
分项工程名称	建筑给排水及采暖	试验部位	分区试验

试验系统简述：

　　本工程为 12 层住宅楼，1~3 层由小区上水管网供水，4~12 层由屋顶水箱供水，生活水泵安装在地下一层，一用一备，卫生器具坐便器、脸盆、淋浴器、拖布池、地漏等。

实验要求：

　　1. 排水系统按给水系统 1/3 配水点同时开放，检查各排水点通畅。接口处无渗漏。

　　2. 卫生器具逐个做满水排水试验，充水量超过器具溢水口，检查溢水口和排水点通畅，接口处无渗漏。

实验记录：

　　1. 排水系统接口处无渗漏。

　　2. 卫生器具溢水口和排水点通畅，接口处无渗漏。

试验结论：

　　试验结果符合设计及《建筑给水排水及采暖工程施工质量验收规范》(GB50242—2002)规定，合格。

签字栏	施工单位	××建筑工程公司	专业技术负责人	专业质检员	专业工长
			×××	×××	×××
	监理或建设单位	××监理公司		专业工程师	×××

表 C.6.12 冲洗、吹洗实验记录

工程名称	××工程		编 号	05-01-C6-012
			验收日期	××年××月××日
分项工程名称	建筑给排水及采暖		试验部位	系统给排水管道

试验要求：

按照建筑给水排水及采暖工程施工质量验收规范(GB50242—2002)执行。

实验记录：

　　冲洗前管道及阀门均安装完毕，支架、管卡布置合理，固定牢固，管道经试压试验已合格；用生活饮用水对整个系统的给水管道进行冲洗，冲洗水流流速为 3 m/s，开始时出水较浑浊，慢慢水质变清晰，1 h 后，出水水质感观与进水一样，继续冲洗，2 h 后，冲洗完毕。然后用30%的氯离子(漂白粉)溶液浸泡24 h 后，用清水冲洗干净。

实验结论：

　　符合设计及施工验收规范。

签字栏	施工单位	××建筑工程公司	专业技术负责人	专业质检员	专业工长
			×××	×××	×××
	监理或建设单位	××监理公司		专业工程师	×××

178

表 C.6.13　电气设备空载试运行记录

工程名称	××工程		编　号		06-04-C6-013	
设备名称	动力3#电动机	设备型号	Y160M1-2	设计编号	××—××	
额定电流	21.8A	额定电压	380	填写日期	××年××月××日	
试运时间	由 3 日 12 时 / 分开始至 3 日 15 时 / 分结束					

运行负荷记录	运行时间	运行电压/V			运行电流/A			温度/℃
		L1—N（L1—L2）	L2—N（L2—L3）	L3—N（L3—L4）	L1 相	L2 相	L3 相	
	13:40	380	382	384	20	21	21.5	
	13:50	380	381	381	25	24	24.5	
	14:50	380	381	381	25	24	24.5	

试运行情况记录：

　　通过 2 h 电动机空载试运行，开关无拒动和误动，线压接点和线路无过热现象。电机运转正常，符合设计要求及规范《建筑电气工程施工质量验收规范》(GB 50303—2011)的规定。

签字栏	施工单位	××建筑工程公司	专业技术负责人	专业质检员	专业工长
			×××	×××	×××
	监理或建设单位	××监理公司		专业工程师	×××

表 C.6.14　大型照明灯具承载试验记录

工程名称	××工程		编　号	06-05-C6-014
楼层部位	首层大堂		试验日期	××年××月××日
灯具名称	安装部位	数量	灯具自重/kg	试验载重/kg
花灯	门厅	10套	70	200
花灯	门厅	5套	100	260

检查结论：

　　使用灯具的规格、型号符合设计要求，预埋螺栓直径符合规范要求，经做荷载试验，试验载重均大于灯具自重的2倍，预埋件牢固可靠，符合规范规定。

签字栏	施工单位	××建筑工程公司	专业技术负责人	专业质检员	专业工长
			×××	×××	×××
	监理或建设单位	××监理公司		专业工程师	×××

表 C.6.15 智能建筑工程子系统检测记录

系统名称	安全防范	子系统名称	入侵报警	序号	01	检查部位	一层
施工总承包单位		××建筑工程公司				项目经理	×××
执行标准名称及编号		智能建筑工程施工工艺标准(QB×××—2004)					
专业承包单位		×××				项目经理	×××

	系统检测内容	检测规范的规定	系统监测评价记录	探测结果		备 注
				合 格	不合格	
主控项目	探测器设置	探测器盲区	无盲区	√		
一般情况						
强制条文						

检测机构的检测结论:

　　合格。

　　　　　　　　　　　　　　　　　　检测负责人:×××

　　　　　　　　　　　　　　　　　　　××年××月××日

注:1.在检测结果栏,左列打"√"视为合格,右侧打"√"视为不合格。

　　2.备注栏内填写检测时出现的问题。

表 C.6.16 风管漏光检测记录

工程名称	××工程	编　号	08 - 04 - C6 - 016
		试验日期	××年××月××日
系统名称	送风系统	工作压力/Pa	500 Pa
系统接缝总长度/m	56.50	每10 m接缝的允许漏光点数(个/10 m)	6
检测光源	150W 带保护罩低压照明		
分段序号	实测漏光点数/个	每10 m接缝的允许漏光点数[个·(10 m)⁻¹]	结　论
Ⅰ段落1#	0	小于2	合格
Ⅰ段落2#	1	小于2	合格
Ⅱ段落1#	0	小于2	合格
Ⅱ段落2#	0	小于2	合格
Ⅲ段落1#	1	小于2	合格
Ⅲ段落2#	0	小于2	合格
合　计	总漏光点数/个	每100 m接缝的允许漏光点数/[个·(100 m)⁻¹]	结　论
	2	16	合格

检测结论:

　　按施工验收规范要求进行测试的6段中各段漏光点均未超标。评定结论合格(已测出的漏光处用密封胶堵严)。

签字栏	施工单位	××建筑工程公司	专业技术负责人	专业质检员	专业工长
			×××	×××	×××
	监理或建设单位	××监理公司	专业工程师		×××

表 C.6.17　风管漏风检测记录

工程名称	××工程	编　号	08-04-C6-017
		试验日期	××年××月××日
系统名称	新风系统	工作压力/Pa	500
系统总面积/m²	270	试验压力/Pa	800
试验总面积/mm²	205	系统检测分段数	5 段

检测区段图示：	分段实测数据		
	序号	系统总面积/m²	试验压力/Pa	实测漏风数/m³
（图略）	1	30	800	144.5
	2	20	800	100.3
	3	45	800	220.91
	4	40	800	188.3
	5	70	800	338.1

系统允许漏风量：	6.0	实测系统漏风量：	4.85（各段平均值）

结论：

　　各段用漏风检测仪所测漏风时低于规范要求，检测评定合格。

签字栏	施工单位	××建筑工程公司	专业技术负责人	专业质检员	专业工长
			×××	×××	×××
	监理或建设单位	××监理公司	专业工程师		×××

表C.7.1 __钢筋加工__ 检验批质量检验记录

工程名称		××工程									
分项工程名称		主体分部					验收部位		一层柱		
施工总承包单位		××建筑工程公司	项目经理		×××		专业工长		×××		
专业承包单位		×××	项目经理		×××		施工班组长		×××		
施工执行标准名称及编号		《混凝土结构工程施工质量验收规范》(GB 50204—2015)									

施工质量验收规范的规定				施工单位检查评定记录									监理/建设单位验收记录
				1	2	3	4	5	6	7	8	9	
主控项目	1	钢筋力学性能检验	第5.2.1条	合格见检验报告××									经检查主控项目合格
	2	抗震用钢筋强度实测值	第5.2.2条	—									
	3	化学成分或其他专项检验	第5.2.3条	未见异常情况,合格									
	4	受力钢筋的弯钩和弯折	第5.3.1条	符合规范要求									
	5	非焊接封闭环式箍筋弯钩	第5.3.2条	符合规范要求									
一般项目	1	钢筋外观质量	第5.2.4条	符合规范要求									经检查一般项目符合要求,计数检验项目合格点率80%以上
	2	钢筋的机械调直与冷拉	第5.3.3条	符合规范要求									
	3	钢筋加工的形状、尺寸及偏差项目/mm	受力钢筋顺长度方向全长的净尺寸 ±10	+5	−5	−7	−5	+9	+6	+5	−8	+7	
			弯起钢筋的弯折位置 ±20	—	—	—	—	—	—	—	—	—	
			箍筋内净尺寸 ±5	−4	+5	−3	−4	+5	+3	+2	−1	+3	

施工单位检查评定结果

　　检验评定合格。

质检员:×××

××年××月××日

监理或建设单位验收结论

　　同意验收。

监理工程师或建设单位项目专业技术负责人:×××

××年××月××日

184

表 C.7.2 ___钢筋___ 分项工程质量验收记录

工程名称	××工程	结构类型	框架	检验批数	18
施工总承包单位	××建筑工程公司	项目经理	×××	项目技术负责人	×××
专业承包单位	×××	单位负责人	×××	项目经理	×××

序号	检验批名称及部位、区段	施工单位检查评定结果	监理或建设单位验收意见
1	地下二层墙、板	合格	合格
2	地下二层墙、板	合格	合格
3	首层墙、板	合格	合格
4	二层墙、板	合格	合格
5	三层墙、板	合格	合格
6	四层墙、板	合格	合格
7	五层墙、板	合格	合格
省略			
15	九层墙、板	合格	合格
16	十层墙、板	合格	合格
17	屋顶电梯机房	合格	合格
18	屋顶水箱间	合格	合格
说明：			

检查结论	地下二层至屋顶水箱间、屋顶电梯机房的钢筋加工及安装施工质量符合《混凝土结构工程施工质量验收规范》(GB 50204—2015)的要求，此分项工程合格。 项目专业技术负责人：××× ××年××月××日	验收结论	同意施工单位的检查结论。 验收合格。 监理工程师或建设单位 项目专业技术负责人：××× ××年××月××日

表 C.7.3 主体分部(子分部)工程质量验收记录

工程名称		××工程		结构类型	框剪	层数	地上16层 地下2层
施工总承包单位	××建筑 工程公司	技术部门 负责人	×××	质量部门 负责人		×××	
专业承包单位	×××	专业承包 单位负责人	×××	专业承包 单位技术负责人		×××	

序号	分项工程名称	(检验批)数	施工单位检查评定	验收意见
1	混凝土结构	25	√	主体结构各子分部工程验收合格,主体结构各主要构件的截面尺寸、轴线位置及楼层标高符合设计要求
2	砌体结构	27	√	

质量控制资料	√
安全和功能检验(检测)报告	混凝土强度实体检验合格(墙试验报告编号为××××,等效养护龄期强度达到设计要求的131%;板试验报告编号为××××,等效养护龄期强度达到设计要求的131%);砂浆试件抗压报告值均符合设计要求
观感质量验收	观感质量为好

验收单位	专业承包单位	项目经理:××× (公章) ××年××月××日
	施工总承包单位	项目经理:××× (公章) ××年××月××日
	勘察单位	项目负责人:××× (公章) ××年××月××日
	设计单位	项目负责人:××× (公章) ××年××月××日
	监理单位或 建设单位	监理工程师或建设单位项目负责人:××× (公章) ××年××月××日

表 C.7.4 建筑节能分部工程质量验收记录表

工程名称		××工程		结构类型及层数	框架/6
施工总承包单位	××建筑工程公司	技术部门负责人	×××	质量部门负责人	×××
专业承包单位	×××	专业承包单位负责人	×××	专业承包单位技术负责人	×××
序号	分项工程名称		验收结论	监理工程师签字	备注
1	墙体节能工程		符合要求	×××	
2	幕墙节能工程		符合要求	×××	
3	门窗节能工程		符合要求	×××	
4	屋面节能工程		符合要求	×××	
5	地面节能工程		符合要求	×××	
6	采暖节能工程		符合要求	×××	
7	通风与空气调节节能工程		符合要求	×××	
8	空调与采暖系统的冷热源及管网节能工程		符合要求	×××	
9	配电与照明节能工程		符合要求	×××	
10	监测与控制节能工程		符合要求	×××	
质量控制资料			符合要求		
外墙节能构造现场实体检验			符合要求		
外窗气密性现场实体检验			符合要求		
系统节能性能检测			符合要求		
验收结论：经检验，本工程节能分部工程质量验收合格					
其他参与验收人员：×××、×××、×××、×××					
验收单位	专业承包单位	施工总承包单位		设计单位	监理或建设单位
	项目经理： ××× ××年××月××日	项目经理： ××× ××年××月××日		项目技术负责人： ××× ××年××月××日	总监理工程师或建设单位项目技术负责人：××× ××年××月××日

表 C.8.1 单位(子单位)工程竣工预验收报验表

工程名称	××工程	编 号	00 - C6 - 001

致：___××监理公司___（监理单位）

我方已按合同要求完成了___××___工程,经自检合格,请予以检查和验收。

附件：

施工总承包单位(章)___××建筑工程公司___

项 目 经 理___××× ___

日 期___××年××月××日___

审查意见：

经预验收,该工程：

1.符合/不符合我国现行法律、法规要求；

2.符合/不符合我国现行工程建设标准；

3.符合/不符合设计文件要求；

4.符合/不符合施工合同要求。

综上所诉,该工程预验收合格/不合格,可以/不可以组织正式验收。

监 理 单 位___××监理公司___

总监理工程师___××× ___

日 期___××年××月××日___

表 C.8.2-1　单位(子单位)工程质量验收记录

工程名称	××工程	结构类型	框架	层数/ 建筑面积	地下2层 地上16层/32361.7 m²
施工单位	××建筑工程公司	技术 负责人	×××	开工日期	2012.12.28
项目经理	×××	项目技术 负责人	×××	竣工日期	2013.7.30

序号	项目	验收记录	验收结论
1	分部工程	共11部分,经查11分部符合标准及设计要求11分部	经11个分部工程的验收,工程质量全部符合验收标准。
2	质量控制资料核查	共51项,经核定符合规范要求51项,经核定不符合规范要求51项	经核查共51项,全部符合有关规范要求
3	安全与主要使用功能核查及抽查结果	共核查29项,符合要求29项,共抽查16项,符合要求16项,经返工处理符合要求0项	共核查29项,全部符合要求,抽查其中16项均满足使用功能
4	观感质量验收	共抽查21项,符合要求21项,不符合要求0项	观感质量验收为好
5	综合验收结论	经对本工程综合验收,各分部分项工程全部符合设计要求,施工质量均满足有关质量验收规范和标准要求。单位工程竣工验收合格	

参与验收单位	建设单位	监理单位	施工单位	设计单位
	(公章) 单位(项目)负责人 ××年××月××日	(公章) 总监理工程师 ××年××月××日	(公章) 单位负责人 ××年××月××日	(公章) 单位(项目)负责人 ××年××月××日

表 C.8.2-2　单位(子单位)工程质量控制资料核查记录

工程名称		××工程	施工单位	××建筑工程公司		
序号		项目	资料名称	份数	核查意见	核查人
1	建筑与结构	图纸会审记录、设计变更通知单、工程洽商记录(技术核定单)	7	齐全有效符合要求	×××
2		工程定位测量、放线记录	5	齐全有效符合要求	
3		原材料出厂合格证书及进场(试)验报告	26	齐全有效符合要求	
4		施工试验报告及见证检测报告	7	齐全有效符合要求	
5		隐蔽工程验收记录	17	齐全有效符合要求	
6		施工记录	28	齐全有效符合要求	
7		预制构件、预拌混凝土合格证	15	齐全有效符合要求	
8		地基、基础、主体结构检验及抽样检测资料	8	齐全有效符合要求	
9		分项、分部工程质量验收记录	10	齐全有效符合要求	
10		工程质量事故及事故调查处理资料	—		
11		新材料、新工艺施工记录	—		
12					
1	给排水与采暖	图纸会审记录、设计变更通知单、工程洽商记录(技术核定单)	6	齐全有效符合要求	×××
2		材料、配件出厂合格证书及进场检(试)验报	16	齐全有效符合要求	
3		管道、设备强度试验、严密性试验记录	5	齐全有效符合要求	
4		隐蔽工程验收记录	8	齐全有效符合要求	
5		系统清洗、灌水、通水、通球试验记录	19	齐全有效符合要求	
6		施工记录	8	齐全有效符合要求	
7		分项、分部工程质量验收记录	9	齐全有效符合要求	
8					

续表 C.8.2－2

工程名称		××工程	施工单位		××建筑工程公司	
序号		项目	资料名称	份数	核查意见	核查人
1	建筑电气	图纸会审记录、设计变更通知单、工程洽商记录（技术核定单）		8	齐全有效符合要求	×××
2		材料、设备出厂合格证书及进场检(试)验报告		17	齐全有效符合要求	
3		设备调试记录		7	齐全有效符合要求	
4		接地、绝缘电阻测试记录		12	齐全有效符合要求	
5		隐蔽工程验收记录		7	齐全有效符合要求	
6		施工记录		7	齐全有效符合要求	
7		分项、分部工程质量验收记录		7	齐全有效符合要求	
8						
1	通风与空调	图纸会审记录、设计变更通知单、工程洽商记录（技术核定单）		8	齐全有效符合要求	×××
2		材料、配件出厂合格证书及进场检(试)验报		7	齐全有效符合要求	
3		制冷、空调、水管道强度试验、严密性试验记录		8	齐全有效符合要求	
4		隐蔽工程验收记录		7	齐全有效符合要求	
5		制冷设备运行调试记录		7	齐全有效符合要求	
6		通风、空调系统调试记录		8	齐全有效符合要求	
7		施工记录		9	齐全有效符合要求	
8		分项、分部工程质量验收记录		8	齐全有效符合要求	
9						

工程名称		××工程	施工单位		××建筑工程公司	
序号		项目	资料名称	份数	核查意见	核查人
1	电梯	图纸会审记录、设计变更通知单、工程洽商记录(技术核定单)		8	齐全有效 符合要求	×××
2		设备出厂合格证书及开箱检验记录		8	齐全有效 符合要求	
3		隐蔽工程验收记录		7	齐全有效 符合要求	
4		施工记录		8	齐全有效 符合要求	
5		接地、绝缘电阻测试记录		7	齐全有效 符合要求	
6		负荷试验、安全装置检查记录		7	齐全有效 符合要求	
7		分项、分部工程质量验收记录		6	齐全有效 符合要求	
8						
1	智能建筑	图纸会审记录、设计变更通知单、工程洽商记录(技术核定单)		6	齐全有效 符合要求	×××
2		材料、配件出厂合格证书及进场检(试)验报		7	齐全有效 符合要求	
3		隐蔽工程验收记录		9	齐全有效 符合要求	
4		系统功能测定及设备调试记录		10	齐全有效 符合要求	
5		系统技术、操作和维护手册		8	齐全有效 符合要求	
6		系统管理、操作人员培训记录		4	齐全有效 符合要求	
7		系统检测报告		6	齐全有效 符合要求	
8		分项、分部工程质量验收记录		5	齐全有效 符合要求	

结论:

　　齐全有效,符合要求,同意验收。

施工总承包单位项目经理:×××
　　　　　　　　　　××年××月××日

总监理工程师或
建设单位项目负责人:×××
　　　　　　　　××年××月××日

表 C.8.2-3 单位(子单位)工程安全和功能检验资料核查及主要功能抽查记录

工程名称		××工程		施工单位	××建筑工程公司
序号	项目	安全和功能检查项目	份数	核查意见	核查人
1	建筑与结构	屋面淋水试验记录	4	试验记录齐全	×××
2		地下室防水效果检查记录	4	检查记录齐全	
3		有防水要求的地面蓄水试验记录	15	试验记录齐全	
4		建筑物垂直度、标高、全高测量记录	9	检查记录齐全	
5		抽气(风)道检查记录	22	检查记录齐全	
6		幕墙及外窗气密性、水密性、耐风压检测报告	3	符合要求	
7		建筑物沉降观测测量记录	9	符合要求	
8		节能、保温测试记录	10	符合要求	
9		室内环境检测报告	1	满足要求	
10					
1	给排水与采暖	给水管道通水试验记录	15	记录齐全	×××
2		暖气管道、散热器压力试验记录	37	记录齐全	
3		卫生器具满水试验记录	41	记录齐全	
4		消防管道、燃气管道压力试验记录	36	记录齐全	
5		排水干管通球试验记录	18	记录齐全	
6					

工程名称		××工程		施工单位		××建筑工程公司
序号	项目	安全和功能检查项目	份数	核查意见	核查结果	核查(抽查)人
1	电气	照明全负荷试验记录	3	符合要求		×××
2		大型灯具牢固性试验记录	6	符合要求		
3		避雷接地电阻测试记录	3	记录齐全符合要求		
4		线路、插座、开关接地检验记录	32	记录齐全		
5						
1	通风与空调	通风、空调系统试运行记录	2	符合要求		×××
2		风量、温度测试记录	7	记录齐全符合要求		
3		洁净室洁净度测试记录	3	记录符合要求		
4		制冷机组试运行调试记录	4	调试正常		
5						
1	电梯	电梯运行记录	2	记录符合要求		×××
2		电梯安全装置检测报告	2	报告齐全		
1	智能建筑	系统试运行记录	6	运行记录齐全		
2		系统电源及接地检测报告	3	报告符合要求		
3						

结论:

对本工程的安全和功能检验资料进行核查,符合要求。对单位工程的主要功能进行抽查,其抽查结果合格,满足使用功能。同意竣工验收。

施工总承包单位项目经理:×××　　　　　　　　　　总监理工程师或建设单位项目负责人:×××

　　　　　　　××年××月××日　　　　　　　　　　　　　　　　××年××月××日

表 C.8.2－4　单位(子单位)工程观感质量检查记录

工程名称		××工程											施工单位		××工程有限公司		
序号		项　目	抽查质量状况													质量评价		
															好	一般	差
1	建筑与结构	室外墙面	√	√	√	√	√	√	○	√	√	√	√			√		
2		变形缝	√	√	√	√	√	√	√	√	√	√	√			√		
3		水落管、屋面	√	√	√	√	√	√	√	√	√	√	√			√		
4		室内墙面	√	√	√	√	√	√	√	√	√	√	√			√		
5		室内顶棚	√	√	√	√	○	√	√	√	√	√	√			√		
6		室内地面	√	○	√	√	√	√	√	√	√	√	√			√		
7		楼梯、踏步、护栏	√	√	√	√	√	√	√	√	√	√	√			√		
8		门窗	√	○	√	√	√	√	√	○	√	√	√					√
1	给排采暖	管道接口、坡度、支架	√	√	√	√	√	○	√	√	√	√	√			√		
2		卫生器具、支架、阀门	√	√	√	√	√	√	√	√	√	√	√			√		
3		检查口、扫除口、地漏	√	√	√	√	√	√	√	√	√	√	√			√		
4		散热器、支架	○	√	√	○	√	√	√	√	○	√	√			√		
1	建筑电气	配电箱、盘、板、接线盒														√		
2		设备器具、开关、插座	√	○	○	√	√	√	√	√	√	√	√					√
3		防雷、接地	√	√	√	√	√	√	√	√	√	√	√			√		
1	通风与空调	风管、支架	√	√	○	√	√	√	√	√	√	√	√			√		
2		风口、风阀	√	√	√	√	√	○	√	√	√	√	√			√		
3		风机、空调设备	√	√	√	√	√	√	√	√	√	√	√					√
4		阀门、支架	√	○	√	○	√	√	√	√	√	√	√			√		
5		水泵、冷却塔	√	√	√	√	√	√	√	√	○	√	√			√		
6		绝热	√	√	√	√	√	○	√	√	√	√	√			√		
1	电梯	运行、平层、开关门	√	√	√	√	√	√	√	√	√	√	√			√		
2		层门、信号系统	○													√		
3		机房														√		
1	智能建筑	机房设备安装及布局	√	√	√	√	√	√	√	√	√	√	√			√		
2		现场设备安装	√	√	√	○	√	√	√	○	√	√	√					√
3																		
检查结论		结论：工程观感质量综合评价为"好"，验收合格。 施工总承包单位项目经理：×××　　　　　　　总监理工程师或建设单位项目负责人：××× 　　　　　　　　××年××月××日　　　　　　　　　　　　　　××年××月××日																

模块四　检测单位技术资料的管理

【德育目标】

科学检测　严谨分析

【教学目标】

了解工程检测的作用与意义；熟悉建筑工程检测项目的组成与分类；掌握建筑工程常规检测项目及检测项目取样方法；掌握检测资料的收集与整理。

【技能抽查要求】

能列出建筑工程常规检测项目及检测项目取样方法；能识读常规检测报告。

【职业岗位要求】

结构用原材料、施工质量检测检验批划分及检测标准。

建筑工程检测是为保障已建、在建、拟建的建筑工程安全，在建设全过程中对与建筑物有关的地基、建筑材料、施工工艺、建筑结构通过试验手段取得代表质量特征的有关数据，判定施工质量优劣、工程是否合格的最重要和客观的凭证，是反映工程内在质量的科学评价手段。建筑工程检测工作由检测机构承担，需有相应的机构、设备、环境条件、人员、资质。

建筑工程常规检测分为原材料进场复验、施工质量检测、安全和功能检验。

(1)原材料进场复验：是施工单位采购后未经加工、未改变性能的，其质量后果由供应商承担(如钢筋、水泥)，多为室内试验。

(2)施工质量检测：施工单位对原材料经过加工，改变性能，其质量性能由施工单位承担(如砼强度试验、焊接接头试验)。一般是现场取样送至试验室进行检测，也有现场检测的。

(3)安全和功能检验：包含影响建筑工程安全性和使用功能的原材料、施工工艺、施工方法(如混凝土结构实体检验、墙体保温层检验)。

第一节　原材料进场复验检测报告

建设工程质量的重要性、隐蔽性和价格的昂贵，决定建设工程产品的质量要求要严于一般产品，这体现在对涉及结构安全和重要使用功能的原材料除供应商应提供出厂合格证书之外，施工企业或建设单位还应按相关施工验收规范中的要求，对进场材料按规定的种类、批量、参数做原材料进场复验，合格后方可使用，严格实行先检后用。

一、原材料使用基本要求

(1)材料进场必须检验合格方可使用。进场的材料应随带对应的供货商质量合格证明材料(合格证、出厂检测报告)，施工单位应对材料的产地、品种、规格、型号、外观、进场数量进行核对。核对无误后按规定频率和试件数量抽样检验,检测结果合格后填写"进场工程材料、构配件和设备报审表"及相关质量证明材料报监理机构,经专业监理工程师审核,书面同意方可使用。

注意: 部分材料仅需要出厂合格证(如焊条)无须再做进场复验,部分材料除做进场复验外,还需母材的合格证及力学性能检验报告(如冷拉、冷拔钢筋、冷轧带肋钢筋),部分材料还需有定期的型式检验报告(如预应力用锚具、砼、砂浆外加剂)。

(2)不合格原材料应退货,退货应有相应的文字记录证明,水泥强度不合格可降级使用,但应由项目部申报企业技术负责人签章,并报监理单位签认方可使用于次要部位。初凝时间及安定性不合格的水泥不得使用。

(3)检测报告结论不合格时,是否允许抽样复验,必须按相关规范规定执行。

(4)所有送检的试样,其取样频率、样品的数量、尺寸及取样程序、标识必须符合有关规定。

(5)所有检测报告应有一定的格式,且必须有足够的信息量,所有报告必须有检验依据和合格与否的明确结论(按批评定的砼、砂浆强度试件除外)。

二、见证取样和送检

在建设单位或工程监理单位人员的见证下,试验人员对涉及结构安全的试件和材料在现场取样,封存并陪送至检测机构收样,以保证试件代表母体的质量状况和取样的真实性。

(1)见证取样比例:不低于有关技术标准中规定应取样数量的按总量的30%抽取。

(2)下列试块、试件和材料必须实施见证取样和送检:①用于承重结构的混凝土试块;②用于承重墙体的砌筑砂浆试块;③用于承重结构的钢筋及连接接头试件;④用于承重墙的砖和混凝土小型砌块;⑤用于拌制混凝土和砌筑砂浆的水泥;⑥用于承重结构的混凝土中使用的掺加剂;⑦地下、屋面、厕浴间使用的防水材料;⑧国家规定必须实行见证取样和送检的其他试块、试件和材料。

(3)不合格情况处理

①对于尚未使用的已进场原材料,经检验发生不合格情况,应按产品标准规定处理。如仍应取样再检的,必须经原取样、见证人员按标准规定取样、封样、送检、试验并取回报告,再进行判定。

②对于因混凝土、砂浆、钢材焊接等现场制作抽取的试件,若试验结果不合格,则必须及时处理。

③严禁原材料、成品、半成品未检先用。

④施工过程中各种不合格情况的试验报告,必须附上处理情况记录,并由建设(监理)单位签认证实后原样存档。任何人不得伪造、涂改、抽换或丢弃。

三、常用建筑材料进场复验的相关规定

(一)水泥

(1)水泥进场使用前进行对其强度、安定性、凝结时间及其必要的性能指标进行检验,其质量必须符合现行国家标准《通用硅酸盐水泥》(GB 175—2007)及

GB175-2007通用硅酸盐水泥

GB 175—2007XG1—2009《通用硅酸盐水泥》国家标准第 1 号修改单等的规定或相应水泥标准。

（2）凡属下列情况之一者，必须进行水泥物理力学性能检验，并提供水泥检验报告单：①水泥出厂时间超过 3 个月（快硬硅酸盐水泥超过 1 个月）；②在使用中对水泥质量有怀疑；③水泥因运输或存放条件不良，有受潮结块等异常现象；④使用进口水泥；⑤设计中有特殊要求的水泥。

（3）水泥检验取样频率及数量：按同一生产厂家、同一强度等级、同一品种、同一批号且连续进场的水泥，袋装水泥不超过 200 t 为一批，散装水泥不超过 500 t 为一批，每批水泥抽样不少于一次，散装水泥取样必须在散装车上，以一辆车为一取样点，每点取样不少于 1 kg，累积留样不得少于 12 kg，袋装水泥应在 20 个以上不同部位取等量样品，总量至少 12 kg。

（4）混凝土配合比设计应提供水泥强度检验报告，检验结论要明确。

（5）合格判定原则：当通用硅酸盐水泥的化学指标、凝结时间、安定性、强度检验结果符合《通用硅酸盐水泥》（GB 175—2007）及 GB 175—2007/XG1—2009《通用硅酸盐水泥》国家标准第 1 号修改单的规定为合格品，其中有一个指标不符合的即为不合格品。

（6）钢筋砼结构、预应力砼结构中，严禁使用含氯化物的水泥。

（7）进口水泥除须按国产水泥检验标准做检验外，尚应对水泥有害成分含量（氧化镁、三氧化硫）做检验，符合规范标准要求后方可使用。

（8）水泥检验报告上注明的水泥品种、出厂日期、强度等级、出厂编号等应与水泥合格证一致。

（9）水泥质量检测报告见附表。

（二）砖、砌块进场检验

（1）砌体工程所用砌墙砖应有出厂合格证，其外观检验、强度检验数据及结论均应满足设计要求，同时还要符合《烧结普通砖》（GB/T 5101—2017）、《烧结多孔砖和多孔砌块》（GB 13544—2011）、《烧结空心砖和空心砌块》（GB/T 13545—2014）和《普通混凝土小型砌块》（GB/T 8239—2014）标准的要求。

（2）进场的砌墙砖应按规定取样检验，并提供强度检验或体积密度检验报告。

（3）砌墙砖取样频率及数量：砌墙砖应以同厂家、同规格 3.5 万～15 万为一批，不足 3.5 万的按一批计算。每批取一组样，每组 10～15 块试件；普通砼小型空心砌块 1 万块为一批，每批取一组样，每组 5 块试件。按《砌体结构工程施工质量验收规范》（GB 50203—2011）的规定做强度等级的检验。

（4）砖（砌块）强度等级检测报告见附表。

（三）砂、石进场检验

（1）砼用砂、石及砂浆用砂应有出厂合格证或检验报告，同时混凝土用砂、石还要符合《普通混凝土用砂石质量及检验方法标准》（JGJ 52—2006）的要求。

（2）砂、石应按同产地同规格分批检验，用大型工具（如火车、货船、汽车）运输的，以 400 m³ 或 600 t 为一批，用小型工具运输的，以 200 m³ 或 300 t 为一批，不足上述数量以一批论。

GB/T 5101-2017烧结普通砖

GB 13544-2011
烧结多孔砖和多孔砌块

GB/T 13545-2014
烧结空心砖和空心砌块

GB/T 8239-2014
普通混凝土小型砌块

（3）每批砂石至少应进行颗粒级配、含泥量、泥块含量检验。对于碎石或卵石，应检验针片状颗粒含量；对于海砂或有氯离子污染的砂，应检验其氯离子含量；对于海砂，应检验贝壳含量；对于人工砂及混合砂，应检验石粉含量。对于重要工程或特殊工程，应根据工程要求增加检测项目。对其他指标的合格性有怀疑时，应予以检验。使用新产源的砂、石时，应由供货单位按《普通混凝土用砂、石质量及检验方法标准》（JGJ 52—2006）的质量要求进行全面检验。

（4）粗骨料检测报告见附表。

（5）砂检测报告见附表。

JGJ/T 98-2010
砌筑砂浆配合比设计规程

JGJ/T 70-2009建筑砂浆
基本性能试验方法标准

（四）砂浆配合比设计

（1）砂浆应按设计要求由试验室通过试配确定配合比，并提交配合比设计报告，当砂浆的组成材料有变更时，其配合比应重新确定。

（2）砂浆配合比试配应符合《砌筑砂浆配合比设计规程》（JGJ/T 98—2010）、《建筑砂浆基本性能试验方法标准》（JGJ/T 70—2009）的规定。有特殊要求的砂浆配制尚应满足现行有关规范的要求。

JGJ 55-2011普通混凝土
配合比设计规程

（3）试配砂浆的各组成材料应经检验，符合有关规定的要求。

（4）现场施工的砂浆配合比，应根据砂的含水率做相应调整。

（5）砂浆配合比通知单见附表。

（五）混凝土配合比设计

（1）混凝土应按设计要求由试验室通过试配确定配合比，并提交配合比试验报告，当混凝土的组成材料有变更时，其配合比应重新确定。

遇有下列情况之一时，应重新进行配合比设计：①对混凝土性能指标有特殊要求时；②水泥、外加剂或矿物掺合料品种、质量有显著变化时；③该配合比的混凝土生产间断半年以上时。

GB/T 50080-2016普通混凝土
拌合物性能试验方法标准

（2）混凝土配合比试配应符合《普通混凝土配合比设计规程》（JGJ 55—2011）、《普通混凝土拌合物性能试验方法标准》（GB/T 50080—2016）、《普通混凝土力学性能试验方法标准》（GB/T 50081—2002）的规定。有特殊要求的混凝土配制尚应满足现行有关规范的要求。

GB/T 50081-2002普通混凝土
力学性能试验方法标准

（3）试配混凝土的各组成材料应经检验，符合有关规定的要求。

（4）现场施工时的混凝土配合比，应根据砂、石的含水率做相应调整并做好记录。

（5）混凝土原材料每盘称量的偏差应符合表4-1的规定。

表4-1 原材料每盘称量的允许偏差

材料名称	允许偏差
水泥、掺合料	±2%
粗、细骨料	±3%
水、外加剂	±2%

注：1. 各种衡器应定期校验，每次使用前应进行零点校核，保持计量准确；

2. 当遇雨天或含水率有显著变化时，应增加含水率检测次数，并及时调整水和骨料的用量。

3. 检查数量：每工作班抽查不应少于一次；检验方法：复称。

（六）防水材料检验

（1）建筑工程用的防水材料如防水卷材、防水涂料、卷材胶黏剂、涂料胎体增强材料，密封材料及刚性防水材料等必须有出厂合格证和进场复验报告。

（2）各类防水材料进场复验项目必须符合表4-2的规定。

表4-2　建筑防水工程材料进场复验项目

序号	材料名称	现场抽样数量	外观质量检验	物理性能检验
1	沥青防水卷材	大于1000卷抽5卷，每500～1000卷抽4卷，100～499卷抽3卷，100卷以下抽2卷，进行规格尺寸和外观质量检验。在外观质量检验合格的卷材中，任取一卷作物理性能检验	孔洞、硌伤、露胎、涂盖不匀，折纹、皱折，裂经纬度、裂口、缺边，每卷卷材的接头	纵向拉力，耐热度，柔度，不透水性
2	高聚物改性沥青防水卷材	同1	孔洞、缺边、裂口、边缘不整齐，胎体露白、未浸透，撒布材料粒度、颜色，每卷卷材的接头	拉力，最大拉力时延伸率，耐热度，低温柔性，不透水性
3	合成高分子防水卷材	同1	折痕，杂质，胶块，凹痕，每卷卷材的接头	断裂拉伸强度，扯断伸长率，低温弯折，不透水性
4	石油沥青	20 t/批	—	针入度，延度，软化点
5	沥青玛蹄脂	每工作班至少抽一次	—	耐热度，柔韧性，黏结力
6	高聚物改性沥青防水涂料	每10 t为一批，不足10 t按一批抽样	包装完好无损，且标明涂料名称、生产日期、生产厂名、产品有效期；无沉淀、凝胶、分层	固体含量，耐热度，柔性，不透水性，延伸率
7	合成高分子防水涂料	同6	包装完好无损，且标明涂料名称、生产日期、生产厂名、产品有效期	固体含量，拉伸强度，断裂延伸率，柔性，不透水性
8	改性石油沥青密封材料	每2 t为一批，不足2 t按一批抽样	黑色均匀膏状，无结块和未浸透的填料	耐热度，低温柔性，拉伸黏结性，施工度
9	合成高分子密封材料	每1 t为一批，不足1 t按一批抽样	均匀膏状物，无结皮、凝胶或不易分散的固体团状	拉伸黏结性，柔性

GB/T 1499.1-2017钢筋混凝土用钢第1部分：热轧光圆钢筋　　GB/T 1499.2-2018钢筋混凝土用钢第2部分：热轧带肋钢筋　　GB/T 701-2008低碳钢热轧圆盘条　　GB 13788-2008冷轧带肋钢筋　　GB/T 700-2006碳素结构钢

（七）钢筋

1. 进场检验

（1）凡结构设计施工图所配备的各种受力钢筋均应有钢筋力学性能现场抽样检验报告单，常用的有《钢筋混凝土用钢　第1部分：热轧光圆钢筋》（GB/T 1499.1—2017）、《钢筋混凝土用钢　第2部分：热轧带肋钢筋》（GB 1499.2—2018）、《低碳钢热轧圆盘条》（GB/T

701—2008)、《冷轧带肋钢筋》(GB 13788—2008)、《碳素结构钢》(GB/T 700—2006)。检验项目包括屈服强度、抗拉强度、断后伸长率、弯曲性能试验。

2018年11月1日实施的《钢筋混凝土用钢第2部分：热轧带肋钢筋》(GB 1499.2—2018)规定还应检测钢筋的最大力总伸长率。

(2)钢筋在加工过程中，如发现脆断、焊接性能不良或力学性能显著不正常等现象，应进行化学成分检验或其他专项检验，并做出鉴定处理结论。

(3)使用进口钢筋应严格遵守先检验后使用的原则进行力学性能及化学成分检验，其各项指标符合国产相应级别钢筋的技术标准及有关规定后，方可根据其应用范围用于工程。当进口钢筋的国别及强度级别不明时，可根据检验结果确定钢筋级别，但不应用在主要承重结构的重要部位。

2. 进场抽样检验的批量

(1)钢筋混凝土用热轧带肋钢筋、钢筋混凝土用热轧光圆钢筋、钢筋混凝土用余热处理钢筋、低碳钢热轧圆盘条以同一牌号、同一规格不大于60 t为一批。超过60 t的部分，每增加40 t(或不足40 t的余数)，增加一个拉伸试验试样和一个弯曲试验试样。

(2)其他建筑用钢材按现行国家标准或行业标准的规定进行组批。

3. 试样长度

(1)根据《金属材料　拉伸试验　第1部分：室温试验方法》(GB/T 228.1—2010)规定，建筑用钢筋试样一般无须进行加工，保持钢筋原有截面，拉伸试验试样的总长度取决于夹持方法，原则上：L_t(试样总长度)≥L_0(原始标距)+3d(试样直径)+两倍夹持长度；夹持长度≥3/4夹具(10 cm)。

(2)根据《金属材料　弯曲试验方法》(GB/T 232—2010)规定，弯曲性能试验试样的总长度可按照下列公式确定：

长度$L = 0.5\pi(d + a) + 140$ mm，其中d为弯曲压头或弯心直径，a为试样直径。

4. 取样方法

表4-3　钢筋取样方法

钢筋名称	取样方法
热轧带肋钢筋	每批任取二根钢筋，每根端头截去500 mm后各截取一根拉伸和冷弯试件
热轧光圆钢筋	
低碳钢热轧圆盘条	每批任取二盘，端头截去500 mm后，一盘各取一根拉伸和冷弯试件，另一盘取一根冷弯试件

5. 合格判定

钢筋的力学性能和弯曲试验结果必须符合有关标准的规定。

对有抗震设防要求的框架结构，见《混凝土结构工程施工质量验收规范》(GB 50204—2015)第5.2.2。

钢筋力学性能检验时，如某一项检验结果不符合标准要求时，则应根据不同种类钢筋的抽样方法从同批钢筋中再取双倍数量的试样重做该项目的检验，如仍不合格，则该批钢筋即为不合格，不得用于工程，不合格品的钢筋必须有处理情况说明，并应归档备查。

注：按照《钢及钢产品交货一般技术要求》(GB/T 17505—2016)，双倍试

GB/T 17505-2016钢及
钢产品交货一般技术要求

验抽样规定：如果试验单元中不是单件产品组成，例如同一轧制批、铸造批或热处理状态组成，除非另有协议，供方可以将抽样产品从试验单元中挑出，也可不挑出。

（1）如果抽样产品从试验单元中挑出，检验代表应随机从同一试验单元中选出另外两个抽样产品。然后从两个抽样产品中分别制取的试样，在与第一次试验相同的条件下再做一次同类型的试验，其试验结果应全部合格。

（2）如果抽样产品保留在试验单元中，应按（1）的规定步骤进行。但是重取的试样必须有一个是从保留在试验单元中的抽样产品上切取的，其试验结果应全部合格。

第二节　施工现场试验检测报告

一、施工现场试验

（一）地基结构检测

地基结构检测包括桩基检测、地基承载力检测、基坑监测、基坑支护检测等地基基础工程。

（1）地基基础是隐蔽工程，检测资料应符合设计要求、地质勘探报告和规范规定，所有测点均应标识明确，施工记录、试验报告与实测结果应一一对应，保证其真实性，科学性，具有可溯源性。

（2）取样数量不得少于规范要求。

（3）当发现不合格项时，不得随意抽撤资料，应按规定抽样复检或采取处理措施。

JGJ 106-2014建筑
基桩检测技术规范

　　1. 桩基检测

　　（1）一般规定

　　1）桩基工程质量检测包括成桩质量（结构完整性）和承载力检测两部分，一般应先进行成桩质量检测，后进行承载力检测。检测方法按照《建筑基桩检测技术规范》（JGJ 106—2014）规定。

2）检测数量应按照《建筑基桩检测技术规范》（JGJ 106—2014）规定取样。

3）受检桩桩位和检测方案由监理单位或建设单位会同勘察、设计、施工单位共同确定，并报质量监督机构。

　　（2）检测方法

桩基检测项目与检测方法见表4－4。

　　（3）桩基检测选桩原则及抽样数量

1）选桩原则

A. 当设计有要求或有下列情况之一时，施工前应进行试验桩检测并确定单桩极限承载力：①设计等级为甲级的桩基；②无相关试桩资料可参考的设计等级为乙级的桩基；③地基条件复杂、基桩施工质量可靠性低；④本地区采用的新桩型或采用新工艺成桩的桩基。

B. 施工完成后的工程桩应进行单桩承载力和桩身完整性检测。

C. 桩基工程除应在工程桩施工前和施工后进行基桩检测外，尚应根据工程需要，在施工过程中进行质量的检测与监测。

D. 验收检测的受检桩选择，宜符合下列规定：①施工质量有疑问的桩；②局部地基条件

出现异常的桩；③承载力验收检测时部分选择完整性检测中判定的Ⅲ类桩；④设计方认为重要的桩；

　　E. 基桩检测开始时间应符合下列规定：①当采用低应变法或声波透射法检测时，受检桩混凝土强度不应低于设计强度的70%，且不应低于15 MPa；②当采用钻芯法检测时，受检桩的混凝土龄期应达到28 d，或受检桩同条件养护试件强度应达到设计强度要求；③承载力检测前的休止时间，除应符合本条第2款的规定外，当无成熟的地区经验时，尚不应少于表4-5规定的时间。

表4-4　检测目的及检测方法

检　测　目　的	检测方法
A. 确定单桩竖向抗压极限承载力； B. 判定竖向抗压承载力是否满足设计要求； C. 通过桩身应变、位移测试，测定桩侧、桩端阻力； D. 验证高应变法的单桩竖向抗压承载力检测结果。	单桩竖向抗压静载试验
A. 确定单桩竖向抗拔极限承载力； B. 判定竖向抗拔承载力是否满足设计要求； C. 通过桩身应变、位移测试，测定桩的抗拔侧阻力。	单桩竖向抗拔静载试验
A. 确定单桩水平临界荷载和极限承载力，推定土抗力参数； B. 判定水平承载力或水平位移是否满足设计要求； C. 通过桩身应变、位移测试，测定桩身弯矩。	单桩水平静载试验
A. 检测灌注桩桩长、桩身混凝土强度、桩底沉渣厚度，判定或鉴别； B. 桩端持力层岩土性状，判定桩身完整性类别。	钻芯法
检测桩身缺陷及其位置，判定桩身完整性类别。	低应变法
A. 判定单桩竖向抗压承载力是否满足设计要求； B. 检测桩身缺陷及其位置，判定桩身完整性类别； C. 分析桩侧和桩端土阻力； D. 进行打桩过程监控。	高应变法
检测灌注桩桩身缺陷及其位置，判定桩身完整性类别。	声波透射法

表4-5　休止时间

土的类别		休止时间/d
砂土		7
粉土		10
黏性土	非饱和	15
	饱和	25

　　注：对于泥浆护壁灌注桩，宜延长休止时间。

　　F. 验收检测的受检桩选择，宜符合下列规定：①施工质量有疑问的桩；②局部地基条件出现异常的桩；③承载力验收检测时部分选择完整性检测中判定的Ⅲ类桩；④设计方认为重要的桩；⑤施工工艺不同的桩；⑥除满足上述要求外，其余受检桩的检测数量应符合本规范相关规定，且宜均匀或随机选择。

G. 验收检测时，宜先进行桩身完整性检测，后进行承载力检测。桩身完整性检测应在基坑开挖至基底标高后进行。承载力检测时，宜在检测前、后，分别对受检桩、锚桩进行桩身完整性检测。

H. 当发现检测数据异常时，应查找原因，重新检测。

I. 当现场操作环境不符合仪器设备使用要求时，应采取有效的防护措施。

2）抽样数量

A. 混凝土桩的桩身完整性检测方法选择，应符合规范的规定；当一种方法不能全面评价基桩完整性时，应采用两种或两种以上的检测方法，检测数量应符合下列规定：

①建筑桩基设计等级为甲级，或地基条件复杂、成桩质量可靠性较低的灌注桩工程，检测数量不应少于总桩数的30%，且不应少于20根；其他桩基工程，检测数量不应少于总桩数的20%，且不应少于10根；

②除符合本条上款规定外，每个柱下承台检测桩数不应少于1根；

③大直径嵌岩灌注桩或设计等级为甲级的大直径灌注桩，应在本条第1~2款规定的检测桩数范围内，按不少于总桩数10%的比例采用声波透射法或钻芯法检测；

④当施工质量有疑问的桩和局部地基条件出现异常的桩的桩数较多，或为了全面了解整个工程基桩的桩身完整性情况时，宜增加检测数量。

B. 当符合下列条件之一时，应采用单桩竖向抗压静载试验进行承载力验收检测。检测数量不应少于同一条件下桩基分项工程总桩数的1%，且不应少于3根；当总桩数小于50根时，检测数量不应少于2根。

①设计等级为甲级的桩基；②施工前未按《建筑基桩检测技术规范》（JGJ 106—2014）第3.3.1条进行单桩静载试验的工程；③施工前进行了单桩静载试验，但施工过程中变更了工艺参数或施工质量出现了异常；④地基条件复杂、桩施工质量可靠性低；⑤本地区采用的新桩型或新工艺；⑥施工过程中产生挤土上浮或偏位的群桩。

C. 除上条规定外的工程桩，单桩竖向抗压承载力可按下列方式进行验收检测：

①当采用单桩静载试验时，检测数量宜符合上条的规定；②预制桩和满足高应变法适用范围的灌注桩，可采用高应变法检测单桩竖向抗压承载力，检测数量不宜少于总桩数的5%，且不得少于5根。

（4）注意事项：①不能只做成桩质量检测或只做承载力检测；②检测数量必须达到规范和有关文件要求；③当桩基承载力或成桩质量未能达到设计要求时，不得仅对不合格桩进行处理即予以验收，应由参建各方认真分析原因并按不合格桩数加倍扩大检测，然后由设计单位进行复核，最后由参建各方确定处理的方法；④成桩质量与承载力检测原则上应分别委托一个有资质的单位做检验，参加检测的单位和技术人员必须具有相关资质。

2. 地基承载力检测

（1）一般规定

1）当基础采用天然地基、换砂、换土或复合地基时，应按《建筑地基处理技术规范》（JGJ 79—2012）或《冶金工业岩土勘察原位测试规范》（GB/T 50480—2008）对地基进行荷载板试验或标准贯入试验。

2）天然地基，检测数量不少于 3 点；复合地基承载力抽样检测数量为总桩数的 0.5% ~ 1.0%，且不少于 3 点。

（2）荷载板试验

1）基坑宽度不应小于荷载板宽度或直径的 3 倍。应注意保持试验土层的原状结构和天然湿度。宜在拟试压表面用不超过 20 mm 厚的粗、中砂层找平。

2）加荷等级不应少于 8 级。最大加载量不应少于荷载设计值的两倍。

3）每级加载后，按间隔 10、10、10、15 min，以后为每隔半小时读一次沉降，当连续两小时内，每小时的沉降量小于 0.1 mm 时，则认为已趋稳定，可加下一级荷载。

4）承载力基本值的确定：①当 $p - s$ 曲线上有明确的比例界限时，取该比例界限所对应的荷载值；②当极限荷载能确定，且该值小于对应比例界限的荷载值的 1.5 倍时，取荷载极限值的一半；③不能按上述两点确定时，如荷载板面积为 0.25 ~ 0.50 m^2，对低压缩性土和砂土，可取 $s/b = 0.01 ~ 0.015$ 所对应的荷载值；对中、高压缩性土可取 $s/b = 0.02$ 所对应的荷载值。

（3）动力触探试验

动力触探试验指利用锤击动能，将一定规格的圆锥探头打入土中，根据打入土中的阻抗大小辨别土层的变化，确定土层物理力学性质，对地基做出工程地质评价。动力触探适应于强风化、全风化的硬质岩、软质岩及各类土。

动力触探试验在工程中多用于检验浅层土（如基槽、各类结构物、输水管线基础）的均匀性，确定天然地基的容许承载力及检验填土质量（干土质量密度）。依据为《建筑地基基础设计规范》（GB 50007—2011）。

GB 50007-2011建筑
地基基础设计规范

动力触探试验适用于判定一般黏性土、砂类土、碎石类土、极软岩层的物理力学特性。动力触探仪分为轻型、重型、超重型三类，一般工程检测采用轻型或重型。

轻型动力触探可用于评价一般黏性土、砂类土和素填土的地基承载力；重型和超重型动力触探可用于评价砂类土、碎石类土、极软岩的地基承载力及测定砾石土、卵（碎）石土的变形模量。

动力触探试验孔数应结合场地大小和场地地基的均匀程度确定，同一场地主要岩土单元的有效测试数据不应小于 3 孔位。

1）轻型动力触探。

①试验标准贯入量为 30 cm，落锤应按标准落距自由下落，记录每贯入 10 cm 的锤击数；累计记录贯入 30 cm 的锤击数 N_{10}；②应先用钻探设备钻至试验土层的顶面以上 0.3 m 处，然后进行连续贯入试验；③当贯入 30 cm 的击数超过 100 击或贯入 15 cm 的击数超过 50 击时，可终止试验。

④轻便触探试验计算公式：

$$R = N_{10} \times 8 - 20 \ (kPa)$$

式中：R——地基容许承载力；

N——轻型触探锤击数。

2）重型、超重型动力触探试验

①重型和超重型动力触探的标准贯入量均为 10 cm，落锤应按标准落距自由下落，记录标准贯入量锤击数 $N_{63.5}$、N_{120}；②试验时锤击频率应控制在 15 ~ 30 击/min，试验应保持连续

贯入；③试验过程中应防止落锤偏心和探杆的侧向晃动，并保持探头的垂直贯入；④遇地层松软无法按标准贯入量记录试验锤击数时，可记录每阵击数 N（一般为 1~5 击）的贯入量 Δs，然后再换算为标准贯入量锤击数；⑤重型动力触探实测锤击数连续 3 次大于 50 击时，即可停止试验；当需继续试验时，应改用超重型动力触探。当超重型动力触探实测击数小于 2 时，应改用重型动力触探进行试验；⑥在钻孔中分段进行触探时，应先钻探至试验土层的顶面以上 1.0 m 处，然后再开始贯入试验；⑦重型动力触探试验深度超过 15 cm、超重型动力触探试验深度超过 20 m 时，应注意触探杆的侧摩阻力对试验结果产生的影响。

3）轻型触探和重型触探地基容许承载力可以查表求得。

3. 回填土（黏性土、砂和砂石）

回填土一般包括用于柱基、基槽管沟、基坑、填方、场地平整、排水沟、地（路）面基层和地基局部处理的素土、灰土、砂和砂石等。回填土施工质量控制采用分层夯压密实，并分层、分段取样试验。

（1）试验方法：环刀法、罐砂（水）法、轻便触探试验（适用于素土回填）

（2）取样及送样

土样取样数量，应依据现行国家标准及所属行业或地区现行标准执行。

1）依据《建筑地基基础工程施工质量验收规范》（GB 50202—2012）和《建筑地基基础设计规范》（GB 50007—2011）取样在压实填土的过程中，应分层取样检验土的干密度和含水量（环刀法）。每 50~100 m² 面积内应有一个检验点，根据检验结果求得压实系数。

2）依据《建筑地基处理技术规范》（JGJ 79—2012）取样。当取土样检验垫层的质量时，对大基坑每 50~100 m² 应不少于 1 个检验点；对基槽每 10~20 m 应不少于 1 个点；每单独柱基应不少于 1 个点。

A. 整片垫层：①面积 ≤300 m² 时：环刀法为 30~50 m² 布置一个；贯入法为 10~15 m² 布置一个。②面积 >300 m² 时：环刀法为 50~100 m² 布置一个；贯入法为 20~30 m² 布置一个。

B. 条形基础下垫层：①参照整片垫层要求。②环刀法每 20 m 至少布置一个；贯入法每 5 m 至少布置一个。

C. 单独基础下垫层：①参照整片垫层要求。②每个单独基础下垫层不少于两个测点。

D. 灌砂（水）法：采用灌砂（水）法时，取样频率可较环刀法适当减少，但应注意正确的取样部位以及取样随机性。

E. 轻便触探试验：采用轻便触探试验检测素土回填时，检测方法与地基承载力检测相同，其检测结果可查表 4-6 求得。

表 4-6　轻便触探试验确定素填土承载力标准值查询表

N10	10	11	12	13	14	15	16	17	18	19	20	21	22	23	24
f_k	85	88	91	94	97	100	103	106	109	112	115	117	119	121	123
N10	25	26	27	28	29	30	31	32	33	34	35	36	37	38	39
f_k	125	127	129	131	133	135	138	140	143	145	148	150	153	155	158

3）取样要求

A. 采取的土样应具有一定的代表性，取样量应能满足试验的需要。

B. 鉴于基础回填材料基本上是扰动土，在按设计要求及所定的测点处，每层应按要求夯实。采用环刀取样时，应注意以下事项：①现场取样必须是在见证人监督下，由取样人员按要求在测点处取样；②取样时应使环刀在测点处垂直而下，并应在夯实层2/3处取样；③取样时应注意免使土样受到外力作用，环刀内应充满土样，如果环刀内土样不足，应将同类土样补足；④尽量使土样受最低程度的扰动，并使土样保持天然含水量；⑤如遇到原状土测试情况，除土样尽可能免受扰动外，还应注意保持土样的原状结构及其天然湿度。

4）送样要求。为确保基础回填的公正性、可靠性和科学性，有关人员应认真、准确地填写好土样试验的委托单，现场取样记录及土样标签等有关内容。

①土工试验委托单。在见证人员陪同下，送样人应准确填写下述内容：委托单位、工程名称、试验项目、设计要求、现场土样的鉴别名称、夯实方法、测点标高、测点编号、取样日期、取样地点、填单日期、取样人、送样人、见证人以及联系电话等。同时还应附上测点平面图。

②现场取样记录。（a）测点标高、部位及相对应的取样日期。（b）取样人、见证人。

③土样标签。（a）标签纸以选用韧质纸为佳。（b）土样标签编号应与现场取样记录上的编号一致。

5）资料要求

A. 回填土质、填土种类、取样、试验时间等，应与施工资料交圈吻合。

B. 检验结果判定

最大干密度：当设计图纸有要求的，应符合设计要求值；当设计图纸无要求时其压实度不得小于0.93；同时各类土质最小干密度应符合下列标准：

①素土：一般情况下应≥1.65 g/cm³；黏土≥1.49 g/cm³。

②灰土：（a）轻亚黏土要求最小干密度1.55 g/cm³；（b）亚黏土要求最小干密度1.50 g/cm³；（c）黏土要求最小干密度1.45 g/cm³；（d）砂不小于在中密状态时的干密度，中砂1.55～1.60 g/cm³；（e）砂石要求最小干密度2.1～2.2 g/cm³。

（二）砌筑砂浆

1. 现场取样

（1）取样频率：同一材料、同一等级、同一台搅拌机每250 m³砌体或每一楼层的砂浆，至少应检查一次，每次至少应制作一组试块。如果砂浆强度等级或配合比变更时，还应另行制作试块。基础砌体可按一个楼层计。

（2）取样方法：每一取样单位留置标准养护试块不少于一组，每组三块。详见《建筑砂浆基本性能试验方法标准》（JGJ/T 70—2009）。试样应在砂浆搅拌机出料口随机取样制作砂浆试块（同盘砂浆只应制作一组试块）。

2. 砂浆试块强度统计评定

单位工程竣工后，应对在标准养护条件下养护，龄期为28d的试块抗压强度结果进行统计评定。评定时应按砌筑砂浆品种、强度等级、检验批划分进行统计评定。若基础结构工程所用砌筑砂浆与主体结构工程的品种不同，应将基础和主体分别进行评定。其合格判定标准

为同一验收批砂浆试块抗压强度平均值$f_{2.m}$应大于或等于设计强度等级值f_2所对应的立方体抗压强度的1.10倍；同一验收批砂浆试块抗压强度的最小一组平均值$f_{2.min}$应大于或等于设计强度等级值f_2的85%。[《砌体结构工程施工质量验收规范》(GB 50203—2011)第4.0.12条。]

砌筑砂浆的检验批，同一类型、同一强度等级砂浆试块应不少于3组；当同一检验批只有1组或2组试块时，每组试块抗压强度平均值应大于或等于设计强度等级值的1.10倍；对于建筑结构的安全等级为一级或使用年限为50年级以上的房屋，同一检验批砂浆试块的数量不得少于3组。

3. 不合格处理程序

凡强度未达到设计要求的砂浆要有处理措施。涉及承重结构砌体强度需要检测的，应经法定检测单位检测鉴定，并经设计人签认。当施工中或验收时出现下列情况，可采用现场检验方法对砂浆和砌体强度进行原位检测或取样检测，并判定其强度：①砂浆试块缺乏代表性或试块数量不足；②对砂浆试块的试验结果有怀疑或有争议；③砂浆试块的试验结果，不能满足设计要求。发生工程事故，需要进一步分析事故原因。

4. 资料整理要求

(1)原材料合格证、抽样复验报告、配合比通知单、试块抗压强度试验报告与实际用料要物证吻合，尤其是出现不合格项时，必须保证资料的可溯源性，各单据应与施工日记的日期、数量、使用部位交圈吻合。

(2)按规定每组应留置3块试块，砂浆标养试块龄期与试验日期相符。

(3)各品种、各强度等级的砌筑砂浆都应按规范要求留置试块，不得少留或漏留，见证取样数量不得少于30%。

(4)不得随意用水泥砂浆代替水泥混合砂浆。如有代换，必须有变更手续。掺外加剂砂浆应有外加剂使用说明书、试验报告和砂浆配合比试配资料。

(5)单位工程的砂浆强度应按规范要求进行统计评定。

(6)砌筑砂浆施工试验资料包括：①砂浆配合比通知单；②水泥试验报告；③砂试验报告；④砂浆试块抗压强度试验报告；⑤砂浆试块抗压强度统计评定表。

(7)砂浆试块抗压强度计算和统计评定方法参见规范《建筑砂浆基本性能试验方法》(JGJ/T 70—2009)：

①计算单块砂浆立方体抗压强度值：

$$f_{m \cdot cu} = K \frac{N_u}{A}$$

式中：N_u——试件破坏荷载；

$\quad A$——试件承压面积，mm^2；

$\quad K$——换算系数，取1.35。

②立方体抗压强度试验的试验结果应按下列要求确定：

A. 应以三个试验测值的算术平均值作为该组试件的砂浆的立方体抗压强度平均值(f_2)，精确至0.1 MPa；

B. 当三个测值的最大值或最小值中有一个与中间值的差值超过中间值的15%时，应把最大值与最小值一并舍去，取中间值作为该组试件的抗压强度值。

C. 当两个测值与中间值的差值均超过中间值的 15% 时，该组试验结果均为无效。

【例题 1】　某一建筑工程基础(面积约为 5000 mm²)使用 M5 水泥砂浆，由于砌体数量较少，只留制了一组试块，该组试件单块抗压荷载值为：16.5 kN、18.5 kN、19.5 kN，请计算该组砂浆试块立方体抗压强度值并进行合格性评定。

解：计算单块抗压强度值：

$$(1) f_{m \cdot cn} = K \frac{N}{A} = 1.35 \times \frac{16500}{5000} = 4.5 \ (MPa)$$

$$(2) f_{m \cdot cn} = K \frac{N}{A} = 1.35 \times \frac{18500}{5000} = 5.0 \ (MPa)$$

$$(3) f_{m \cdot cn} = K \frac{N}{A} = 1.35 \times \frac{19500}{5000} = 5.3 \ (MPa)$$

该组试件抗压强度值：最大值与中间值的差值：$(5.3 - 5.0)/5.0 = 6.0\% < 15\%$

最小值与中间值的差值：$(5.0 - 4.5)/5.0 = 10\% < 15\%$

取三个试件测值的算术平均值作为该组试件的砂浆立方体抗压强度平均值：

$$f_{2.m} = (4.5 + 5.3 + 5.0)/3 = 4.9 \ (MPa)$$

抗压强度合格评定：

$$f_{2.m} = 4.9 \ MPa < f_2 = 5 \ MPa$$

$$f_{2.min} = 4.9 \ MPa > 0.75 f_2 = 3.75 \ MPa$$

验收评定结论：不合格。

【例题 2】　某一建筑工程使用 M5 水泥砂浆，同一验收批中各组试块砂浆立方体抗压强度平均值分别为：6.5、5.5、5.6、5.8、5.4、5.6、5.8、5.3、6.1、6.2、6.4、6.6(MPa)，请对该批砂浆进行评定。

解：计算抗压强度平均值：

$$f_{2.m} = (6.5 + 5.5 + 5.6 + 5.8 + 5.4 + 5.6 + 5.8 + 5.3 + 6.1 + 6.2 + 6.4 + 6.6)/12$$
$$= 5.9 \ (MPa)$$

抗压强度合格评定：

$$f_{2.m} = 5.9 \ MPa > 1.10 f_2 = 5.5 \ (MPa)$$

$$f_{2.min} = 5.3 \ MPa > 0.85 f_2 = 4.25 \ (MPa)$$

验收评定结论：合格。

(三)混凝土

1. 常见混凝土分类及必检项目

(1)普通混凝土

普通混凝土是由胶凝材料，水和粗、细骨料按适当比例配合、拌制成拌合物，并经一定时间硬化而成的人造石。

1)普通混凝土强度试验的试件取样要求。

A. 每拌制 100 盘且不超过 100 m³ 的同配合比的混凝土，取样不得少于一次；

B. 每工作班拌制的同一配合比的混凝土不足 100 盘时，取样不得少于一次；

C. 当一次连续浇筑超过 1000 m³ 时，同一配合比的混凝土每 200 m³ 取样不得少于一次；

D. 每一楼层同一配合比的混凝土，取样不得少于一次；

E. 每次取样应至少留置一组标准养护试件，还应根据工程情况留置一定数量的同条件养护试件。

混凝土结构实体强度同条件养护试块是《混凝土结构工程施工质量验收规范》（GB 50204—2015）中提出的规定，"同条件养护试块"的试压强度值是反映混凝土结构实体强度的重要指标，它是指混凝土试块脱模后放置在砼结构或构件一起，进行同温度、同湿度环境的相同养护，达到等效养护龄期时进行强度试验的试件。其试验强度是作为结构验收的重要依据。"同条件养护试块"的留置数量按下列规定：

A. "同条件养护试块"所对应的结构构件或结构部位，应由监理（建设）、施工等各方共同选定；

B. 对混凝土结构工程中的各砼强度等级均应留置"同条件养护试块"。

C. 同一强度等级的"同条件养护试块"，其留置的数量应根据混凝土工程量和重要性确定，不宜小于10组，且不应少于3组。

D. "同条件养护试块"在养护期的处置。"同条件养护试块"脱模后，应放置在相应结构构件部位的适当位置，以便采用相同的养护方法。

E. 同条件养护试件的留置方式和取样数量应符合下列要求：①对涉及混凝土结构安全的重要部位应留置同条件养护试件。②与结构实体同条件养护的试件，应在混凝土浇筑地点制备。③同条件养护试件强度试验采用等效养护龄期及相应的试件强度代表值，宜根据当地的气温和养护条件，按等效养护龄期确定，等效养护龄期可取日平均温度逐日累计达到600℃·d时所对应的龄期，0℃及以下的龄期不计入；等效养护龄期不应小于14 d，也不宜大于60 d。④同条件养护试件强度代表值应根据强度试验结果按现行国家标准《混凝土强度检验评定标准》（GB/T 50107—2010）的规定确定后，乘折算系数取用；折算系数宜取1.10，也可根据当地的试验统计结果做适当调整。评定合格，该分部工程混凝土实体强度才能判定为合格。

F. 当设计无具体要求时，混凝土构件底模拆除时的混凝土强度应符合现行国家标准《混凝土结构工程施工质量验收规范》（GB 50204—2015）中表4.3.1底模拆除时的混凝土强度要求的规定。

表4-7 同条件养护试件气温记录表

工程名称：

序号	日期	当天气温		平均值 /℃	有效温度 判定	累计温度 /℃	有效天数 累计/d	记录人 签名
		最低/℃	最高/℃					
1	2012/12/09	12	29	20.5	√	20.5	1	
2	2012/12/10	13	28	20.5	√	41	2	
3	2012/12/11	11	21	16	√	57	3	
4	2012/12/12	11	27	19	√	76	4	
10	2012/12/18	9	19	14	√	170.5	10	
20	2012/12/28	4	8	6	√	362.5	20	
21	2012/12/29	-3	2	-0.5	×	362.5	20	

续表 4-7

序号	日期	当天气温		平均值 /℃	有效温度 判定	累计温度 /℃	有效天数 累计/d	记录人 签名
		最低/℃	最高/℃					
22	2012/12/30	2	3	2.5	√	365	21	
45	2013/01/24	12	29	20.5	√	610.5	39	

结论：有效温度天数在 14~60 之间，并且有效累计温度达到 600℃·d，符合规范要求可以送试验室试压并作为结构实体检验依据。

注：表中显示记录天数为 45 天，有效天数累计为 39 天，说明 0℃ 以下无效天数为 6 天。

记录人：　　　　　　　　　　　　　技术负责：

表 4-8　底模拆除时的混凝土强度要求

构件类型	构件跨度/m	达到设计的混凝土立方体抗压强度标准值的百分率/%
板	≤2	≥50
	>2, ≤8	≥75
	>8	≥100
梁、拱、壳	≤8	≥75
	>8	≥100
悬臂构件	—	≥100

2）普通混凝土抗压强度评定。

评定混凝土结构构件应采用标准试件的混凝土抗压强度，即用按标准方法制作的边长为 150 mm 的立方体试件，在标准养护条件下养护至 28 d 龄期时按标准试验方法测得的混凝土立方体抗压强度。

每组三个试件，每组试件应在同盘混凝土拌合物中取样制作，其试件的混凝土强度代表值应符合下列规定：

A. 三个试件测值的算术平均值作为该组试件的强度值（精确至 0.1MPa）；

B. 三个试件测值中的最大值或最小值中如有一个与中间值的差值超过中间值的 15% 时，则把最大及最小值一并舍除，取中间值作为该组试件的抗压强度值；

C. 如最大值和最小值与中间值的差均超过中间值的 15% 时，则该组试件的试验结果无效。

D. 混凝土强度等级 <C60 时，用非标准试件测得的强度值均应乘以尺寸换算系数，其值为：对 200 mm×200 mm×200 mm 试件为 1.05；对 100 mm×100 mm×100 mm 试件为 0.95。当混凝土强度等级 ≥C60 时，宜采用标准试件，使用非标准试件时，尺寸换算系数应由试验确定。

E. 当有特殊要求时，还需做抗折、抗冻、抗渗以及其他规定的试验项目。

3）普通混凝土及必检项目：拌合物稠度；立方体抗压强度；抗折强度。

4）混凝土强度评定方法：

A. 资料要求：

(a)混凝土试件强度评定以混凝土试件 28 d 龄期强度为依据(同条件试块为等效龄期)，超龄期为不合格。

(b)当试件强度达不到设计要求或超过设计强度两个等级以上时，应委托有资质的检测单位对该母体部位进行回弹或抽芯检测，回弹和抽芯试压结果附在原报告后。

(c)构件混凝土数量少的亦要留试件，如圈梁、压顶、后浇带等。

(d)同一单位工程的混凝土试件抗压强度试验结果，应根据阶段验收划分(桩、地基基础和主体)分别汇总。

B. 混凝土试块强度评定：

(a)混凝土强度评定应分批进行，一个检验批的混凝土应由强度等级相同、试验龄期相同、生产工艺条件和配合比基本相同的混凝土组成。

(b)对大批量、连续生产混凝土的强度应按统计方法评定，对小批量或零星生产混凝土的强度应按非统计方法评定。

C. 评定方法适用条件：

(a)标准差已知统计方法一个检验批为 3 组，且前一检验期样本容量≥45 组。

标准差已知统计方法评定是在混凝土生产条件在较长时间保持一致，且同一品种混凝土的强度变异性能保持稳定，由能提供前一个检验期(不超过 3 个月)的同一品种混凝土强度已知标准差的混凝土生产单位进行评定。

(b)标准差未知统计法是在混凝土生产条件在较长时间内不能保持基本一致，混凝土强度变异性能不能保持稳定，或由于前一个检验期内的同一品种混凝土没有足够的混凝土强度数据借以确定验收批混凝土强度标准差时，而由生产单位进行评定的一种方法。

(c)对零星生产的预制构件的混凝土或现场搅拌批量不大的混凝土，由于缺乏采用统计法评定的条件，可采用非统计法评定。

(d)当评定结果能完全满足规定要求时，该检验批混凝土强度应评定为合格，当不能完全满足规定时，该批混凝土强度应评定为不合格。

D. 混凝土强度评定公式及示例：

(a)统计法 1——标准差已知方法

适用范围：生产能够连续进行，即生产条件在较长时间保持一致，且同一品种混凝土的强度变异性能保持稳定，能提供前一个检验期(不超过 3 个月)的同一品种混凝土强度的已知标准差。

特点：标准差稳定，能从前一检验期同一品种混凝土试件试压结果中得到。

一个检验批的样本容量应为连续的 3 组试件，其强度应同时符合下列规定：

$$m_{f_{cu}} \geqslant f_{cu,k} + 0.7\sigma_0$$

$$f_{cu,min} \geqslant f_{cu,k} - 0.7\sigma_0$$

检验批混凝土立方体抗压强度的标准差应按下式计算：

$$\sigma_0 = \sqrt{\frac{\sum_{i=1}^{n} f_{cui}^2 - nm_{fcu}^2}{n-1}}$$

当混凝土强度等级不高于 C20 时，其强度的最小值尚应满足下式要求：

$$f_{cu.min} \geqslant 0.85 f_{cu.k}$$

当混凝土强度等级高于 C20 时，其强度的最小值尚应满足下列要求：

$$f_{cu.min} \geqslant 0.90 f_{cu.k}$$

式中：$m_{f_{cu}}$——同一检验批混凝土立方体抗压强度平均值（N/mm²），精确到 0.1 N/mm²；

$f_{cu.k}$——混凝土立方体抗压强度标准值（N/mm²），精确到 0.1 N/mm²；

σ_0——检验批混凝土立方体抗压强度标准差（N/mm²），精确到 0.01 N/mm²；当检验批混凝土强度标准差 σ_0 计算值小于 2.0 N/mm²时，应取 2.5 N/mm²；

$f_{cu.i}$——前一个检验期内同一品种、同一强度等级的第 i 组混凝土试件立方体抗压强度代表值（N/mm²），精确到 0.1 N/mm²；该检验期不应少于 60 d，也不得大于 90 d；

n——前一检验期内的样本容量，在该期间内样本容量不应少于 45；

$f_{cu.min}$——同一检验批混凝土立方体抗压强度最小值（N/mm²），精确到 0.1 N/mm²。

【例题 3】　某商品混凝土搅拌站生产的 C40 混凝土，前一统计期取得的同类混凝土强度极差（$\Delta f_{cu.i}$）列于下表。请用标准差已知统计法评定每批混凝土的强度。

例 3 表 1　混凝土的强度标准差

批号	1	2	3	4	5	6	7	8	9
$\Delta f_{cu.i}$	3.2	5.0	5.2	2.5	4.0	3.5	3.0	3.6	3.9
批号	10	11	12	13	14	15	16	17	18
$\Delta f_{cu.i}$	4.0	6.5	5.0	3.6	4.2	4.5	5.0	3.5	4.0

【解】：

①求标准差 σ_0

A. 求极差和：

$$\sum \Delta f_{cu.i} = 3.2 + 5.0 + 5.2 + \cdots + 5.0 + 3.5 + 4.0 = 74.2 \text{ MPa}$$

B. 求标准差：

$$\sigma_0 = \frac{0.59}{m} \sum \Delta f_{cu.i} = \frac{0.59}{18} \times 74.2 = 2.43 \text{ MPa}$$

②计算验收批混凝土强度平均值和最小值判定界限

A. 计算验收批混凝土强度平均值判定界限：

$$[m_{f_{cu}}] = f_{cu.k} + 0.7\sigma_0 = 40 + 0.7 \times 2.43 = 41.7 \text{ MPa}$$

B. 计算验收批混凝土强度最小值判定界限：

$$f_{cu.k} - 0.7\sigma_0 = 40 - 0.7 \times 2.43 = 38.3 \text{ MPa}$$

$$[m_{f_{cu.min}}] = 0.9 f_{cu.k} = 0.9 \times 40 = 36.0 \text{ MPa}$$

在这两个值中取较大值 $[m_{f_{cu.min}}] = 38.3$ MPa

③将被验收的混凝土实测强度值列于例 3 表 2。连续三组试件强度为一批，计算每批强度的平均值（$m_{f_{cu}}$），并找出每批强度的最小值（$m_{f_{cu.min}}$），例 3 表 2 中标以"*"的数据。

批号	1	2	3	4	5	6	7	8	9
强度代表值 $f_{cu.k}$/MPa	39.5	42.0	38.5*	43.0	40.0	40.0	46.0	48.0	42.0
	41.7	44.0	46.0	46.0	38.0*	39.5	45.5	44.0	41.0*
	38.5*	39.0*	43.0	39.0*	45.0	38.0*	42.0*	39.5*	43.0
平均值 $m_{f_{cu}}$/MPa	39.9	41.7	42.5	42.7	41.0	39.2	44.3	43.8	42.0
评定	不合格	合格	合格	合格	不合格	不合格	合格	合格	合格

④强度评定：以检测结果的平均值和最小值与以上求出的强度平均值和最小值的判定界限比较，进行合格评定，其结果亦列于附 3 表 2 第六行中。

（h）统计法 2——标准差未知方法

适用范围：生产连续性较差，即生产中无法维持基本相同的生产条件，或生产周期较短（例如某一个工程），无法积累强度数据以资计算可靠的标准差参数，此时检验评定只能直接根据每一检验批抽样的样本数据确定。

特点：标准差不稳定，只能从本批混凝土（同品种混凝土）试件试压结果中得来，组数不少于 10 组。

同一检验批混凝土立方体抗压强度标准差应按下式计算：

$$S_{f_{cu}} = \sqrt{\frac{\sum_{i=1}^{n} f_{cu.i}^2 - n m_{f_{cu}}^2}{n-1}}$$

S_{fcu} 精确到 0.01（N/mm²）；当检验批混凝土强度标准差 S_{fcu} 计算值小于 2.5 N/mm² 时，应取 2.5 N/mm²。

标准差未知强度验算公式：

$$m_{f_{cu}} \geqslant f_{cu,k} + \lambda_1 S_{f_{cu}} \qquad ①$$
$$f_{cu.min} \geqslant \lambda_2 f_{cu,k} \qquad ②$$

式中：$m_{f_{cu}}$——同一检验批混凝土立方体抗压强度平均值；

$f_{cu.min}$——同一检验批混凝土立方体抗压强度最小值；

$f_{cu,k}$——同一检验批混凝土立方体抗压强度抗压强度设计值；

λ_1、λ_2——合格评定系数，按表 4-8 取值：

n——同一检验批混凝土立方体抗压强度试块组数。

表 4-9　统计法合格评定系数

试验组数	10 ~ 14	15 ~ 19	≧ 20
λ_1	1.15	1.05	0.95
λ_2	0.90		0.85

【例题 4】　某构件厂生产 C30 级混凝土，27 组标养试件强度列于下表。请用标准差未知

统计法评定每批混凝土的强度。

例 4 表 1　混凝土强度数据

序号 i	1	2	3	4	5	6	7	8	9
强度 $f_{cu.i}$	33.2	40.0	39.5	28.4	30.2	32.4	32.5	31.8	30.1
序号 i	10	11	12	13	14	15	16	17	18
强度 $f_{cu.i}$	35.5	36.7	30.2	32.0	28.4	30.4	31.2	32.0	35.8
序号 i	19	20	21	22	23	24	25	26	27
强度 $f_{cu.i}$	40.8	34.9	31.4	30.5	31.2	30.2	30.4	29.7	33.6

【解】：按统计法 2——标准差未知方法。

①求平均值与标准差

A. 求平均值

$$m_{f_{cu}} = \frac{1}{n}\sum = \frac{1}{27}(33.2 + 40.0 + \cdots + 29.7 + 33.6) = 32.7 \text{ MPa}$$

B. 标准差

$$S_{f_{cu}} = \sqrt{\frac{\sum f_{cu,i}^2 - n \cdot m^2 f_{cu}}{n-1}} = \sqrt{\frac{(33.2^2 + \cdots + 33.6^2)}{27-1}} = 3.43 \text{ MPa}$$

②选定合格判定系数：

$$\lambda_1 = 0.95 \quad (N = 27 > 20)$$
$$\lambda_2 = 0.85 \quad (n = 27 > 20)$$

③计算平均值和最小值判定界限

A. 计算平均值判定界限：

$$[m_{f_{cu}} - \lambda_1 S_{f_{cu}}] = 32.7 - 0.95 S_{f_{cuk}} = 32.7 - 0.95 \times 3.43 = 29.44 \text{ MPa}$$

B. 计算最小值判定界限：

$$[f_{cu.min}] = \lambda_2 f_{cu.k} = 0.85 \times 30 = 25.5 \text{ MPa}$$

④评定：

A. 平均值条件：

$$[m_{f_{cu}} - \lambda_1 S_{f_{cu}}] = 29.44 \text{ MPa} < f_{cu.k} = 30 \text{ MPa}$$

B. 最小值条件：

由例 4 表 1 中实测强度数据找出最小值：

$$f_{cu.min} = 28.4 \text{ MPa} > [f_{cu.min}] = 25.5 \text{ MPa}$$

第一条件不满足要求，该批混凝土达不到 C30 强度，判定为不合格。

（c）非统计法

对于小批量零星混凝土的生产方式（如垫层、少量的现浇构件以及现场制作的过梁、梯板等小型构件），其数量有限，不具备按统计方法评定混凝土强度的条件，可用非统计方法评定混凝土强度；用此法评定混凝土强度时，试件组数 $n \leqslant 9$ 组成一个检验批，其强度应同时满足下列公式的要求：

$$m_{f_{cu}} \geqslant \lambda_3 \cdot f_{cu,k} \qquad ③$$
$$f_{cu,min} \geqslant \lambda_4 \cdot f_{cu,k} \qquad ④$$

式中：$m_{f_{cu}}$——同一验收批砼抗压强度的平均值；

$f_{cu,k}$——砼抗压强度标准值；

$f_{cu,min}$——同一验收批砼抗压强度的最小值；

λ_3、λ_4——合格性判定系数。

表 4 – 10　合格性判定系数

混凝土强度等级	< C60	≥ C60
λ_3	1.15	1.10
λ_4	0.95	

【例题 5】　某施工现场拌制的 6 组 C30 混凝土试件强度为 35.0 MPa，32.0 MPa，34.0 MPa，27.0 MPa，30.0 MPa，34.0 MPa。请用非统计方法评定每批混凝土的强度。

【解】：已知 C30 混凝土，其强度标准值 $f_{cu,k} = 30$ MPa，组数 $N = 6$。

查 4 – 10 表，$\lambda_3 = 1.15$；$\lambda_4 = 0.95$

①计算平均值和最小值判定界限

A. 计算平均值判定界限：

$$[mf_{cu}] = 1.15 f_{cu,k} = 1.15 \times 30 = 34.5 \text{ MPa}$$

B. 计算最小值验收界限：

$$[mf_{cu.min}] = 0.95 f_{cu,k} = 0.95 \times 30 = 28.5 \text{ MPa}$$

②计算平均值和最小值验收函数

A. 计算平均值验收函数

$$mf_{cu} = \frac{1}{n} \sum f_{cu.i} = \frac{1}{6}(32.0 + 32 + \cdots + 33.0) = 32.2 \text{ MPa}$$

B. 计算最小值验收函数：$[mf_{cu.min}] = 28.0$ MPa

③评定

A. 平均值条件：$\qquad mf_{cu} = 32.2 > [mf_{cu}] = 34.5$ MPa

B. 最小值条件：$\qquad f_{cu.min} = 28 < [f_{cu.min}] = 28.5$ MPa

两个评定条件均未满足要求，该批混凝土达不到 C30 强度，评为不合格。

E. 不合格处理程序：

①《混凝土强度检验评定标准》(GBJ 50107—2010)规定：当混凝土强度评定为不合格批时，可按国家现行的有关标准进行处理。

②对混凝土试件强度的代表性有怀疑时，可采用从结构或构件中钻取试件的方法或采用非破损检验方法，按有关标准的规定对结构或构件中混凝土的强度进行推定。

（2）防水混凝土及必检项目

防水混凝土是指本身具有一定防水能力的整体式混凝土或钢筋混凝土。防水混凝土包括普通防水混凝土和掺外加剂的防水混凝土。

1）现场试块的留置。

抗压强度试块的留置方法和数量均同普通混凝土规定。混凝土抗渗试块取样根据《地下

工程防水技术规范》(GB 50108—2008)规定留置:

A. 连续浇筑混凝土量 500 m^3 以下时,应留置两组(12 块)混凝土抗渗试块。

B. 每增加 250~500 m^3 混凝土,应增加留置两组(12 块)混凝土抗渗试块。如使用材料、配合比或施工方法有变化时,均应另行仍按上述规定留置。

GB 50108-2008地下
工程防水技术规范

C. 抗渗试块应在浇筑地点制作,留置的两组试块,其中一组(6 块)应在"标养"室中养护,另一组(6 块)在与现场相同条件下养护,养护期不得少于 28 天。

对有抗渗要求的混凝土结构,根据《混凝土结构工程施工质量验收规范》的规定,混凝土抗渗试块取样按下列规定:其混凝土试件应在浇筑地点随机取样。同一工程、同一配合比的混凝土,取样不应少于一次,留置组数可根据实际需要确定。

2)防水混凝土抗压强度试验结果评定:同普通混凝土的评定方法。

3)防水混凝土必检项目:拌合物稠度、立方体抗压强度,抗渗性。

4)抗渗性能试验:

A. 混凝土抗渗等级以每组 6 个试块中有 3 个试件端面呈有渗水现象时的水压(H)确定抗渗等级 S 值,其计算公式为:$S = H - 1$。

B. 若按委托抗渗等级(S)评定,即使 6 个试件均无透水现象,试验水压也应为 $S + 1$,方可评为合格。

(3)预拌(商品)混凝土取样及必检项目

预拌混凝土是指由水泥、集料、水以及根据需要掺入的外加剂、矿物掺合料等组分按一定比例,在搅拌站的工厂或车间集中计量、拌制后在规定时间内运至使用地点的混凝土拌合物。

1)预拌(商品)混凝土,除应在预拌混凝土厂内按规定留置试块外,混凝土运到施工现场后,还应根据《预拌混凝土》(GB/T 14902—2012)规定取样。

GB/T 14902-2012
预拌混凝土

A. 用于交货检验的混凝土试样应在交货地点采取。每 100 m^3 相同配合比的混凝土取样不少于一次;一个工作班拌制的相同配合比的混凝土不足 100 m^3 时,取样也不得少于一次;当在一个分项工程中连续供应相同配合比的混凝土量大于 1000 m^3 时,其交货检验的试样为每 200 m^3 混凝土取样不得少于一次。

B. 用于出厂检验的混凝土试样应在搅拌地点采取,按每 100 盘相同配合比的混凝土取样不得少于一次;每一工作班组相同的配合比的混凝土不足 100 盘时,取样亦不得少于一次。

C. 对于预拌混凝土拌合物的质量,每车应目测检查;混凝土坍落度检验的试样,每 100 m^3 相同配合比的混凝土取样检验不得少于一次;当一个工作班相同配合比的混凝土不足 100 m^3 时,也不得少于一次。

2)预拌(商品)混凝土必检项目:工作性(坍落度、扩展度、拌合物流速);立方体抗压强度。

(4)轻骨料混凝土及必检项目

以天然多孔轻骨料或人造陶粒作粗骨料,天然砂或轻砂作细骨料,用硅酸盐水泥、水和外加剂(或不掺外加剂)按配合比要求配制而成的干表观密度不大于 1950 kg/m^3 的混凝土称为轻骨料混凝土。轻骨料混凝土具有密度小、保温性好、抗震性好,适用于高层及大跨度建筑;轻骨料混凝土按细骨料不同,又分为全轻混凝土和砂轻混凝土;采用轻砂做细骨料的,

称为全轻混凝土；由普通砂或部分轻砂做细骨料的，称为砂轻混凝土。

1）轻骨料混凝土的检验按下列规定进行。

A. 检验拌合物各组成材料的称重是否与配合比相符，同一配合比每台班不得少于一次；

B. 检验拌合物的坍落度或维勃稠度以及表观密度，每台班每一配合比不得少于一次。

C. 混凝土强度检验，每 100 盘，且不超过 100 m³ 的同配合比取样次数不少于一次；

D. 每一工作班拌制的同配合比混凝土不足 100 盘时，取样次数不得少于一次。

E. 混凝土干表观密度检验，连续生产的预制厂及预拌混凝土搅拌站对同配合比的混凝土每月不得少于四次；

F. 单项工程每 100 m³ 混凝土抽查不得少于一次，不足 100 m³ 者按 100 m³ 计。

2）轻骨料混凝土必检项目。

A. 材料。

①水泥：水泥的品种、标号、厂别及牌号应符合混凝土配合比通知单的要求。水泥应有出厂合格证及进场试验报告。

②砂：砂的粒径及产地应符合混凝土配合比通知单的要求。砂中含泥量：当混凝土强度等级 ≥C30 时，其含泥量应 ≤3%；混凝土强度等级 < C30 时，其含泥量应 ≤5%。砂中泥块的含量（大于 1.25 mm 的纯泥）：当混凝土强度等级 ≥C30 时，应 ≤1%；混凝土强度等级 < C30 时，应 ≤2%。砂应有试验报告单。

③轻粗细骨料：对粗细骨料（陶粒或浮石等）的品种、粒径、产地应符合混凝土配合比通知单的要求。轻粗细骨料应有出厂质量证明书和进场试验报告。必须试验的项目有：粗细骨料筛分析试验；粗细骨料堆积密度；粗骨料筒压强度；粗骨料吸水率试验。

B. 轻骨料混凝土拌合物及试块必检项目：干表观密度、立方体抗压强度、稠度。

（5）抗冻混凝土及必检项目

抗冻混凝土是指混凝土在吸水饱和的状态下经历多次冻融循环，仍能保持其原有性质或不显著降低原有性质。混凝土的抗冻性取决于混凝土的密实度、孔隙形状及分布状况。提高混凝土密实度是提高混凝土抗冻性的根本措施。混凝土的抗冻性作为混凝土耐久性的一个重要内容。

1）抗冻混凝土取样方法同普通混凝土。

2）抗冻混凝土必检项目：抗冻性、立方体抗压强度。

（6）粉煤灰混凝土及必检项目

粉煤灰是一种火山灰质材料，在常温下本身并无胶凝性能。有水存在时，粉煤灰可以与混凝土中的氢氧化钙进行二次反应，生成难溶的水化硅酸钙凝胶，不仅降低了溶出的可能，也填充了混凝土内部的孔隙，对混凝土强度和抗渗性都有提高作用。粉煤灰的这种作用称为火山灰效应。除了火山灰效应外，粉煤灰对混凝土力学性能及耐久性的改善还有另外两个原因：第一，形貌效应。粉煤灰的主要矿物组成是玻璃体，这些球形玻璃体表面光滑、粒度细、质地致密、内比表面积小、对水的吸附力小。因此，粉煤灰的加入使混凝土制备需水量减小，降低了混凝土早期干燥收缩，使混凝土密实性得到很大提高。第二，填充效应。粉煤灰中的微细颗粒均匀分布在水泥颗粒之中，不仅能填充水泥颗粒间的空隙，而且能改善胶凝材料的颗粒级配，并增加水泥胶体的密实度。因此，形貌效应、填充效应和火山灰效应并称为粉煤灰改善混凝土性能的三大效应。

1）粉煤灰混凝土取样规定。

粉煤灰混凝土取样依据《粉煤灰混凝土应用技术规范》（GB/T 50146—2014）。

GB/T 50146-2014粉煤灰
混凝土应用技术规范

A．现场施工粉煤灰混凝土坍落度或工作度检验，每班至少应测定两次，其测定值允许偏差应为±2 cm。

B．粉煤灰混凝土抗压强度检验应符合下列规定：

①非大体积粉煤灰混凝土每拌 100 m³，至少成型一组试块；大体积粉煤灰混凝土每拌制 500 m³，至少成型一组试块。不足上列规定数量的，每班至少成型一组试块。

②用边长 15 cm 的立方体试块，在标准养护条件下所得的抗压强度极限值作为标准。

③每组 3 个试块实验结果的平均值，作为该组试块强度代表值。当 3 个试块的最大或最小强度值与中间值相比超过 15% 时，以中间值代表该组试块的强度值。

C．掺引气剂的粉煤灰混凝土，每班应至少测定 2 次含气量，其测定值的允许偏差应为±0.5%。

2）粉煤灰混凝土必检项目：坍落度或工作度，抗压强度、含气量（掺引气剂时）。

（7）资料整理要求

1）现场搅拌混凝土。

A．水泥进场复验报告（包括见证取样送检单）要求送检水泥必须附"水泥质量证书、复试报告汇总表"。

B．混凝土所用材料的进场复验报告（粗细骨料、外加剂、外掺料）。

C．混凝土配合比试验报告。

D．砼试块抗压强度试验报告、砼抗渗试验报告（包括见证取样送检单）要求附混凝土试块抗压强度试验报告汇总表。

2）商品混凝土

A．商品混凝土开盘鉴定（每一标号的混凝土必须有一组开盘鉴定资料）。

B．商品混凝土出厂合格证。（附商品砼出厂合格证汇总表）。

C．水泥合格证、水泥复检报告。

D．粗、细骨料试验报告；粉煤灰和外加剂的合格证及复检报告。

E．混凝土的配比设计检测报告。

F．混凝土厂家商品混凝土试块 28 天的强度（或抗渗）试验报告。

G．砼现场施工取样的砼试块抗压强度试验报告、砼抗渗试验报告（包括见证取样送检单）。

3）作为评定混凝土强度的试件必须具有代表性，必须是标准养护 28 d 的试件；不允许少、漏留。

4）现场标养试件要有测温、测湿记录，同条件养护试件应有测温记录。

5）试件应按要求制作，试件上要写明工程名称、制作日期、强度等级和代表工程部位，以免造成混乱；并应有制作记录；非标准试件应进行折算，每组试件的代表值取值要符合要求。

6）有防水要求的混凝土除有抗压强度试验报告，还应有抗渗试验报告。

7）混凝土试验资料要与施工日记、混凝土施工记录以及现场实物物证相符，交圈对口。

8）混凝土强度要按单位工程进行汇总、评定，并有监理单位签字确认。

9）混凝土强度评定不合格，应及时对结构构件实体进行检测并做出处理。

10）混凝土的施工试验资料包括：①混凝土配合比通知单；②混凝土抗压强度试验报告；③混凝土试件抗压强度统计评定表、汇总表；④预拌混凝土（商品混凝土）出厂合格证；⑤防水混凝土抗渗试验报告；⑥有特殊要求混凝土的专项试验报告；

11）特殊情况下应补充的资料：①大体积混凝土养护测温记录；②现场混凝土非破损检测报告或现场混凝土钻芯取样的检测报告。

12）与混凝土试验资料交圈的施工资料有：①原材料、半成品、成品出厂质量和试（检）验报告；②施工记录；③施工日记；④混凝土浇灌申请书；⑤隐蔽工程验收记录；⑥基础及主体结构构件验收记录；⑦混凝土工程检验批质量验收记录；⑧施工组织设计和技术交底、设计变更，洽商记录；⑨竣工图。

（四）混凝土结构构件实体检测

根据《建筑工程施工质量验收统一标准》（GB 50300—2013）的要求和《混凝土结构工程施工质量验收规范》（GB 50204—2015）的规定，混凝土结构在子分部工程验收时应对涉及安全的梁、柱、板、墙等重要部位结构构件进行结构实体检验，其内容包括必检项目混凝土强度、钢筋保护层厚度及工程合同约定的需要检验的项目，有专门或特殊要求时也可检验其他项目，以保证检验结果能够更真实地反映其质量情况，确保结构安全。其中对混凝土强度的检验，应以在混凝土浇筑地点制备并与结构同条件养护的试件强度为依据，作为对标准养护试件检验混凝土强度的补充和复核，使之能够更真实可靠地反映结构混凝土的强度。按照《混凝土结构工程施工质量验收规范》（GB 50204—2015）的规定，混凝土各检验批和结构实体两项检验都必须合格，该混凝土子分部工程才能验收。也就是说，混凝土结构子分部工程验收的前提是，混凝土各检验批全部验收合格和结构混凝土实体检验各项全部合格。结构实体检验是在相应的检验批、分项工程验收合格、质量得到保证的基础上，再对重要部位规定项目进行验证性检查。

JGJ/T 23—2011回弹法检测
混凝土抗压强度技术规程

目前混凝土强度现场检测方法有四种：

（1）回弹法（非破损法），执行中华人民共和国行业标准《回弹法检测混凝土抗压强度技术规程》（JGJ/T 23—2011）。

（2）超声回弹综合法（综合法），执行中国工程建设标准化委员会标准《超声回弹综合法检测混凝土强度技术规程》（CECS 02：2005）。

CECS 02：2005超声回弹综合法
检测混凝土强度技术规程

（3）钻芯法（半破损法），执行中国工程建设标准化委员会标准《钻芯法检测混凝土强度技术规程》（JGJ/T 384—2016）。

（4）超声法（非破损法）以及后拔出法和射钉法（半破损法）。

（一）回弹法

回弹法是目前国内应用最为广泛的结构混凝土抗压强度检测方法。

1. 回弹法适用范围

（1）适用于普通混凝土抗压强度的检测。

JGJ/T 384—2016钻芯法
检测混凝土强度技术规程

在正常情况下，混凝土强度的检验与评定应按现行国家标准《混凝土结构工程施工质量验收规范》（GB 50204—2015）及《混凝土强度检验评定标准》（GB/T 50107—2010）执行。不允许因为有了本规程而不按上述《规范》《标准》制作规定数量的试件供常规检验之用。但是出现下列情况时,回弹检测结果可作为处理混凝土质量的一个依据。

A.当出现标准养护试件或同条件试件数量不足或未按规定制作试件时;

B.当所制作的标准试件或同条件试件与所成型的构件在材料用量、配合比、水灰比等方面有较大差异,已不能代表构件的混凝土质量时;

C.当标养试件或同条件试件的试压结果,不符合现行标准、规范规定的对结构或构件的强度合格要求,并且对该结果持有怀疑时;

D.当对结构中混凝土实际强度有检测要求时。

(2)不适用于表层与内部质量有明显差异或内部存在缺陷的混凝土结构或构件的检测。由于回弹法是通过回弹仪检测混凝土表面硬度从而推算出混凝土强度的方法。当混凝土表面遭受了火灾、冻伤、化学物质侵蚀或内部存在缺陷时,就不能直接采用回弹法检测。

2. 强度检测取样部位和取样要求

(1)结构或构件混凝土强度检测宜具有下列资料:

A.工程名称及设计、施工、监理(或监督)和建设单位名称;

B.结构或构件名称、外形尺寸、数量及混凝土强度等级;

C.水泥品种、强度等级、安定性、厂名;砂、石种类、粒径;外加剂或掺合料品种、掺量;混凝土配合比等(后期混凝土强度因水泥安定性不合格而降低或丧失);

D.施工时材料计量情况,模板、浇筑、养护情况及成型日期等;

E.必要的设计图纸和施工记录;

F.检测原因;

G.混凝土结构构件实体检测方案(一般由试验室拟订)。

(2)结构或构件取样数量应符合下列规定:

A.单个检测:适用于单个结构或构件的检测;

B.批量检测:适用于在相同的生产工艺条件下,混凝土强度等级相同,原材料、配合比、成型工艺、养护条件基本一致且龄期相近的同类结构或构件。按批进行检测的构件,抽检数量不得少于同批构件总数的30%且构件数量不得少于10件。抽检构件时,应随机抽取并使所选构件具有代表性。

(3)结构或构件的测区应符合:

A.每一结构或构件测区数不应少于10个,对某一方向尺寸小于4.5 m且另一方向尺寸小于0.3 m的构件,其测区数量可适当减少,但不应少于5个;

B.相邻两测区的间距应控制在2 m以内,测区离构件端部或施工缝边缘的距离不宜大于0.5 m,且不宜小于0.2 m;

C.测区应选在使回弹仪处于水平方向检测混凝土浇筑侧面。当不能满足这一要求时,可使回弹仪处于非水平方向检测混凝土浇筑侧面、表面或底面;

D.测区宜选在构件的两个对称可测面上,也可选在一个可测面上,且应均匀分布。在构件的重要部位及薄弱部位必须布置测区,并应避开预埋件;

E.测区的面积不宜大于0.04 m²,宜为200 mm×200 mm;

F.检测面应为混凝土表面,并应清洁、平整,不应有疏松层、浮浆、油垢、涂层以及蜂窝、麻面,必要时可用砂轮清除疏松层和杂物,且不应有残留的粉末或碎屑;对弹击时产生颤动的薄壁、小型构件应进行固定。

G. 结构或构件的测区应标有清晰的编号，必要时应在记录纸上描述测区布置示意图和外观质量情况。

(4) 当检测条件与测强曲线的适用条件有较大差异时，可采用同条件试件或钻取混凝土芯样进行修正，试件或钻取芯样数量不应少于 6 个。钻取芯样时每个部位应钻取一个芯样，计算时，测区混凝土强度换算值应乘以修正系数 η。（每一个芯样表面均需有构件混凝土原浆面，以便读取回弹值、碳化深度值后再制作芯样试件。不可以将较长芯样沿长度方法截取为几个芯样来计算修正系数。）

3. 检测操作步骤

(1) 检测时，回弹仪的轴线应始终垂直于结构或构件的混凝土检测面，缓慢施压，准确读数，快速复位。

(2) 测点宜在测区范围内均匀分布，相邻两测点的净距不宜小于 20 mm；测点距外露钢筋、预埋件的距离不宜小于 30 mm。测点不应在气孔或外露石子上，同一测点只应弹击一次。每一测区应记取 16 个回弹值，每一测点的回弹值读数估读至 1。

(3) 碳化深度值测量，可采用适当的工具如铁锤和尖头铁凿在测区表面形成直径约 15 mm 的孔洞，其深度应大于混凝土的碳化深度。应除净孔洞中的粉末和碎屑，并不得用水擦洗，再采用浓度为 1% 的酚酞酒精溶液滴在孔洞内壁的边缘处，当已碳化与未碳化界线清楚时，再用深度测量工具如碳化尺测量已碳化与未碳化混凝土交界面到混凝土表面的垂直距离，测量不应少于 3 次，取其平均值作为该测区的碳化深度值。每次读数精确至 0.5 mm。

(4) 碳化深度值测量应在有代表性的位置上测量，测点数不应少于构件测区数的 30%，取其平均值为该构件每测区的碳化深度值。当各测点间的碳化深度值相差大于 2.0 mm 时，应在每一回弹测区测量碳化深度值。当检测时回弹仪为非水平方向且测试面为非混凝土的浇筑侧面时，应先对回弹值进行角度修正，再对修正后的值进行浇筑面修正。

(5) 混凝土强度换算值可采用以下三类测强曲线计算：

A. 统一测强曲线：由全国有代表性的材料、成型养护工艺配制的混凝土试件，通过试验所建立的曲线。

B. 地区测强曲线：由本地区常用的材料、成型养护工艺配制的混凝土试件，通过试验所建立的曲线。

C. 专用测强曲线：由与结构或构件混凝土相同的材料、成型养护工艺配制的混凝土试件，通过试验所建立的曲线。

对有条件的地区和部门，应制定本地区的测强曲线或专用测强曲线，经上级主管部门组织审定和批准后实施。各检测单位应按专用测强曲线、地区测强曲线、统一测强曲线的次序选用测强曲线。

(6) 符合下列条件的混凝土应采用 JGJ/T 23—2011 附录 A 测区混凝土强度换算表进行换算：①普通混凝土采用的材料、拌和用水符合现行国家有关标准；②不掺外加剂或仅掺非引气型外加剂；③采用普通成型工艺（特种成型工艺：加压振动、离心法）；④采用符合混凝土结构工程施工及验收规范规定的钢模、木模及其他材料制作的模板；⑤自然养护或蒸气养护出池后经自然养护 7 d 以上，且混凝土表层为干燥状态；⑥龄期为 14~1000 d；⑦抗压强度为 10~60 MPa。

（7）当有下列情况之一时，测区混凝土强度值不得按 JGJ/T 23—2011 附录 A 换算：①粗骨料最大粒径大于 60 mm；②特种成型工艺制作的混凝土；③检测部位曲率半径小于 250 mm；④潮湿或浸水混凝土（地基、黄梅天）；⑤当构件混凝土抗压强度大于 60 MPa 时，可采用标准能量大于 2.207 J 的混凝土回弹仪，并应另行制定检测方法及专用测强曲线进行检测。结构或构件第 i 个测区混凝土强度换算值，可按所求得的平均回弹值（Rm）及平均碳化深度值（dm）由《回弹法检测混凝土抗压强度技术规程》（JGJ/T 23—2011）附录 A 得出。

当有地区测强曲线或专用测强曲线时，混凝土强度换算值应按地区测强曲线或专用测强曲线换算得出。

（8）泵送混凝土结构或构件混凝土强度的检测应符合下列规定：①当碳化深度值不大于 2.0 mm 时，每一测区混凝土强度换算值查《回弹法检测混凝土抗压强度技术规程》（JGJ/T 23—2011）附录 B 修正。（直接推定，低于其实际强度值，因为泵送混凝土流动性大，粗骨料粒径较小，砂率增加，混凝土的砂浆包裹层偏厚，表面硬度较低）。②当碳化深度值大于 2.0 mm 时，可进行钻芯修正。

（二）钻芯法

钻芯法检测混凝土抗压强度是指采用在混凝土中钻取直径 100 mm 的标准芯样（其直径不宜小于骨料最大粒径的 3 倍）或小直径芯样（公称直径不应小于 70 mm，且不得小于骨料最大粒径的 2 倍）进行试压，以测定结构混凝土的强度。

目前在工程检测中普遍认为钻芯法检测混凝土抗压强度是一种直观、可靠和准确的方法，但对结构混凝土造成局部损伤，是一种半破损的现场检测手段。对混凝土强度等级低于 C10 的结构，不宜采用钻芯法检测。

1. 钻芯法检测混凝土强度适用情况

（1）对试块抗压强度的测试结果有怀疑时；

（2）因材料、施工或养护不良而发生混凝土质量问题时；

（3）混凝土遭受冻害、火灾、化学侵蚀或其他损害时；

（4）需检测经多年使用的建筑结构或构筑物中混凝土强度时。

2. 钻芯法检测的取样及试件制作

钻取芯样及芯样加工、测量的主要设备仪器均应具有产品合格证。计量器具应有检定证书并在有效使用期内。

（1）钻芯机应具有足够的刚度、操作灵活、固定和移动方便，并应有水冷却系统。

（2）钻取芯样时宜采用人造金刚石薄壁钻头。钻头胎体不得有肉眼可见的裂缝、缺边、少角、倾斜及喇叭口变形。

（3）锯切芯样时使用的锯切机和磨平芯样的磨平机，应具有冷却系统和牢固夹紧芯样的装置；配套使用的人造金刚石圆锯片应有足够的刚度。

（4）芯样宜采用补平装置（或研磨机）进行端面加工。补平装置除保证芯样的端面平整外，尚应保证端面与轴线垂直。

（5）探测钢筋位置的磁感仪，应适用于现场操作，其最大探测深度不应小于 60 mm，探测位置偏差不宜大于 ±5 mm。

3. 一般规定

（1）从结构中钻取的混凝土芯样应加工成符合规定的芯样试件。

（2）芯样试件混凝土的强度应通过对芯样试件施加作用力的试验方法确定。

（3）抗压试验的芯样试件宜使用标准芯样，其公称直径不宜小于骨料最大粒径的3倍；也可采用小直径芯样试件，但其公称直径不应小于70 mm且不得小于骨料最大粒径的2倍。（注：标准芯样标准差相对较小，小直径芯样的标准偏差可能偏大，但在一定条件下，70～75 mm的芯样试件抗压强度平均值与标准试件的平均值基本相当。）

（4）钻芯法可用于确定检测批或单个构件的混凝土强度推定值；也可用于钻芯修正方法修正间接强度检测方法得到的混凝土抗压强度换算值。

4. 钻芯确定混凝土强度推定值

（1）钻芯法确定检测批的混凝土强度推定值时，取样应遵守下列规定：

A. 芯样试件的数量应根据检测批的容量确定。标准芯样试件的最小样本量不宜少于15个，小直径芯样试件的最小样本量应适当增加。

B. 芯样应从检测批的结构构件中随机抽取，每个芯样应取自一个构件或结构的局部部位，且取芯位置应符合本规程规定。

3）检测批混凝土强度的推定值应计算推定区间，推定区间是对检测批混凝土相应强度真值的估计区间。按此规定给出的推定区间符合现行国家标准《建筑工程施工质量验收统一标准》（GB 50300—2013）的相关规定，错判概率小于0.05，漏判概率小于0.10。

4）钻芯确定检测批混凝土强度推定值时，可剔除芯样试件抗压强度样本中的异常值。

（2）钻芯确定单个构件的混凝土强度推定值时，有效芯样试件的数量不应少于3个；对于较小构件，有效芯样试件的数量不得少于2个。单个构件的混凝土强度推定值不再进行数据的舍弃，而应按有效芯样试件混凝土抗压强度值中的最小值确定。

5. 采用钻芯法检测结构混凝土强度前应具备的资料

（1）工程名称（或代号）及各参建单位名称；

（2）结构或构件种类、外形尺寸及数量；

（3）设计采用的混凝土强度等级；

（4）成型日期，原材料（水泥品种粗骨料粒径等）和混凝土试块抗压强度试验报告；

（5）结构或构件质量状况和施工中存在问题的记录；

（6）有关的结构设计图和施工图等。

6. 芯样应在结构或构件的下列部位钻取

（1）结构或构件受力较小的部位；

（2）混凝土强度质量具有代表性的部位；

（3）便于钻芯机安装与操作的部位；

（4）避开主筋预埋件和管线的位置，并尽量避开其他钢筋；

7. 芯样的保存和加工

（1）芯样应采取保护措施，避免在运输和贮存中损坏。

（2）钻芯后留下的空洞应及时进行修补。

（3）在钻芯工作完毕后，应对钻芯机和芯样加工设备进行维护保养。钻芯加工操作应遵守国家有关安全生产和劳动保护的规定，并应遵守钻芯现场安全生产的有关规定。

（4）抗压芯样试件的高度和直径之比（H/d）宜为1.00。

（5）芯样试件内不宜含有钢筋。当不能满足此项要求时，抗压试件应符合下列要求：

A. 标准芯样试件，每个试件内最多只允许含有二根直径小于 10 mm 的钢筋；且钢筋应与芯样轴线基本垂直并不得露出端面。

B. 公称直径小于 100 mm 的芯样试件，每个试件内最多只允许有一根直径小于 10 mm 的钢筋；

C. 芯样内的钢筋应与芯样试件的轴线基本垂直并离开端面 10 mm 以上。锯切后的芯样应进行端面处理，宜采取在磨平机上磨平端面的处理方法。

（6）承受轴向压力芯样试件的端面，也可采取下列处理方法：

A. 用环氧胶泥或聚合物水泥砂浆补平。

B. 抗压强度低于 40 MPa 的芯样试件，可采用水泥砂浆、水泥净浆或聚合物水泥砂浆补平，补平层厚度不宜大于 5 mm；也可采用硫磺胶泥补平，补平层厚度不宜大于 1.5 mm。（锯切后芯样的端面感观上比较平整，但一般不能符合抗压试件的要求。试验研究表明，锯切芯样的抗压强度比端面加工后芯样试件的抗压强度低 10% ~ 30%。）

（7）在试验前应按下列规定测量芯样试件的尺寸：

A. 平均直径用游标卡尺在芯样试件中部相互垂直的两个位置上测量，取测量的算术平均值作为芯样试件的直径，精确至 0.5 mm；

B. 芯样试件高度用钢卷尺或钢板尺进行测量，精确至 1 mm；垂直度用游标量角器测量芯样试件两个端面与母线的夹角，精确至 0.1°；

C. 平整度用钢板尺或角尺紧靠在芯样试件端面上，一面转动钢板尺，一面用塞尺测量钢板尺与芯样试件端面之间的缝隙；也可采用其他专用设备量测。

（8）芯样试件尺寸偏差及外观质量超过下列数值时，相应的测试数据无效：

A. 芯样试件的实际高径比（H/d）小于要求高径比的 0.95 或大于 1.05；

B. 沿芯样试件高度的任一直径与平均直径相差大于 2 mm；

C. 抗压芯样试件端面的不平整度在 100 mm 长度内大于 0.1 mm；

D. 芯样试件端面与轴线的不垂直度大于 1°；

E. 芯样有其他裂缝或其他较大缺陷。

（9）芯样试件应在自然干燥状态下进行抗压试验；当结构工作条件比较潮湿，需要确定潮湿状态下混凝土的强度时，芯样试件应在 20℃ ±5℃ 的清水中浸泡 40 ~ 48 h，从水中取出后应立即进行抗压试验。（芯样试件一般应在自然干燥的状态下进行试验。芯样试件的含水量对强度有一定影响，含水愈多则强度愈低。一般来说，强度等级高的混凝土强度降低较少，强度等级低的混凝土强度降低较多。因此建议自然干燥状态与潮湿状态两种试验情况。）

（10）芯样试件的抗压试验的操作应符合现行国家标准《普通混凝土力学性能试验方法标准》（GB/T 50081—2011）中对立方体试块抗压试验的规定。混凝土的抗压强度值，应根据混凝土原材料和施工工艺通过试验确定，也可按相关规定确定。

（三）钢筋保护层厚度检测

为提高混凝土结构工程施工质量，混凝土结构应依据《混凝土结构工程施工质量验收规范》（GB 50204—2015），对混凝土结构内部钢筋保护层厚度进行检测。

1. 检测仪器和方法

（1）通常采用电磁感应法钢筋探测仪，其原理是由单个或多个线圈组成的探头产生电磁场，当钢筋或其他金属物体位于该电磁场时，磁力线会变形。金属所产生的干扰导致电磁场强度的分布改变,被探头探测到,通过仪器显示出来。如果对所检测的钢筋尺寸和材料进行适当的标定,可以用于检测钢筋位置、直径及混凝土保护层厚度。

仪器在检测前应进行预热或调零,调零时探头必须远离金属物体。在检测过程中,应经常检查仪器是否偏离初始状态并及时进行调零。

(2)检测方法

由雷达天线发射电磁波,从与混凝土中电学性质不同的物质如钢筋等的界面反射回来,并再次由混凝土表面的天线接收,根据接收到的电磁波来检测反射体的情况。

1)实际钢筋保护层厚度。

对于光圆钢筋,为混凝土表面与钢筋表面间的最小距离,对于带肋钢筋,其值如图 4 – 1 所示,但实际操作中,通常钢筋包括了肋高,仪器显示的保护层厚度是从钢筋肋顶面到混凝土表面的距离。

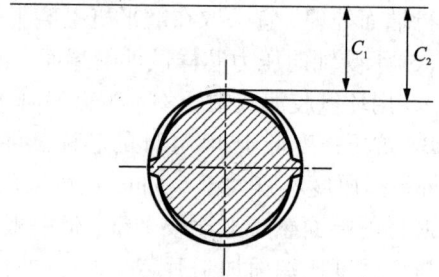

图 4 – 1　带肋钢筋保护层厚度 $C_i \approx C_1$

2)检测时仪器可直接指示出钢筋直径。

2. 检测前宜具备的资料

(1)工程名称及建设、设计、施工、监理单位名称;

(2)结构或构件名称以及相应的钢筋设计图纸资料;

(3)混凝土是否采用带有铁磁性的原材料配制;

(4)检测部位钢筋品种、牌号、设计规格、设计保护层厚度、结构构件中是否有预留管道、金属预埋件等;

(5)必要的施工记录等相关资料;

(6)检测原因。

3. 检测中应注意的事项

(1)根据钢筋设计资料,确定检测区域钢筋的可能分布状况,并选择适当的检测面。检测面宜为混凝土表面,应清洁、平整,并避开金属预埋件。

(2)对于具有饰面层的构件,其饰面层应清洁、平整,并与基体混凝土结合良好。饰面层主体材料以及夹层均不得含有金属。对于含有金属材质的饰面层,应进行清除。对于厚度超过 50 mm 的饰面层,宜清除后进行检测,或者钻孔验证。不得在架空的饰面层上进行检测。

(3)对于含有铁磁性原材料的混凝土应进行充分的实验室验证后方可进行检测。

(4)钢筋保护层厚度的检测,可采用非破损或局部破损的方法,也可采用非破损方法并用局部破损方法进行修正。

(5)非破损检测方法因对被检测结构无损伤,适用于大量结构构件、大面积检测。但其检测准确性受仪器精度、检测人员经验等影响较大。

(6)局部破损检测方法因对被检测结构有损伤,适用于少量结构测点的抽样检测。其检测准确性较高,可与非破损检测方法结合使用,对非破损方法检测结果进行修正。

(7)钢筋保护层厚度检验的结构部位和构件数量,应符合下列要求:①钢筋保护层厚度检验的结构部位,应由监理(建设)、施工等各方根据结构构件的重要性共同选定;②对梁类、板类构件,应各抽取构件数量的2%且不少于5个构件进行检验;当有悬挑构件时,抽取的构件中挑梁类、挑板类构件所占比例均不宜小于50%。③对选定的梁类构件,应对全部纵向受力钢筋的保护层厚度进行检验;对选定的板类构件,应抽取不少于6根纵向受力钢筋的保护层厚度进行检验。对每根钢筋,应在有代表性的部位测量1点。

4. 资料要求

混凝土结构构件实体检测资料在竣工资料中属于技术资料范畴,是评价混凝土结构构件的质量的依据,也是为建筑工程竣工后使用、维修、改建、扩建提供历史依据。所以混凝土结构构件实体检测资料应满足以下要求:

(1)必须保证资料的真实性、可靠性、科学性和可追溯性;

(2)混凝土结构构件实体检测应有检测方案;

(3)应执行现场见证取样和见证检测程序,监理单位应签字确认检测结果有效性;

(4)混凝土结构构件实体检测应标明检测原因,因常规检测不合格进行检测时,应附不合格报告和应附有对不合格构件检测后的结论或评价。

(5)混凝土结构构件实体检测报告应与施工日记、验收资料交圈对口。

五、钢筋连接

钢筋连接一般包括焊接和机械连接,根据施工方法,施工条件的不同进行选用。钢筋的焊接一般有电阻点焊、闪光对焊、电弧焊、电渣压力焊、埋弧压力焊和气压焊六种焊接方法。电弧焊又分为帮条焊、搭接焊、熔槽帮条焊、坡口焊、钢筋与钢板搭接焊和预埋件T形接头电弧焊(贴焊和穿孔塞焊)等焊接方法。

(一)钢筋焊接

《钢筋焊接及验收规程》(JGJ 18—2012)相对于2003年规程有些部分进行了较大的调整。主要修改内容包括:①增加了"焊接安全"章节;②增加了新型细晶粒钢筋 HRBF400 在各种焊接中的应用;③将电渣焊的焊接直径下限扩大到 12 mm,气压焊的焊接直径下限扩大到 10 mm;④质量验收中按照合格、复检、不合格三个部分排列,更有利于质量判定;⑤增加了"预埋件钢筋埋弧螺柱焊",并对施焊设备、工具、参数以及施工方法、施工安全均提出了要求。

1. 钢筋焊接质量检验评定要求

焊接钢筋试验的试件应分班前焊试件和班中焊试件,班前焊试件是用于焊工正式焊接前的考核和焊接参数的确定。班中焊试件是用于对成品质量的检验。

(1)在工程开工正式焊接之前,参与该项施焊的焊工应进行现场条件下的焊接工艺试验,并经试验合格后,方可正式生产。试验结果应符合质量检验与验收时的要求。

(2)钢筋焊接接头力学性能检验时,应在接头外观检查合格后随机抽取试件进行试验。试验方法按现行行业标准《钢筋焊接接头试验方法标准》(JGJ/T 27—2014)有关规定执行。试验报告应包括下列内容:①工程名称、取样部位;②批号、批量;③钢筋生产厂家和钢筋批号,钢筋牌号、规格;④焊接方法;⑤焊工姓名及考试合格证编号;⑥施工单位;⑦力学性能试验结果。

(3)钢筋闪光对焊接头、电弧焊接头、电渣压力焊接头、气压焊接头、箍筋闪光对焊接头、预埋件钢筋T形接头的拉伸试验结果评定如下:

1)符合下列条件之一,评定为合格。

A. 3 个试件均断于钢筋母材,延性断裂,抗拉强度大于等于钢筋母材抗拉强度标准值。

B. 2 个试件断于钢筋母材,延性断裂,抗拉强度大于等于钢筋母材抗拉强度标准值;1 个试件断于焊缝或热影响区,脆性断裂或延性断裂,抗拉强度大于等于钢筋母材抗拉强度标准值。

2)符合下列条件之一,评定为复验。

A. 2 个试件断于钢筋母材,延性断裂,抗拉强度大于等于钢筋母材抗拉强度标准值;1 个试件断于焊缝或热影响区,呈脆性断裂或延性断裂,抗拉强度小于钢筋母材抗拉强度标准值。

B. 1 个试件断于钢筋母材,延性断裂,抗拉强度大于等于钢筋母材抗拉强度标准值;2 个试件断于焊缝或热影响区,呈脆性断裂,抗拉强度大于等于钢筋母材抗拉强度标准值。

C. 3 个试件全部断于焊缝或热影响区,呈脆性断裂,抗拉强度均大于等于钢筋母材抗拉强度标准值。

3)复验时,应再切取 6 个试件。复验结果,当仍有 1 个试件的抗拉强度小于钢筋母材的抗拉强度标准值;或有 3 个试件断于焊缝或热影响区,呈脆性断裂,均应判定该批接头为不合格品。

4)凡不符合上述复验条件的检验批接头,均评为不合格品。

5)当拉伸试验中,有试件断于钢筋母材,却呈脆性断裂或者断于热影响区;或呈延性断裂,其抗拉强度却小于钢筋母材抗拉强度标准值。以上两种情况均属异常现象,应视该项试验无效,并检查钢筋的材质性能。

(4)钢筋闪光对焊接头、气压焊接头进行弯曲试验时,焊缝应处于弯曲中心点,弯心直径和弯曲角度应符合规程的规定。

1)当试验结果,弯至 90°,有 2 个或 3 个试件外侧(含焊缝和热影响区)未发生破裂,应评定该批接头弯曲试验合格。当有 2 个试件发生破裂,应进行复验。当有 3 个试件发生破裂,则一次判定该批接头为不合格品。

2)复验时,应再加取 6 个试件。复验结果,当仅有 1~2 个试件发生破裂时,应评定该批接头为合格品。

注:当试件外侧横向裂纹宽度达到 0.5 mm 时,应认定已经破裂。

(5)钢筋焊接骨架和焊接网如有专业标准,其质量检验与验收可按专业标准的规定实施;如无专业标准,应按本规程钢筋焊接骨架和焊接网规定执行。

(6)钢筋焊接接头或焊接制品质量验收时,应在施工单位自行质量评定合格的基础上,由监理(建设)单位对检验批有关资料进行检查,组织项目专业质量检查员等进行验收,对焊接接头和焊接制品合格与否做出结论。

2. 焊接试验的取样方法、数量和必试项目

(1)班前焊试件制作,在焊接前,按同一焊工,同钢筋级别、规格,同焊接型式取模拟试件一组。试验项目按班中焊要求。

(2)班中焊试件的取样方法和数量及必试项目按焊接种类划分叙述如下:

1)电阻点焊(焊接集架和焊接网片)

A. 批量：200 件/批。

热轧钢筋点焊，每批取一组试件(3 个)做抗剪试验。

冷拔低碳钢丝点焊，每批取二组试件(每组 3 个)，其中一组做抗剪试验，另一组对较小直径的钢丝做拉伸试验。

B. 取样方法：试件应从每批成品中切取或从外观检查合格的成品中切取。

C. 必试项目：抗剪试验、抗拉试验。

2)闪光对焊

A. 批量：300 件/批。同一台班内由同一焊工完成的 300 个同级别、同直径钢筋焊接接头为一批，当同一台班内焊接的接头数量较少，可在一周内累计计算，如累计仍不足 300 个接头，也应按一批计算。

B. 取样方法：力学性能检测时，试件应从成品中切取。每批随机抽取 3 个长约 450 mm 接头做拉伸，抽取 3 个长约 350 mm 接头做弯曲试验。异径钢筋接头可只做拉伸试验。

C. 必试项目：抗拉试验、冷弯试验。

3)箍筋闪光对焊

A. 批量：600 个/批。同一台班内由同一焊工完成的 600 个同牌号、同直径箍筋对焊接头为一个检验批；如超出 600 个接头，其超出部分可以与下一台班完成的接头累计计算。

B. 取样方法：每个检验批中应随机切取 3 个对焊接头做拉伸试验。

C. 必试项目：拉伸试验。

4)电弧焊

A. 批量：300 件/批。在现浇钢筋混凝土结构中，以 300 个同牌号的钢筋、同形式接头为一批；在房屋结构中，应在不超过连续二楼层中 300 个同牌号、同形式接头为一批；当不足 300 个接头时，仍为一批。

B. 取样方法：试件应从每批中随机切取 3 个接头做拉伸试验；对于装式结构，可按生产条件制作模拟试件，每批 3 个接头，做拉伸试验，模拟试验结果不符合要求时，复验应从成品中切取试件，其数量与初试时相同；钢筋与钢板搭接焊接头可只进行外观质量检查。同一批接头中若有 3 种不同直径钢筋焊接接头，应在最大直径钢筋接头和最小直径钢筋接头中分别切取 3 个试件进行拉伸试验，电渣压力焊、气压焊焊接接头取样均同。

C. 必试项目：抗拉试验。

5)电渣压力焊

A. 批量：300 件/批。在现浇钢筋混凝土结构中，以 300 个同牌号的钢筋接头为一批；在房屋结构中，应在不超过连续二楼层中 300 个同牌号的钢筋接头为一批；当不足 300 个接头时，仍为一批。

B. 取样方法：每批随机切取 3 个接头试件做拉伸试验。

C. 必试项目：抗拉试验。

6)气压焊

A. 批量：300 个/批。在现浇钢筋混凝土结构中，以 300 个同牌号的钢筋接头为一批；在房屋结构中，应在不超过连续二楼层中 300 个同牌号的钢筋接头为一批；当不足 300 个接头时，仍为一批。

B. 工艺试验：在正式焊接生产前，采用与生产相同的钢筋，在现场条件下，进行钢筋焊接工艺性能试验，经试验合格，才允许正式生产。

C. 取样方法：在柱、墙的竖向钢筋连接中，从每批接头中随机切取 3 个接头做拉伸试验。在梁、板的水平钢筋连接中应另切取 3 个接头做弯曲试验；在同一批中，异径钢筋气压焊接头可只做拉伸试验。

D. 必检项目：强度检验、弯曲试验。

7）预埋件钢筋 T 形接头

A. 批量：以 300 件同类型预埋件为一批；一周内连续焊接时，可累计计算。不足 300 件时，亦按一批计算。

B. 取样方法：从每批预埋件中随机切取 3 个接头做拉伸试验。试件的钢筋长度应大于或等于 200 mm，钢板（锚板）的长度和宽度应等于 60 mm，视钢筋直径的增大可适当增大。

8）预埋件钢筋埋弧螺柱焊

预埋件钢筋埋弧螺柱焊主要用于预埋件连接。

A. 批量：300 件/批。以 300 件同类型预埋件为一批，一周内连续焊接时，可累计计算，不足 300 件，亦按一批计算。

B. 取样方法：从每批预埋件中随机切取 3 个接头做拉伸试验，试件的钢筋长度应大于或等于 200 mm，钢板（锚板）的长度和宽度应等于 60 mm，视钢筋直径的增大可适当增大。

C. 必试项目：拉伸试验。

（3）钢材焊接试验报告参见相关文件。

（二）机械连接

1. 基本概况

钢筋机械连接技术是一项新型钢筋连接工艺，被称为继绑扎、焊接之后的"第三代钢筋接头"，具有接头强度高于钢筋母材、速度比电焊快 5 倍、无污染、节省钢材 20% 等优点。目前，常用的钢筋机械连接接头类型有：

（1）套筒挤压连接接头：通过挤压力使连接件钢套筒塑性变形与带肋钢筋紧密咬合形成的接头。有两种形式，径向挤压连接和轴向挤压连接。由于轴向挤压连接现场施工不方便及接头质量不够稳定，没有得到推广；而径向挤压连接技术，连接接头得到了大面积推广使用。现在工程中使用的套筒挤压连接接头，都是径向挤压连接。由于其优良的质量，套筒挤压连接接头在我国从 20 世纪 90 年代初至今被广泛应用于建筑工程中。

（2）锥螺纹连接接头：通过钢筋端头特制的锥形螺纹和连接件锥形螺纹咬合形成的接头。锥螺纹连接技术的诞生克服了套筒挤压连接技术存在的不足。锥螺纹丝头完全是提前预制，现场连接占用工期短，现场只需用力矩扳手操作，不需搬动设备和拉扯电线，深受各施工单位的好评。但是锥螺纹连接接头质量不够稳定。由于加工螺纹削弱了母材的横截面积，从而降低了接头强度，一般只能达到母材实际抗拉强度的 85% ~95%。我国的锥螺纹连接技术和国外相比还存在一定差距，最突出的一个问题就是螺距单一，从直径 16 ~40 mm 钢筋采用螺距都为 2.5 mm，而 2.5 mm 螺距最适合于直径 22 mm 钢筋的连接，太粗或太细钢筋连接的强度都不理想，尤其是直径为 36 mm、40 mm 钢筋的锥螺纹连接，很难达到母材实际抗拉强度的 0.9 倍。由于锥螺纹连接技术具有施工速度快、接头成本低的特点，自 20 世纪 90 年代初推广以来也得到了较大范围的推广使用，但由于存在的缺陷较大，逐渐被直螺纹连接接头所代替。

(3)直螺纹连接接头：等强度直螺纹连接接头是 20 世纪 90 年代钢筋连接的国际最新潮流，接头质量稳定可靠，连接强度高，可与套筒挤压连接接头相媲美，而且又具有锥螺纹接头施工方便、速度快的特点，因此直螺纹连接技术的出现给钢筋连接技术带来了质的飞跃。目前我国直螺纹连接技术呈现出百花齐放的景象，出现了多种直螺纹连接形式。

直螺纹连接接头主要有镦粗直螺纹连接接头和滚压直螺纹连接接头。这两种工艺采用不同的加工方式，增强钢筋端头螺纹的承载能力，达到接头与钢筋母材等强的目的。

1)镦粗直螺纹连接接头：通过钢筋端头镦粗后制作的直螺纹和连接件螺纹咬合形成的接头。其工艺是：先将钢筋端头通过镦粗设备镦粗，再加工出螺纹，其螺纹小径不小于钢筋母材直径，使接头与母材达到等强。国外镦粗直螺纹连接接头，其钢筋端头有热镦粗又有冷镦粗。热镦粗主要是消除镦粗过程中产生的内应力，但加热设备投入费用高。我国的镦粗直螺纹连接接头，其钢筋端头主要是冷镦粗，对钢筋的延性要求高，对延性较低的钢筋，镦粗质量较难控制，易产生脆断现象。

镦粗直螺纹连接接头其优点是强度高，现场施工速度快，工人劳动强度低，钢筋直螺纹丝头全部提前预制，现场连接为装配作业。其不足之处在于镦粗过程中易出现镦偏现象，一旦镦偏必须切掉重镦；镦粗过程中产生内应力，钢筋镦粗部分延性降低，易产生脆断现象，螺纹加工需要两道工序两套设备完成。

2)滚压直螺纹连接接头：通过钢筋端头直接滚压或挤(碾)压肋滚压或剥肋后滚压制作的直螺纹和连接件螺纹咬合形成的接头。其基本原理是利用了金属材料塑性变形后冷作硬化增强金属材料强度的特性，而仅在金属表层发生塑变、冷作硬化，金属内部仍保持原金属的性能，因而使钢筋接头与母材达到等强。

目前，国内常见的滚压直螺纹连接接头有三种类型：直接滚压螺纹、挤(碾)压肋滚压螺纹、剥肋滚压螺纹。这三种形式连接接头获得的螺纹精度及尺寸不同，接头质量也存在一定差异。

2. 施工现场接头的检验与验收

(1)工程中应用钢筋机械接头时，应由该技术提供单位提交有效的型式检验报告。

(2)钢筋连接工程开始前，应对不同钢筋生产厂的进场钢筋进行接头工艺检验；施工过程中，更换钢筋生产厂时，应补充进行工艺检验。工艺检验应符合下列规定：①每种规格钢筋的接头试件不应少于 3 根；②每根试件的抗拉强度和 3 根接头试件的残余变形的平均值均应符合本规程规定；③接头试件在测量残余变形后可再进行抗拉强度试验。④第一次工艺检验中 1 根试件抗拉强度或 3 根试件的残余变形平均值不合格时，允许再抽 3 根试件进行复验，复验仍不合格时判定为工艺检验不合格。

(3)接头的现场检验应按检验批进行，同一施工条件下采用同一批材料的同等级、同型式、同规格接头，应 500 个为一个检验批进行检验与验收，不足 500 个也应作为一个检验批。

(4)对接头的每一检验批，必须在工程结构中随机截取 3 个接头试件作抗拉强度试验，按设计要求的接头等级进行评定。当 3 个接头试件的抗拉强度均符合本规程中相应等级的强度要求时，该检验批应评为合格。如有 1 个试件的抗拉强度不符合要求，应再取 6 个试件进行复检。复检中如仍有 1 个试件的抗拉强度不符合要求，则该检验批应评为不合格。

(5)现场检验连续 10 个检验批抽样试件抗拉强度试验一次合格率为 100% 时，检验批接头数量可扩大 1 倍。

(6)现场截取抽样试件后，原接头位置的钢筋可采用同等规格的钢筋进行搭接连接，或采用焊接及机械连接方法补接。

(7)对抽检不合格的接头检验批，应由建设方会同设计等有关方面研究后提出处理方案。

3.接头试件形式检验报告见附表

(三)资料要求

(1)钢筋连接检测资料不应缺少班前模拟试件焊接试验报告，且应与施工、技术资料交圈；

(2)进口钢筋、小厂钢筋及与预制阳台、外挂板外留筋焊接的钢筋应按同品种、同规格和同批量做可焊性试验；

(3)焊接试验项目应齐全，对焊、气压焊应按规定做冷弯试验，电阻点焊应做抗剪试验；

(4)应有焊条、焊剂质量合格证明以及出厂检测报告；

(5)出现不合格时，复检报告应附有初检报告，判定为不合格时，应有不合格处置意见，不得随意抽撤报告；

(6)焊接试验报告结论中，应有对焊接接头力学性能合格与否的明确判定；

(7)见证取样委托单应有见证人签名和监理单位公章；

(8)见证取样委托单应注明焊工证号、连接方法、母材牌号、直径、工程部位、代表批量等信息。

六、现场预应力混凝土

预应力混凝土能充分利用高强度材料，弥补混凝土与钢筋拉应变之间的差距。人们把预应力运用到钢筋混凝土结构中去，即在外荷载作用到构件上之前，预先用某种方法在构件上(主要在受拉区)施加压力，当构件承受由外荷载产生的拉力时，首先抵消混凝土中已有的预压力，然后随荷载增加，才能使混凝土受拉而后出现裂缝，因而延迟了构件裂缝的出现和开展。

1.现场预应力混凝土试验内容

(1)预应力锚、夹具硬度、锚固能力、端杆螺丝抽检试验；

(2)预应力钢筋、钢丝、钢绞线等的原材料试验资料；

(3)预应力钢筋、钢丝、钢绞线墩头强度检验；

(4)混凝土强度检验报告，混凝土强度检验试件留置方法与普通混凝土相同；

(5)预应力筋孔道灌浆料试块强度检验报告。水泥浆的配合比在搅拌前试配确定，也可根据以往的配合比复验确定。在拌制水泥浆的同时，制作标准试块，试块用边长为70.7 mm立方体砂浆试模制作；并与构件同等条件养护。水泥浆抗压强度不应低于M30级。

2.取样方法及数量

(1)锚具静载锚固性能。

1)取样频率：1批/(同一类产品、同一批原材料、同一种工艺，一次投料生产的数量<5000套)。

2)取样方式：随机抽取，外观抽10%并不少于10套；硬度抽取5%并不少于5套。(含锚具、配套的连接器与夹具,夹具每套为 5 片);锚具的摩阻损失、锚具静载锚固性能各取 3 套(具体数量为 6 个锚具,对应 3 个锚具孔数的连接器,对应 6 个锚具孔数的夹片),对应 3 个锚具孔数的钢绞线(每根要求长 5 m,规范要求受拉区不少于 3 m)。

3)结果判断:

外观:表面无裂缝,尺寸符合设计要求,则合格。如有 1 套不合格取双倍复验,如仍有一套不合格,则逐套检查;

硬度:每个零件测 3 点,全合格则合格。如仍有 1 个零件不合格取双倍复验,如仍有一个不合格则逐个检查;

静载锚固与疲劳荷载检验及周期荷载检验:全合格则合格,如有 1 个不合格取双倍复验,如仍有 1 个不合格,则该批产品为不合格品。

(2)力学性能

1)屈服强度与松弛。符合规范《预应力混凝土用钢绞线》(GB/T 5224—2003)的要求。

试验项目:表面质量、直径偏差、捻距、力学性能(最大力、最大力总伸长率)、屈服荷载(规定非比例延伸力)、应力松弛性能(每合同批不少于 1 次)。

2)取样频率≤60 t 每批(同一牌号、同一规格、同一生产工艺)。

3)取样方式:任取 3 盘(如少于 3 盘则逐盘检验)。

4)取样数量:力学性能与屈服负荷:每组 3 根,每根长 1.2 m,应力松弛性能:每组 1 根,每根长 1.2 m。

5)判定规则:从每盘所选的钢绞线端部正常截取一根试样进行上述试验,如有一项不合格则不合格盘报废;再从未试验过的钢绞线中取双倍数量试样进行该不合格项的复验,如仍有一项不合格则该批判为不合格品。

(3)资料要求。

1)预应力筋产品合格证、出厂检验报告、进场复验报告;预应力筋用锚具、夹具和连接器产品合格证、出厂检验报告、进场复验报告;孔道灌浆用水泥、外加剂的产品合格证、出厂检验报告、进场复验报告;

2)混凝土、灌浆料试块抗压强度试验报告、同条件养护试件试验报告;预应力混凝土用金属螺旋管产品合格证、出厂检验报告、进场复验报告;预应力筋张拉记录;预应力筋见证张拉记录;孔道灌浆记录;

3)预应力隐蔽工程验收记录;张拉机具设备及仪表的配套标定报告单;预应力设计修改变更通知单;预应力分项工程质量验收记录。

第三节　建筑工程安全和功能检验检测报告

一、室内环境检测

环境检测,指通过对影响环境质量因素的代表值的测定,确定环境质量(或污染程度)及其变化趋势。

(1)民用建筑工程所选用的建筑材料和装饰装修材料必须符合现行国家标准《民用建筑工程室内环境污染控制标准》(GB 50325—2020)的规定。

GB 50325-2020民用建筑
工程室内环境污染控制标准

1)民用建筑工程室内饰面采用的天然花岗石,应提供产品合格证书及放射性能检测报告,当总面积大于 200 m³ 时,应对不同产品分别进行放射性指标的复验。

2)民用建筑工程室内装饰装修中所采用的人造木板及饰面人造木板,应提供产品合格证书及游离甲醛含量或游离甲醛释放量检测报告,并应符合设计要求和规范的规定。当民用建筑工程室内装饰装修中采用的某一种人造木板或饰面人造木板面积大于 500 m² 时,应对不同产品分别进行游离甲醛含量或游离甲醛释放量的复验。

3)民用建筑工程室内装饰装修中所采用的水性涂料、水性胶黏剂、水性阻燃剂、防水剂、防腐剂等水性处理剂应提供产品合格证书及总挥发性有机化合物(TVOC)和游离甲醛含量检测报告;溶液型涂料、溶液型胶黏剂应提供产品合格证书及总挥发性有机化合物(TVOC)、苯、游离甲苯二异氰酸酯(TDI)(聚氨酯类)含量检测报告并应符合设计要求和规范的规定。

(2)民用建筑工程及室内装饰装修工程的室内环境质量验收,应在工程完工至少 7 d 以后、工程交付使用前进行。

(3)民用建筑工程验收时,必须进行室内环境污染物浓度检测,检测项目包括氡、甲醛、氨、苯和总挥发性有机物(TVOC)。应抽检有代表性的房间室内环境污染物浓度,抽样数量不得少于 5%,并不得少于 3 间;房间总数少于 3 间时,应全数检测;凡进行了样板间室内环境污染物浓度检测且检测结果合格的,抽检数量减半,但不得少于 3 间。

(4)检测条件

A.民用建筑工程室内环境中游离甲醛、苯、氨、总挥发性有机物(TVOC)深度检测时,对采用集中空调的民用建筑工程,应在空调正常运转的条件下进行;对采用自然通风的民用建筑工程,检测应在外门窗关闭 1 h 后进行。

B.民用建筑工程室内环境中氡浓度检测时,对采用集中空调的民用建筑工程,应在空调正常运转的条件下进行;对采用自然通风的民用建筑工程,检测应在外门窗关闭 24 h 后进行。

(5)当室内环境污染物浓度检测结果不符合规范的规定时,应查找原因并采取措施进行处理,并可进行再次检测。再次检测时,抽检数量应增加 1 倍。室内环境污染物再次检测结果全部符合规范的规定时,可判定为室内环境质量合格。对室内环境质量验收不合格的民用建筑工程,严禁投入使用。

(6)资料要求

A.应有完备的建筑工程室内环境检测方案。

B.监测报告内容应齐全,包括下列内容:①任务由来、依据,尤其要阐明环境影响报告书(表)结论意见、环保对策、措施及环境影响报告书审批文件的要求;②建设项目工程实施概况:工程基本情况,生产过程污染物产生、治理和排放流程,环保设施建设及其试运行情况;③验收检测执行标准:列出应执行的国家或地方环境质量标准、污染物排放标准的名称、标准编号、标准等级和限值,环境影响报告书(表)批复中的特殊限值要求,《初步设计》中的环保设施设计指标或要求等;④验收监测的内容:按废水、废气、噪声和固废等分类,全面简要地说明监测因子、频次、断面或点位的布设情况,附示意图;采样、检测分析方法;验收检测的质量控制措施;⑤验收检测进行情况;检测期间工况;质量保证和质量控制结果。

C.环境检测必须有见证检测,对检测结果监理单位应签字盖章认可。

二、外墙饰面砖黏结强度检验

外墙饰面砖黏结强度检测，是外墙饰面砖施工后，待强度达到一定要求，进行现场试验，以检测饰面砖黏结质量。现场一般采取砌筑样板墙并粘贴饰面砖，检测合格后方进行大面积粘贴施工。施工过程中应再次进行黏结强度检验以控制施工质量。

JGJ/T 110-2017建筑工程饰面砖黏结强度检验标准

黏结强度检验按照《建筑工程饰面黏结强度检验标准》（JGJ/T 110—2017）进行，达到要求后方可验收。

外墙饰面砖黏结强度应符合以下两项指标时可定为合格：

（1）每组试样平均黏结强度不应小于 0.4 MPa；

（2）每组可有一个试样的黏结强度小于 0.4 MPa，但不应小于 0.3 MPa。

三、幕墙检测

（一）一般规定

GB/T 21086-2007建筑幕墙

（1）"三性"试验：幕墙（包括玻璃、石材、金属、瓷质幕墙）总面积达 200 m² 以上（或建设单位，设计单位有要求的）应按《建筑幕墙》（GB/T 21086—2007）需要进行"三性"（抗风压性能、水密性能、气密性能）检测。

（2）相溶性试验：幕墙面积超过 100 m² 或距地面 10 m 以上安装玻璃时，应依据相关规范、规程、材料标准将所用的结构胶、双面胶、泡沫棒、铝材、玻璃和相关材料送至国家指定的检测机构做相溶性试验和粘贴性能检测。

JGJ/T 139-2001玻璃幕墙工程质量检验标准

（3）膨胀螺栓抗拔试验：幕墙工程应以预埋件为主，后锚固多采用化学锚栓，尽量避免使用膨胀螺栓，如不得已使用，则设计单位应通过验算确定抗拔力，并由检测单位进行现场抗拔力试验。幕墙所用紧固件均应依据《玻璃幕墙工程质量检测标准》（JGJ/T 139—2001）和《混凝土结构后锚固技术规程》（JGJ 145—2013）进行抽检。

JGJ 145-2013混凝土结构后锚固技术规程

（4）防雷接地电阻测试：为预防侧击雷的打击，幕墙的金属构架必须做防雷接地，其接地电阻应达到设计要求。

（二）注意事项

（1）幕墙工程必须有完整的设计图纸及结构计算书。

（2）各项检测（除防雷接地测试外）和试验必须在开工前进行，符合有关规范和规定后才可施工。

（3）各种材料必须是现场取样送检，取样和试验监理人员应旁站见证。

（试验报告另附）

思考题

1. 钢筋、水泥、砌块、砂石的进场检验批是如何划分的？与材料的品种和规格有何关系？

2. 钢筋的复试报告包括哪些检测项目？哪些项目不合格则本批次钢筋不得使用？

3. 单桩竖向抗压承载力试验与桩身完整性检测的选桩原则有何区别?

4. 地基承载力原位测试在荷载确定与施加方向上有哪些具体要求?

5. 如何通过现场取样的试块试验判定结构混凝土或砂浆的强度是否符合设计要求?

6. 如何通过回弹法来判定混凝土结构实体的强度?

7. 钢筋连接有哪些方式? 见证取样送检分别有哪些具体要求?

8. 民用建筑室内环境监测的主要检测项目有哪些?

模块五 竣工验收及备案资料编制与管理

【德育目标】

过程精品 质量第一

【教学目标】

熟悉工程竣工验收及备案的基本程序；熟悉建筑工程竣工资料的内容；掌握建筑工程文字、图纸及其他形式资料的整理要求；掌握建筑工程竣工验收及备案资料的检查要点。

【技能抽查要求】

能准确绘制竣工图；能正确折叠竣工图。

【职业岗位要求】

施工资料验收要求及相关规定；工程资料分类、编号与分卷的基本原则；竣工图的类型、编制要求及绘制方法；竣工图章的内容、尺寸及使用注意事项；竣工图纸的折叠方法；竣工验收备案资料的基本内容；竣工验收备案范围、备案资料及程序。

第一节 竣工图资料整理

一、竣工图的重要性

1. 竣工图的概念

竣工图是真实地记录建设工程项目施工结果的图样。一般来说，设计单位在施工图设计完成后，最终交付给施工单位组织实施，施工单位在施工过程中均会发生一些变更与修改，与原来设计的施工图不尽一致。因此，各项新建、改建、扩建项目均必须编制竣工图。

2. 竣工图的作用

工程竣工图是一种十分重要的档案资料。工程竣工后，必须由各专业施工技术人员按设计变更文件和洽商记录，遵循一定的规则改绘。它真实地记录建筑工程的具体情况和实际面貌，做到与建筑实体的图物相符，是对建筑工程进行交工验收、使用、维护，乃至改建、扩建的重要依据。

竣工图是工程交工验收的条件之一。竣工图不准确、不完整、不符合归档要求的，不能交工验收。竣工图是管理维修、改扩建的技术依据，是司法鉴定的法律凭证。编制各种竣工图，必须在施工过程中及时做好隐蔽工程检验记录，整理好建设变更文件，确保竣工图质量。

二、竣工图的类型及编制要求

(一)竣工图的类型

(1)竣工图按单位工程，根据专业、系统进行分类和管理。一般将竣工图分为建筑竣工图、结构竣工图、装饰装修竣工图、建筑给排水与采暖竣工图、建筑电气竣工图、建筑智能竣工图(包括综合布线、保安监控、电视天线、火灾报警等)、通风空调,建筑物附属的道路、绿化、庭院照明、喷泉、喷灌竣工图等。

表5-1 竣工图文件资料类别、来源及保存

工程资料类别	工程资料名称		工程资料来源	工程资料保存			
				施工单位	监理单位	建设单位	城建档案馆
D类	竣工图						
D类	竣工图	建筑与结构竣工图	建筑竣工图	编制单位	●		●	●
			结构竣工图	编制单位	●		●	●
			钢结构竣工图	编制单位	●		●	●
		建筑装饰与装修竣工图	幕墙竣工图	编制单位	●		●	●
			室内装饰竣工图	编制单位	●		●	●
		建筑给水、排水与采暖竣工图		编制单位	●		●	●
		建筑电气竣工图		编制单位	●		●	●
		智能建筑竣工图		编制单位	●		●	●
		通风与空调竣工图		编制单位	●		●	●
		室外工程竣工图	室外给水、排水、供热、供电、照明管线等竣工图	编制单位	●		●	●
			室外道路、园林绿化、花坛、喷泉等竣工图	编制单位	●		●	●
	D类其他资料						

(2)竣工图按绘制方法不同可分为以下几种情况:利用电子版施工图改绘的竣工图、利用施工蓝图改绘的竣工图、利用翻晒硫酸纸底图改绘的竣工图、重新绘制竣工图。

(二)竣工图的绘制原则

工程竣工后应及时进行竣工图的整理。绘制竣工图时须遵守以下原则:

(1)竣工图的编制应按照单位工程并根据专业的不同,系统地进行分类和整理。

(2)凡在施工中按图施工没有变更的工程,可以以施工图作为竣工图,并由竣工图编制单位在原施工图图签附近空白处加盖签署"竣工图"的印章后可作为竣工图。

(3)施工中有一般性设计变更,可由编制单位负责在原施工图新蓝图上加以修改补充,但修改后需要标明变更修改依据,注明变更或洽商编号,加盖修改专用章和"竣工图"印章后作为竣工图。

（4）凡是遇到重大改变或变更部分超过原图的1/3时，或结构形式、工艺、平面布置、项目等发生了重大改变或变更部分不能在原施工图上改绘的，应重新绘制竣工图，加盖竣工图章。重新绘制的图纸必须有图名和图号，图号可按原图号编号。

（5）凡是用于改绘竣工图的图纸，都必须是新蓝图或绘图仪绘制的白图，不得使用旧图或复印的图纸。

（6）各专业竣工图必须编制图纸目录，作废的图纸在目录上杠掉，补充的图纸必须在目录上列出图名和图号，并加盖竣工图章和由相关人员亲自签署姓名。

（7）竣工图必须符合有关制图标准的要求，绘制的竣工图必须准确、清晰、完整，能够真实地反映工程实际情况。

（8）竣工图绘制的具体规定。

1）在施工图上改绘，不得使用涂改液涂改、刀刮、补贴等方法修改图纸。

2）修改时，对字、线、墨水的使用，应按下列规定进行：①字体及大小应与原图一致，严禁错、别、草字；②一律使用绘图工具，不得徒手绘制；③使用绘图笔或签字笔及不褪色的绘图墨水；④凡是将洽商图作为竣工图的，必须符合建筑制图要求，并做附图附在图纸之后。

（三）竣工图的改绘方法

1. 竣工图绘制的一般方法

根据国家规定，在实际工作中，竣工图大部分是利用原图纸来编制的。竣工图的编制工作，可以说是以施工图为基础，以各种设计变更文件、施工技术文件为补充依据而进行的，依据竣工图编制的原则，竣工图编制的基本方法有下列几种。

（1）注记修改法：此法是一条粗直线将被修改部分划出。因为注记修改法基本上不涉及图纸上线条修改的内容，而用文字、符号加以注释，因此此法仅适用于原施工图上仅用文字注释的内容。如建筑、结构施工图的总说明，材料代用，门窗表的修改、变更等。

（2）杠改法：在原施工底图上将不需要的线条用粗直线或叉线划去，重新绘制竣工图的真实情况。此法是竣工图编制工作中最常用的一种基本方法，其特点是被划去的内容和重新绘制的内容都一目了然，且编制竣工图的工作量较小；不足的是，当变更较大或较多时，图面易乱，表达不清。

（3）刮改法：在原施工底图上刮去需要更改的部分，重新绘制竣工后的真实情况，再复晒竣工蓝图。此法的特点是必须具备施工底图方可进行，对于大型工程和重要建筑物，考虑到目前蓝图不利于长期保存，最好编制竣工底图，或者利用现代复印设备，先制作施工底图，再利用刮改法做竣工底图。

（4）贴图更改法：原施工图由于局部范围内文字、数字修改或增加较多、较集中，影响图面清晰，或线条、图形在原图上修改后使图面模糊不清，宜采用贴图更改法。即将需修改的部分，用别的图纸书写绘制好，然后粘贴到修改的位置上。粘贴时，必须与原图的行列、线条、图形相衔接。在粘贴接缝处要加盖编制人印章。重大工程不宜采用贴图更改法。整张图纸全部都有修改的，也不宜用贴图更改法，应该重绘竣工图。

（5）重新绘制新图：此法是在施工过程中，随工程修建面逐步编制，待整个工程竣工，各个部分的竣工图也基本绘制完成，经施工部门有关技术负责人审查、核实后，再描绘成底图，底图核签后即可晒制竣工蓝图。此法的特点是竣工图清晰准确、系统完整，便于永久保存和利用。

2. 各种形式竣工图的绘制方法应用

（1）利用施工蓝图改绘竣工图：在施工蓝图上一般采用杠划改、叉改法；局部修改可以圈出更改部位，在原图空白处绘出更改内容，所以变更处都必须画索引线并注明更改依据。具体的改绘方法可视图面、改动范围和位置、繁简程度等实际情况而定。

1）取消涉及内容：尺寸、门窗型号、设备型号、灯具型号、钢筋型号和数量、注解说明等数字、文字、符号的取消，可采用杠改法。即将取消的数字、文字、符号等，用横杠杠掉，从修改的位置引出带箭头的索引线，在索引线上注明修改依据。

隔墙、门窗、钢筋、灯具、设备等取消，可采用叉改法和杠改法。即在图上将取消的部分打"×"，在图上描绘取消的部分较长时，可视情况打几个"×"，达到表示清楚为准。并从图上修改处以箭头索引线引出，注明修改依据。

2）增加设计内容：在建筑物某一部位增加隔墙、门窗、灯具、设备、钢筋等，均应在图上绘出，并注明修改依据。例如，某建筑3层⑨轴线上增加隔墙，可在3层⑨轴线上改绘，改绘后并注明更改依据。改绘后还要注意，改绘部分剖面图及其他图纸中相应部分应同时进行改绘。

3）修改设计内容：当图纸中某部位发生设计变化，若不能在原位置上改绘时，可采用绘制大样图或另补绘图纸的方法。

一般地，在原图上标出修改部位的范围后，再在其空白处绘出修改部位的大样图，并在原图改绘范围和改绘的大样图处标明修改依据。如果原图纸无空白处，可另用硫酸纸绘补图纸并晒成蓝图，或用绘图仪绘制白图附在原图之后，并在原修改位置和补绘的图纸上均应注明修改以及补图的图名和图号。

（2）在硫酸纸图上修改晒制的竣工图：在原硫酸纸图上依据设计变更、工程洽商等内容用刮改法进行绘制，即用刀片将需要修改的部位刮掉，再用绘图笔绘制修改内容，并在图中空白处做一修改内容备注表，注明变更、洽商编号和修改内容，晒成蓝图。

表5-2　修改内容备注表

变更、洽商编号	简要变更内容
××-××	（略）

（3）重新绘制竣工图：如果需要重新绘制竣工图，必须按照有关制图标准和竣工图的要求进行绘制及编制。

（4）用 CAD 绘制的竣工图：在电子版施工图上依据设计变更、工程洽商的内容进行修改，修改后用云线圈出修改内容，并在图中空白处做一个修改内容备注表，打印出图，并且在其图签上必须有原设计人员签字，加盖竣工图章。

（5）竣工图加写说明：

1）凡设计变更、洽商的内容在施工图上修改的，均应用绘图方法改绘在蓝图上，不再加写说明，如果修改后的图纸仍然有内容无法表述清楚，可用精练的语言适当加以说明。

2）图上某一种设备、门窗等型号的改变，涉及多处修改时，要对所有涉及的地方全部加以改绘，其修改依据可标注在一个修改处，但需在此处做简单说明。

3）钢筋的代换，混凝土强度等级的改变，墙、板、内外装修材料的变更以及由建设单位自理的部分等。在图上修改难以用作图方法表达清楚时，可加注或用索引的形式加以说明。

4）凡是涉及说明类型的洽商，应在相应的图纸说明中使用涉及规范用语反映洽商内容。

三、竣工图章

所有竣工图必须由编制单位逐张加盖竣工图章。竣工图章的基本内容包括："竣工图"字样、施工单位、编制人、审核人、技术负责人、编制日期、监理单位、总监、现场监理等栏目，图章尺寸为 50 mm × 80 mm。

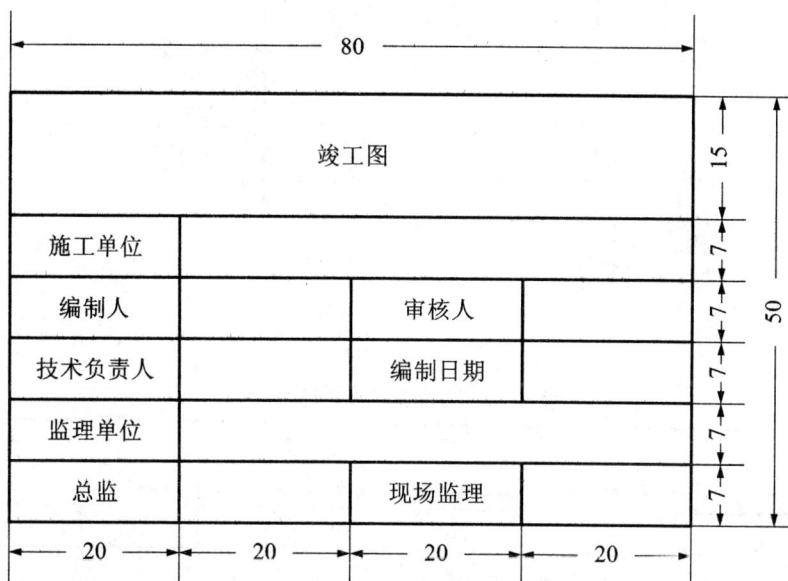

图 5 - 1　竣工图章示例

（1）"竣工图章"应具有明显的"竣工图"字样，并包括编制单位名称、制图人、审核人和编制日期等基本内容。编制单位、制图人、审核人、技术负责人要对竣工图负责。

（2）所有竣工图应由编制单位逐张加盖、签署竣工图章。竣工图章中签名必须齐全，不得代签。

（3）凡由设计院编制的竣工图，其设计图签中必须明确竣工阶段，并由绘制人和技术负责人在设计图签中签字。

（4）竣工图章应加盖在图签附近的空白处，竣工图章应使用不褪色红（蓝）色印泥。

四、竣工图的归档管理

1. 竣工图的归档

竣工图是对工程进行交工验收、维护、改建、扩建的依据，是国家的重要技术档案。竣工图应由建设单位提供。施工过程中，施工单位（含分包施工单位）应指定专人编制竣工图。项目竣工验收前，竣工图必须经施工项目技术负责人审核签字后移交建设单位。在进行工程资料的整理时，可以根据工程资料的专业顺序归档。

竣工图由施工单位、建设单位、城建档案馆分别保管。

2. 竣工图的折叠方法

（1）一般要求

1）图纸折叠前应按裁图线裁剪整齐，其图纸幅面应符合建筑制图标准的规定。图纸的形状与尺寸代号，如图 5 - 2 及表 5 - 2 所示，尺寸单位为 mm。

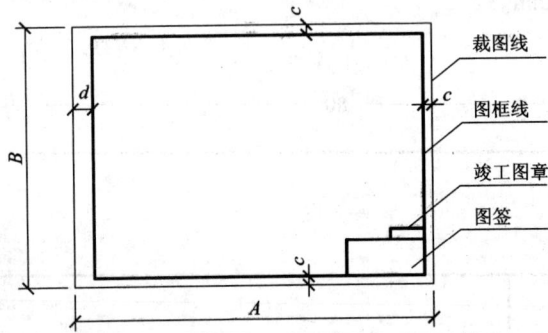

图 5 - 2　工程图纸样式

表 5 - 2　图纸基本幅面与代号

基本幅面代号	$0^{\#}$	$1^{\#}$	$2^{\#}$	$3^{\#}$	$4^{\#}$
$B(\text{mm}) \times A(\text{mm})$	841×1189	594×841	420×594	297×420	297×210
$c(\text{mm})$	10			5	
$a(\text{mm})$	25				

2）图面应折向内，成手风琴风箱式。

3）折叠后幅面尺寸应以 A4 号图纸基本尺寸（297 mm × 210 mm）为标准。

4）图标及竣工图章应露在外面。

5）$3^{\#} \sim 0^{\#}$ 图纸应在装订边 297 mm 处折一三角或剪一缺口，并折进装订边。

（2）图纸的折叠方法

1）$4^{\#}$ 图纸不用折叠。

2）$3^{\#}$ 图纸的折叠方法如图 5 - 3 所示［图中序号表示折叠次序，虚线表示折起的部分，以下 3）、4）、5）与此相同］。

242

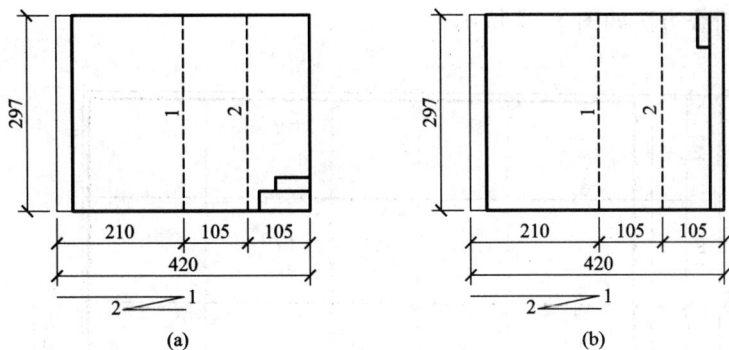

图 5 - 3 3[#]图纸的折叠方法

3)2[#]图纸的折叠方法如图 5 - 4 所示。

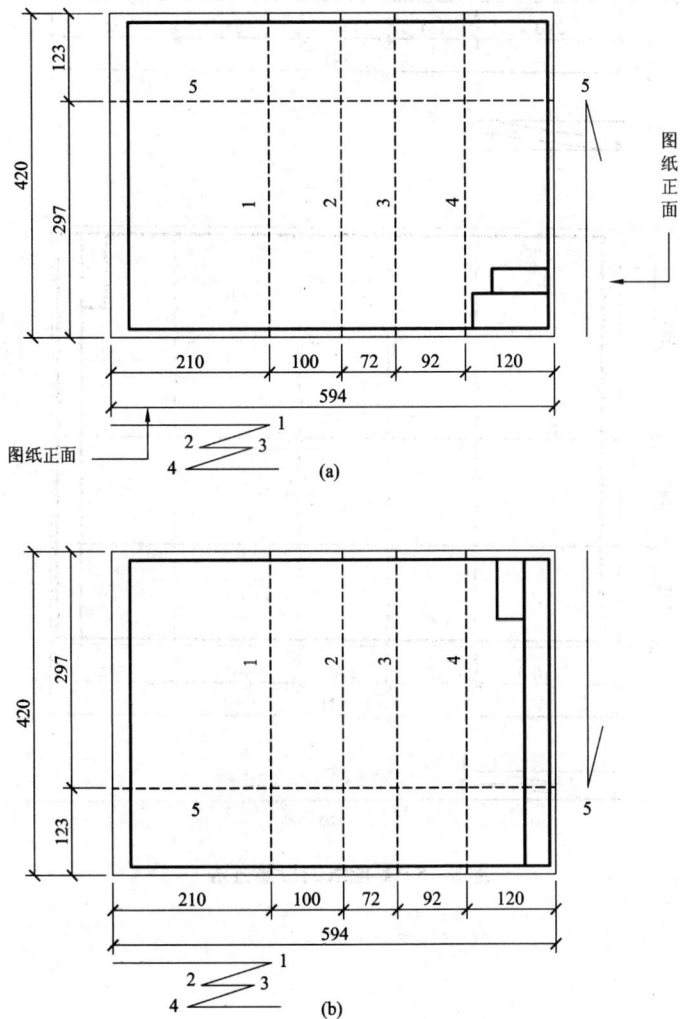

图 5 - 4 2[#]图纸的折叠方法

4)$1^{#}$图纸的折叠方法如图 5 – 5 所示。

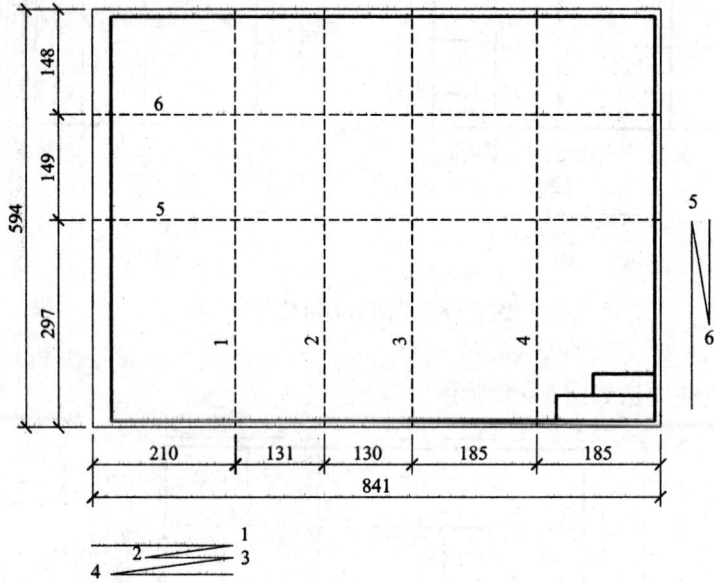

(a)

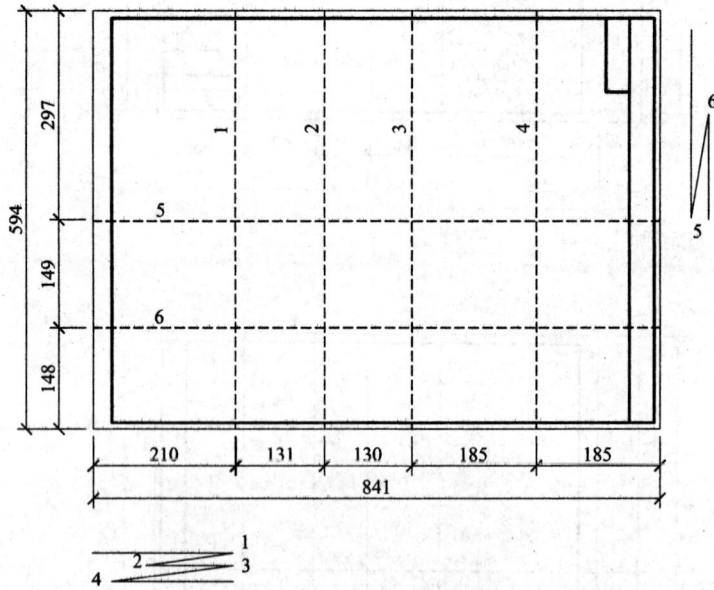

(b)

图 5 – 5　$1^{#}$图纸的折叠方法

5)0#图纸的折叠方法如图5－6所示。

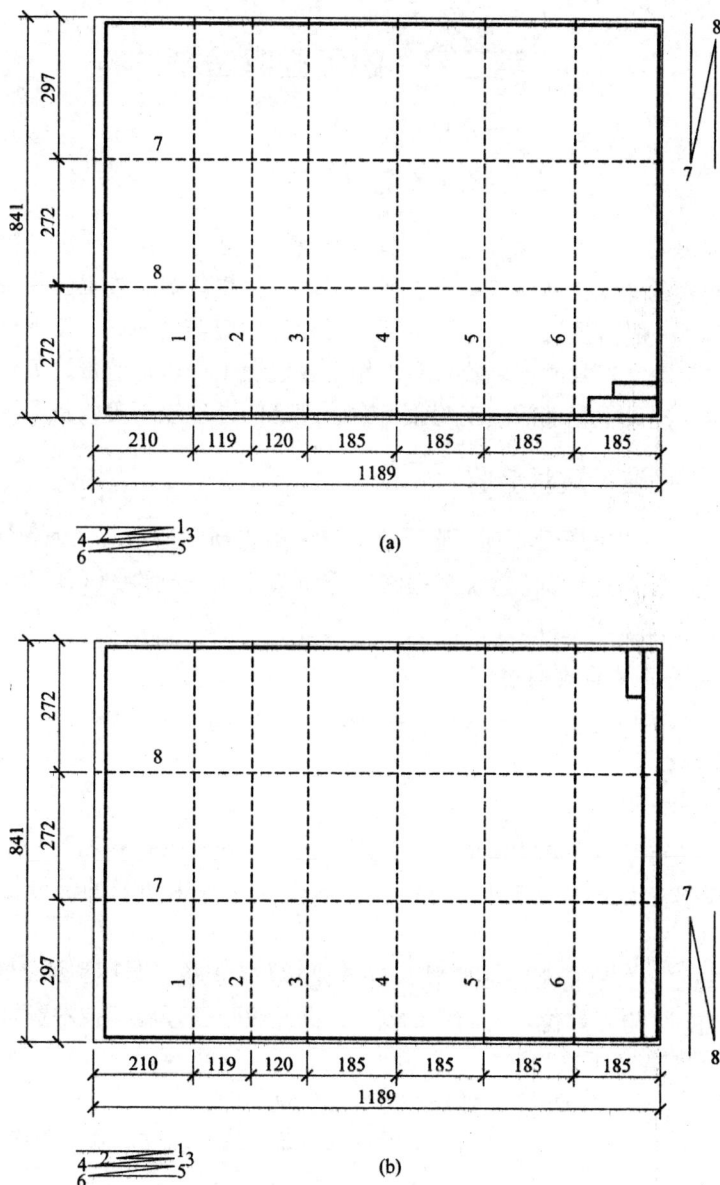

(a)

(b)

图5－6　0#图纸的折叠方法

3.竣工图的组卷

"卷"是文件资料的保管单位。建筑工程资料应按单位工程组卷。整理图纸资料时,也应按工程项目、专业、系统进行组卷,即可按建筑、结构、水暖、通风、电气等不同专业,分别组成保管单位。保管单位图样的排列原则是:

(1)有图纸无目录的,按图纸目录顺序排列。

（2）无图纸目录的，按总体和局部关系排列。排列次序是：总体布置图、系统图、平面图、立面图、剖面图、大样图等。

第二节　竣工验收备案

一、工程竣工验收备案的范围

凡在中华人民共和国境内从事建筑工程的新建、改建、扩建、迁建等项目及实施对建设工程质量监督管理的竣工工程，都需要进行工程竣工验收备案。竣工验收备案是工程建设过程最后一项工作，一般由县级以上建设主管部门委托相应监督机构，按现行的工程质量监督管理范围，具体负责工程的竣工验收备案工作。各建设工程质量监督站负责的工程竣工验收后，由建设单位向建设主管部门竣工验收备案管理部门办理竣工验收备案。

二、建筑工程施工质量验收

为加强建筑工程施工质量管理、统一建筑工程施工质量验收、保证建筑工程质量，2014年4月1日实施的国家建设部《建筑工程施工质量验收统一标准》（GB 50300—2013）对建筑工程施工质量验收做了明确规定。

（一）建筑工程质量验收的划分

建筑工程质量验收应划分为单位（子单位）工程、分部（子分部）工程、分项工程和检验批。

1. 单位工程的划分原则

（1）具备独立施工条件并能形成独立使用功能的建筑物或构筑物为一个单位工程。

（2）建筑规模较大的单位工程，可将其能形成独立使用功能的部分划分为一个子单位工程。

具有独立施工条件和能形成独立使用功能是单位（子单位）工程划分的基本要求。在施工前由建设、监理、施工单位自行商议确定，并据此收集整理施工技术资料和验收。

2. 分部工程的划分原则

（1）分部工程的划分应按专业性质、建筑部位确定。

（2）当分部工程较大或较复杂时，可按材料种类、施工特点、施工程序、专业系统及类别等划分为若干分部工程。

3. 分项工程应按主要工种、材料、施工工艺、设备类别等进行划分

分项工程可由一个或若干检验批组成，检验批可根据施工及质量控制和专业验收需要按楼层、施工段、变形缝等进行划分。多层及高层建筑工程中主体分部的分项工程可按楼层或施工段来划分检验批，单层建筑工程的分项工程可按变形缝等划分检验批；地基基础分部工程一般划分为一个检验批；地基基础分部工程中的分项工程一般划分为一个检验批，有地下层的基础工程可按不同地下层划分检验批；屋面分部工程中的分项工程不同楼层屋面可划分为不同的检验批；其他分部工程中的分项工程，一般按楼面划分检验批；对于工程量较少的分项工程可统一划分为一个检验批。安装工程一般按一个设计系统或设备组别划分为一个检

验批。室外工程统一划分为一个检验批。散水、台阶、明沟等含在地面检验批中。

表 5-3　竣工验收文件资料类别、来源及保存

工程资料类别		工程资料名称	工程资料来源	工程资料保存			
				施工单位	监理单位	建设单位	城建档案馆
E 类		工程竣工文件					
E1 类	竣工验收文件	单位(子单位)工程质量竣工验收＊＊	施工单位	●	●	●	●
		勘察单位工程质量检查报告	勘察单位	○	○	●	●
		设计单位工程质量检查报告	设计单位	○	○	●	●
		工程竣工验收报告	建设单位	●	●	●	●
		规划、消防、环保等部门出具的认可文件或准许使用文件	政府主管部门	●	●	●	●
		房屋建筑工程质量保修书	施工单位	●	●	●	
		住宅质量保证书、住宅使用说明书	建设单位			●	
		建筑工程竣工验收备案表	建设单位	●	●	●	●
E2 类	竣工决算文件	施工决算资料＊	施工单位	○	○	●	
		监理费用决算资料＊	监理单位		○	●	
E3 类	竣工交档文件	工程竣工档案预验收意见	城建档案管理部门			●	●
		施工资料移交书＊	施工单位	●		●	
		监理资料移交书＊	监理单位		●	●	
		城市建设档案移交书	建设单位			●	
E4 类	竣工总结文件	工程竣工总结	建设单位			●	●
		竣工新貌影像资料	建设单位	●		●	●
		E 类其他资料					

注：1. 表中工程资料名称与资料保存单位所对应的栏中"●"表示"归档保存"；"○"表示"过程保存"，是否归档保存可自行确定。

2. 表中注明"＊"的表，宜由施工单位和监理或建设单位共同形成；表中注明"＊＊"的表，宜由建设、设计、监理、施工等多方共同形成。

3. 勘察单位保存资料内容应包括工程地质勘查报告、勘察招投标文件、勘察合同、勘察单位工程质量检查报告以及勘察单位签署的有关质量验收记录等。

4. 设计单位保存资料内容应包括审定设计方案通知书及审查意见、审定设计方案通知书要求征求有关部门的审查意见和要求取得的有关协议、初步设计图及设计说明、施工图及设计说明、消防设计审核意见、施工图设计文件审查通知书及审查报告、设计招投标文件、设计合同、图纸会审记录、设计变更通知单、设计单位签署意见的工程洽商记录(包括技术核定单)、设计单位工程质量检查报告以及设计单位签署的有关质量验收记录。

4. 室外工程可根据专业类别和工程规模划分单位(子单位)工程

(二)建筑工程质量验收

1. 检验批质量验收合格应符合下列规定

(1)主控项目的质量经抽样检验合格。

(2)一般项目的质量经抽样检验合格。当采用计数抽样时,合格点率应符合有关专业验收规范的规定,且不得存在严重缺陷。

(3)具有完整的施工操作依据、质量检查记录。

检验批是工程验收的最小单位,是分项工程乃至整个建筑工程质量验收的基础。检验批是施工过程中条件相同并有一定数量的材料、构配件或安装项目,由于其质量基本均匀一致,因此可以作为检验的基础单位,并按批验收。

2. 分项工程质量验收合格应符合下列规定

(1)分部工程所含的检验批均应验收合格。

(2)分项工程所含的检验批的质量验收记录应完整。

分项工程的验收在检验批的基础上进行。一般情况下,两者具有相同或相近的性质,只是批量的大小不同而已。因此,将有关的检验批汇集构成分项工程。分项工程合格质量的条件比较简单,只要构成分项工程的各检验批的验收资料文件完整,并且均已验收合格,则分项工程验收合格。

3. 分部工程质量验收合格应符合下列规定

(1)分部工程所含分项工程的质量均应验收合格。

(2)质量控制资料应完整。

(3)有关安全、节能、环境保护和主要使用功能的抽样检验结果应符合有关规定。

(4)观感质量应符合要求。

4. 单位工程质量验收合格应符合下列规定

(1)单位工程所含分部工程的质量均应验收合格。

(2)质量控制资料应完整。

(3)单位工程所含分部工程有关安全、节能、环境保护和主要使用功能的检验资料应完整。

(4)主要使用功能的抽查结果应符合相关专业质量验收规范的规定。

(5)观感质量验收应符合要求。

单位工程质量验收也称质量竣工验收,是建筑工程投入使用前的最后一次验收,也是最重要的一次验收。

三、建筑工程竣工验收备案需具备的条件

(1)工程竣工验收已合格,并完成工程竣工验收报告;

(2)工程质量监督机构已出具工程质量监督报告;

(3)已办理工程监理合同登记核销及施工合同(总包、专业分包和劳务分包合同)备案核销手续。

四、单位工程验收备案程序及流程图

(一)单位工程验收备案程序

(1)工程完工后,施工单位向建设单位提交工程竣工报告,申请工程竣工验收。实行监理的工程,工程竣工报告须经总监理工程师签署意见。未实行监理的工程,工程竣工报告须经建设单位项目负责人签署意见。

(2)建设单位收到工程竣工报告后,对符合竣工验收要求的工程,组织勘察、设计、施工、监理等单位和其他有关方面的专家组成验收组,制定验收方案。

(3)建设单位应当在工程竣工验收工作开始7个工作日前将验收的时间、地点及验收组名单书面通知负责监督该工程的监督机构。

(4)建设单位组织工程竣工验收。

1)建设、勘察、设计、施工、监理单位分别汇报工程合同履约情况和在工程建设各个环节执行法律、法规和工程建设强制性标准的情况;

2)审阅技术档案和施工管理资料;

3)实地查验工程质量;

4)对工程勘察、设计、施工、设备安装质量和各管理环节等方面做出全面评价,形成经验收组人员签署的工程竣工验收意见。参与工程竣工验收的建设、勘察、设计、施工、监理等各方不能形成一致意见时,可提请当地建设行政主管部门或监督机构协调,待参与工程竣工验收各方意见一致后,重新组织工程竣工验收。

(5)勘察、设计单位对勘察、设计文件及施工过程中由设计单位签署的设计变更通知书进行了检查,并提出质量检查报告。质量检查报告应经该项目勘察、设计负责人签字并加盖单位公章。

(6)建设单位按法律、法规规定取得规划、公安消防、环保等部门出具的认可文件或者验收意见书。

(7)工程竣工验收合格后,建设单位应当及时提出工程竣工验收报告。工程竣工验收报告主要包括工程概况,建设单位执行基本建设程序情况,对工程勘察、设计、施工、监理等方面的评价,工程竣工验收时间、程序、内容和组织形式,工程竣工验收意见等内容。

(8)负责监督该工程的监督机构应当对工程竣工验收的组织形式、验收程序、执行验收标准等情况进行现场监督,发现有违反建设工程质量管理规定行为的,责令改正,并将对工程竣工验收的监督情况作为工程质量监督报告的重要内容。

(9)建设单位应当自工程竣工验收合格之日起15个工作日内,向工程所在地的县级以上地方人民政府建设行政主管部门或其委托的监督机构(统称备案机构)办理备案手续。

(10)监督机构应在工程竣工验收合格之日起5个工作日内向备案机构出具工程质量监督报告。

（二）单位工程验收备案流程图

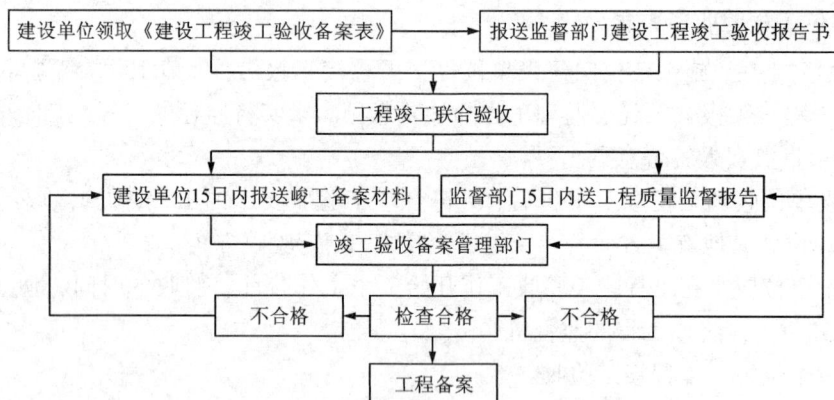

图 5-2　单位工程验收备案流程图

五、工程竣工备案资料

（1）竣工报告（由施工单位填写并提供）。

（2）竣工验收报告（由建设单位填写并提供）。

（3）监理评估报告（由监理单位填写并提供）。

（4）合格文件（由施工图审查机构，勘、设计单位填写并提供）。

（5）认可、准许文件（规划、消防、节能、环保、人防、档案等部门）。

（6）工程质量保修书（由施工单位填写并提供）。

（7）住宅质量保证书、住宅使用说明书（由建设单位填写并提供）。

（8）各地建设主管部门规定的文件。

（9）竣工验收备案表（由建设单位填写）。

（10）监督报告（由建设监督部门提供）。

思考题

1. 竣工图的绘制方法有哪几种？现在最常用的是哪一种？

2. 竣工验收备案的意义何在？

3. 竣工验收备案由谁负责办理？应提交哪些文件资料？

模块六　建筑工程资料归档与利用

【德育目标】

耐心细致　科学利用

【教学目标】

熟悉参建各方对工程资料归档的管理职责；熟悉工程资料归档范围及归档要求；掌握工程资料保管的期限与密级；熟悉建筑工程资料的分类组卷原则；了解建筑工程资料的作用及利用原则。

【技能抽查要求】

工程资料的立卷与归档。

【职业岗位要求】

熟悉参建各方对工程资料的管理职责；熟悉建筑工程资料归档的范围；掌握工程资料保管的期限与密级；掌握工程资料的载体形式；了解建筑工程资料的分类与编号；了解工程资料的质量要求；掌握工程资料组卷要求；了解施工单位资料组卷的排列顺序；掌握封面与目录、案卷规格与装订；掌握各参建单位工程资料的验收、移交的程序和方法。

第一节　建筑工程资料归档基本要求

一、建筑工程资料归档的含义

归档指文件形成单位完成其工作任务后将形成的文件整理立卷后按规定移交档案管理机构。对于一个建设工程而言，归档有三方面含义：

（1）建设、勘察、设计、施工、监理等工程参建单位将本单位在工程建设过程中形成的文件向本单位档案管理机构移交；

（2）勘察、设计、施工、监理等单位将本单位在工程建设过程中形成的文件向建设单位档案管理机构移交；

（3）建设单位按照现行《建设工程文件归档规范》（GB/T 50328—2014）要求，将汇总的该建设工程文件档案向地方城建档案管理部门移交。

GB/T 50328-2014建设工程文件归档规范

二、参建各方对建筑工程资料的归档管理职责

建筑工程资料管理职责包括建设单位、监理单位、施工单位、城建档案馆在内的全部工程资料的编制和管理单位。工程资料不仅由施工单位提供，参与工程建设的建设单位、承担监理任务的监理或咨询单位，以及其他参建单位都负有收集、整理、签署、核查工程资料的责任。

1. 通用职责

(1)工程各参建单位填写的建设工程档案应以施工及验收规范、工程合同、设计文件、工程施工质量验收统一标准等为依据。

(2)工程档案资料应随工程进度及时收集、整理,并应按专业归类,认真书写,字迹清楚,项目齐全、准确、真实,无未了事项。表格应采用统一表格,特殊要求需增加的表格应统一归类。

(3)工程档案资料进行分级管理,建设工程项目各参建单位技术负责人负责本单位工程档案资料的全过程组织工作并负责审核,各相关单位档案管理员负责工程档案资料的收集、整理工作。

(4)对工程档案资料进行涂改、伪造、随意抽撤或损毁、丢失等,应按有关规定予以处罚,情节严重的,应依法追究法律责任。

2. 建设单位职责

(1)在工程招标及与勘察、设计、监理、施工等单位签订协议、合同时,应对工程归档文件的套数、费用、质量、移交时间等提出明确要求;

(2)收集和整理工程准备阶段、竣工验收阶段形成的文件,并应进行立卷归档;

(3)负责组织、监督和检查勘察、设计、施工、监理等单位的工程文件的形成、积累和立卷归档工作;也可委托监理单位监督、检查工程文件的形成、积累和立卷归档工作;

(4)收集和汇总勘察、设计、施工、监理等单位立卷归档的工程档案;

(5)在组织工程竣工验收前,应提请当地城建档案管理部门对工程档案进行预验收;工程档案预验收不合格的,不得组织工程竣工验收;

(6)对列入当地城建档案管理部门接收范围的工程,工程竣工验收3个月内,向当地城建档案管理部门移交一套符合规定的工程文件;

(7)必须向参与工程建设的勘察、设计、施工、监理等单位提供与建设工程有关的原始资料,原始资料必须真实、准确、齐全;

(8)可委托承包单位、监理单位组织工程档案的编制工作;负责组织竣工图的绘制工作,也可委托承包单位、监理单位、设计单位完成,收费标准按照所在地相关文件执行。

3. 监理单位职责

(1)应设专人负责监理资料的收集、整理和归档工作,在项目监理部,监理资料的管理应由总监理工程师负责,并指定专人具体实施,监理资料应在各阶段监理工作结束后及时整理归档。

(2)监理资料必须及时整理、真实完整、分类有序。在设计阶段,对勘察、测绘、设计单位的工程文件的形成、积累和立卷归档进行监督、检查;在施工阶段,对施工单位的工程文件的形成、积累、立卷归档进行监督、检查。

(3)可以按照委托监理合同的约定,接受建设单位的委托,监督、检查工程文件的形成积累和立卷归档工作。

(4)编制的监理文件的套数、提交内容、提交时间,应按照现行《建设工程文件归档整理规范》(GB/T 50328—2014)和各地城建档案管理部门的要求,编制移交清单,双方签字、盖章后,及时移交建设单位,由建设单位收集和汇总。监理单位档案部门需要的监理档案,按照《建设工程监理规范》(GB/T 50319—2013)的要求,及时由项目监理部提供。

4. 施工单位职责

(1)实行技术负责人负责制,逐级建立、健全施工文件管理岗位责任制,配备专职档案管理员,负责施工资料的管理工作。工程项目的施工文件应设专门的部门(专人)负责收集和整理。

(2)建筑工程实行总承包的,总承包单位负责收集、汇总各分包单位形成的工程档案,各分包单位应将本单位形成的工程文件整理、立卷后及时移交总承包单位。建筑工程项目由几个单位承包的,各承包单位负责收集、整理、立卷其承包项目的工程文件,并应及时向建设单位移交,各承包单位应保证归档文件的完整、准确、系统,能够全面反映工程建设活动的全过程。

(3)可以按照施工合同的约定,接受建设单位的委托进行工程档案的组织、编制工作。

(4)按要求在竣工前将施工文件整理汇总完毕,再移交建设单位进行工程竣工验收。

(5)负责编制的施工文件的套数不得少于地方城建档案管理部门要求,并且施工单位还应编制两套施工文件中分别由建设单位和施工单位保存。

5. 地方城建档案管理部门职责

(1)负责接收和保管所辖范围应当永久和长期保存的工程档案和有关资料。

(2)负责对城建档案工作进行业务指导,监督和检查有关城建档案法规的实施。

(3)列入向本部门报送工程档案范围的工程项目,其竣工验收应由本部门参加并负责对移交的工程档案进行验收。

三、建筑工程资料的归档范围

建筑工程资料归档范围的基本原则是:凡与工程建设有关的重要活动、记载工程建设主要过程和现状、具有保存价值的各种载体的文件,均应收集齐全,整理立卷后归档,见表 6 - 1。具体的归档范围和要求应符合《建设工程文件归档规范》(GB/T 50328—2014)、《建筑工程施工质量验收统一标准》(GB 50300—2013)的基本规定,有地方标准的应按当地的相关标准或规程来执行。

表 6 - 1 建筑工程文件归档范围

类别	归档文件	保存单位				
		建设单位	设计单位	施工单位	监理单位	城建档案馆
工程准备阶段文件(A 类)						
A1	立项文件					
1	项目建议书批复文件及项目建议书	▲				▲
2	可行性研究报告批复文件及可行性研究报告	▲				▲
3	专家论证意见、项目评估文件	▲				▲
4	有关立项的会议纪要、领导批示	▲				▲
A2	建设用地、拆迁文件					
1	选址申请及选址规划意见通知书	▲				▲
2	建设用地批准书	▲				▲
3	拆迁安置意见、协议、方案等	▲				△
4	建设用地规划许可证及其附件	▲				▲

类别	归档文件	保存单位				
		建设单位	设计单位	施工单位	监理单位	城建档案馆
5	土地使用证明文件且其附件	▲				▲
6	建设用地钉桩通知单	▲				▲
A3	**勘察、设计丈件**					
1	工程地质勘查报告	▲	▲			▲
2	水文地质勘查报告	▲	▲			▲
3	初步设计文件(说明书)	▲	▲			
4	设计方案审查意见	▲	▲			▲
6	设计计算书	▲	▲			△
7	施工图设计文件审查意见	▲	▲			▲
8	节能设计备案文件	▲				▲
A4	**招投标文件**					
1	勘察、设计招投标文件	▲	▲			
2	勘察、设计合同	▲	▲			
3	施工招投标文件	▲		▲	△	
4	施工合同	▲		▲	△	▲
5	工程监理招投标文件	▲			▲	
6	监理合同	▲			▲	▲
A5	**开工审批文件**					
1	建设工程规划许可证及其附件	▲		△	△	▲
2	建设工程施工许可证	▲		▲	▲	▲
A6	**工程造价文件**					
1	工程投资估算材料	▲				
2	工程设计概算材料	▲				
3	招标控制价格文件	▲				
4	合同价格文件	▲		▲		△
5	结算价格文件	▲		▲		△
A7	**工程建设基本信息**					
1	工程概况信息表	▲	△			▲
2	建设单位工程项目负责人及现场管理人员名册	▲				▲
3	监理单位工程项目总监及监理人员名册	▲			▲	▲
4	施工单位工程项目经理及质量管理人员名册	▲		▲		▲
	监理文件(B类)					
B1	**监理管理文件**					
1	监理规划	▲			▲	▲

续表 6-1

类别	归档文件	保存单位				
		建设单位	设计单位	施工单位	监理单位	城建档案馆
2	监理实施细则	▲		△	▲	▲
3	监理月报	△			▲	
4	监理会议纪要	▲		△	▲	
5	监理工作日志				▲	
6	监理工作总结				▲	▲
7	工作联系单	▲		△	△	
8	监理工程师通知	▲		△	△	△
9	监理工程师通知回复单	▲		△	△	△
10	工程暂停令	▲		△	▲	▲
11	工程复工报审表	▲		▲	▲	▲
B2	**进度控制文件**					
1	工程开工报审表	▲		▲	▲	▲
2	施工进度计划报审表	▲		△	△	
B3	**质量控制文件**					
1	质量事故报告且处理资料	▲		▲	▲	▲
2	旁站监理记录	△		△	▲	
3	见证取样和送检人员备案表	▲		▲	▲	
4	见证记录	▲		▲	▲	
5	工程技术文件报审表			△		
B4	**造价控制文件**					
1	工程款支付	▲		△	△	
2	工程款支付证书	▲		△	△	
3	工程变更费用报审表	▲		△	△	
4	费用索赔申请表	▲		△	△	
5	费用索赔审批表	▲		△	△	
B5	**工期管理文件**					
1	工程延期申请表	▲		▲	▲	▲
2	工程延期审批表	▲			▲	▲
B6	**监理验收文件**					
1	竣工移交证书	▲		▲	▲	▲
2	监理资料移交书	▲			▲	
	施工文件(C 类)					
C1	**施工管理文件**					
1	工程概况表	▲		▲	▲	△
2	施工现场质量管理检查记录			△	△	

类别	归档文件	保存单位				
		建设单位	设计单位	施工单位	监理单位	城建档案馆
3	企业资质证书及相关专业人员岗位证书	△		△	△	△
4	分包单位资质报审表	▲		▲	▲	
5	建设单位质量事故勘查记录	▲		▲	▲	▲
6	建设工程质量事故报告书	▲		▲	▲	▲
7	施工检测计划	△		△	△	
8	见证试验检测汇总表	▲		▲	▲	▲
9	施工日志			▲		
C2	**施工技术文件**					
1	工程技术文件报审表	△		△	△	
2	施工组织设计及施工方案	△		△	△	△
3	危险性较大分部分项工程施工方案	△		△	△	
4	技术交底记录	△		△		
5	图纸会审记录	▲	▲	▲	▲	▲
6	设计变更通行单	▲	▲	▲	▲	▲
7	工程洽商记录(技术核定单)	▲	▲	▲	▲	▲
C3	**进度造价文件**					
1	工程开工报审表	▲	▲	▲	▲	▲
2	工程复工报审表	▲	▲	▲	▲	
3	施工进度计划报审表			△	△	
4	施工进度计划			△	△	
5	人、机、料动态表			△		
6	工程延期申请表	▲		▲	▲	▲
7	工程款支付申请表	▲		△	△	
8	工程变更费用报审表	▲		△	△	
9	费用索赔申请表	▲		△	△	
C4	**施工物资出厂质量证明及进场检测文件**					
	出厂质量证明文件及检测报告					
1	砂、石、砖、水泥、钢筋、隔热保温、防腐材料、轻骨料出厂证明文件	▲		▲	▲	△
2	其他物资出厂合格证、质量保证书、检测报告和报关单或商检证等	△		▲	▲	
3	材料、设备的相关检验报告、型式检测报告、3C强制认证合格书或3C标志	△		▲	△	
4	主要设备、器具的安装使用说明书	▲		▲	△	
5	进口的主要材料设备的商检证明文件	△		▲		
6	涉及消防、安全、卫生、环保、节能的材料、设备的检测报告或法定机构出具的有效证明文件	▲		▲	▲	△

续表 6−1

类别	归档文件	保存单位				
		建设单位	设计单位	施工单位	监理单位	城建档案馆
7	其他施工物资产品合格证、出厂检验报告					
	进场检验通用表格					
1	材料、构配件进场检验记录			△	△	
2	设备开箱检验记录			△	△	
3	设备及管道附件试验记录	▲		▲	△	
	进场复试报告					
1	钢材试验报告	▲		▲	▲	▲
2	水泥试验报告	▲		▲	▲	▲
3	砂试验报千	▲		▲	▲	▲
4	碎(卵)石试验报告	▲		▲	▲	▲
5	外加剂试验报告	△		▲	▲	▲
6	防水涂料试验报告	▲		▲	△	
7	防水卷材试验报告	▲		▲	△	
8	砖(砌块)试验报告	▲		▲	▲	▲
9	预应力筋复试报告	▲		▲	▲	▲
10	预应力锚具、夹具和连接器复试报告	▲		▲	▲	▲
11	装饰装修用门窗复试报告	▲		▲	△	
12	装饰装修用人造木板复试报告	▲		▲	△	
13	装饰装修用花岗石复试报告	▲		▲	△	
14	装饰装修用安全玻璃复试报告	▲		▲	△	
15	装饰装修用外墙面砖复试报告	▲		▲	△	
16	钢结构用钢材复试报告	▲		▲	▲	▲
17	钢结构用防火涂料复试报告	▲		▲	▲	▲
18	钢结构用焊接材料复试报告	▲		▲	▲	▲
19	钢结构用高强度大六角头螺栓连接副复试报告	▲		▲	▲	▲
20	钢结构用扭剪型高强螺栓连接副复试报告	▲		▲	▲	▲
21	幕墙用铝塑饭、石材、玻璃、结构胶复试报告	▲		▲	▲	▲
22	散热器、供服系统保温材料、通风与空调工程绝热材料、风机盘管机组、低压配电系统电缆的见证取样复试报告	▲		▲	▲	
23	节能工程材料复试报告	▲		▲	▲	
24	其他物资进场复试报告					
C5	**施工记录文件**					
1	隐蔽工程验收记录	▲		▲	▲	▲
2	施工检查记录			△		
3	交接检查记录			△		

类别	归档文件	保存单位				
		建设单位	设计单位	施工单位	监理单位	城建档案馆
4	工程定位测量记录	▲		▲	▲	▲
5	基槽验线记录	▲		▲	▲	▲
6	楼层平面放线记录			△	△	△
7	楼层标高抄测记录			△	△	△
8	建筑物垂直度、标高观测记录	▲		▲	△	△
9	沉降观测记录	▲		▲	△	▲
10	基坑主护水平位移监测记录			△	△	
11	桩基、支护测量放线记录			△	△	
12	地基验槽记录	▲	▲	▲	▲	▲
13	地基钎探记录	▲		△	△	▲
14	混凝土浇灌申请书			△		
15	预拌混凝土运输单			△		
16	混凝土开盘鉴定			△	△	
17	混凝土拆模申请单			△	△	
18	混凝土预拌测温记录			△		
19	混凝土养护测温记录			△		
20	大体积混凝土养护测温记录			△		
21	大型构件吊装记录	▲		△	△	▲
22	焊接材料烘焙记录			△		
23	地下工程防水效果检查记录	▲		△	△	
24	防水工程试水检查记录	▲		△	△	
25	通风(烟)道、垃圾道检查记录	▲		△	△	
26	预应力筋张拉记录	▲		▲	△	▲
27	有黏结预应力结构灌浆记录	▲		▲	△	▲
28	钢结构施工记录	▲		▲	△	
29	网架(索膜)施工记录	▲		▲	△	▲
30	木结构施工记录	▲		▲	△	
31	幕墙注胶检查记录	▲		▲	△	
32	自动扶梯、自动人行道的相邻区域检查记录	▲		▲	△	
33	电梯电气装置安装检查记录	▲		▲	△	
34	自动扶梯、自动人行道装置检查记录	▲		▲	△	
35	自动扶梯、自动人行道整机安装质量检查记录	▲		▲	△	
36	其他施工记录文件					
C6	施工试验记景及检测文件					

续表 6－1

类别	归档文件	保存单位				
		建设单位	设计单位	施工单位	监理单位	城建档案馆
	通用表格					
1	设备单机试运转记录	▲		▲	△	△
2	系统试运转调试记录	▲		▲	△	△
3	接地电阻测试记录	▲		▲	△	△
4	绝缘电阻测试记录	▲		▲	△	△
	建筑与结构工程					
1	锚杆试验报告	▲		▲	△	△
2	地基承载力检验报告	▲		▲	△	▲
3	桩基检测报告	▲		▲	△	▲
4	土工击实试验报告	▲		▲	△	▲
5	回填土试验报告(应附图)	▲		▲	△	▲
6	钢筋机械连接试验报告	▲		▲	△	△
7	钢筋焊接连接试验报告	▲		▲	△	△
8	砂浆配合比申请书、通知单			△	△	△
9	砂浆抗压强度试验报告	▲		▲	△	▲
10	砌筑砂浆试块强度统计、评定记录	▲		▲		△
11	混凝土配合比申请书、通知单	▲		△	△	△
12	混混凝土抗压强度试验报告	▲		▲	△	▲
13	混凝土试块强度统计、评定记录	▲		▲	△	△
14	混凝土抗渗试验报告	▲		▲	△	△
15	砂、石、水泥放射性指标报告	▲		▲	△	△
16	混凝土碱总盐计算书	▲		▲	△	△
17	外墙饰面砖样板黏结强度试验报告	▲		▲	△	△
18	后置埋件抗拔试验报告	▲		▲	△	△
19	超声波探伤报告、探伤记录	▲		▲	△	△
20	钢构件射线探伤报告	▲		▲	△	△
21	磁粉探伤报告	▲		▲	△	△
22	高强度螺栓抗滑移系数检测报告	▲		▲	△	△
23	钢结构焊接工艺评定			△	△	△
24	网架节点承载力试验报告	▲		▲	△	△
25	钢结构防腐、防火涂料厚度检测报告	▲		▲	△	△
26	木结构胶缝试验报告	▲		▲	△	
27	木结构构件力学性能试验报告	▲		▲	△	△
28	木结构防护剂试验报告	▲		▲	△	△

类别	归档文件	保存单位				
		建设单位	设计单位	施工单位	监理单位	城建档案馆
29	幕墙双组分硅酮结构胶混匀性及拉断试验报告	▲		▲	△	△
30	幕墙的抗风压性能、主空气渗透性能、雨水渗透性能及平面内变形性能检测报告	▲		▲	△	△
31	外门窗的抗风压性能、空气渗透性能和雨水渗透性能检测报告	▲		▲	△	△
32	墙体节能工程保温极材与基层黏结强度现场拉拔试验	▲		▲	△	△
33	外墙保温浆料同条件养护试件试验报告	▲		▲	△	△
34	结构实体混凝土强度验收记录	▲		▲	△	△
35	结构实体钢筋保护层厚度验收记录	▲		▲	△	△
36	围护结构现场实体检验	▲		▲	△	△
37	室内环境检测报告	▲		▲	△	△
38	节能性能检测报告	▲		▲	△	▲
39	其他建筑与结构施工试验记录与检测文件					
给水排水及供暖工程						
1	灌（满）水试验记录	▲		△	△	
2	强度严密性试验记录	▲		▲	△	△
3	通水试验记录	▲		△	△	
4	冲(吹)洗试验记录	▲		▲	△	
5	通球试验记录	▲		△	△	
6	补偿器安装记录			△	△	
7	消大栓试射记录	▲		▲	△	
8	安全附件安装检查记录			▲	△	
9	锅炉烘炉试验记录			▲	△	
10	锅炉煮炉试验记录			▲	△	
11	锅炉试运行记录	▲		▲	△	
12	安全阀定压告格证书	▲		▲	△	
13	自动喷水灭火系统联动试验记录	▲		▲	△	△
14	其他给水排水及供暖施工试验记录与检测文件					
建筑电气工程						
1	电气接地装置平面示意图表	▲		▲	△	△
2	电气器具通电安全检查记录	▲		△	△	
3	电气设备空载试运行记录	▲		▲	△	△
4	建筑物照明通电试运行记录	▲		▲	△	△
5	大型照明灯具承载试验记录	▲		▲	△	
6	漏电开关模拟试验记录	▲		▲	△	
7	大容量电气线路结点测温记录	▲		▲	△	

续表 6 - 1

类别	归档文件	保存单位				
		建设单位	设计单位	施工单位	监理单位	城建档案馆
8	低压配电电源质量测试记录	▲		▲	△	
9	建筑物照明系统照度测试记录	▲		△	△	
10	其他建筑电气施工试验记录与检测文件					
智能建筑工程						
1	综合布线测试记录	▲		▲	△	△
2	光纤损耗测试记录	▲		▲	△	△
3	视频系统末端测试记录	▲		▲	△	△
4	子系统检测记录	▲		▲	△	△
5	系统试运行记录	▲		▲	△	△
6	其他智能建筑施工试验记录与检测文件					
通风与空调工程						
1	风管漏光检测记录	▲		△	△	
2	风管漏风检测记录	▲		▲	△	
3	现场组装除尘器、空调机漏风检测记录		△	△		
4	各房间室内风量测量记录	▲		△	△	
5	管网风量平衡记录	▲		△	△	
6	空调系统试运转调试记录	▲		▲	△	△
7	空调水系统试运转调试记录	▲		▲	△	△
8	制冷系统气密性试验记录	▲		▲	△	△
9	净化空调革统检测记录	▲		▲	△	△
10	防排烟系统联合试运行记录	▲		▲	△	△
11	其他通风与空调施工试验记录与检测文件					
电梯工程						
1	轿厢平层准确度测量记录	▲		△	△	
2	电梯层门安全装置检测记录	▲		▲	△	
3	电梯电气安全装置检测记录	▲		▲	△	
4	电梯整机功能检测记录	▲		▲	△	
5	电梯主要功能检测记录	▲		▲	△	
6	电梯负荷运行试验记录	▲		▲	△	△
7	电梯负荷运行试验曲线图表	▲		▲	△	
8	电梯噪声测试记录	△		△	△	
9	自动扶梯、自动人行道安全装置检测记录	▲		▲	△	
10	自动扶梯、自动人行道整机性能、运行试验记录	▲		▲	△	△
11	其他电梯施工试验记录与检测文件					

类别	归档文件	保存单位				
		建设单位	设计单位	施工单位	监理单位	城建档案馆
C7	**施工质量验收文件**					
1	检验批质量验收记录	▲		△	△	
2	分项工程质量验收记录	▲		▲	▲	
3	分部(子分部)工程质量验收记录	▲		▲	▲	▲
4	建筑节能分部工程质量验收记录	▲		▲	▲	▲
5	自动喷水系统验收缺陷项目划分记录	▲		△	△	
6	程控电话交换系统分项工程质量验收记录	▲		▲	△	
7	会议电视系统分项工程质量验收记录	▲		▲	△	
8	卫星数字电视系统分项工程质量验收记录	▲		▲	△	
9	有线电视系统分项工程质量验收记录	▲		▲	△	
10	公共广播与紧急广播系统分项工程质量验收记录	▲		▲	△	
11	计算机网络系统分项工程质量验收记录	▲		▲	△	
12	应用软件系统分项工程质量验收记录	▲		▲	△	
13	网络安全系统分项工程质量验收记录	▲		▲	△	
14	空调与通风系统分项工程质量验收记录	▲		▲	△	
15	变配电系统分项工程质量验收记录	▲		▲	△	
16	公共照明系统分项工程质量验收记录	▲		▲	△	
17	给水排水系统分项工程质量验收记录	▲		▲	△	
18	热源和热交换系统分项工程质量验收记录	▲		▲	△	
19	冷冻和冷却水系统分项工程质量验收记录	▲		▲	△	
20	电梯和自动扶梯系统分项工程质量验收记录	▲		▲	△	
21	数据通信接口分项工程质量验收记录	▲		▲	△	
22	中央管理工作站及操作分站分项工程质量验收记录	▲		▲	△	
23	系统实时性、可维护性、可靠性分项工程质量验收记录	▲		▲	△	
24	现场设备安装及检测分项工程质量验收记录	▲		▲	△	
25	火灾自动报警及消防联动系统分项工程质量验收记录	▲		▲	△	
26	综合防范功能分项工程质量验收记录	▲		▲	△	
27	视频安防监控系统分项工程质量验收记录	▲		▲	△	
28	入侵报警系统分项工程质量验收记录	▲		▲	△	
29	出入口控制(门禁)系统分项工程质量验收记录	▲		▲	△	
30	巡更管理系统分项工程质量验收	▲		▲	△	
31	停车场(库)管理系统分项工程质量验收记录	▲		▲	△	
32	安全防范综合管理系统分项工程质量验收记录	▲		▲	△	
33	综合布线系统安装分项工程质量验收记录	▲		▲	△	

续表 6－1

类别	归档文件	保存单位				
		建设单位	设计单位	施工单位	监理单位	城建档案馆
34	综合布线系统性能检测分项工程质量验收记录	▲		▲	△	
35	系统集成网络连接分项工程质量验收记录	▲		▲	△	
36	系统数据集成分项工程质量验收记录	▲		▲	△	
37	系统集成整体协调分项工程质量验收记录					
38	系统集成综合管理及冗余功能分项工程质量验收记录	▲		▲	△	
39	系统集成可维护性和安全性分项工程质量验收记录	▲		▲	△	
40	电源系统分项工程质量验收记录	▲		▲	△	
41	其他施工质量验收文件					
C8	**施工验收文件**					
1	单位(子单位)工程竣工预验收报验表	▲		▲		▲
2	单位(子单位)工程质量竣工验收记录	▲	△	▲		▲
3	单位(子单位)工程质量控制资料核查记录	▲		▲		▲
4	单位(子单位)工程安全和功能检验资料核查及主要功能抽查记录	▲		▲		▲
5	单位(子单位)工程观感质量检查记录	▲		▲		▲
6	施工资料移交书	▲		▲		
7	其他施工验收文件					
	竣工图(D类)					
1	建筑竣工图	▲		▲		▲
2	结构竣工图	▲		▲		▲
3	钢结构竣工图	▲		▲		▲
4	幕墙竣工图	▲		▲		▲
5	室内装饰竣工图	▲		▲		▲
6	建筑给水排水及供暖竣工图	▲		▲		▲
7	建筑电气竣工图	▲		▲		▲
8	智能建筑竣工图	▲		▲		▲
9	通风与空调竣工图	▲		▲		▲
10	室外工程竣工图	▲		▲		▲
11	规划红线内的室外给水、排水、供热、供电、照明管线等竣工图	▲		▲		▲
12	规划红线内的道路、园林绿化、喷灌设施等竣工图	▲		▲		▲
	工程竣工验收文件(E类)					
E1	**竣工验收与备案文件**					
1	勘察单位工程质量检查报告	▲		△	△	▲
2	设计单位工程质量检查报告	▲	▲	△	△	▲
3	施工单位工程竣工报告	▲		▲	△	▲

类别	归档文件	保存单位				
		建设 单位	设计 单位	施工 单位	监理 单位	城建 档案馆
4	监理单位工程质量评估报告	▲		△	▲	▲
5	工程竣工验收报告	▲	▲	▲	▲	▲
6	工程竣工验收会议纪要	▲	▲	▲	▲	▲
7	专家组竣工验收意见	▲	▲	▲	▲	▲
8	工程竣工验收证书	▲	▲	▲	▲	▲
9	规划、消防、环保、民防、防雷等部门出具的认可文件或准许使用文件	▲	▲	▲	▲	▲
10	房屋建筑工程质量保修书	▲				▲
11	住宅质量保证书、住宅使用说明书	▲	▲			▲
12	建设工程竣工验收备案表	▲	▲	▲	▲	▲
13	建设工程档案预验收意见	▲		△		▲
14	城市建设档案移交书	▲				▲
E2	竣工决算文件					
1	施工决算文件	▲		▲		△
2	监理决算文件	▲			▲	△
E3	工程声像资料等					
1	开工前原貌、施工阶段、竣工新貌照片	▲		△	△	▲
2	工程建设过程的录音、录像资料(重大工程)	▲		△	△	▲
E4	其他工程文件					

注：表中符号"▲"表示必须归档保存；"△"表示选择性归档保存。

四、建筑工程资料归档质量要求

根据《建设工程文件归档规范》(GB/T 50328—2014)的规定，建筑工程资料在归档时应满足以下质量要求：

(1)归档的工程文件应为原件。

(2)工程文件的内容及其深度必须符合国家有关工程勘察、设计、施工、监理等方面的技术规范、标准和规程。

(3)工程文件的内容必须真实准确，与工程实际相符。

(4)工程文件应采用耐久性强的书写材料，如碳素墨水或蓝黑墨水，不得使用易褪色的书写材料，如：红色墨水、纯蓝墨水、圆珠笔、复写纸、铅笔等。

(5)工程文件应字迹清楚，图样清晰图表整洁，签字盖章手续完备。

(6)工程文件中文字材料幅面尺寸规格宜为 A4 幅面(297 mm × 210 mm)，图纸宜采用国家标准图幅。

(7)工程文件的纸张应采用能够长期保存的韧力大、耐久性强的纸张。图纸一般采用蓝晒图，竣工图应是新蓝图。计算机出图必须清晰，不得使用计算机出图的复印件。

（8）所有竣工图均应加盖竣工图章。

（9）利用施工图改绘竣工图，必须标明变更修改依据；凡施工图结构、工艺、平面布置等有重大改变，或变更部分超过图面 1/3 的，应当重新绘制竣工图。

（10）不同幅面的工程图纸应按《技术制图 复制图的折叠方法》（GB/T 10609.3—2009）统一折叠成 A4 幅面（297 mm×210 mm），图标栏露在外面。

GB/T 10609.3-2009技术制图复制图的折叠方法

五、建筑工程资料的归档规定

1. 归档资料的规定

（1）归档文件必须完整、准确、系统，能够反映工程建设活动的全过程。文件材料归档范围详见表 6-1。文件材料的质量符合建筑工程资料归档的质量要求。

（2）归档的文件必须经过分类整理，并应组成符合要求的案卷。

2. 归档时间的规定

（1）根据建设程序和工程特点，归档可以分阶段分期进行，也可以在单位或分部工程通过竣工验收后进行。

（2）勘察、设计单位应当在任务完成时，施工、监理单位应当在工程竣工验收前，将各自形成的有关工程档案向建设单位归档。

3. 归档顺序的规定

勘察、设计、施工单位在收齐工程文件并整理立卷后，建设单位、监理单位应根据城建档案管理机构的要求对档案文件完整、准确、系统情况和案卷质量进行审查。审查合格后向建设单位归档。勘察、设计、施工、监理等单位向建设单位移交档案时，应编制移交清单，双方签字、盖章后方可交接。

4. 归档数量的规定

工程档案一般不少于两套，一套由建设单位保管，一套（原件）移交当地城建档案馆（室）。凡设计、施工及监理单位需要向本单位归档的文件，应按国家有关规定和《建设工程文件归档规范》（GB/T 50328—2014）的要求单独立卷归档。

六、建设工程电子文件的归档

电子文件是指能被计算机系统识别、处理，按一定格式存储在磁带、磁盘或光盘等介质上，并可在网上传送的数字代码序列。电子档案是指具有保存价值的已归档的电子文件及相应的支持软件、参数和其他相关数据，应定期把符合归档条件的电子文件信息向档案部门移交，并按档案管理要求的格式存储到可长期保存的脱机载体上。

（一）建设工程电子文件的归档范围

凡属城建档案馆收集范围的工程，在向城建档案馆移交纸质档案的同时移交一套与纸质档案完全相同的电子档案。内容包括：工程准备阶段文件、建筑工程场地资料、监理文件、施工综合管理文件、施工文件、竣工验收文件、竣工图、声像档案等。

（二）建设工程电子文件的质量要求

（1）建设工程电子文件应以单位工程为单位形成上报文件，同一单位工程的电子文件应统一在同一文件下一起上报。一个工程项目由多个单位工程组成时，每个单位工程的电子文件应单独整理立卷，同一保管单元(或同一案卷)内电子文件的组织和排序应与相应的纸质文件相同。

(2)电子文件的内容应与相对应的纸质档案原件完全相同，且图像清晰、完整、不偏斜、不失真、不漏页。

(3)电子文件应按照要求格式制作。目前认可的文件格式有：DOC、TXT、XLS、PDF、JPG、DWG、TIFF、GIF、JPEG等。其他格式形成的文件，均应转换成以上的格式。

(4)凡能够提供电子文档的文件应移交电子文档，不能提供电子文档的文件应提供扫描件。

(5)电子档案在移交时，移交单位应向接收单位出具《电子档案质量保证书》。

(6)电子文件的载体或装具上应有封面和目录，封面的内容及格式应符合《建设电子文件与电子档案管理规范》(CJJ/T 117—2017)中附录 B、D 的要求。

(7)同一工程的电子文件及其著录数据、元数据、各种管理登记数据等必须存储在同一载体上。

(8)通用软件产生的电子文件，应注明其软件型号、名称、版本号、相关参数、说明资料等并拷贝字库。

(9)电子文件的存储载体应设置成禁止写操作的状态。

(10)电子档案的载体应采用一次写光盘、磁带、可擦写光盘、硬磁盘等。移动硬盘、优盘、软磁盘等不宜用作电子档案长期保存的载体。

(11)与建设电子文件的真实性、完整性、有效性、安全性等有关的控制信息(如电子签章信息等)必须与电子文件一同收集归档。

(12)应保证移交的载体的安全性。移交的载体应无病毒、无划痕。

(13)扫描件的质量要符合以下要求：

1)扫描模式可采用黑白二值、灰度、彩色三种模式。一般文件、图纸，页面为黑白两色或蓝图，并且字迹清晰、不带插图的档案。采用黑白二值模式扫描，清晰度较差的采用灰度扫描。带有有色标记且必须保留其色彩的，如批文、证件、红线图、合同中的盖章页，地质报告中的盖章页、彩色照片等，应采用彩色模式扫描。

2)扫描的电子文件，分辨率应为 200dpi，黑白扫描的灰度采用 256 灰阶。特殊情况下，如文字偏小、密集、清晰度较差等，可适当提高分辨率。

3)扫描时对图像页面中出现的影响图像质量的杂质，如黑点、黑线、黑框、黑边等应进行去污处理。处理过程中应遵循在不影响可读度的前提下展现档案原貌的原则。

4)采用彩色模式扫描的图像应进行裁边处理，去除多余的白边，以有效缩小图像文件的容量，节省存储空间。

5)扫描文件的大小一般以小于 2M 为正常值。

6)对大幅面档案进行分区扫描形成的图像，应进行拼接处理，合并为一个完整的图像，以保证档案数字化图像的整体性。

七、建筑工程资料的分类及编号方法

建筑工程资料的分类及编号执行《建筑工程资料管理规程》(JGJ/T 185—2009)的有关规定，具体内容参见本书模块一至模块五相关内容。

第二节　建筑工程资料的立卷

立卷是指按照一定的原则和方法,将有保存价值的文件分门别类地整理成案卷,亦称组卷。案卷是指由互有联系的若干文件组成的档案保管单位。

一、立卷的基本原则和方法

1. 立卷的基本原则

立卷应遵循工程文件的自然形成规律,保持卷内工程前期文件、施工技术文件和竣工图之间的有机联系,便于档案的保管和利用。

(1)立卷应遵循工程文件的自然形成规律和工程专业的特点,保持卷内文件的有机联系,便于档案的保管和利用。

(2)工程文件应按不同的形成、整理单位及建设程序,按工程准备阶段文件、监理文件、施工文件、竣工图、竣工验收文件分别进行立卷,并可根据数量多少组成一卷或多卷。

(3)一项建设工程由多个单位工程组成时,工程文件应按单位工程立卷。

(4)不同载体的文件应分别立卷。

2. 立卷的方法

(1)工程准备阶段文件应按建设程序、形成单位等进行立卷。

(2)监理文件可按单位工程、分部工程或专业、阶段等进行立卷。

(3)施工文件可按单位工程、分部(分项)工程进行立卷。

①专业承(分)包施工的分部、子分部(分项)工程应分别单独立卷。

②室外工程应按室外建筑环境和室外工程单独立卷。

③当施工文件中部分内容不能按一个单位工程分类立卷时,可按建设工程立卷。

(4)竣工图应按单位工程分专业进行立卷。

(5)竣工验收文件按单位工程分专业进行立卷。

(6)电子文件立卷时,每个工程(项目)应建立多级文件夹,应与纸质文件在案卷设置上一致,并应建立相应的标识关系。

(7)声像资料应按建设工程各阶段立卷,重大事件及重要活动的声像资料应按专题立卷,声像档案与纸质档案应建立相应的标识关系。

3. 立卷过程中宜遵循的要求

(1)不同幅面的工程图纸,应统一折叠成 A4 幅面(297 cm×210 cm)。图面朝内,其折叠方法按上文中要求进行。

(2)案卷不宜过厚,文字材料卷厚不宜超过 20 mm,图纸卷厚不宜超过 50 mm。

(3)案卷内不应有重份文件,印刷成册的工程文件宜保持原状。

(4)建设工程电子文件的组织和排序可按纸质文件进行。

二、立卷时卷内文件的排列

(1)文字材料按事项、专业顺序排列。同一事项的请示与批复、同一文件的印本与定稿、主体与附件不能分开,并按批复在前、请示在后,印本在前、定稿在后,主体在前、附件在后的顺序排列。

(2)图纸按专业排列,同专业图纸按图号顺序排列。

(3)既有文字材料又有图纸的案卷,文字材料排前,图纸排后。

三、立卷时案卷的编目要求

1.编制卷内文件页号应符合下列规定

(1)卷内文件均按有书写内容的页面编号。每卷单独编号,页号从"1"开始。

(2)页号编写位置:单面书写的文件在右下角;双面书写的文件,正面在右下角,背面在左下角。折叠后的图纸一律在右下角。

(3)成套图纸或印刷成册的科技文件材料,自成一卷的,原目录可代替卷内目录,不必重新编写页码。

(4)案卷封面、卷内目录、卷内备考表不编写页号。

2.卷内目录的编制应符合下列规定

(1)卷内目录排列在卷内文件首页之前,格式如图6-1所示。

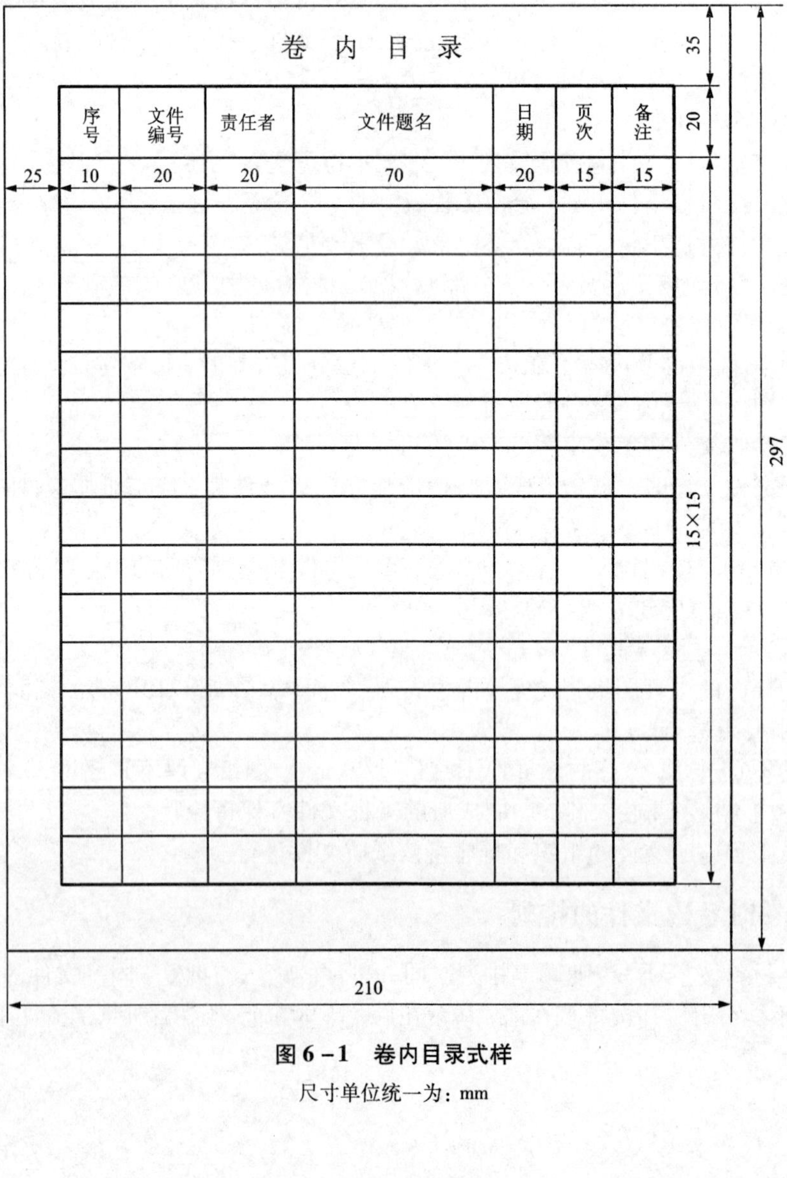

卷 内 目 录

序号	文件编号	责任者	文件题名	日期	页次	备注

图6-1 卷内目录式样

尺寸单位统一为:mm

（2）序号：以一份文件为单位，用阿拉伯数字从1依次标注。

（3）责任者：填写文件的直接形成单位和个人。有多个责任者时，选择两个主要责任者，其余用"等"代替。

（4）文件编号：应填写文件形成单位的发文号或图纸的图号，或设备、项目代号。

（5）文件题名：应填写文件标题的全称。当文件无标题时，应根据内容拟写标题，拟写标题外应加"[ ]"符号。

（6）日期：应填写文件的形成日期或文件的起止日期，竣工图应填写编制日期。日期中"年"应用四位数字表示，"月"和"日"应分别用两位数字表示。

（7）页次：应填写文件在卷内所排的起始页号，最后一份文件应填写起止页号。

（8）备注应填写需要说明的问题。

3. 卷内备考表的编制应符合下列规定

（1）卷内备考表排列在卷内文件的尾页之后，格式如图6-2所示。

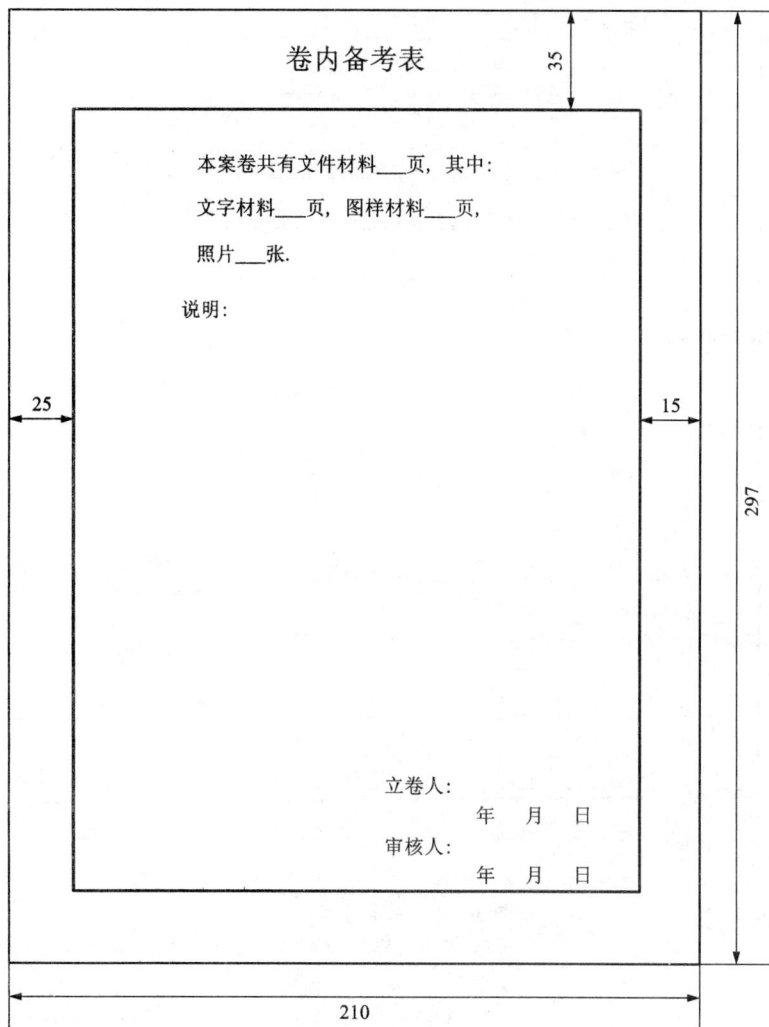

图6-2 卷内备考表式样

尺寸单位统一为：mm

（2）卷内备考表应标明卷内文件的总页数，各类文件页数或照片张数及立卷单位对案卷情况的说明。

（3）立卷单位的立卷人和审核人应在卷内备考表上签名；年、月、日应按立卷、审核时间填写。

4. 案卷封面的编制应符合下列规定

（1）案卷封面应印刷在卷盒、卷夹的正表面，也可采用内封面形式。案卷封面的试样宜符合表6-3的要求。

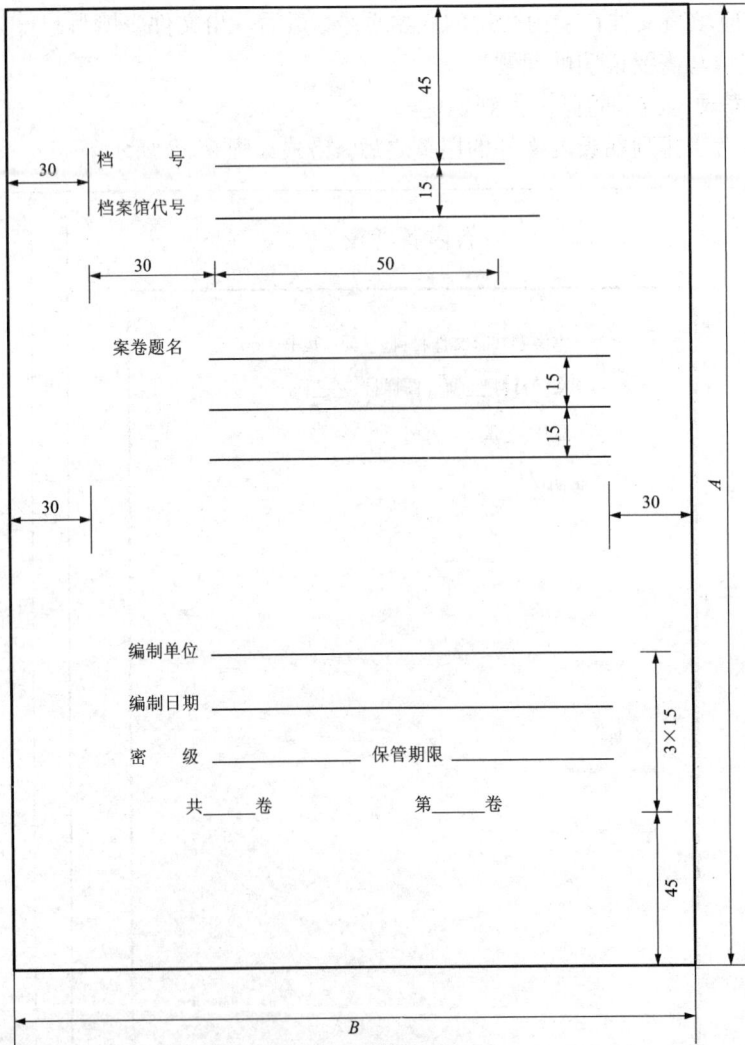

图6-3 案卷封面式样

卷盒、卷夹封面 $A \times B = 310 \times 220$

案卷封面 $A \times B = 297 \times 210$

尺寸单位统一为：mm

（2）案卷封面的内容应包括档号、案卷题名、编制单位、起止日期、密级、保管期限、本案卷所属工程的案卷总量、本案卷在该工程案卷总量中的排序。

270

（3）档号应由分类号、项目号和案卷号组成，档号由档案保管单位填写。

（4）案卷题名应简明、准确地揭示卷内文件的内容。

（5）编制单位应填写案卷内文件的形成单位或主要管理者。

（6）起止日期应填写案卷内全部文件形成的起止日期。

（7）保管期限应根据卷内文件的保管价值在永久保管、长期保管、短期保管三种保管期限中选择划定。当同一案卷内有不同保管期限的文件时，该案卷保管期限应从长。

（8）密级应在绝密、机密、秘密三个级别中选择划定。当同一案卷内有不同密级的文件时，应从高密级为本卷密级。

5. 编写案卷题名，应符合下列规定

（1）建筑工程案卷题名应包括工程名称（含单位工程名称）、分部工程或专业名称及卷内文件概要等内容；当房屋建筑有地名管理机构批准的名称或正式名称时，应以正式名称为工程名称，建设单位名称可省略；必要时可增加工程地址内容。

（2）卷内文件概要应符合《建设工程文件归档规范》（GB/T 50328—2014）附录 A 中所列案卷内容（标题）的要求。

（3）外文资料的题名及主要内容应译成中文。

6. 卷内目录、卷内备考表、案卷内封面采用 70 g 以上白色书写纸制作，幅面统一采用 A4 幅面

四、案卷装订的要求

（1）案卷可采用装订与不装订两种形式。文字材料必须装订；既有文字材料又有图纸的案卷应装订。

（2）装订时不应破坏文件的内容，并应保持整齐、牢固，便于保管和利用。

（3）装订时必须剔除金属物并采用线绳三孔左侧装订法，要整齐、牢固，便于保管和利用。

五、卷盒、卷夹、案卷脊背的要求

（1）案卷装具一般采用卷盒、卷夹两种形式。

1）卷盒的外表尺寸为 310 mm × 220 mm，厚度分别为 20、30、40、50 mm。

2）卷夹的外表尺寸为 310 mm × 220 mm，厚度一般为 20 ~ 30 mm。

3）卷盒、卷夹应采用无酸纸制作。

（2）案卷脊背的内容包括档号、案卷题名。式样如图 6 - 4 所示。

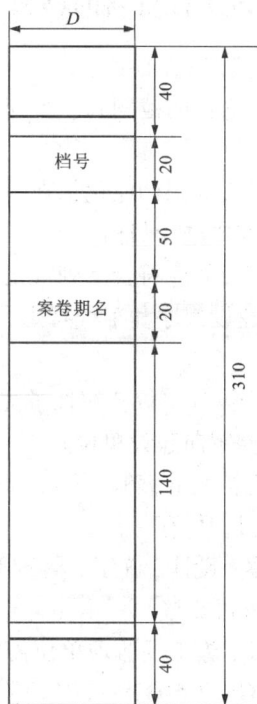

图 6 - 4　案卷脊背式样

第三节 建筑工程资料的验收与归档、移交

一、建筑工程资料的验收

（1）列入城建档案馆（室）档案接收范围的工程，建设单位在组织工程竣工验收前，应提请城建档案管理机构对工程档案进行预验收。建设单位未取得城建档案管理机构出具的认可文件，不得组织工程竣工验收。

（2）城建档案管理部门在进行工程档案预验收时，应重点验收以下内容：

1）工程档案齐全、系统、完整，全面反映工程建设活动和工程实际状况。

2）工程档案已整理立卷，立卷符合上文之规定。

3）竣工图的绘制方法、图式及规格等符合专业技术要求，图面整洁，盖有竣工图章。

4）文件的形成、来源符合实际，要求单位或个人签章的文件，其签章手续完备。

5）文件的材质、幅面、书写、绘图、用墨、托裱等符合要求。

6）电子档案格式、载体等符合要求。

7）声像档案内容、质量、格式符合要求。

二、建筑工程资料的移交

1. 工程文件的归档

（1）归档文件的范围和质量应符合规定，并对归档文件进行合理的分类整理，立卷符合上文之规定。

（2）电子文件归档应包括在线式归档和离线式归档两种方式，可根据实际情况选择其中一种或两种方式进行归档。

（3）归档时间应符合下列规定：

①根据建设程序和工程特点，归档可分阶段分期进行，也可在单位或分部工程通过竣工验收后进行。

②勘察、设计单位应在任务完成后，施工、监理单位应在工程竣工验收前，将各自形成的有关工程档案向建设单位归档。

（4）工程档案的编制不得少于两套，一套应由建设单位保管，一套（原件）应移交当地城建档案管理机构保存。

（5）勘察、设计、施工、监理等单位向建设单位移交档案时，应编制移交清单，双方签字、盖章后方可交接。

（6）设计、施工及监理单位需向本单位归档的文件，应按国家有关规定和《建设工程文件归档规范》（GB/T 50328—2014）附录 A 的要求立卷归档。

2. 工程文件的移交

（1）列入城建档案管理机构档案接收范围的工程，竣工验收前，城建档案管理机构应对工程档案进行预验收。

（2）列入城建档案管理机构结构范围的工程，建设单位在工程竣工验收后 3 个月，必须向城建档案管理机构移交一套符合规定的工程档案。

（3）停建、缓建建设工程的档案，可暂由建设单位保管。

（4）对改建、扩建和维修工程，建设单位应组织设计、施工单位对改变部位据实编制新的工程档案，并应在工程竣工验收后 3 个月内向城建档案管理机构移交。

（5）当建设单位向城建档案管理机构移交工程档案时，应提交移交案卷目录，办理移交手续，双方签字、盖章后方可交接。

第四节　建筑工程档案资料的利用

一、建筑工程档案的社会作用

建筑工程档案不仅为研究城市建设的历史、开展城市建设科学技术的研究积累信息，还为以后工程的改建、扩建和维修提供了依据。由于建设工程档案在经济建设、城市建设和社会生活中所发挥的重要作用，其保存、开发和利用的重要价值日益被人们所认识。

（1）建设工程档案是今后工程维修、改建和扩建的依据；

（2）建设工程档案是灾后或战后工程修复和重建的依据；

（3）建设工程档案是审判断案、解决民事纠纷和保险理赔的法律凭证。

二、建筑工程档案的利用形式

建筑工程档案资料的利用服务，是由保存建设工程档案的根本目的所决定的，也是检验建设工程档案从收集到整理、保管等一系列工作成效的试金石。建筑工程档案的利用分为实际利用、科研学术利用、社会利用等三种形式。

1. 档案的实际利用

建筑工程档案的实际利用是指查找档案中可直接用于判断的依据性材料为具体工作服务，其主要利用目的不是为了获取知识，而是为了做好工作。它可以产生直接的社会效益和经济效益，从而实现建筑工程档案的实际价值。

2. 档案的科研学术利用

建筑工程档案的科研学术利用是指研究者通过阅读档案进行科研或学术研究活动，其利用的主要目的是为科研或学术研究提供支持和帮助。档案的科研学术研究利用者主要是专家、学者、研究生，其查阅档案的目的是为了学术创新、著书立说，通过科研、学术成果的推广、论文的发表，产生社会效益和经济效益。

3. 档案的社会利用

建筑工程档案的社会利用是全社会文化发展的一个组成部分，其利用的程度主要取决于档案的开放程度和人们对档案的认识、了解的程度。

三、建筑工程档案的利用途径

1. 通过提供准确快速的服务，提高档案的实际利用水平

档案的保存管理，一是要科学的分门别类、有序的保管存放；二是要利用现代化的检索设备、快速的查找手段；三是要培养一支业务熟悉、本领过硬的档案管理人员。为档案的实际利用者提供准确、高效、快速的查找服务，使其及时获得有用的档案信息和凭证，不断提

高档案的实际利用水平。

2. 完善档案的收藏内容，提高档案的科研学术利用水平

档案的收集、保管，要在范围的广度、内容的深度上不断深化，进一步完善档案的收藏内容，提高档案的科研学术利用水平。

3. 扩大社会对档案的认识和了解，开放档案的社会利用

建筑工程档案的社会利用形式是多种多样的，在实践中可以采取以下方式提高其社会利用率：一是开展永久性的档案陈列形式，办建设工程档案陈列展；二是开放建筑工程档案，开展建设工程档案教育活动；三是编研、出版有关建筑工程档案的资料；四是参与社会公共活动，让社会广泛认识建筑工程档案及其社会价值。

建筑工程资料经过整理后，除了便于保管、查找外，还在于发挥建筑工程资料的技术效用和社会、经济效益，为社会服务。开发利用建设档案资源的途径主要有两种：一是直接利用建筑工程档案资料。二是对档案资料进行加工利用。

（1）直接利用建筑工程档案资料

①内部借阅

这是本单位内部有关人员利用建筑工程资料的基本形式。

②阅览

阅览也是建筑工程资料利用的重要形式。这种利用形式是由下述两种情况决定的：

由资料的性质决定。比如某些机密的或孤本的建筑工程技术资料，某些通用性较强、查找利用者较多而复本数量有限的资料。这些资料只能在阅览室阅览。

由利用性质决定。某些利用者需要查阅资料的数量很大，或者对图纸等资料的重复利用，借出使用不方便，或者只是为了查找一个数据、一种方法，在阅览室查阅一下即可解决，这种情况也需要提供阅览条件。

③外部借阅

为了保证建筑工程资料的安全性，建筑工程资料归档后一般不外借。出借是建筑工程资料利用的主要形式。出借建筑工程资料要按照相关制度，办理借阅手续等。逾期没有归还的资料应该催还。

④提供复制

一种是对标准图档案、通用图档案的配套复制，另一种是对非标准图档案、非通用图档案的配套复制。

（2）对档案资料进行加工利用

①信息统计。

②索引。

③专题研究。

思考题

1. 建设工程文件一般分为哪几大部分？

2. 施工单位在建设工程档案管理中的职责有哪些？

3. 工程档案一般需要几套？

4. 建筑工程资料归档的范围的基本原则是什么？

5. 简述建筑工程资料归档的质量要求。

6. 立卷的基本原则有哪些？

7. 卷内文件的一般排列顺序是什么？

8. 卷内目录的编制应符合什么规定？

9. 案卷的保存期限有哪几种？

10. 案卷的保密级别有哪几种？

11. 试述建筑工程档案的利用。

模块七　建筑工程资料管理信息化

【德育目标】

与时俱进　集约高效

【教学目标】

了解信息、信息管理、施工项目信息管理的概念；理解工程项目信息管理的目的；掌握施工信息的分类及表现形式；掌握施工项目信息管理的工作；熟悉施工项目信息管理的手段；了解建筑业统计数据的管理和维护；掌握建筑工程资料管理软件操作方法。

【技能抽查要求】

计算机软、硬件维护；计算机网络环境的建立与维护；Word/Excel PPT 等办公软件的应用；熟练使用建筑工程资料管理软件。

【职业岗位要求】

施工信息管理平台的建立；建筑业统计常用相关数据；文件数据的检索、处理、储存和追溯；建筑工程软件操作方法。

第一节　建筑工程资料与施工信息管理

一、施工项目信息管理概述

(一)施工项目信息管理的内涵

1. 信息

信息指的是用口头的方式、书面的方式或电子的方式传输(传达、传递)的知识、新闻，或可靠的或不可靠的情报。声音、文字、数字和图像等都是信息表达的形式。建筑工程项目的实施需要人力资源和物质资源，应认识到信息也是项目实施的重要资源之一。

2. 信息管理

信息管理指的是信息传输的合理的组织和控制。施工方在投标过程中、承包合同洽谈过程中、施工准备工作中、施工过程中、验收过程中，以及在保修期工作中形成大量的各种信息。这些信息不但在施工方内部各部门间流转，其中许多信息还必须提供给政府建设主管部门、业主方、设计方、相关的施工合作方和供货方等，还有许多有价值的信息应有序地保存，可供其他项目借鉴。上述过程包含了信息传输的过程，由谁(哪个工作岗位或工作部门等)、在何时、向谁(哪个项目主管和参与单位的工作岗位或工作部门等)、以什么方式、提供什么信息等属于信息传输的组织和控制，这就是信息管理的内涵。信息管理不能简单理解为仅对产生的信息进行归档和一般的信息领域的行政事务管理。为充分发挥信息资源的作用和提高信息管理的水平，施工单位和其项目管理部门都应设置专门的工作部门(或专门的人员)负责信息管理。

3.施工项目信息管理

施工项目信息管理是指项目经理部以项目管理为目标,以施工项目信息为管理对象进行的有计划地收集、处理、储存、传递、应用各类各专业信息等一系列工作的总和。是通过对项目的决策、实施和运行等有关的系统、工作和数据的管理,使项目的信息能方便和有效的获取、存储、处理和交流。

(1)上述"系统"可视为与项目的决策、实施和运行有关的各系统,它可分为建筑工程项目决策阶段管理子系统、实施阶段管理子系统和运行阶段管理子系统。其中实施阶段管理子系统又可分为业主方管理子系统、设计方管理子系统、施工方管理子系统和供货方管理子系统等。

(2)上述"工作"可视为与项目的决策、实施和运行有关的各项工作。如施工方管理子系统中的工作包括安全管理、成本管理、进度管理、质量管理、合同管理、信息管理、施工现场管理等。

(3)上述"数据"并不仅指数字,在信息管理中,数据作为一个专门术语,它包括数字、文字、图像和声音。在施工方项目信息管理中,各种报表、成本分析的有关数字、进度分析的有关数字、质量分析的有关数字、各种来往的文件、设计图纸、施工摄影、摄像资料和录音资料等都属于信息管理中的数据的范畴。

项目经理部为实现项目管理的需要,提高管理水平,应建立项目信息管理系统,优化信息结构,通过动态的、高速度、高质量地处理大量项目施工及相关信息,和有组织的信息流通,实现项目管理信息化,为做出最优决策,取得良好经济效果和预测未来提供科学依据。

(二)建筑工程项目信息管理的目的

建筑工程项目的信息管理的目的旨在通过有效的项目信息传输的组织和控制为项目建设提供增值服务,具体表现在下面几方面:

(1)自项目的开始至项目完成,通过项目的信息组织和控制有效地提供项目的费用目标、进度目标和质量目标的实现概率。

(2)对项目的信息进行收集、整理以及存储,记录成文件作为项目备案文件,作为单位工程在日后维修、扩建、改造、更新的重要档案材料。

(3)提高项目经营管理水平和产品市场竞争能力,为消费者和经销商提供更优质、完善、快捷的服务,使客户更满意。

(4)实行管理自动化,用电脑管理代替部分或全部手工劳动,提高经营管理效率,减少雇用人员。

(5)为项目经营、管理辅助决策,提供优化的方案和决策依据。

(三)施工项目信息的主要分类

施工项目信息主要分类见表7-1。

表 7 – 1　施工项目管理信息主要分类

依据	信息分类	主　要　内　容
管理目标	成本控制信息	施工项目成本计划、施工任务单、限额领料单、施工定额、成本统计报表、对外分包经济合同、原材料价格、机械设备台班费、人工费、运杂费等
	质量控制信息	国家或地方政府部门颁布的有关质量政策、法令、法规和标准等，质量目标的分解图表、质量控制的工作流程和工作制度、质量管理体系构成、质量抽样检查数据、各种材料和设备的合格证、质量证明书、检测报告等
	进度控制信息	施工项目进度计划、施工定额、进度目标分解图表、进度控制工作流程和工作制度、材料和设备到货计划、各分部分项工程进度计划、进度记录等
	安全控制信息	施工项目安全目标、安全控制体系、安全控制组织和技术措施、安全教育制度、安全检查制度、伤亡事故统计、伤亡事故调查与分析处理等
生产要素	劳动力管理信息	劳动力需用量计划、劳动力流动、调配等
	材料管理信息	材料供应计划、材料库存、储备与消耗、材料定额、材料领发及回收台账等
	机械设备管理信息	机械设备需求计划、机械设备合理使用情况、保养与维修记录等
	技术管理信息	各项技术管理组织体系、制度和技术交底、技术复核、已完工程的检查验收记录等
	资金管理信息	资金收入与支出金额及其对比分析、资金来源渠道和筹措方式等
管理工作流程	计划信息	各项计划指标、工程施工预测指标等
	执行信息	项目施工过程中下达的各项计划、指示、命令等
	检查信息	工程的实际进度、成本、质量的实施状况等
	反馈信息	各项调整措施、意见、改进的办法和方案等
信息来源	内部信息	来自施工项目的信息：如工程概况、施工项目的成本目标、质量目标、进度目标、施工方案、施工进度、完成的各项技术经济指标、项目经理部组织、管理制度等
	外部信息	来自外部环境的信息：如监理通知、设计变更、国家有关的政策及法规、国内外市场的有关价格信息、竞争对手信息等
信息稳定程度	固定信息	在较长时期内，相对稳定，变化不大，可以查询得到的信息，各种定额、规范、标准、条例、制度等，如施工定额、材料消耗定额、施工质量验收统一标准、施工质量验收规范、生产作业计划标准、施工现场管理制度、政府部门颁布的技术标准、不变价格等
	流动信息	是指随施工生产和管理活动不断变化的信息，如施工项目的质量、成本、进度的统计信息、计划完成情况、原材料消耗量、库存量、人工工日数、机械台班数等
信息性质	生产信息	有关施工生产的信息，如施工进度计划、材料消耗等
	技术信息	技术部门提供的信息，如技术规范、施工方案、技术交底等
	经济信息	如施工项目成本计划、成本统计报表、资金耗用等
	资源信息	如资金来源、劳动力供应、材料供应等
信息层次	战略信息	提供给上级领导的重大决策性信息
	策略信息	提供给中层领导部门的管理信息
	业务信息	基层部门例行性工作产生或需用的日常信息

278

（四）施工项目信息的表现形式

施工项目信息的表现形式见表7-2。

表7-2　施工项目信息表现形式

表现形式	示　　　例
书面形式	• 设计图纸、说明书、任务书、施工组织设计、合同文本、概预算书、会计（统计）各类报表、工作条例、规章、制度等； • 会议纪要、谈判记录、技术交底记录、工作研讨记录等； • 个别谈话记录：如监理工程师口头提出、电话提出的工程变更要求，在事后应及时追补的工程变更文件记录、电话记录等。
技术形式	• 由电报、录像、录音、磁盘、光盘、图片、照片等记载储存的信息。
电子形式	• 电子邮件、Web 网页。

（五）施工项目信息管理的基本要求

（1）项目经理部应建立项目信息管理系统，对项目实施全方位、全过程信息化管理。

（2）项目经理部中，可以在各部门中设信息管理员或兼职信息管理人员，也可以单设信息管理人员或信息管理部门。信息管理人员都须经有资质的单位培训后，才能承担项目信息管理工作。

（3）项目经理部应负责收集、整理、管理本项目范围内的信息。实行总分包的项目，项目分包人应负责分包范围的信息收集、整理，承包人负责汇总、整理发包人的全部信息。

（4）项目经理部应及时收集信息，并将信息准确、完整、及时地传递给使用单位和人员。

（5）项目信息收集应随工程的进展进行，保证真实、准确、具有时效性，经有关负责人审核签字，及时存入计算机中，纳入项目管理信息系统内。

二、施工项目信息管理的工作

（一）施工项目信息结构及内容

建筑工程项目的信息包括在项目决策过程、实施过程（设计准备、设计、施工和物资采购过程等）和运行过程中产生的信息，以及其他与项目建设有关的信息。施工方的项目信息内容见图7-1。

（二）施工项目相关的信息管理工作

1. 收集并整理相关公共信息

公共信息包括：法律、法规和部门规章信息，市场信息，自然条件信息。

（1）法律、法规和部门规章信息，可采用编目管理或建立计算机文档存入计算机。无论采用哪种管理方式，都应在施工项目信息管理系统中建立法律、法规和部门规章表。

（2）市场信息包括：材料价格表、材料供应商表、机械设备供应商表、机械设备价格表、新材料、新技术、新工艺、新管理方法信息表等。应通过每一表格及时反映出市场动态。

（3）自然条件信息，应建立自然条件表，包括：地区、场地土类别、年平均气温、年最高气温、年最低气温、冬雨风季时间、年最大风力、地下水位高度、交通运输条件、环保要求等

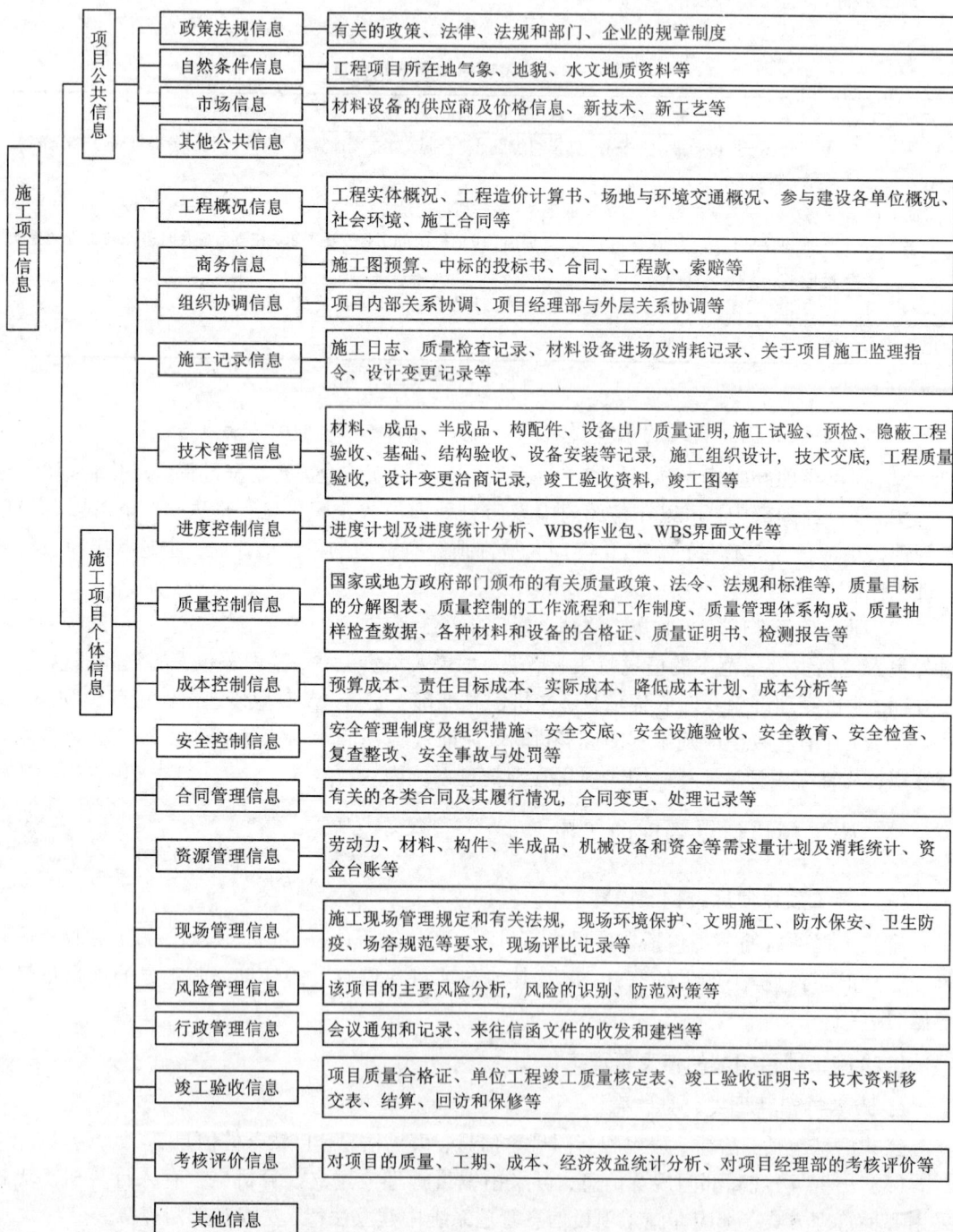

图 7 -1　施工项目信息结构及内容

内容。

2. 收集并整理工程总体信息

建筑工程总体信息包括工程名称、工程编号、建筑面积、总造价；建设单位、设计单位、施工单位、监理单位和参与建设其他各单位等基本项目信息；以及基础工程、主体工程、设备安装工程、装饰装修工程、建筑造型等特点；工程实体信息、场地与环境、施工合同信息等。

3. 收集并整理相关施工信息

施工信息内容包括：施工记录信息、施工技术资料信息。

施工记录信息包括：施工日志、质量检查记录、材料设备进场记录、用工记录表等。

施工技术资料信息包括：主要原材料、成品、半成品、构配件、设备出厂质量证明和试（检）验报告，施工试验记录，预检记录，隐蔽工程验收记录，基础、主体结构验收记录，设备安装工程记录，施工组织设计，技术交底资料，工程质量检验评定资料，竣工验收资料，设计变更洽商记录，竣工图等。

4. 收集并整理相关项目管理信息

项目管理信息包括项目管理规划（大纲）信息、项目管理实施规划信息、项目进度控制信息、项目质量控制信息、项目安全控制信息、项目成本控制信息、项目现场管理信息、项目合同管理信息、项目材料（构配件）管理信息、工（器）具管理信息、项目人力资源管理信息、项目机械设备管理信息、项目资金管理信息、项目技术管理信息、项目组织协调信息、项目竣工验收信息、项目考核评价信息等。

（1）项目进度控制信息包括：施工进度计划表、资源计划表、资源表、完成工作分析表等。

（2）项目成本信息要通过责任目标成本表、实际成本表、降低成本计划和成本分析等来管理和控制成本的相关信息。而降低成本计划由成本降低率表、成本降低额表、施工和管理费降低计划表组成。成本分析由计划偏差表、实际偏差表、目标偏差表和成本现状分析表等组成。

（3）项目安全控制信息主要包括：安全交底、安全设施验收、安全教育、安全措施、安全处罚、安全事故、安全检查、复查整改记录等。

（4）项目竣工验收信息主要包括：施工项目质量合格证书、单位工程交工质量核定表、交工验收证明书、施工技术资料移交表、施工项目结算、回访与保修书等。

三、施工项目信息管理的重要性

根据有关国际文献的资料统计：①建设工程项目实施过程中存在的诸多问题，其中2/3与信息交流（信息沟通）的问题有关；②建设工程项目10%～33%的费用增加与信息交流存在的问题有关；③在大型建设工程项目中，信息交流的问题导致工程变更和工程实施的错误约占总成本的3%～5%。

由此可见信息交流对项目实施影响之大。

以上"信息交流（信息沟通）"的问题指的是一方没有及时，或没有将另一方所需要的信息（如所需的信息的内容、针对性的信息和完整的信息），或没有将正确的信息传递给另一方。如设计变更没有及时通知施工方，而导致返工；如业主方没有将施工进度严重拖延的信息及时通知大型设备供货方，而设备供货方仍按原计划将设备运到施工现场，致使大型设备在现场无法存放和妥善保管；如施工已产生了重大质量问题的隐患，而没有向技术负责人及时汇报等。以上列举的问题都会不同程度地影响项目目标的实现。因此，项目信息管理是项目管理中不可缺少的一项管理工作，要想很好地完成项目建设，不能只在进度控制、成本控制、质量控制、工期控制上努力，同时也需要在信息管理上下功夫，做好项目的信息管理，使工程项目能够圆满地完成。

四、施工项目信息管理的对策

(一)明确施工项目管理中的信息流程

信息流程反映了施工项目中各有关单位及人员之间的关系。为了保证施工项目管理工作的顺利进行，必须使信息在施工管理的上下级之间、有关单位之间和内外部环境之间流动。在施工项目管理中，通常接触到以下几个方面的信息流。

1. 管理系统的纵向信息流

包括由上层下达到基层，或由基层反映到上层的各种信息，既可以是命令、指示和通知，也可以是报表、原始记录、统计资料和情况报告等。

2. 管理系统的横向信息流

包括同一层次、各工作部门之间的信息关系。有了横向信息，各部门之间就能做到分工协作，共同完成目标。

3. 外部系统的信息流

包括同施工项目上其他有关单位及外部环境之间的信息关系。

上述 3 种信息应有明晰的流线，并且要保持通畅，否则施工管理人员将无法及时和准确地得到信息，就会失去控制的基础、决策的依据和协调的媒介。

(二)制定施工项目管理中的信息收集制度

施工项目管理中的信息收集，是指收集施工项目上与管理有关的各种原始信息，是一项很重要的基础工作。施工项目信息管理工作的好坏，在很大程度上取决于原始资料的全面性和可靠性。一般而言，信息收集制度中应包括信息来源、要收集信息的内容、标准、时间要求、传递途径、反馈的范围、责任人员的工作职责和工作程序等有关内容。需要收集信息的内容由施工项目管理的客观需要确定，通常包括工程实际状况、文档资料和环境变化等有关信息和资料。

(三)施工项目管理中的信息处理

在施工过程中，所发生并经过收集和整理的信息、资料的内容和数量相当多，而在施工项目管理过程中，可能随时需要使用其中的某些资料。为了便于管理，必须对收集到的资料和信息进行处理。

1. 信息处理的要求

要使信息能够有效地发挥作用，在处理过程中就必须做到及时、准确、适用和经济。

2. 信息处理的内容

信息的处理一般包括信息的收集、加工、传输、存储、检索和输出。

3. 信息处理的方式

信息处理的方式一般有 3 种，即手工处理、机械处理和计算机处理。

机械处理方式是利用机械或简单的电动机械、工具进行数据加工和信息处理的方式。例如，用条码识别仪器对进场的建筑材料和构配件的有关数据进行自动采集，利用可编程的计算器进行数据加工，用中英文打字机进行报表和文件的打印等。机械处理方式比手工处理方式速度快，但是并没有真正改变信息处理的过程。

计算机处理方式是利用计算机存储量大、运算速度快的特点来收集、整理和加工信息的方式。人们可以利用事先编制好的程序和软件来自动、快速和准确地处理信息，进行信息的深度处理和综合加工，并可以输出满足不同管理层次需要的处理结果，同时也可以根据需要对信息进行快速的检索和传输。

第二节　施工信息管理现代化建设

我国建筑业和基本建设领域应用信息技术与发达国家相比差距很大，它反映在信息技术在工程管理应用的观念上，也反映在有关的知识水平上，还反映在有关技术的应用方面。

在数字经济与数字生态 2000 中国高层年会上提出的"认知数字经济、改善数字生态、弥合数字鸿沟、消除数字冲突、把握数字机遇"是当前推动信息化的重要战略任务。

为了更好地对工程项目信息进行管理及控制，我国施工企业应积极采取更有效的措施及手段对工程项目信息进行管理，从而提高工程项目的管理水平。

一、编制信息管理手册

（一）编制信息管理手册的原因及作用

施工方、业主方和项目参与其他各方都有各自的信息管理任务，为充分利用和发挥信息资源的价值、提高信息管理的效率以及实现有序和科学的信息管理，各方都应编制各自的信息管理手册，以规范信息管理工作。

（二）信息管理手册的内容

信息管理手册描述和定义信息管理的任务、执行者（部门）、每项信息管理任务执行的时间和工作成果等，它的主要内容包括：①确定信息管理的任务，建立信息管理任务目录；②确定信息管理的任务分工表和管理职能分工表；③确定信息的分类；④确定信息的编码体系和编码；⑤绘制信息输入输出模型（反映每一项信息处理过程的信息提供者、信息整理加工者、信息整理加工的要求和内容以及经整理加工后的信息传递给信息的接受者，并用框图的形式表示）；⑥绘制各项信息管理工作的工作流程图（如信息管理手册编制和修订的工作流程；形成各类报表和报告，收集信息、审核信息、录入信息、加工信息、信息传输和发布的工作流程；以及工程档案管理的工作流程等）；⑦绘制信息处理的流程图（如施工安全管理信息、施工成本控制信息、施工进度信息、施工质量信息、合同管理信息等的信息处理的流程）；⑧确定信息处理的工作平台（如以局域网作为信息处理的工作平台，或用门户网站作为信息处理的工作平台等）及明确其使用规定；⑨确定各种报表和报告的格式，以及报告周期；⑩确定项目进展的月度报告、季度报告、年度报告和工程总报告的内容及其编制原则和方法；⑪确定工程档案管理制度；⑫确定信息管理的保密制度，以及与信息管理有关的制度。

在当今的信息时代，在国际上工程管理领域产生了信息管理手册，它是信息管理的核心指导文件。期望我国施工企业对此引起重视，并在工程实践中得以应用。

二、建立信息管理部门

项目管理班子中各个工作部门的管理工作都与信息处理有关，它们也都承担一定的信息管理任务，而信息管理部门是专门从事信息管理的工作部门，其主要工作任务是：①负责主持编制信息管理手册，在项目实施过程中对信息管理手册进行必要的修改和补充，并检查和督促其执行；②负责协调和组织项目管理班子中各个工作部门的信息处理工作；③负责信息处理工作平台的建立和运行维护；④与其他工作部门协同组织收集信息、处理信息和形成各种反映项目进展和项目目标控制的报表和报告；⑤负责工程档案管理等。

在国际上，许多建设工程项目都专门设立信息管理部门（或称为信息中心），以确保信息管理工作的顺利进行；也有一些大型建设工程项目专门委托咨询公司从事项目信息动态跟踪和分析，以信息流引导物质流，从宏观上和总体上对项目的实施进行控制。

三、实现工程管理信息化

施工信息管理手段的核心是实现工程管理信息化。利用当今信息技术提高工程信息管理的效率和准确度。

（一）信息化的定义

信息化指的是信息资源的开发和利用，以及信息技术的开发与利用。信息化是继人类社会农业革命、城镇化和工业化以后又一个新的发展时期的重要标志。其中"信息资源"涉及范围非常广，它对人类社会的发展是非常宝贵的财富，它应得以广泛开发和充分利用；"信息技术"包括有关数据处理的软件技术、硬件技术和网络技术等，在国际社会中认为，一个社会组织的信息技术水平是衡量其文明程度的重要标志之一。

我国实施国家信息化的总体思路是：①以信息技术应用为导向；②以信息资源开发和利用为中心；③以制度创新和技术创新为动力；④以信息化带动工业化；⑤加快经济结构的战略性调整；⑥全面推动各领域信息化、区域信息化、企业信息化和社会信息化进程。

（二）工程管理信息化

1. 工程管理信息化的定义

工程管理信息化指的是工程管理信息资源的开发与利用，以及信息技术在工程管理中的开发和应用。其中工程管理的信息资源包括下列五类：

（1）组织类工程信息，是指组织项目实施的信息，如项目的组织结构、具体的职能分工、人员的岗位责任、有关的工作流程等，是保证项目顺利实施的关键因素。

（2）管理类工程信息，如与投资控制、进度控制、质量控制、合同管理和信息管理有关的信息等。

（3）经济类工程信息，指投资控制信息和工程量控制信息，如材料价格、人工成本、项目的财务资料、现金流情况等，是建设工程信息的重要组成部分。

（4）技术类工程信息，是指在工程实施过程中与技术相关的信息，包括前期技术信息、设计技术信息、质量控制信息、材料设备技术信息、施工技术信息、竣工验收技术信息等，这些信息是建设工程信息的主要组成部分。

（5）法规类信息，是指项目实施过程中的一些法规、强制性规范、合同条款等。这些信息是项目实施必须满足的。

施工管理信息化是工程管理信息化的一个重要分支，其内涵是：施工管理信息资源的开发和利用，以及信息技术在施工管理中的开发和应用。

在工程管理中应重视以上信息资源的开发和利用，它的开发和利用将有利于建设工程项目的增值，即有利于节约投资、成本，加快建设进度和提高建设质量。

2. 工程管理信息化的意义

工程管理信息资源的开发和信息资源的充分利用，可吸取类似项目的正反两方面的经验和教训，许多有价值的组织信息、管理信息、经济信息、技术信息和法规信息将有助于项目决策期多种方案的选择，有利于项目实施期的项目目标控制，也有利于项目建成后的运行。

通过信息技术在工程管理中的开发和应用能实现：①信息存储数字化和存储相对集中（如图7-2所示，存储方式的改变将带来信息交流方式的改变）；②信息处理和变换的程序化；③信息传输的数字化和电子化；④信息获取便捷；⑤信息透明度提高；⑥信息流扁平化。

传统组织的特点，表现为层级结构。一个企业，其决策者、执行者、管理者和操作者组成一个金字塔状的结构。传统层级结构的组织形式，源于经典管理理论中的"管理幅度"理论。管理幅度理论认为，一个管理者由于精力、知识、能力、经验的限制，所能管理的下属人数是有限的。随着企业的扩大，组织的层级越多，信息流动的速度不但缓慢，而且容易走样。信息流扁平化的概念就是减少信息资料的传递层级，并通过物资流、资金流、信息流的"三流合一"，加强流程控制和监督，使企业内部信息流通顺畅。

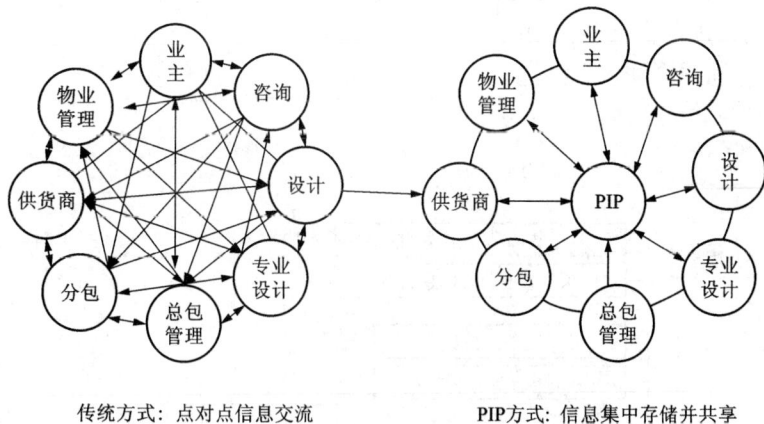

传统方式：点对点信息交流　　　　PIP方式：信息集中存储并共享

图7-2　信息存储方式

信息技术在工程管理中的开发和应用的意义在于：①"信息存储数字化和存储相对集中"有利于项目信息的检索和查询，有利于数据和文件版本的统一，并有利于项目的文档管理；②"信息处理和变换的程序化"有利于提高数据处理的准确性，并可提高数据处理的效率；③"信息传输的数字化和电子化"可提高数据传输的抗干扰能力，使数据传输不受距离限制并可提高数据传输的保真度和保密性；④"信息获取便捷""信息透明度提高"以及"信息流扁平化"有利于项目参与各方之间的信息交流和协同工作。

工程管理信息化有利于提高建设工程项目的经济效益和社会效益以达到为项目建设增值的目的。

（三）施工项目信息管理系统

采用信息管理系统作为施工项目管理信息化的基本手段，不仅提高了信息处理的效率，而且在一定程度上规范了管理工作流程，增强了项目管理工作效率和目标控制工作的有效性。想要利用计算机改善施工项目管理，首先要建立以计算机为基础的信息管理系统，即系统开发的好坏直接影响到整个计算机辅助管理工作的成效。

1. 施工项目信息管理系统的概念和作用

施工项目信息管理系统是以计算机技术为主要手段，以施工项目管理为对象，通过收集、存储和处理有关信息，为项目管理人员提供信息，作为项目管理规划、决策、组织、指挥、控制、检查、监督和总结分析的依据，从而保证项目管理顺利实施的管理系统。施工项目信息管理系统是施工项目管理系统的重要组成部分，是个信息量庞大、十分复杂的系统。

2. 施工项目信息管理系统应具有的性质

（1）可靠性。收集、储存、输出的信息应真实可靠。

（2）安全性。系统必须保证正常使用信息的安全。系统应采用"授权"的办法，对不同岗位的人员授以信息处理和信息使用的权力。

（3）及时性。系统必须能够及时处理和迅速提供有关数据，满足管理人员的需要。

（4）适用性和可扩充性。系统必须满足项目管理的各种专业管理和综合管理的需要。由于需要是动态、可变的，所以系统应具有可扩充性，以适应新的需要。

（5）先进性。系统必须能反映现代项目管理的需要，体现信息科学技术的前沿成果，对项目管理科学的发展产生推动作用。

3. 施工项目信息管理系统结构

施工项目信息管理系统的结构可参照图 7-3。

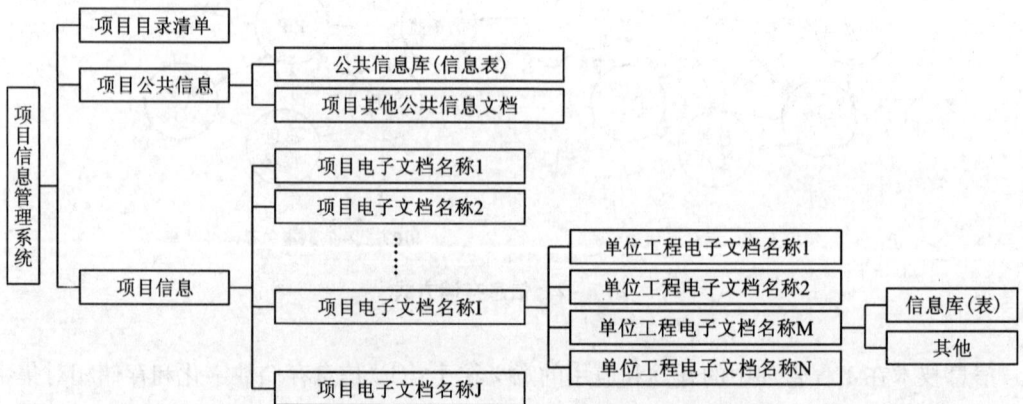

图 7-3 项目信息管理系统结构

"公共信息库"中应包括的"信息表"有：法规和部门规章表、材料价格表、材料供应商表、机械设备供应商表、机械设备价格表、新技术表、自然条件表等。

"项目其他公共信息文档"是指除"公共信息库"中文档以外的项目公共文档。

"项目电子文档名称 I"一般以具有指代意义的项目名称作为项目的电子文档名称（目录名称）。

"单位工程电子文档名称 M"一般以具有指代意义的单位工程名称作为单位工程的电子文档名称（目录名称）。

"单位工程电子文档名称 M"的信息库应包括：工程概况信息、施工记录信息、施工技术资料信息、工程协调信息、工程进度及资源计划信息、成本信息、资源需要量计划信息、商务信息、安全文明施工及行政管理信息、竣工验收信息等。这些信息所包含的表即为单位工程电子文档名称"M"的信息库中的表；除以上数据库文档以外的反映单位工程信息的文档归为"其他"。

4. 施工项目信息管理系统的内容

（1）建立信息代码系统

将各类信息按信息管理的要求分门别类，并赋予能反映其主要特征的代码，一般有顺序码、数字码、字符码和混合码等，用以表征信息的实体或属性；代码应符合唯一化、规范化、系统化、标准化的要求，以便利用计算机进行管理；代码体系应科学合理、结构清晰、层次分明，具有足够的容量、弹性和可兼容性，能满足施工项目管理需要。

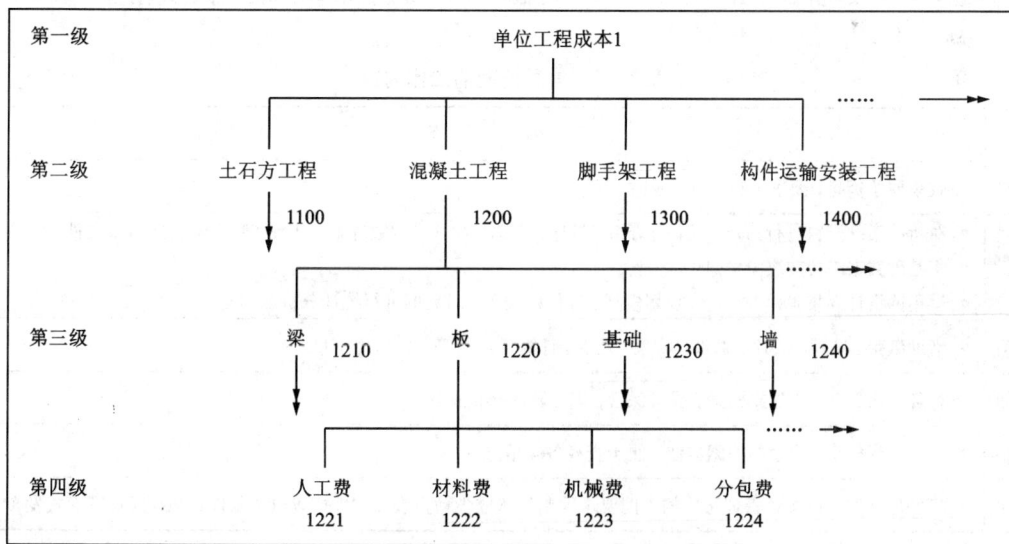

图 7-4　单位工程成本信息编码示意图

（2）明确施工项目管理中的信息流程

根据施工项目管理工作的要求和对项目组织结构、业务功能及流程的分析，建立各单位及人员之间，上下级之间，内外环境之间的信息连接，并要保持纵、横、内、外信息流动的渠道畅通有序，否则施工项目管理人员无法及时得到必要的信息，就会失去控制的基础、决策的依据和协调的媒介，将影响施工项目管理工作顺利进行。

（3）建立施工项目管理中的信息收集制度

对施工项目的各种原始信息来源、要收集的信息内容、标准、时间要求、传递途径、反馈的范围、责任人员的工作职责、工作程序等有关问题做出具体规定，形成制度，认真执行，以保证原始资料的全面性、及时性、准确性和可靠性。为了便于信息的查询使用，一般是将收集的信息填写在项目目录清单上，再输入计算机，其格式如表7-3。

表7-3　项目目录清单

序号	项目 名称	项目电子 文档名称	内存/ 盘号	单位工 程名称	单位工程电 子文档名称	负责 单位	负责人	日期	附注
1									
2									
3									
…									
N									

（4）施工项目管理中的信息处理

信息处理主要包括信息的收集、加工、传输、存储、检索和输出等工作，其内容见表7-4。

表7-4　信息处理的工作内容

工作	内　　容
收集	• 收集原始资料，要求资料全面、及时、准确和可靠
加工	• 对所收集的资料进行筛选、校核、分组、排序、汇总、计算平均数等整理工作，建立索引或目录文件 • 将基础数据综合成决策信息 • 运用网络计划技术模型、线性规划模型、存储模型等，对数据进行统计分析和预测
传输	• 借助纸张、图片、胶片、磁带、软盘、光盘、计算机网络等载体传递信息
存储	• 将各类信息存储、建立档案，妥善保管，以备随时查询使用
检索	• 建立一套科学、快速的检索方法，便于查找各类信息
输出	• 将处理好的信息按各管理层次的不同要求编制打印成各种报表和文件或以电子邮件、Web网页等形式发布

5. 施工项目信息管理系统的基本要求

施工项目信息管理系统应以项目经理部为中心，满足项目经理部的全部管理需要。建立该系统的主要要求如下：

（1）项目经理部应使建立的施工项目信息管理系统目录完整、层次清晰、结构严密、表格自动生成。经签字确认的施工信息应及时存入计算机。

（2）应方便施工项目管理人员进行信息输入、整理与存储和提取。

（3）应能及时调整数据、表格与文档，能灵活补充、修改与删除数据。信息的种类与数量应能满足施工项目管理的全部需要。

（4）应能使设计信息、施工准备阶段的管理信息、施工过程项目管理各专业的信息、项目结算信息、项目统计信息等有良好的接口。

（5）施工项目信息管理系统应能连接项目经理部内部各职能部门之间以及项目经理部与各职能部门、与作业层、与企业各职能部门、与企业法定代表人、与发包人和分包人、与监理机构等，使项目管理层与企业管理层及作业层信息收集渠道畅通，主要信息资源能够共享。

四、建立工程施工管理信息平台

工程施工信息的复杂性和重要性对施工企业信息管理的水平提出了更高的要求，计算机、互联网、数据库、地理信息系统等技术的飞速发展促使工程施工信息的管理逐渐走向现代化。下面具体介绍工程施工实践中常用的基于数据库的工程施工管理信息系统、以信息共享与协同工作为基础的项目信息门户和以空间建模与分析为特征的地理信息系统三种信息平台。

（一）施工管理信息系统

施工管理信息系统（CMIS）是指借助电子计算机技术，收集、存储、传递和处理所需要的施工信息，为施工组织设计、规划和决策提供各种信息服务的计算机辅助管理系统。系统首先要建立其信息源，也称中央数据库，将整理好的基本公共数据如定额依据、资源单价和招标投标信息等和工程施工初始数据如预算数据、网络计划、外部信息、施工实时信息和投标依据等输入中央数据库。然后利用这些数据编制施工预算和施工进度计划，从而实现对施工成本、进度、质量和合同的控制，这四大控制作为系统的四个子系统，与中央数据库之间进行数据的传递和交换，集成和共享收集到的数据。系统的开发经历系统规划、分析、设计和实施四个阶段，每个阶段都有其相应的主要目标和活动。

系统的开发设计主要是围绕以下三种功能系统：公共基础系统、维护安全系统和业务职能系统。公共基础系统是为项目的管理人员提供项目共性的信息。维护安全系统是一种辅助系统，它通过各种条件的约束使系统正常有序地运行并且不断地发展。业务职能系统由工程管理系统、技术质量系统、商务系统、物资系统、安全保卫系统和行政系统六个模块组成，是施工管理信息系统的核心。

（二）施工项目信息门户

项目信息门户（PIP）是基于互联网技术，在对项目实施过程中参与各方产生的信息和知识进行集中式处理的基础上，以项目为中心对项目信息进行有效的组织和管理，设置个性化的用户界面和用户权限，为项目各参与方在互联网平台上提供一个获取项目信息的安全、高效的信息单一入口和沟通环境（图7-3所示）。按照项目信息门户的运行模式将其分为以下两种类型：PSWS模式（专用门户）和ASP模式（公用门户）。项目信息门户提供的主要功能有：桌面管理、文档管理、工作流程管理、项目通信和讨论、任务管理、网站管理、电子商务、在线录像等。

随着当前建设施工项目规模的逐渐扩大，施工过程中的信息数量庞大、信息的类型非常复杂，信息来源广泛、存储分散，并且大型建设项目的实施过程存在大量的不确定因素，导致项目信息处于不断的变化中，信息的应用环境非常复杂，而项目信息门户的引入可以很好地解决上述问题。系统的实施工作采取自主开发和购买商业化信息平台相结合的模式，综合考虑经济、管理、系统实施的目的、方法等因素。实施工作的前期准备阶段应用系统需求分析产品选择，调查项目情况并分析用户需求，组织项目管理知识培训和信息技术培训。实施阶段主要是设计与外部应用程序的接口，采集数据，购置所需设备，分解项目结构、对项目的信息进行分类、收集组织信息、分析组织过程，并组织系统总体的培训和信息共享与交流的知识培训。安装配置阶段主要是软件的安装和配置、硬件的组装和配置、部门的确定、编写系统实施手册和信息管理制度，并组织系统管理和用户操作的培训。试运行与二次开发阶段主要是确定试运行部门、修改和调整系统、编写实施手册，并组织用户操作和工作专题的培训。全面实施阶段主要是软件和硬件设施的运行和维护，监控系统的实施情况，贯彻信息管理制度，并对实施过程中产生的问题进行解答和辅导，最后全面评估和持续改进系统。

项目信息门户使得项目信息的沟通方式变为集中的存储和共享，项目信息门户的应用，使信息存储数字化、相对的集中了数据的存储，程序化信息的处理和变换过程，使信息的传输过程电子化和数字化，并使信息的获取更加便捷，提高了信息的透明度，有利于项目信息的检索和查询、提高了数据处理的准确性和数据传输的抗干扰能力，并最终提高功效、降低成本、提高企业的市场竞争力、提高项目的经济和社会效益，所以应该充分重视项目信息门户的建设和实施。

(三)施工地理信息系统

地理信息系统(GIS)是在计算机软硬件的支持下对各种地理空间信息进行采集、存储、检索、综合分析和可视化表达的信息处理和管理系统，是一种地学空间数据与计算机技术相结合，为地理研究和地理决策提供服务的新型空间信息技术。地理信息系统在多个领域迅速发展并发挥着越来越重要的作用，基于地理信息系统的施工管理系统也得到了广泛重视和应用。施工地理信息系统处理的数据包括建筑物的位置、地下管线的布局等空间地理数据和建筑物的结构类型、管径等空间信息所对应的属性数据。系统具有以下几种功能：数据输入、图层、文字和点样式的管理、查询分析、施工控制和系统维护。建筑施工过程中遇到的许多难题如：建筑物的分布、道路和地下管线的布局等，通过与地理信息系统的结合可以有效、合理并快速地解决这些问题。例如，利用地理信息系统技术特有的空间分析及可视化表达功能，可以扩展和优化决策支持系统、可视会议等新技术的图形查询和空间信息管理能力，从而实现对施工管理和进度控制的辅助。在建筑施工安全管理方面，地理信息系统技术为施工管理部门提供了一支有力且高效的管理手段，如将管辖区域内的施工项目显示在地图上，定位查询施工项目，对施工现场实施安全监管工作。

五、国外同行信息技术应用的成功经验

国外建筑业同行信息技术应用较早，成功的经验很多，值得我们借鉴。

在日本，近年来大力推进建设项目全生命周期信息化，即CALS/ES。其特点是，以建设项目的全生命周期为对象，信息全部实现电子化；利用因特网进行信息的提交、接收；所有电子化信息均储存在数据库实现共享、再利用，达到降低成本、提高质量、提高效率和增强建筑业竞争力的目的。

在香港，主要应用有：设定通用的标准和发展通用的数据基础设施，便于工程建设参与

者能以电子方式通信；采用因特网和电脑技术进行有效地获取和交换工程项目资料；利用电子方式进行工程图纸、资料管理及图纸审查管理；利用数码相机技术对现场施工情况进行适时动态管理；在施工现场人员的管理中采用"绿卡认证"（绿卡中包含有职员的基本情况以及就业、技能等信息）等。

第三节　建筑业统计数据的管理与维护

一、建筑业统计基础知识

建筑业是指建筑安装工程作业，具体包括建筑、安装、修缮、装饰和其他工程作业。

（一）建筑业统计的基本任务

建筑业统计的基本任务是了解建筑业企业生产经营的基本情况，为 GDP 核算提供有关数据，为各级政府制定政策和计划、进行经济管理与调控提供依据。

（二）建筑业统计的主要内容

（1）建筑业企业生产情况统计，主要反映建筑业的基本生产情况，包括建筑业总产值、竣工产值、单位工程施工个数、单位工程竣工个数、房屋建筑施工面积、房屋建筑竣工面积、自有机械设备年末总台数、自有机械设备年末总功率、自有机械设备净值、计算劳动生产率的平均人数及期末从业人数等指标。

（2）建筑业企业财务状况统计，反映建筑业的财务状况统计基本情况，主要有资产负债、损益及分配、工资福利费等指标。

（3）建筑业企业建筑材料消耗情况统计，主要从价值量和实物量反映建筑业主要建筑材料——钢材、木材和水泥消耗的基本情况。

（三）建筑业统计范围与统计单位

建筑业统计范围为各省、自治区、直辖市辖区内从事建筑业生产经营活动的全部建筑业企业、产业活动单位和个体经营户。

建筑业企业包括资质内建筑业企业和资质外建筑业企业。资质内建筑业企业指领取了《企业法人营业执照》的建筑业法人，经各级建设行政主管部门审核批准，获得总承包、专业承包和劳务分包《建筑业企业资质证书》的企业；资质外建筑业企业指领取了《企业法人营业执照》的建筑业法人，但没有取得建筑业资质的企业。

建筑业企业产业活动单位包括：①总承包、专业承包、劳务分包建筑业企业所属的产业活动单位；②资质外建筑业企业所属的产业活动单位。

建筑业个体经营户包括：①在工商行政管理等部门登记，取得《营业执照》，并从事建筑生产活动的个体劳动者；②没有在工商行政管理等部门领取《营业执照》，但实际从事建筑生产经营活动累计三个月以上的城镇、农村个体经营户。

（四）建筑业主要统计指标

1. 年度总合同额

指建筑业企业在报告期直接同建设单位签订合同的总价款和以前年度同建设单位签订合同的未完工程跨入本年度继续施工工程合同的总价款余额。

2. 建筑业总产值

建筑业总产值是以货币表现的建筑业企业在一定时期内生产的建筑业产品和服务的总和。建筑业总产值包括：

（1）建筑工程产值：指列入建筑工程预算内的各种工程价值。

（2）设备安装工程产值：指设备安装工程价值，不包括被安装设备本身价值。

（3）其他产值：建筑业总产值中除建筑工程、安装工程以外的产值。包括房屋构筑物修理产值、非标准设备制造产值、总包企业向分包企业收取的管理费以及不能明确划分的施工活动所完成的产值。

3. 建筑业增加值

建筑业增加值指建筑企业在报告期内以货币表现的建筑业生产经营活动的最终成果。目前建筑业增加值采用分配法（收入法）计算，即从收入的角度出发，根据生产要素在生产过程中应得的收入份额计算。具体计算公式为：

建筑业增加值 ＝ 本年提取的固定资产折旧 ＋ 应付工资 ＋ 应付福利费

　　　　　　 ＋ 管理费用中的劳动待业保险金、税金 ＋ 工程结算税金及附加

　　　　　　 ＋ 工程结算利润

4. 房屋建筑施工面积

房屋建筑施工面积指在报告期内施工的全部房屋建筑面积，包括本期新开工的房屋面积，上期施工跨入本期继续施工的房屋面积，上期停、缓建的在本期恢复施工的房屋面积，本期竣工的房屋面积及本期施工后又停、缓建的房屋面积。

5. 房屋新开工面积

房屋新开工面积指在报告期内新开工的各个房屋单位工程的建筑面积之和。它不包括在上期开工跨入报告期继续施工的房屋建筑面积和上期停、缓建而在本期复工的建筑面积。新开工面积用于反映报告期内投入施工的房屋建筑规模，为科学组织施工提供依据。

6. 房屋建筑竣工面积

房屋建筑竣工面积是指在报告期内房屋建筑按照设计要求全部完工，达到了使用条件，经验收鉴定合格，正式移交使用单位的房屋建筑面积。

7. 自有机械设备

自有机械设备年末总台数：指归本企业所有，属于本企业固定资产的生产性机械设备年末总台数。包括施工机械、生产设备、运输设备以及其他设备。

自有机械设备年末总功率：指本企业自有施工机械、生产设备、运输设备以及其他设备等列为在册固定资产的生产性机械设备年末总功率，按设定能力或查定能力计算。包括机械本身的动力和为该机械服务的单独动力设备，如电动机等。计算单位用 kW，动力换算可按 1 马力 ＝0.735 kW 折合成千瓦数。电焊机、变压器、锅炉不计算动力。

8. 工程结算收入

工程结算收入指企业承包工程实现的工程价款结算收入，以及向发包单位收取的除工程价款以外的按规定列作营业收入的各种款项，如临时设施费、劳动保险费、施工机械调迁费等以及向发包单位收取的各种索赔款。

9. 工程结算利润

工程结算利润指已结算工程实现的利润，如亏损以"－"号表示。计算公式为：

工程结算利润＝工程结算收入－工程结算成本－工程结算税金及附加

10. 企业总收入

企业总收入指与企业生产经营直接有关的各项收入，包括工程结算收入和其他业务收入。计算公式为：

企业总收入＝工程结算收入＋其他业务收入

（五）建筑业调查方法

现行国家建筑业统计报表制度规定，对有建筑业资质的所有独立核算建筑业企业采用全面调查方法取得资料。其中各省、自治区、直辖市辖区内所有具有建筑业资质的独立核算建筑业企业，由各地统计局组织填报；部门直属的所有具有建筑业资质的独立核算建筑业企业，由国务院有关部门或企业填报。

（六）建筑业统计常用相关数据

建筑业统计常用相关数据见表7-5。

表7-5　建筑业经济形势分析数据一览表

序号	项目	内　容		报告期累计数	去年同期	与去年相比同比增减/%
1	产值	完成建筑业总产值/万元				
		在外完成总产值/万元				
		其中：在市外完成产值				
		其中：在省外完成产值				
		重点专业完成产值	市政			
			矿山			
			钢结构			
		装饰装修完成产值				
2	企业经营情况	当年新签合同额				
		是否在省外施工				
		建筑业增加值				
		房屋建筑施工面积/万 m²				
		房屋建筑竣工面积/万 m²				
		利税总额/万元				
		其中：利润总额/万元				
		吸纳农民工劳动人力数/人				
3	新开项目情况	特、一级企业新开工项目数量/个				
		特、一级企业新开工项目面积/万 m²				
		其他总承包和专业承包企业新开工项目数量/个				
		其他总承包和专业承包企业新开工项目面积/万 m²				

序号	项目	内　　容		报告期累计数	去年同期	与去年相比同比增减/%
4	劳务分包	劳务企业吸纳的农民工数量/人（劳务企业填报）				
		市内实行劳务分包的新开工项目/个（总承包和专业承包企业填报）				
5	创建农民工业余学校	新开工建筑面积达 5 万平方米以上或工程造价 5000 万元以上工程项目/个				
		上述项目创建农民工业余学校	数量/所			
			培训人数/人			
6	工程担保	工程建设合同造价在 1000 万元以上房地产项目新开工项目数量/个				
		实施业主工程款支付担保和承包商履约担保的新开工项目数量/个				
		实施业主工程款支付担保和承包商履约担保的项目合同总造价/万元				
		其他项目	实施业主工程款支付担保和承包商履约担保的新开工项目数量/个			
			实施业主工程款支付担保和承包商履约担保的项目合同总造价/万元			

二、建筑业统计资料

统计资料包括：原始记录、统计台账、统计调查表、文字说明、统计分析及计算机等磁介质储存的信息等。

统计原始记录是对企业各项生产经营活动的最初记录，是计算建筑业各项统计指标数据的基础依据。一般应包括施工任务单、工程合同书、开（竣）工报告单、工程变更通知单、技术核定签证记录、从业人员考勤记录、机械台班台时记录、质量验收记录等。建筑业企业的每个单位工程还应及时、准确填制《单位工程产值核算记录》，作为建筑企业原始记录。

统计台账是根据企业生产、经营管理和统计数据上报需要而设置的一种系统积累统计资料的账册，是企业统计报表的基础资料。根据现行建筑业统计制度，各建筑企业应结合本单位特点和需求，建立健全统计台账。

三、文件数据的检索

传统的信息检索是通过手工方式对书本式的检索工具进行检索，这种检索过程是采用手工操作配合人脑的判断进行的，检索所进行的匹配与选择主要是靠人脑来思考、比较和选择的。

现代科学技术的发展使得以缩微品、声像制品、磁盘、光盘等载体形式记录的非纸质信息量急速上升。靠"手翻、眼看、大脑判断"的传统的手工检索方式已难以全面适应当今信息时代的发展。计算机在信息检索领域的应用克服了手工检索的弊端，使信息检索不仅能跨越时空，在短时间内查阅大型数据库，还能快速地对几十年前的文献资料进行回溯检索。而且大多数联机检索或网络检索系统的数据库更新速度非常快,通过计算机信息检索用户可以得到更多更新的信息,因此计算机信息检索是当今人们必备的基本技能之一。

(一)计算机信息检索

计算机信息检索是指利用计算机存储信息和检索信息。具体地说,就是指人们在计算机或计算机检索网络的终端机上,使用特定的检索指令、检索词和检索策略,从计算机检索系统的数据库中检索出所需的信息,继而再由终端设备显示或打印的过程。为实现计算机信息检索,必须事先将大量的原始信息加工处理,以数据库的形式存储在计算机中,所以计算机信息检索广义上将包括信息的存储和检索两个方面。

计算机信息存储过程是:用手工或者自动方式将大量的原始信息进行加工,具体做法是将收集到的原始信息进行主题概念分析,根据一定的检索语言抽取出能反映信息内容的主题词、关键词、分类号以及能反映信息外部特征的作者、题名、出版事项等,分别对这些内容进行标识或者编写出信息的内容摘要。然后再把这些经过"前期处理"的信息按一定格式输入计算机存储起来,计算机在程序指令的控制下对数据进行处理,形成机读数据库,存储在存储介质上,完成信息的加工存储过程。

计算机信息检索过程是:用户对检索课题加以分析,明确检索范围,弄清主题概念,然后用系统检索语言来表示主题概念,形成检索标识及检索策略,输入到计算机进行检索。计算机按照用户的要求将检索策略转换成一系列提问,在专用程序的控制下进行高速逻辑运算,选出符合要求的信息输出。计算机检索的过程实际上是一个比较、匹配的过程,检索提问只要与数据库中的信息特征标识及其逻辑组配关系相一致,则属"命中",即找到了符合要求的信息。

(二)计算机信息检索的步骤

1. 明确检索要求

在着手查找信息前对课题进行分析,明确学科或专业的范围,弄清检索的真正意图及实质。它包括了解课题的内涵概念范围和外延概念范围,以便确定检索标识(检索词、分类等);明确课题所需信息的内容、性质和水平以及出版国别、语种和年限;了解并掌握课题的国内外情况;同时还要在分析的基础上形成主题概念,包括所需信息的主题概念有几个,概念的专指度是否合适,哪些是主要的,哪些是次要的等。还有些检索系统要求使用相应的词表和类表对选择出来的检索词进行核对,力求检索的主题概念准确反映检索需求。

2. 选择检索系统

(1)在内容和时间方面,要考虑检索系统、数据库内容对课题内容的覆盖面和一致性,如应综合考虑检索系统、数据库收录信息的齐全、编制的质量、使用的方便等因素。

(2)在手段上和技术上,有机检条件的一般就不选择手检工具,机检无疑具有较高的检索效率。但是数据库收录的信息一般都是20世纪八九十年代的,若需较久远的信息,未必已被回溯建库,所以在选择时必须掌握其收录信息的年代范围,才能获得满意的结果。

(3)考虑价格和可获得性,应选择就近容易获得的检索系统。

3. 确定检索途径

检索途径是进入检索的入口。归结起来,有两类检索途径,一是反映信息内容特征的(主题、分类)途径,二是反映信息外部特征的(著者、题名、代码等)途径。上述两类途径构成了信息检索的整个检索途径体系。

4. 选择检索方法

选择检索方法是指选择实现检索计划的具体方法和手段。常用的方法有以下几种：

（1）追溯法。主要是利用信息后面所附的参考信息，"滚雪球"似的进行追踪查找。主要有"参考文献"和"引文追溯"两种。

（2）工具法。利用检索系统查找信息的方法，也是目前查找信息中最常使用的。根据查询信息的时序，它分为顺查法和倒查法两种。所以利用此法的关键是选择好检索系统，否则会影响检索效果。

（3）交替法。上述各种检索方法的相互交替的使用过程。可分为直接交替法和间隔交替法两种。

5. 制定、调整检索策略

所谓信息检索策略，即将课题的提问及其检索词与检索系统的收录内容、编排特点相匹配而确定的检索方案或程序。制定检索策略的主要内容是，在分析检索课题的基础上，确定要利用哪些检索系统，确定查找年限和专业范围的选择，确定检索用词并判明各词之间的逻辑关系与查找步骤等事项的科学安排。对于检索策略的调整，检索过程是一个动态的随机过程，在某些检索环节中，会不可避免地产生一些和检索目标相差甚远的现象，如检索词过于宽泛或过于偏窄而造成扩检或漏检，检索词不规范而引起的误检等。所以，有必要在评价检索效果的基础上，还要对检索结果进行信息反馈，便于重新修正检索策略，调整检索手段，进行新一轮的循环检索，从而实现检索目标的完善。

6. 处理检索结果，获取原始文献

将所获得的检索结果加以系统整理，筛选出符合课题要求的相关文献信息，选择检索结果的著录格式，辨认文献类型、文种、著者、篇名、内容、出处等项记录内容，输出检索结果。

四、工程信息资料的安全

（一）信息安全的概念

信息安全本身包括的范围很大。大到国家军事政治等机密安全，小到如防范商业企业机密泄露、防范青少年对不良信息的浏览、个人信息的泄露等。网络环境下的信息安全体系是保证信息安全的关键，包括计算机安全操作系统、各种安全协议、安全机制（数字签名、信息认证、数据加密等），直至安全系统，其中任何一个安全漏洞便可以威胁全局安全。信息安全服务至少应该包括支持信息网络安全服务的基本理论，以及基于新一代信息网络体系结构的网络安全服务体系结构。

信息安全是指信息网络的硬件、软件及其系统中的数据受到保护，不受偶然的或者恶意的破坏、更改、泄露，系统连续可靠正常地运行，信息服务不中断。信息安全主要包括以下五方面的内容，即需保证信息的保密性、真实性、完整性、未授权拷贝和所寄生系统的安全性。

（二）信息安全的实现目标

（1）真实性：对信息的来源进行判断，能对伪造来源的信息予以鉴别。

（2）保密性：保证机密信息不被窃听，或窃听者不能了解信息的真实含义。

（3）完整性：保证数据的一致性，防止数据被非法用户篡改。

（4）可用性：保证合法用户对信息和资源的使用不会被不正当地拒绝。

（5）不可抵赖性：建立有效的责任机制，防止用户否认其行为，这一点在电子商务中是极其重要的。

（6）可控制性：对信息的传播及内容具有控制能力。

（7）可审查性：对出现的网络安全问题提供调查的依据和手段。

（三）信息安全策略

信息安全策略是指为保证提供一定级别的安全保护所必须遵守的规则。实现信息安全，不但靠先进的技术，而且也得靠严格的安全管理、法律约束和安全教育。

1. 安全教育

当前，部分企业员工的信息安全意识较低，对安全产品的选择、使用和设置不当，这些都给信息安全带来了很大的隐患。因此，进一步加强企业员工的信息安全意识刻不容缓。加强信息安全意识，需要对员工经常进行计算机网络安全方面的法律法规教育和网络道德教育，提高员工的综合素质。引导员工遵纪守法，不浏览不明网站、不打开不明软件或邮件，尽可能少地接触网络上的不良信息，以避免恶意网站、网页的泛滥和入侵，做到对重要信息进行及时的加密与备份。

2. DG 图文档加密

能够智能地识别计算机所运行的涉密数据，并自动强制对所有涉密数据进行加密操作，而不需要人的参与。体现了安全面前人人平等，从根源上解决了信息泄密问题。

3. 先进的信息安全技术

安全技术是指为了保障信息的机密性、完整性、可用性和可控性而采用的技术手段、安全措施和安全产品。常见的安全技术和工具主要包括 VPN 技术、防火墙技术、漏洞扫描技术、入侵检测技术、安全评估分析和安全审计等。这些工具和技术手段是信息安全体系中直观的部分，任何一方面薄弱都会产生巨大的危险。因此，我们要合理部署，互联互动，使其成为一个有机的整体，形成一个全方位的安全系统。

4. 严格的安全管理

各计算机网络使用机构、企业和单位应建立相应的网络安全管理办法，加强内部管理，建立合适的网络安全管理系统，加强用户管理和授权管理，建立安全审计和跟踪体系，提高整体网络安全意识。

5. 制订严格的法律、法规

计算机网络是一种新生事物。它的许多行为无法可依，无章可循，导致网络上计算机犯罪处于无序状态。面对日趋严重的网络犯罪，必须建立与网络安全相关的法律、法规，使非法分子慑于法律，不敢轻举妄动。

6. 安全操作系统

给系统中的关键服务器提供安全运行平台，构成安全 WWW 服务，安全 FTP 服务，安全 SMTP 服务等，并作为各类网络安全产品的坚实底座，确保这些安全产品的自身安全。

第四节 建筑工程资料管理软件

一、建筑工程资料管理软件简介

目前建筑工程资料管理软件有北京筑业新技术有限责任公司开发的工程资料管理系统；北京铭洋建龙信息技术有限公司开发的工程资料管理系统；中国建筑科学研究院建筑工程软件研究所开发的建筑工程资料管理软件等。现以筑业湖南省建筑工程资料管理软件2012版为例，介绍该软件的特点和使用功能。

（一）建筑工程资料管理软件的特点

1. 自定义工程概况信息

软件按照质量表格填写要求，一次性定义工程概况信息，所有表格中有关信息自动填写完成，大大减轻表格填写工作量。

2. 自动显示规范条文及填表指南

人性化的资料填写辅助工具，实时查阅表格填写指南及相应规范条目，根据规范要求实时指导填写符合规范要求的表格。

3. 专家评语模板

质量验收规范组专家编制表格填写规范结论，降低手工表格填写工作量，保障表格填写符合规范要求。

4. 自动判定监测点

根据规范要求，监测点自动进行判定是否符合规范要求，并可扩充至50个监测点。

5. 权限管理

根据规范要求可实现表格填写权限的全面分配，做到工程项目中各尽其职。

6. 图形及文件插入

自由插入各种图像及CAD工程矢量图，支持扫描仪输入，配备数码设备输入支持。

7. 汇总和组卷

自动进行分项、分部（子分部）单位工程汇总统计，自动生成有关各方及城建档案馆所需案卷。

8. 数据传递与表格打印

数据可实时通过磁盘、电子邮件等途径与参建各方进行数据交换。所见即所得的打印功能，能输出精致美观的标准文件表格；

9. 技术资料库

收录了强制性条文原文、大量施工规范及施工工艺、通病防治等资料；设置施工技术交底模板；适用于全国的多种地方版本，可根据需要在全国各地进行资料库切换。

（二）建筑工程资料管理软件的主要功能介绍

本资料管理系统能满足表格填写、打印输出、多类型文档管理（除CELL表格外能兼容其他多种格式文档，如DOC、PDF、TXT、HTML、各种图形文件等）、表格的逻辑关系管理（汇总、组卷等）、模板库管理（修改、添加模板文件）、工程备份/恢复等功能。

1. 操作流程简图（见图 7-5）

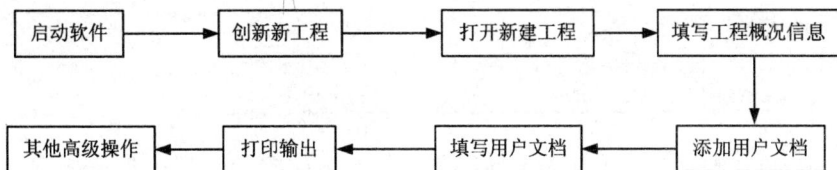

图 7-5　软件操作流程图

2. 系统界面介绍（见图 7-6）

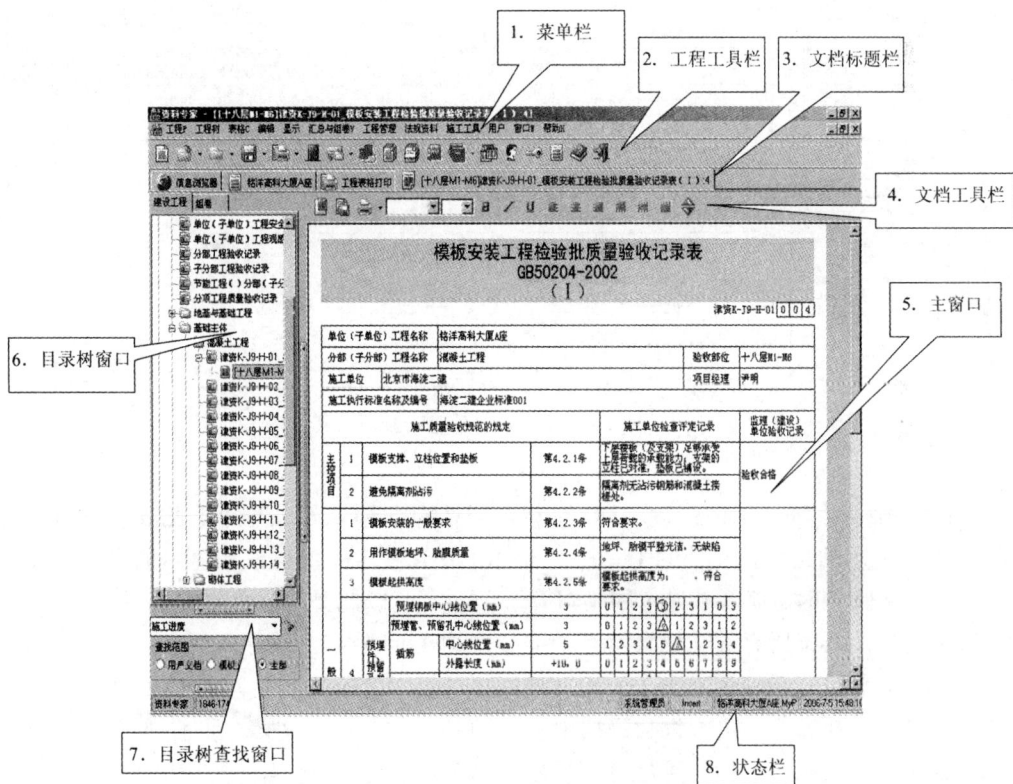

图 7-6　系统界面示意

（1）菜单栏。本系统中所有菜单命令功能可通过菜单调用来实现。

（2）工程工具栏。系统对工程文件的操作工具栏。对应系统菜单命令，可完成工程中各种操作，把鼠标停留在相应按钮 1 秒以上，就可以看到相应说明。

（3）文档标题栏。采用多文档窗口，可在文档标题栏中直接选择所用工作面板或表格。

（4）文档工具栏。通过文档工具栏可完成对工程中各种文档的操作。

当打开表格文件时，该区显示的是"表格工具栏"。当点击表格工具栏中的按钮时可扩展出更多的表格按钮，方便用户操作，如图 7-7 所示。

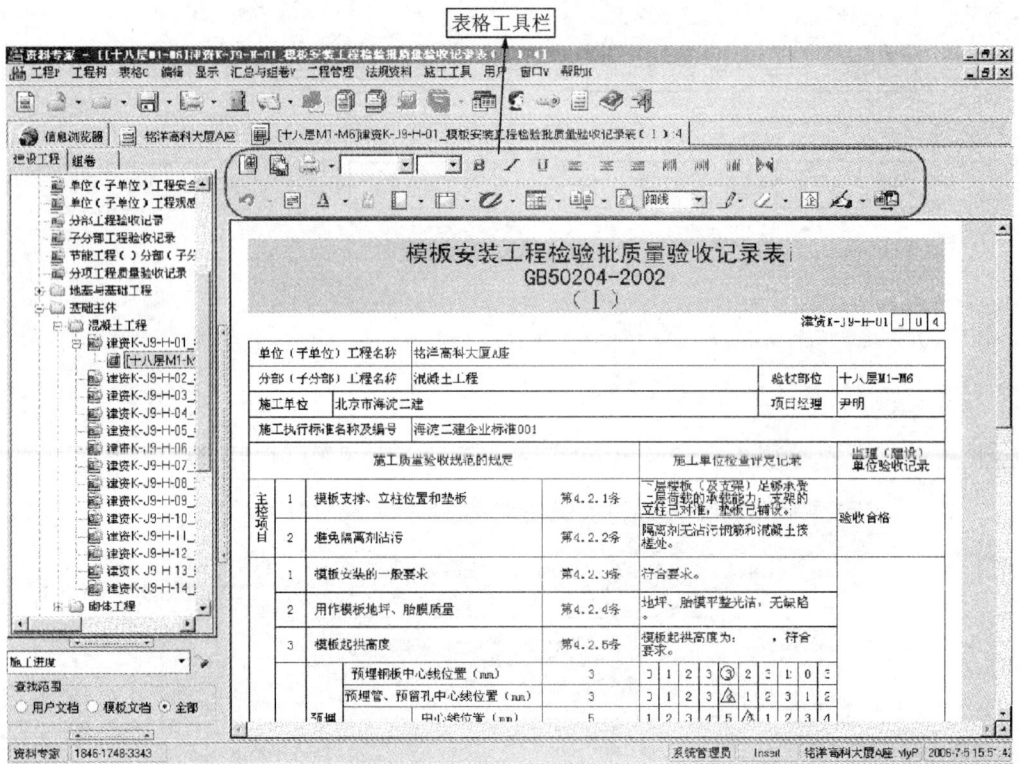

图 7 – 7 表格工具栏示意

因系统中兼容多种文档格式，如 DOC、PDF、HTML、TXT 等，当打开表格之外的其他文档时，该区域显示的是该种文档的工具栏。如打开 DOC 文档时，该区域显示的是"Word 工具栏"，打开 PDF 文档时，该区域显示的是"PDF 工具栏"，以此类推，如图 7 – 8 所示。

（5）主窗口。系统所有的文档显示和功能操作均在此进行。

（6）目录树窗口。明确表现出了工程文件的目录级次，在里面可实现多种功能。

（7）目录树查找窗口。可查询目录树上的"模板文档""用户文档"和"所有文档"。

（8）状态栏。按照图中标号顺序分别显示产品名称、用户号、当前操作提示、进度条、当前用户名、输入状态、工程文件名称以及系统时间，如图 7 – 9 所示。

二、建筑工程资料管理软件操作入门

我们可以由网络下载或照本书电子课件附带的"建筑业湖南省建筑工程资料管理软件 2012 学习版"，来学习软件的基本功能操作。

（一）启动软件

进入 Windows 系统后，将学习版安装盘放入光盘驱动器，安装程序将会自动运行直至安装完成。点击桌面图标及快捷启动图标启动主程序。

（1）点击工程工具栏『创建新工程』，选择"从头创建"，如图 7 – 10 所示。

300

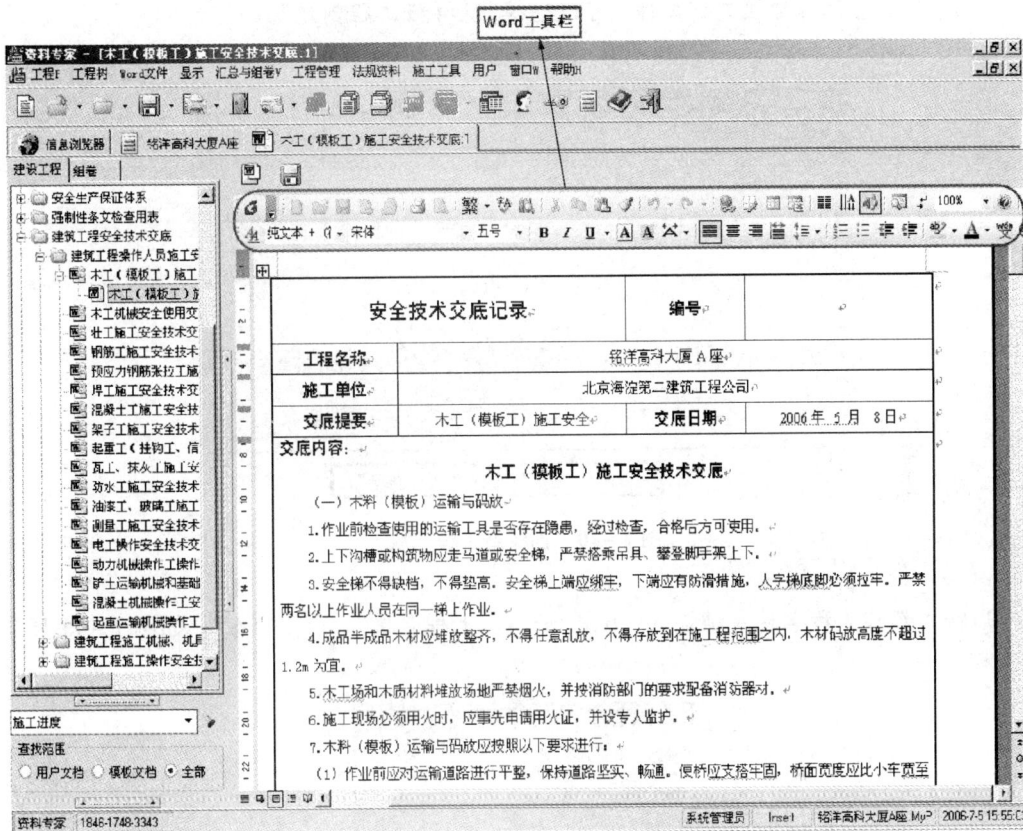

图 7-8　Word 工具栏示意

序号	状态内容	说明
①	产品名称	产品名称 —— 资料专家
②	用户号	软件出厂时分配给用户的产品序号
③	当前操作提示	用户当前使用的软件功能
④	进度条	显示当前操作的进程尺度
⑤	当前用户名	当前登录工程文件的用户名称
⑥	输入状态	可以切换输入状态是"插入"或"改写"状态
⑦	工程文件名称	当前工程文件名称
⑧	系统时间	显示用户电脑的系统时间

图 7-9　状态栏及相关说明

301

注：1）第一次使用本软件创建新工程时，只能选择"从头创建"。
　　2）如果您已有样板工程文件，可以选择"从样板工程创建"。

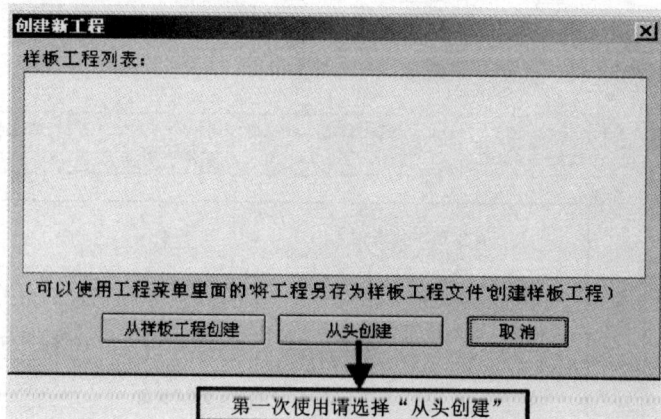

图7-10　创建新工程示意

（2）输入新建工程名称。请输入"单位/子单位工程名称"，点击"OK"，如图7-11所示。

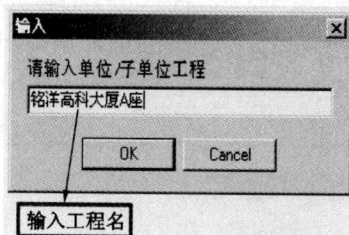

图7-11　输入名称示意

注：这里输入的是你当前要进行管理的单位工程名称，它将在软件使用时，自动填入到你的资料文档的相应位置。

（3）选择文件的保存路径，如图7-12所示。

注：程序自动以你的工程名称命名，你也可根据需要进行文件名称修改。

（4）提示工程文件创建成功。在上一步选择好文件的保存路径后点击"保存"会提示文件创建成功，如图7-13所示。

（二）打开新建工程

（1）点击工程工具栏『打开工程』按钮，选择要打开的工程，如图7-14所示。输入初始密码123456，如图7-15所示。

（2）填写工程概况信息

一个工程项目的概况信息，在很多文档中都需要填写和使用，系统专门设置了一个"工程信息"窗口，用户可在该窗口中对这些信息预先进行设置，设置好后的信息将自动引用到该工程相关文档中的相应位置，如图7-16所示。

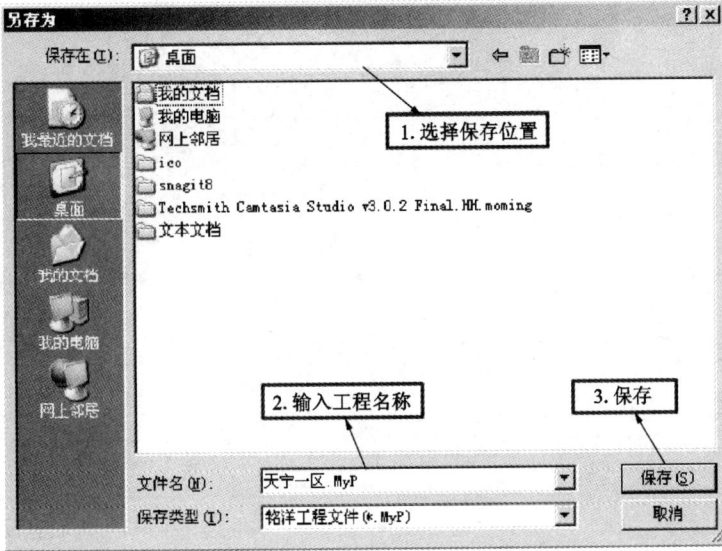

图7-12 选择文件的保存路径示意

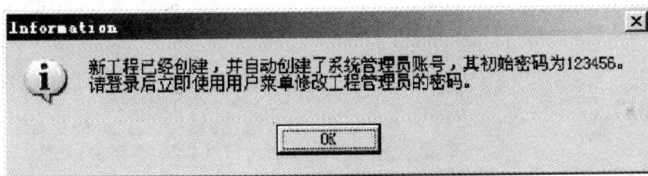

图7-13 创建成功路径示意

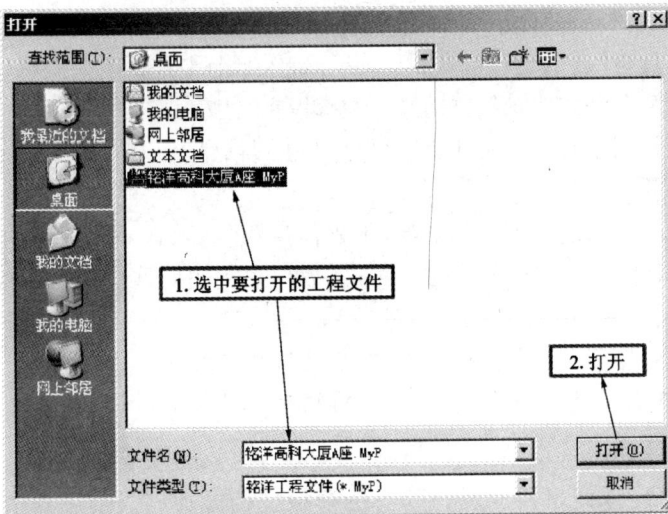

图7-14 打开新建工程示意

图 7 - 15　密码窗口示意

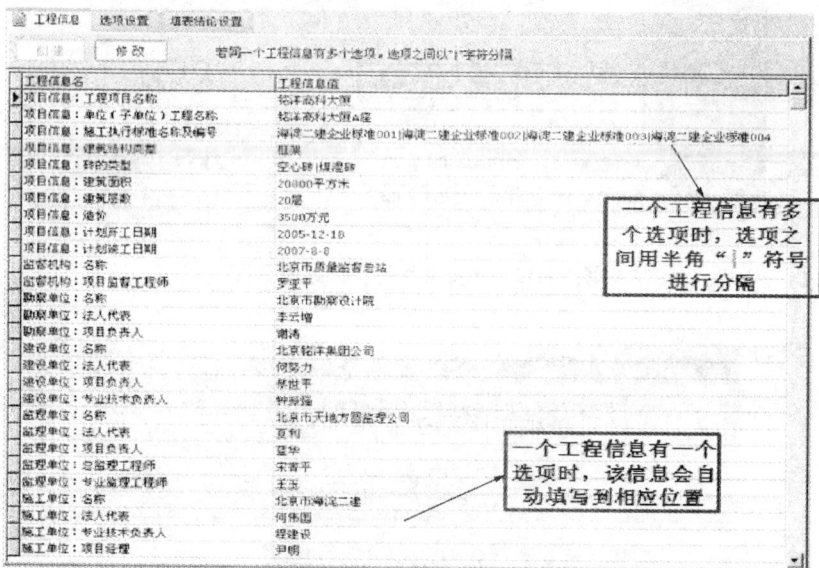

图 7 - 16　工程概况信息示意图

1) 点击工程工具栏【显示工程信息】按钮后, 进入当前工程概况信息填写窗口。

2) 在相应位置填写好的信息将自动导入到模板表格中。

3) 建议在打开新创建的工程文件后, 先填写"工程信息", 这样在您添加的用户文档中将能自动调用这些信息。

4) 在工程文件的使用过程中, 也可对"工程信息"进行修改。修改后的信息将自动替换掉相应文档中的原有信息。已经填写的表格, 需要保存关闭后重新打开才能替换成新的工程信息。

注：①若一个工程信息有多个选项, 填写各选项时中间用"|"隔开;

②若一个工程信息只有一项, 该信息将自动填写到相关文档的相应位置。

(三) 添加用户文档

打开新建工程后, 系统已经自动将所有的模板文档添加到当前工程中。点击目录树窗口, 可以查看所有模板文档。模板文档是不能进行编辑的, 您将需要编辑的模板文档添加到您的当前工程中来, 成为用户文档后才能进行编辑操作。

304

1. 定位模板文档

添加用户文档之前，需要先定位到模板文档，即先找到该模板文档。定位的方法有两种：其一：点击目录树上各节点前的"＋"逐一查找，定位需要添加的模板文档。其二：通过"在工程树上查找"功能定位模板文档。

(1)在〔建设工程〕窗口下方的〔查找〕窗口，先选择查找的范围。查找范围分别为：用户文档——只在用户文档中查找；模板文档——只在模板文档中查找；全部——同时在模板文档和用户文档中查找。

(2)输入查找的表格名称或表格编号。

(3)点击【在工程树中寻找】按钮，这样就能迅速定位到您需要的模板文档。连续按(按钮图标)可以连续在工程树上寻找，如图 7 – 17 所示。

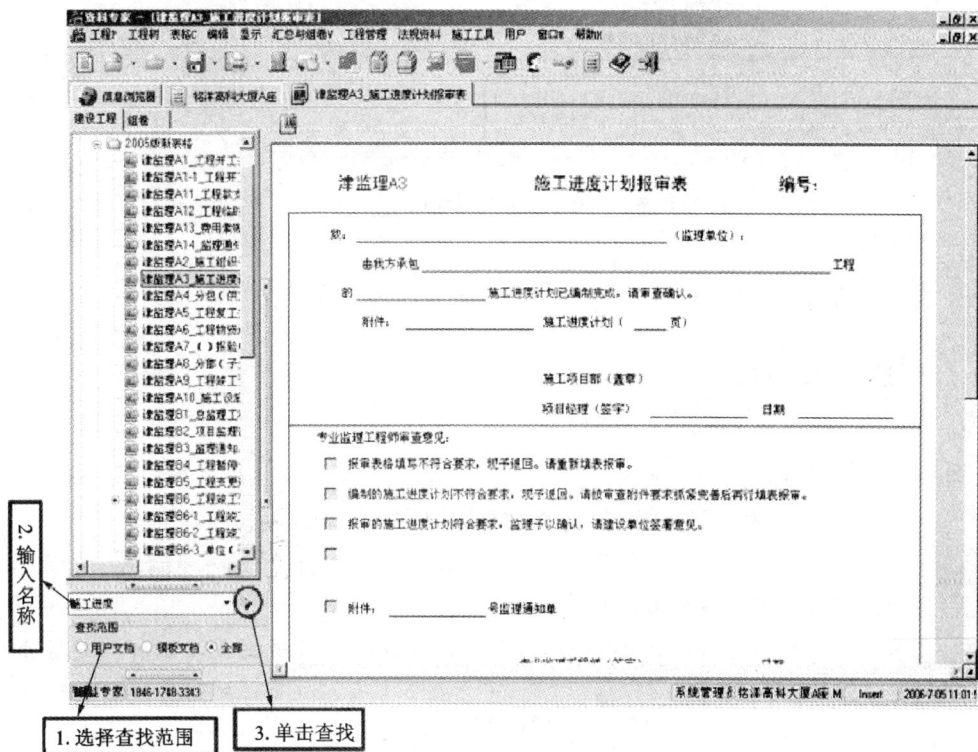

图 7 – 17 工程树上查找示意图

2. 添加用户文档

添加用户文档的方法如下：

(1)在"建设工程"窗口展开目录树，选中您要填写的文档，点击鼠标右键，选择"从模板创建新文档"，在该模板表下创建了一个空白的用户文档。操作如图 7 – 18 所示。

(2)也可双击打开模板文档或者用户文档后选择文档菜单栏中的"复制文档"或者文档窗口中的"复制文档"进行添加。

(3)重复以上操作可创建多个用户文档。

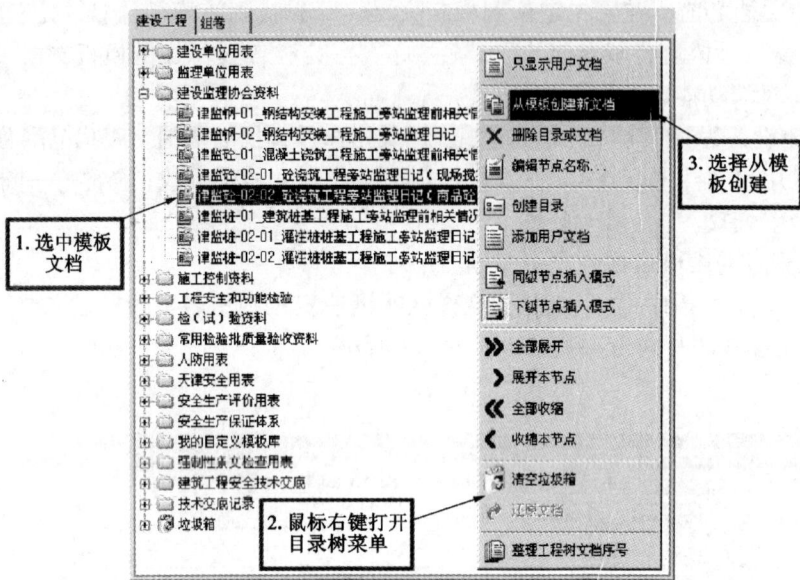

图 7 - 18 添加用户文档示意图

注：①目录树菜单中的"从模板创建新文档"是实现从模板库中添加一张空白文档到工程目录树；

②文档菜单栏中的"复制文档"，是将当前打开的文档进行复制，如当前文档已填写了内容，则内容一并复制到新的文档中。

(四)填写用户文档

双击打开刚刚创建的空白文档，即可在文档窗口进行资料填写。

选中当前用户文档，点击目录树菜单中的"从表格复制新文档"，可复制出一份完全相同的文档，稍加改动即可形成一份新文档。

注：有些模板文档有 CELL 表格和 DOC 两种格式，用户可根据需要选择性地添加用户文档。

(五)打印当前文档

本软件的主要特点是支持多种文档格式，所以文档的打印包括表格和其他文档的打印。

1. 打印当前 CELL 表格

如当前打开的是 CELL 表格文件，点击表格工具栏中的【打印表格】即可。

2. 打印其他文档

如当前打开的是 CELL 表格之外的其他文档，点击该文档宿主程序工具栏中的打印按钮即可(如 DOC 文档的宿主程序是 Word，PDF 文档的宿主程序是 Adobe Read 等)。

注：现在我们学习了"筑业湖南省建筑工程资料管理软件"的基础操作，利用本课程学习的知识，运用软件基本功能就能完成具体的施工资料、安全资料、监理资料等工程资料的填写工作。

306

思考题

1. 试说明信息管理的内涵，在建筑工程领域进行信息管理有何必要性？

2. 建设工程项目信息管理有何目的？目前我国建设工程项目信息管理与先进国家或地区相比存在哪些差距？

3. 施工项目相关的信息管理的主要内容有哪些？它们与常规工程资料管理有何联系？

4. 什么是施工项目信息管理手册？其主要内容包括哪些方面？

5. 试说明项目管理班子中信息管理部门的主要任务。

6. 怎样建立施工管理信息平台？目前施工实践中常用的信息平台各有何特点？

7. 与建筑企业经营有关的统计指标有哪些？它们如何影响企业的经营效益？

8. 在 PC 机上安装建筑工程资料管理软件，并创建一个名为"××职业技术学院6#学生公寓"的新工程项目。

9. 打开该新建工程项目，填写工程概况。

10. 在该新建工程项目目录下添加用户文档，并填写用户文档。

11. 请运用建筑工程资料管理软件报审一份施工组织设计，并打印出来。

12. 请运用建筑工程资料管理软件填写一份混凝土浇筑令，并打印出来。

13. 请将钢筋混凝土结构浇筑的表现尺寸检查记录填入建筑工程资料管理软件中。

模块八 资料员岗位工作标准及规范

【德育目标】

爱岗敬业 践行使命

【教学目标】

了解资料员的基本要求，掌握资料员收集工程资料的原则和资料员的工作职责；熟悉资料员的职业道德要求及岗位规范；了解资料管理标准及相关法律法规文件。

【职业岗位要求】

熟悉资料员岗位工作内容；掌握资料员岗位职责和工作规范。

第一节 资料员的基本要求与工作内容

一、资料员的基本要求

资料员是建筑业企业专业技术管理人员（八大员）[土建施工员、安装施工员（分水暖、电气安装专业方向）、安全员、质量员、标准员、机械员、材料员、资料员、造价员]之一，它是指从事建筑施工技术档案资料的编制和管理的工作，需要通过专门的职业培训并考核合格后，由地方建设主管部门颁发岗位证书，实行持证上岗。虽然，建筑工程各参建单位都有工程文件资料收集、整理的职责并且为此还应配备资料管理人员，但其工作内容远比不上施工单位资料管理复杂，能力要求也远不及施工单位资料管理人员。因此，我们重点讨论施工单位资料员的职业准则。

建筑工程的质量合格、优良与否，本质上是由工程实体的质量决定的，而该工程项目工程技术资料的质量是另一个不可或缺的条件，工程实体质量是硬件，工程资料质量是软件。工程资料的形成单位靠资料员的收集、整理、编制成册，资料员在施工过程中担负着十分重要的责任。

要当好资料员，除了要有认真、负责的工作态度外，还必须了解建筑工程项目的施工流程，熟悉本工程的施工图纸、施工基础知识、施工技术规范、施工质量验收规范、建筑材料的技术性能、质量要求及使用方法，以及有关政策、法规和条文等，要掌握施工管理的全过程，掌握每项文件资料的产生过程。

二、资料员收集工程资料的原则

1. 及时参与原则

施工单位文件资料的收集、管理工作必须纳入整个工程项目管理的全过程，资料员应该参加有关工程的技术、质量、安全、协调等各方面的会议，并应经常深入工程施工现场，了解施工动态，及时准确地掌握工程施工管理方面的信息，便于施工资源的及时收集、整理和核对。

2. 保持同步原则

资料的收集工作与工程施工的每一道工序密切相关，必须与工程的施工同步进行，以保证文件资料的准确性和时效性。

3. 认真把关原则

与项目经理、施工技术负责人密切配合，严把文件资料的质量关。无论是对企业内部，还是对相关单位之间往来的文件资料都应认真核查、校对，发现问题，及时纠正。

三、资料员的工作内容

根据工程项目建设所处阶段不同，资料员的工作内容可按工程开工前、工程开工后（施工阶段）和竣工验收三阶段来分述。

1. 工程开工前的工作内容

（1）熟悉建设项目的有关资料和施工图。

（2）协助编制施工组织设计（施工技术方案），并填写施工组织设计（方案）报审表报施工单位和项目监理机构审批。

（3）报开工报告，填报工程开工报审表。

（4）协助编制各工种的技术交底资料。

（5）协助编制各种规章制度。

2. 施工阶段的工作内容

（1）及时搜集整理进场的工程材料、构配件、成品、半成品和设备的质量保证资料（出厂质量证明书、生产许可证、准用证、交易证），填报工程材料、构配件、设备报审表，由监理工程师审批。

（2）与施工进度同步，做好隐蔽工程验收记录及检验批质量验收记录的报审工作。

（3）及时整理施工试验记录和测试记录。

（4）阶段性地协助整理施工日记。

3. 竣工验收阶段的工作内容

（1）整理建筑工程竣工资料

建筑工程竣工资料的组卷包括以下几方面：①单位（子单位）工程质量验收资料。②单位（子单位）工程质量控制资料核查记录。③单位（子单位）工程安全与功能检验资料核查及主要功能抽查资料。④单位（子单位）工程施工技术管理资料。

（2）归档、移交工程资料

归档资料（提交城建档案馆）包括以下方面：①施工技术准备文件，包括图纸会审记录、控制网设置资料、工程定位测量资料、基槽开挖测量资料；②工程图样变更记录，包括设计交底会审记录、设计变更记录、工程洽商记录等；③地基处理记录，包括地基钎探记录、钎探平面布置点、验槽记录、地基处理记录、桩基施工记录、试桩记录等；④施工材料预制构件质量证明文件及复试试验报告；⑤施工试验记录，包括土壤试验记录、砂浆或混凝土抗压强度试验报告、商品混凝土出厂合格证和复试报告、钢筋接头焊接试验报告等；⑥施工记录，包括工程定位测量记录、沉降观测记录、现场施工预应力记录、工程竣工测量、新型建筑材料、施工新技术等；⑦隐蔽工程检查记录，包括基础与主体结构钢筋工程、钢结构工程、防水工程、高程测量记录等；⑧工程质量事故处理记录。

第二节　资料员职业道德及岗位规范

一、资料员的职业道德

职业道德是人们在从事某一职业时应遵循的道德规范和行业规范。加强建筑行业职业道德建设，对于提高行业的质量和效益，树立行业新风，培养"有理想、有道德、有文化、有纪律"的建筑队伍，推动社会主义精神文明、物质文明、生态文明建设，推动建筑科学技术的迅猛发展，节能降耗、安全高效地完成施工任务，维护社会的和谐稳定具有极其重要的意义。

建筑工程资料是建设工程合法身份与合格质量的证明文件，是工程竣工验收交付使用的必备文件，也是对工程进行检查、验收、维修、改建和扩建的原始依据。资料员在施工过程中担负着十分重要的责任，工程资料的形成单位靠资料员的收集、整理、编制成册。因此，资料员应具有良好的职业道德，具体可归纳为以下几点：①热爱本职工作，爱岗敬业，工作认真，一丝不苟，有团结合作精神。②努力学习专业技术知识，不断提高业务能力和水平。③强烈地社会责任感。④认真负责地履行自己的义务和职责，保证工程资料质量。⑤遵纪守法，模范地遵守建设职业道德规范。⑥严格执行有关工程资料管理标准、规范、规程和制度。

二、施工单位资料员的岗位职责与工作规范

1. 岗位职责

（1）负责施工单位内部及与建设单位、勘察单位、设计单位、监理单位、材料及设备供应单位、分包单位、其他有关部门之间的文件及资料的收发、传达、管理等工作，应进行规范管理，做到及时收发、认真传达、妥善管理、准确无误。

（2）负责所涉及的工程图纸的收发、登记、传阅、借阅、整理、组卷、保管、移交、归档。

（3）参与施工生产管理，做好各类文件资料的及时收集、核查、登记、传阅、借阅、整理、保管等工作。

（4）负责施工资料的分类、组卷、归档、移交工作。

（5）及时检索和查询、收集、整理、传阅、保存有关工程管理方面的信息。

（6）处理好各种公共关系。

2. 收集工程资料的原则

（1）及时参与原则

施工单位文件资料的收集、管理工作必须纳入整个工程项目管理的全过程，资料员应该参加有关工程的技术、质量、安全、协调等各方面的会议，并应经常深入工程施工现场，了解施工动态，及时准确地掌握工程施工管理方面的全面信息，便于施工资料的及时收集、整理和核对。

（2）保持同步原则

资料的收集工作与工程施工的每一道工序密切相关，必须与工程的施工同步进行，以保证文件资料的准确性和实效性。

（3）认真把关原则

与项目经理、施工技术负责人密切配合，严把文件资料的质量关。无论是对企业内部，还是对相关单位之间往来的文件资料都应认真核查、校对，发现问题，及时纠正。

3．文件资料的管理工作

（1）整理分类

施工资料必须及时整理、分类，其分类的方法有很多：

1）按资料的来源不同分类。如分为属于建设单位的、勘察单位的、设计单位的、监理单位的、材料设备供应单位的、施工总包单位的、分包单位的、有关部门的等等。

2）按资料归档的对象不同分类。如属于建设单位的、施工单位的、有关部门的等等。

3）按资料的专业性质不同分类。如属于建筑结构工程的、建筑装饰装修工程的、建筑给排水及采暖工程的、通风与空调工程的、建筑电气工程的、建筑智能工程的、电梯工程的等等。

4）按资料的内容不同分类。如属于施工管理资料的、施工技术资料的、施工物资资料的、施工测量记录的、施工记录的、隐蔽工程检查验收记录的、施工监测资料的、施工质量验收记录的、工程竣工验收资料的等等。

5）按资料形成的先后顺序分类。对同一类型的资料应按其形成时间的先后顺序进行排序。

（2）存放保管

施工单位及项目经理部应配置适当的房间、器具（如文件筐、文件夹、文件盒、文件柜）等来存放文件资料。并加强管理和增强防范意识，做好"防火、防盗、防露、防虫、放光、防尘"等工作。

（3）严格履行借阅手续

应建立健全文件及资料的收集、分类、整理、保存、传阅、借阅、查阅等制度，严格按照规定的程序办理，避免文件资料的丢失和损坏。工作过程中，收文应记录文件名、文件摘要、发放部门、文件编号、收文日期、收文人员应签字；借阅或传阅应注明借阅或传阅的日期，借阅人名，传阅责任人，传阅范围及期限，借阅或传阅人应签字认可，到期应及时归还；借阅或传阅文件借（传）出后，应在文件夹的内附目录中做上标记。

（4）及时组卷、移交、归档。对收集、整理后的文件资料应及时组卷，按照合同和有关规定，及时把需要建设单位、施工单位、城建档案馆保存收藏的竣工资料，分别进行移交，完好归档。

4．处理好各种公共关系

（1）处理好与项目经理之间的责任关系。

（2）处理好与技术负责人之间的业务直接领导与被领导的关系。

（3）处理好与施工员、材料员、质量员、安全员、造价员、机械员、标准员等之间的协同工作关系。

（4）处理好与工程项目经理部及公司主管部门之间的局部与整体之间的关系。

（5）处理好勘察单位、设计单位之间的业务往来关系。

（6）处理好与监理单位之间的监理与被监理的关系。

（7）处理好与城建档案管理部门之间的监督、指导与被监督、指导的关系。

第三节 湖南省建筑业企业资料员岗位资格考试大纲（2013 年修订）

我国现行的建筑工程资料管理标准和规范有：《建设工程文件归档规范》（GB/T 50328—2014）、《建设工程项目管理规范》（GB/T 50326—2017）、《建设工程监理规范》（GB/T 50319—2013）、《建筑工程施工质量验收统一标准》（GB 50300—2013）及相关施工质量验收标准、《建设项目工程总承包管理规范》（GB/T 50358—2017）、《建筑工程资料管理规程》（JGJ/T 185—2009）、《建设电子文件与电子档案管理规范》（CJJ/T 117—2017）等。

《专业基础知识》

施工图的识读与绘制	1. 建筑施工图的识图与绘制	（1）建筑施工图的分类、内容及编排顺序
		（2）绘制建筑施工图的基本知识
	2. 结构施工图的识读与绘制	（1）结构施工图组成，常用构件代号
		（2）基础图、结构平面布置及配筋图
		（3）混凝土结构施工图平面整体表示方法制图规则（梁、柱）
建筑构造基础知识	1. 民用建筑构造	（1）基础
		（2）墙体
		（3）楼地面、楼梯
		（4）屋顶
		（5）变形缝
	2. 工业建筑构造	（1）厂房内部的起重运输设备
		（2）单层工业厂房结构组成和类型
工程造价基本知识	1. 建筑工程定额	（1）建筑工程定额的概念
		（2）建筑工程定额的组成及分类
	2. 工程量清单	（1）工程量清单的概念
		（2）工程量清单的组成
	3. 清单计价工程造价的构成	（1）分部分项工程费
		（2）措施项目费
		（3）其他项目费
		（4）规费
		（5）税金
施工项目管理基础知识	1. 图纸会审、设计变更和工程签证	（1）图纸会审的概念、目的、程序及内容
		（2）工程变更的概念、种类、原则、表现形式、变更因素、时效性、变更程序
		（3）工程签证的概念
	2. 施工组织设计、专项施工方案和技术交底	（1）施工组织设计的概念、内容及编制原则和方法
		（2）专项施工方案包括的内容
		（3）技术交底的概念、类别和内容

施工项目管理基础知识	3. 隐蔽工程、施工记录、施工日志、施工试验记录	(1)隐蔽工程的概念、特点、分类及验收
		(2)施工记录与施工日志的内容
		(3)施工试验记录的内容以及形成的流程
	4. 施工质量验收和记录	(1)工程质量验收的内容和程序
		(2)建筑工程施工质量控制资料的内容
	5. 工程竣工验收与竣工图	(1)竣工验收的程序和资料内容
		(2)竣工图的含义、编制建设工程竣工图的相关规定
文秘、公文写作	1. 公文的定义和分类	(1)公文的定义与分类
		(2)公文的要素
		(3)公文处理的内容
	2. 公文的规范	(1)主题、格式的规范
		(2)材料、文字的规范
		(3)表述、数字和计量单位的规范
		(4)印制的规范

《岗位知识》及《专业实务》

资料管理相关知识	1. 资料管理相关的规定和标准	(1)建筑工程施工质量验收相关标准
		(2)建设工程项目管理、监理及施工组织设计规范
	2. 建筑工程竣工验收备案管理知识及实施	(1)竣工验收备案资料的基本内容
		(2)竣工验收备案范围、备案资料及程序
	3. 城建档案管理、建筑业统计、资料安全管理的基础知识	(1)城建档案管理的基础知识
		(2)建筑业统计的基础知识
		(3)资料安全管理知识
施工资料管理计划	1. 资料管理计划	(1)工程概况
		(2)资料管理任务
		(3)资料台账概念
		(4)资料管理的流程
		(5)资料管理制度
	2 资料管理实施细则(手册)	(1)资料来源、内容及标准
		(2)资料的时间要求、传递途径和反馈范围
		(3)资料管理岗位人员及职责
		(4)施工资料交底
施工资料收集台账	1. 施工资料台账及收登制度	(1)施工资料台账内容
		(2)施工资料收登制度的制定
	2. 工程资料分类、编号与分卷,施工资料章、节、项、目的建立	(1)工程资料分类、编号与分卷的基本原则、标准及规范
		(2)工程资料章、节、项、目的构建

	1. 施工资料填写、编制、审核及审批要求	(1)施工资料填写、编制的相关规定
		(2)资料审核的内容、要点
		(3)工程审批资料的内容
收集、审查与整理施工资料	2. 施工资料(C类)	(1)施工管理资料
		(2)施工技术资料
		(3)施工测量资料
		(4)施工物资资料
		(5)施工记录
		(6)施工试验记录
		(7)施工质量验收记录
		(8)工程竣工验收资料
		(9)施工资料报验、报审的基本程序
	3. 竣工图(D类)	(1)竣工图的类型、编制要求及绘制方法
		(2)竣工图章的内容、尺寸及使用注意事项
		(3)竣工图纸的折叠方法
	4. 施工现场安全资料管理	(1)安全管理资料
		(2)文明施工资料
		(3)脚手架安全资料
		(4)基坑支护与模板工程安全资料
		(5)高处作业安全资料
		(6)施工用电安全资料
		(7)常用建筑机械安全资料
		(8)特种设备安全资料
		(9)安全资料的收集、整理与归档
检索、处理及应用施工资料	1. 施工资料的检索、处理	(1)工程资料的检索
		(2)工程资料的处理要求
	2 施工资料的应用	(1)施工资料的应用范围
		(2)施工资料的应用管理
施工资料立卷、归档、验收与移交	1. 施工资料立卷、归档	(1)施工资料立卷原则、程序与规定
		(2)施工资料归档要求、内容及规定
	2. 施工资料验收、移交	(1)施工资料验收要求及相关规定
		(2)施工资料移交的程序
施工信息管理系统	1. 项目施工信息计算机软件管理平台建立	(1)施工信息计算机信息管理平台的组成部分
		(2)施工信息计算机信息管理平台的建立
	2. 工程资料专业管理软件的应用	(1)专业管理软件的特点、功能
		(2)专业管理软件操作方法

附录一 常用原材料及施工过程试验取样规定

序号	材料名称		取样批量	取样数量及方法		
1	水泥	硅酸盐水泥	同一水泥厂生产、同期出厂、同一出厂编号、同品种 ①散装水泥：≤500 t/批 ②袋装水泥：≤200 t/批 ③存放期超三个月必须复验	取样要有代表性，建筑施工企业应分别按单位工程取样，构件厂、搅拌站应在水泥进厂（站）时取样 ①散装水泥：随机地从不少于3个车罐中各采取等量的水泥，经搅拌均匀后，再从中称取至少12 kg水泥作为检验试样 ②袋装水泥：随机地从不少于20袋中各采取等量水泥，经搅拌均匀后，再从中称取至少12 kg水泥作为检验试样		
		普通硅酸盐水泥				
		矿渣硅酸盐水泥				
		火山灰质硅酸盐水泥				
		粉煤灰硅酸盐水泥				
		复合硅酸盐水泥				
2	钢筋	热轧带肋钢筋	应按批检查和验收、每批由同一厂别、同一炉罐号、同一规格、级别、同一交货状、同一进场时间的钢筋组成 取样批量≤60 t/批	拉伸 2个	弯曲 2个	每一验收批取试样一组 按规定取2个试件的均应从任意两根（或两盘中）分别切取，即在每根钢筋上切取一段拉伸试件，一段弯曲试件 低碳钢热轧圆盘条冷弯试件应取自不同盘 冷轧带肋钢筋从每盘的任意一端截去500 mm后切取两段试件 试件长度（mm）：拉伸试件≥标称标距＋（350～400），弯曲试件≥标称标距＋（200～250）
		热轧光圆		拉伸 2个	弯曲 2个	
		低碳钢热轧圆盘条		拉伸 1个	弯曲 2个	
		余热处理钢筋		拉伸 2个	弯曲 2个	
		冷轧带肋钢筋	每批由同一钢号、同一规格和同一钢筋级别的钢筋组成 取样批量≤50 t/批	逐盘拉伸 1个	弯曲 2个	
		进口钢筋	≤60 t	拉伸 2个	弯曲 2个	进口钢筋需先经化学成分检验和焊接试验，符合有关规定后方可用于工程（GB 50205—2001、GB 50201—2001）
		冷轧扭钢筋	同厂、同牌号、同规格，≤10 t	拉伸 2个	冷弯 1个	
		冷拉钢筋	应按批检查和验收，每批由同一级别、同一直径的冷拉钢筋组成；20 t为一批，不足20 t时，亦为一批	拉伸 2个	弯曲 2个	每一验收批取试样一组 按规定，试件应从任意两根分别切取，即在每根钢筋上切取一段拉伸试件及一段弯曲试件 每验收批的钢筋表面不得有裂纹和局部缩颈，当用作预应力筋时，应逐根检查

序号	材料名称			取样批量	取样数量及方法	
2	钢筋	冷拔钢丝	用作预应力筋的	以每盘为一验收批,以相同材料、同一直径的一盘组成一个验收批	拉伸1个 反复弯曲1个	以每盘为一验收批,需逐盘检验,从每盘钢丝中任一端截去500 mm以上后再取两个试样,分别作拉力和反复弯曲试验
			用作非预应力筋的	用相同材料的盘条冷拔成相同直径的钢丝,以同一直径的钢丝;5 t为一批,不足5 t的亦为一批	拉伸3个 反复弯曲3个	可分批抽样检验,每批任取三盘,每盘各截取两个试样,分别作拉力和反复弯曲试验
3	砖、砌块		烧结普通砖	同一产地、同一规格,以15万块为一验收批,不足15万块时亦为一批	检验强度等级每一组取样10块 按规范要求预先确定抽样方案,在成品堆垛中随机抽取,不允许替换	
			非烧结普通砖	同一产地、同一规格,以5万块为一验收批,不足5万块时亦为一批		
			粉煤灰砖	同一产地、同一规格,以10万块为一验收批,不足10万块时亦为一批		
			烧结多孔砖	同一产地、同一规格,以5万块为一验收批,不足5万块时亦为一批		
			烧结空心砖和空心砌块	同一产地、同一规格,以3万块为一验收批,不足3万块时亦为一批		
			粉煤灰砌块	同一产地、同一规格,以200 m³为一验收批,不足200 m³时亦为一批		
			普通混凝土小型空心砌块	同一原材配制、同等级、同一工艺,以1万块为一验收批,不足1万块时亦为一批	强度等级取样5块,相对含水率取样3块,抗渗性取样3块,抗冻性取样10块,空心率取样3块	
4	砂			同一产地、同一规格、同一进场时间,以400 m³为一验收批,不足400 m³的亦为一批;或者600 t为一验收批,不足600 t的亦为一批	建筑施工企业应按单位工程取样,构件厂、搅拌站应在砂石进厂(场)时取样,每一验收批取样一组 ①在料堆上取样时,取样部位均匀分布,取样前先将取样部位表层铲除,然后由各部位抽取大致相等的试样8份(每份11 kg以上)搅拌均匀后用四分法缩分至22 kg组成一组试样 ②从皮带运输机上取样时,应在皮带运输机机尾的出料处,用接料器定时抽取试样,并由4份试样(每份22 kg以上)搅拌均匀后用四分法缩分至22 kg组成一组试样	

序号	材料名称		取样批量	取样数量及方法
5	碎（卵）石		同一产地、同一规格、同一进场时间，以 400 m³ 为一验收批，不足 400 m³ 的亦为一批；或者以 600 t 为一验收批，不足 600 t 的亦为一批	建筑施工企业应按单位工程取样，构件厂、搅拌站应在进厂（站）时取样。每一验收批取样一组 最大粒径在 200 mm 以内时取 40 kg 最大粒径为 31.5 mm、40mm 时，取 80 kg ①在料堆上取样时，取样部位均匀分布，取样前先将取样部位表层铲除，然后由各部位抽取大致相等的石子15份（在料堆的顶部、中部和底部各由均匀分布的5个不同部位取得）组成一组样品 ②从皮带运输机上取样时，应在皮带运输机机尾的出料处，用接料器定时抽取8份石子，组成一组样品
6	轻集料		应按品种、密度等级分批堆放，以 300 m³ 为一验收批，不足 300 m³ 亦为一验收批	取样应有代表性，每一验收批取样一组，取样数量：最大粒径≤20 mm 时，取 60 L（0.06 m³）；最大粒径＞20 mm 时，取 80 L（0.08 m³） ①对均匀料进行取样时，试样可以从堆料锥体自上而下的不同部位、不同方向任选10个点抽取，但要注意避免抽取离析的材料及面层的材料。10个点抽取的总量应多于上述规定的数量 ②从袋装料抽取试样时，应从不同位置和高度的10袋中抽取
7	混凝土外加剂	普通减水剂	按生产厂家对产品分批、分编号取样 同品种掺量大于等于1%的外加剂每一编号以 100 t 为一个验收批 同品种掺量小于1%的外加剂每一编号以 50 t 为一个验收批 不足100 t 或50 t 的也可按一个批量计	每一编号取样量不小于0.2 t水泥所需用的外加剂量 每一编号取得的试样应充分混匀，分成两等份
		高效减水剂		
		早强减水剂		
		缓凝高效减水剂		
		引气减水剂、缓凝减水剂		
		早强减水剂		
		缓凝减水剂		
		引气减水剂		
		混凝土泵送剂	以 50 t 为一个验收批，不足 50 t 也可为一批	每一批从至少10个不同容器中抽取等量试样混合均匀，总量不少于0.5 t水泥所需用的泵送剂量；每批取得的试样分为两等份

序号	材料名称		取样批量	取样数量及方法
7	混凝土外加剂	砂浆、混凝土防水剂	年产 500 t 以上的每 50 t 为一验收批 年产 500 t 以下的每 30 t 为一验收批	每批取样量不少于 0.2 t 水泥所需用的防水剂量,试样应充分混匀,分为两等份
		混凝土防冻剂	每 50 t 为一批,不足 50 t 也可为一批	每批取样量应不少于 0.15 t 水泥所需用的防冻剂量(以其最大掺量计)
		混凝土膨胀剂	每 120 t 为一批,不足 120 t 也可为一批	从 20 个以上的不同部位取等量样品,每批抽样总数不小于 10 kg,充分混合均匀后分为两等份
		喷射混凝土用速凝剂	每 20 t 为一批,不足 20 t 也可为一批	每批应于 16 个不同点取样,每个点取样 250 g,共取 4 000 g;将试样充分混合均匀后分为两等份
8	粉煤灰		同厂别、同等级 ①散装粉煤灰:以 200 t 为一批,不足 200 t 的也可为一批 ②袋装粉煤灰:以 200 t 为一批,不足 200 t 的也可为一批	①散装粉煤灰:从不同部位取 15 份试样,每份试样 1~3 kg,混合拌匀,按四分法缩取比试验所需量大一倍的试样(称为平均试样) ②袋装粉煤灰:从每批中任抽 10 袋,并从每袋中各取不小于 1 kg 的试样,混合拌匀,按四分法缩取比试验所需量大一倍的试样(称为平均试样)
9	防水涂料	聚氨酯防水涂料	同一生产厂、同一品种、同一进场时间 甲组分每 5 t 为一批,不足 5 t 亦为一批 乙组分按产品重量配比相应增加	每一验收批产品的配比取样,甲乙组分样品总重量为 2 kg。随机抽取整桶样品,抽样的桶数应不低于 $\sqrt{\dfrac{N}{2}}$(N 是甲组分产品的桶数),将取样的整桶数样品搅拌均匀后,用取样器在液面的上、中、下三个不同部位取相同量的样品,进行再混合搅拌均匀后,装入样品容器中,密封并作好标志
		聚合物基防水涂料	同一生产厂、同一品种、同一进场时间,每 10 t 为一批	同"聚氨酯防水涂料"
		水性沥青基防水涂料	同一生产厂、同一品种、同一进场时间,每 10 t 为一批,不足 10 t 的亦为一批	随机抽取整桶样品,抽样的桶数应不低于 $\sqrt{\dfrac{N}{2}}$(N 是交货产品的桶数),每一验收批取样 2 kg。逐桶检查外观质量,将取样的整桶样品搅拌均匀后,用取样器在液面的上、中、下三个不同部位取相同量的样品,再混合搅拌均匀后,装入样品容器中,密封并作好标志

序号	材料名称	取样批量	取样数量及方法
9	防水涂料 水乳型焦油基防水涂料 溶剂型防水涂料 溶剂型焦油基防水涂料	同"水性沥青基防水涂料"	同"水性沥青基防水涂料"
	石油沥青油毡	同一生产厂、同一品种、同一标号、同一等级 每1500卷为一批,不足1500卷也为一批	每一验收批中抽取一卷切除距外层卷头2500 mm部分后,顺纵向截取长度为500 mm的全幅卷材两块,一块作物理试验用,另一块备用
	弹性体沥青防水卷材 沥青、焦油改性沥青、焦油防水卷材	同一生产厂、同一品种、同一标号 每1000卷为一批,不足1000卷也为一批	每一验收批中抽取一卷切除距外层卷头2500 mm部分后,顺纵向截取长度为500 mm的全幅卷材两块,一块作物理试验用,另一块备用
	三元乙丙防水片材	同一生产厂、同一规格、同一等级 每3000 m为一批,不足3000 m也为一批	每一验收批中抽取3卷,经规格尺寸和外观质量检验合格后,任取合格卷中的一卷,截去300 mm后,纵向截取1800 mm作为样品
	聚氯乙烯防水卷材 氯化聚乙烯防水卷材 硫化型橡胶防水卷材	同一生产厂、同一类型、同一标号 每5000 m²为一批,不足5000 m²也为一批	每一验收批中随机抽取3卷外观质量合格卷材,任取1卷,截去300 mm后,纵向截去3000 mm作为样品
	建筑石油沥青 道路石油沥青	同一生产厂、同一品种、同一标号 每20 t为一批,不足20 t时亦为一批	每一验收批取试样1 kg;在料堆上取样时,取样部位应均匀分布,同时应不少于5处,每处取洁净的等量的试样共1 kg
10	预制混凝土构件	成批生产的构件,应按同一工艺正常生产的不超过1000件且不超过3个月的同类型产品为一批,不足1000件亦为一批 当连续检验10批且每批的结构性能均符合标准规定的要求时,对同一工艺正常生产的构件,可改为不超过2000件且不超过3个月的同类型产品为一批	在每批中应随机抽取一个构件作为试件进行检验 注:"同类型产品"是指同一混凝土强度等级、同一工艺和同一结构类型的构件。对同类型型号产品进行抽样检验时,试件宜从设计荷载最大,受力最不利或生产数量最多的构件中抽取

序号	材料名称		取样批量	取样数量及方法
11	回填土	柱基	抽查柱基的10%,但不少于5点	环刀法:每段每层进行检验,应在夯实层下半部(至每层表面以下2/3处)用环刀取样 灌砂法:数量可按环刀法适当减少,取样部位应为每层压实后的全部深度
		基槽、管沟、排水沟	每层按长度20~50 m取一点,但不少于一点	
		基坑、挖填方、地面、路面、室内回填	每层100~500 m² 上取点,但不少于一点	
		场地平整	每层400~900 m² 取一点,但不少于一点	
12	普通混凝土		同一混凝土强度等级、同一配合比、生产工艺相同 ①每拌制100盘且不超过100 m³的同配合比的混凝土,其取样不得少于一次 ②每工作班拌制的同配合比的混凝土不足100盘时,其取样不得少于一次 ③对于现浇混凝土结构: ●每一现浇楼层同配合比的混凝土,其取样不得少于一次 ●同一单位工程每一验收项目中同配合比的混凝土,其取样不得少于一次 注:预拌混凝土除应在预拌混凝土厂内按规定留置试件外,混凝土运到施工现场后,也应按以上规定留置试件	每一取样单位标准养护试块的留置组数不得少于一组 施工现场根据需要应留置与结构同条件养护的试块,每项同条件养护试块不得少于一组 构件厂根据需要应留置与构件同条件养护的试块,不同条件养护的试块组数(蒸汽养护池应每池有试块)不得少于一组,并应留有备用块 用于检查结构构件质量的试块,应在混凝土浇筑地点随机取样制作,并经标准养护 $f_{cu,28}$ 为评定依据 冬季施工的混凝土试件的留置除应符合有关规定外,应增设不少于两组与结构同条件养护的试件,分别用于检验受冻前的混凝土强度和转入常温养护28 d的混凝土强度 试样要有代表性 每组试件(包括相对应的同条件试块及冬施增设的试块)的试样必须取自同一次搅拌的混凝土拌和物
13	轻集料混凝土		同一混凝土强度等级、同一配合比、生产工艺相同 ①每拌制100盘且不超过100 m³为一取样单位 ②每一工作台班为一取样单位	每一取样单位标准养护试块的留置组数不得少于一组;根据需要可做拆模、起吊、早期强度及有特殊要求(如导热系数)等辅助性试件 以标准养护28 d折合成边长为150 mm立方抗压强度作为评定结构构件混凝土强度质量的依据 试样要有代表性 制作全部试块(包括辅助性试块)必须取自同一次拌制的混凝土拌和物,并应在浇筑地点制作

序号	材料名称	取样批量	取样数量及方法
14	防水混凝土	抗压强度试块的留置方法和数量均按普通混凝土规定 抗渗试块的留置:同一混凝土强度等级、同一抗渗等级、同一配合比、生产工艺基本相同,每单位工程不得少于两组	试块应在浇筑地点制作,抗渗试件以 6 个为一组,成型 24 h 后拆模。其中至少一组应在标准条件下养护,其余试块应在现场同条件养护,试块养护期不得少于 28 d,不超过 90 d 试样要有代表性 每组试样包括同等条件抗压强度试块、抗渗试块、标养抗压强度试块,必须取自同一次拌制的混凝土拌和物
15	砌筑砂浆	同一强度等级、同一配合比、同种原材料、每台搅拌机,每一楼层或 250 m³ 砌体为一取样单位(基础砌体可按一个楼层计)	每一取单位标准养护试块的留置组数不得少于一组,每组 6 块 试块要有代表性,每组试块的试样必须取自同一次拌制的砌筑砂浆拌和物 施工中取样应在使用地点的砂浆槽,砂浆运输车或搅拌机出料口,至少从三个不同部位集取,数量应多于试验用料的 1～2 倍

序号 16 钢筋焊接接头：

| 钢筋焊接接头 | — | 在工程开工或每批钢筋正式焊接之前应进行现场条件下的焊接性能试验,试验合格后方可正式生产。试件数量与要求,应与质量检查与验收时相同

钢筋焊接接头或焊接制品应分批进行质量检查与验收

质量检查应包括外观检查和力学性能试验,力学性能试验应在外观检查合格后随机抽取试件进行试验 |

| 钢筋焊接接头 | 电阻点焊 | 钢筋焊接骨架 | 热轧钢筋焊点 | 凡钢筋级别,直径及尺寸相同的焊接骨架应视为同一类型制品,且每 200 件为一批,一周内不足 200 件的亦为一批计算 | 抗剪 3 个 | — | 力学性能试验的试件,应从每批成品中切取

由几种钢筋直径组合的焊接骨架,应对每种组合做力学性能试验,所切试件尺寸要符合规定要求 |
| | | | 冷拔低碳钢丝焊点 | | 抗剪 3 个 | 对较小钢丝做拉伸 3 个 | |

序号	材料名称			取样批量	取样数量及方法	
16	钢筋焊接接头	电阻点焊	钢筋焊接网	冷轧带肋钢筋或冷拔低碳钢丝的焊点	凡钢筋级别、直径及尺寸相同的焊接应视为同一类型制品,每批不应大于30 t,或者200件为一批,一周内不足30 t或200件,也应按一批计算	拉伸试验纵向钢筋一个,横向钢筋一个	试件长度:两夹头之间的距离不应小于20倍试件受拉钢筋的直径,且不小于180 mm;对于双根钢筋,非受拉钢筋应在离交叉焊点约20 mm处切断
				冷轧带肋钢筋焊点		弯曲试验纵向钢筋一个,横向钢筋一个	在单根钢筋焊接网中,应取钢筋直径较大的一根;在双根钢筋焊接网中,应取双根钢筋中的一根;试件长度应大于或等于200 mm,弯曲试件的受弯曲部位与交叉点的距离大于或等于25 mm
				热轧钢筋、冷轧带肋钢筋或冷拔低碳钢丝的焊点		抗剪试验三个	应沿同一横向钢筋随机切取,其受拉钢筋为纵向钢筋;对于双根钢筋,非受拉钢筋应在焊点外切断,且不应损伤受拉钢筋焊点
		闪光对焊			在同一台班内,由同一焊工完成的300个同级别、同直径钢筋焊接接头应作为一批。当同一台班内焊接的接头数量较少,可在一周内累积计算;累计仍不足300个接头,应按一批计算	拉伸3个 弯曲3个	力学性能试验的试件,应从每批接头中随机切取;焊接等长的预应力钢筋(包括螺丝端杆与钢筋)时,可按生产时同等条件制作模拟试件;螺丝端杆接头只可做拉伸试验;模拟试件的试验结果不符合要求时,应从成品中再切取试件进行复试,其数量和要求应与初始试验时相同
		电弧焊			在工厂焊接条件下,以300个同接头形式、同钢筋级别的接头作为一批;在现场安装条件下,每一至二楼层中以300个同接头形式、同钢筋级别的接头作为一批,不足300个时,仍作为一批	拉伸3个	在一般构筑物中应从成品中每批随机切取3个接头;在装配式结构中,可按生产条件制作模拟试件
		电渣压力焊			在一般构筑物中,以300个接头同级别钢筋接头作为一批;在现浇钢筋混凝土多层结构中,应以每一楼层或施工区段中300个同级别钢筋接头作为一批,不足300个接头仍应作为一批	拉伸3个	应从每批接头中随机切取

续表

序号	材料名称		取样批量	取样数量及方法
16	钢筋焊接接头	预埋件钢筋T形接头埋弧压力焊	应以300件同类型预埋件作为一批,一周内连续焊接时可累积计算;当不足300件,亦不足300个接头时仍应作为一批	拉伸3个	试件应从每批预埋件中随机切取;试件的钢筋长度应大于或等于200 mm,钢板的长度和宽度均应大于或等于60 mm
		气压焊	在一般构筑物中,以300个接头作为一批;现浇钢筋混凝土房屋结构中,同一楼层应以300个接头作为一批;不足300个接头仍应作为一批	拉伸3个,在梁板水平钢筋连接中应加做3个弯曲试验	试件应从每批接头中随机切取
		带肋钢筋套筒挤压连接	挤压接头的现场检验:同一施工条件下采用同一批材料的同等级、同形式、同规格接头每500个为一批,不足500个也作为一批		钢筋连接工程开始前及施工过程中,应对每批进场钢筋进行挤压连接工艺检验,每种规格钢筋的接头试件不应少于3根,接头试件的钢筋母材应进行抗拉强度试验
			在现场连续检验10个验收批,全部单向拉伸试验一次抽样均合格时,验收批接头数量可扩大1倍		按验收批进行:对每一验收批,均按设计要求的接头性能等级,在工程中随机抽3个试件做单向拉伸试验
		钢筋锥螺纹接头	接头的现场检验:同一施工条件下的同一批材料的同等级、同规格接头以500个为一个验收批进行检验,不足500个也作为一个验收批		钢筋连接工程开始前及施工过程中,应对每批进场钢筋和接头进行工艺检验 每种规格钢筋接头的试件数量不应少于3根,对每种规格钢筋母材应进行抗拉强度试验
			在现场连续检验10个验收批,全部单向拉伸试验一次抽样均合格时,验收批接头数量可扩大1倍		按验收批进行:应在工程结构中随机切取3个试件做单向拉伸试验。按设计要求的接头性能等级进行检验与评定
17	建筑钢结构焊接工艺试验的焊接接头	拉伸、面弯、背弯、侧弯	每一工艺试验	各2 —	焊接接头力学性能试验以拉伸和冷弯(面弯、背弯)为主,冲击试验按设计要求决定,有特殊要求时应做侧弯试验
		冲击		9 —	
18	地面工程		按《建筑地面工程施工质量验收规范》(GB 50209—2010)的规定,水泥混凝土和水泥砂浆试块的组数,每一层建筑地面工程不应少于一组,每层建筑地面工程面积超过1 000 m²的,每增加1 000 m²做一组试块,不足1 000 m²的也按1 000 m²计算。当改变配合比时,亦应按相应的规定制作试块组数		

序号	材料名称		取样批量	取样数量及方法	
19	饰面砖			按《建筑工程饰面砖粘结强度检验标准》(JGJ 110—2008)的要求,现场镶贴的外墙饰面砖工程每 300 m² 同类墙体取 1 组试样,每组 3 个,每一楼层不得少于 1 组;不足 300 m² 同类墙体,每两楼层取 1 组试样,每组 3 个。带饰面砖的预制墙板,每生产 100 块预制墙板取 1 组试样,每组在 3 块板中各取 1 个试样,预制墙板不足 100 块按 100 块计。试样应由专业检验人员随机抽取,但取样间距不得小于 500 mm。采用水泥砂浆或水泥浆粘结时,应在水泥砂浆或水泥浆龄期达到 28 d 时进行检验。当在 7 d 或 14 d 进行检验时,应通过对比试验确定其粘结强度的修正系数	
20	预制混凝土构件	同类型产品中荷载最大受力最不利,生产(使用)数量最多	≤1000 件且 ≤3 个月	1	—	按短期静力加荷检验方法检验,当第一个试件不能全部符合要求义符合承载力、抗裂 0.95 倍、挠度 1.10 倍时,再抽取两个试件
21	彩色釉面陶瓷墙地砖	按不同级别、尺寸	≤500 m²	吸水率 5 / 抗冻性 5	—	组批:每 50~500 m² 为一检验批,不足 50 m² 时,按一个检验批算
22	釉面内墙砖	按主要规格	≤1000~2000 m²	吸水率 一次二次均 5 / 抗龟裂性 一次二次均 5	—	以同品种、同规格、同色号、同等级的 1000~2000 m² 为一批
23	室内外用给水阀门	按同牌号、同规格、同型号	按实用量	10% 20% (逐个)	—	应以同牌号、同规格、同型号数量中抽查 10%,并且不少于 1 个,如有漏裂再抽查 20%,仍有不合格的,则须逐个试验;在主干管上起切断作用的闭路阀门,应逐个试验
24	路基回填土方	压实度必须符合《城镇道路工程施工与质量验收规范》(CJJ 1—2008)要求	1000 m²/层	1 组 (3 点)		用环刀法的取样数量:每层按 1000 m² 取样 1 组(每组 3 点)
25	胶粉保温浆料		按同一厂家同一品种的产品,当单位工程建筑面积在 20 000 m² 以下时各抽查不少于 3 组,当单位面积在 20 000 m² 以上时各抽查不少于 6 次	颗粒 3 kg,胶粉 10 kg		必须提供配置比例、质保书等
	抗裂砂浆			5 kg		
	面砖黏结砂浆			3 kg		
	面砖勾缝料			3 kg		
	耐碱网格布			去除最外层最少 1 m 后,取 2 m²		
	热镀锌电焊网			5 kg		
	界面砂浆					

序号	材料名称	取样批量	取样数量及方法	
25	硬质泡沫聚氨酯系统		工地现场发泡制样,进行导热系数、干密度试验时试件应制作成 300 mm×300 mm×30 mm 一组 3 个试件 进行强度试验时试件应制作成 100 mm×100 mm×厚度(可按设计厚度,最好做到 50 mm)一组 5 个试件	
	保温砂浆同条件试块		当外墙采用保温浆料做保温层时,应在施工中制作同条件养护试件,检测其导热系数、干密度和压缩强度。每个检验批应抽样制作同条件养护试块不少于 3 组	① 检测导热系数、干密度时试件可制作成 300 mm×300 mm×30 mm 一组 3 个试件 ② 检测压缩强度时试件可制作成 100 mm×100 mm×100 mm 一组 5 个试件
	门窗	建筑外窗进入施工现场,以同一品种、类型和规格的门窗及门窗玻璃每 100 樘为一批,不足 100 樘按一批计	每批应至少抽查 5% 并不得少于 3 樘;高层建筑的外窗每批应至少抽查 10% 并不得少于 6 樘	
26	室内环境监测	民用建筑工程验收时,应抽检有代表性的房间室内环境污染物浓度,抽检数量不得少于 5%,并不得少于 3 间;房间总数少于 3 间时,应全数检测 民用建筑工程验收时,凡进行了样板间室内环境污染物浓度检测且检测结果合格的,抽检数量减半,并不得少于 3 间	检测点应按房间面积设置如下。 ① 房间使用面积小于 50 m² 时,设 1 个检测点 ② 房间使用面积为 50～100 m² 时,设 2 个检测点 ③ 房间使用面积大于 100 m² 时,设 3～5 个检测点	
27	冷热水用聚丙烯(PP-R)管材、管件	管材:用相同原料、配方和工艺生产的同一规格的管材作为一批。当管材直径 $d_n \leqslant 63$ mm 时,每批数量不超过 50 t,当 $d_n > 63$ mm 时,每批数量不超过 100 t。如果生产 7 天批量仍不足,以 7 天产量为一批 管件:用相同原料、配方和工艺生产的同一规格的管件作为一批。当 $d_n \leqslant 32$ mm 时,每批数量不超过 2 万个;当 $d_n > 32$ mm 时,每批数量不超过 5 000 个。如果生产 7 天批量仍不足,以 7 天产量为一批	取样方法如下。 管材:单位工程每种规格随机抽取 6 根,每根长 1 m 管件:单位工程每种规格随机抽取 8 件	
28	建筑排水用硬聚氯乙烯(PVC-U)管材、管件			
29	给水用硬聚氯乙烯(PVC-U)管材、管件			

序号	材料名称	取样批量	取样数量及方法
30	电工套管	单位工程每种规格为一批	随机取样12根,每根长1 m
31	电线电缆	每个单位工程中所使用的同厂家、同规格型号、同批号的电线电缆为一批	随机抽取包装完好的整卷电线一卷
32	低压配电箱	每个单位工程中所使用的同厂家、同规格型号的低压配电箱为一批	随机抽取组装完好的低压配电箱2个
33	开关、插座	每个单位工程中所使用的同厂家、同规格型号的开关、插座为一批	每个单位工程中所使用的同厂家、同规格型号的开关、插座为一批

附录二 常用建筑材料试验检查项目

序号	名称	外观	必检项目		视需检查项目	判 定 方 法
1	硅酸盐水泥、普通硅酸盐水泥	—	不溶物、氧化镁、三氧化硫、烧失量、细度、初凝时间、终凝时间、安定性、抗压强度、抗折强度（GB 175—2007）		碱含量由供需双方商定	①废品：凡氧化镁、三氧化硫、初凝时间、安定性中任一项不符 GB 175—2007 要求 ②不合格品：凡细度、终凝时间、不溶物和烧失量、混合材料掺量过大，强度低于规定指标中任一项或包装上品种、标号、厂名、编号不全
2	矿渣、火山灰、粉煤灰硅酸盐水泥	—	不溶物、烧失量；氧化镁、三氧化硫、细度、初凝时间、终凝时间、安定性、抗压强度、抗折强度（GB 175—2007）		—	①废品：凡氧化镁、三氧化硫、初凝时间、安定性中任一项不符合 GB 175—2007 要求 ②不合格品：无不溶物、烧失量，余同上
3	热轧带肋钢筋	不得有裂纹、结疤、折叠和凸块	力学工艺性能	屈服强度、抗拉强度、伸长率、冷弯（GB 1499.2—2007）	—	如有某一项不符标准要求，再双倍取样，仍有一指标不合格，整批不得交货（GB/T 2101—2008）
		—	化学成分	C、Si、Mn、V、Ti、Nb、P、S（GB/T 222—2006）	—	在保证钢筋性能合格的条件下，C、Si、Mn 的含量下限可不作交货条件（GB 1499.2—2007）
4	低碳钢热轧	不得有分层、夹杂裂纹、结疤、折叠、耳子	力学、工艺性能，除供拉丝用盘条无屈服强度外，为四项，与热轧带肋钢筋相同（GB/T 701—2008）		—	化学成分应符合 GB/T 222—2006 规定
5	进口钢筋	力学、工艺性能、化学成分、焊接试验				符合原国家建委[80]建发施字 82 号文规定

序号	名称		外观	必检项目	视需检查项目	判定方法
6	钢筋焊接	钢筋焊接骨架	金属熔化、压深、焊点联结、漏焊无裂纹、多孔、烧伤、尺寸偏差	热轧钢筋:抗剪 冷拔低碳钢丝:抗剪、拉伸 (JGJ 18—2012)	—	当有1个试件不符合JGJ 18—2012中第5.2.4条规定时,双倍复验如仍有1个不符要求,判为不合格
		钢筋焊接网	网的尺寸、开焊、裂纹、折叠、凹坑、结疤油污等	拉伸、弯曲、抗剪 (JGJ 18—2012)	—	拉伸、弯曲不合格应双倍复验,复验合格则合格;抗剪平均值不合格时应在取样的同一横筋上所有交叉点取样检验,如全部平均合格,则合格
		闪光对焊	不得有裂纹、烧伤、弯折角、轴线偏移	拉伸、弯曲 (JGJ 18—2012)	螺丝端杆拉头只做拉伸	外观有1个不合格,全检剔出切除重焊。抗拉:有1个抗拉小于规定值或有2个在焊缝或影响区脆断,调做6个抗拉,如仍有1个抗拉小于规定值或有3个断于焊缝或热影响区,该批不合格;弯曲:有2个发生破断,再做6个弯曲,仍有3个破断,则该批不合格
		电弧焊	表面应平整、接头区无裂纹、咬边、气孔、夹渣符合规定	拉伸(JGJ 18—2012)	—	有1个抗拉小于规定值或有1个位于焊缝或有2个脆断
		电渣压力焊	焊包外观、无烧伤、弯折角	拉伸(JGJ 18—2012)	—	有1个抗拉小于规定值,应再限6个试件复验,如仍有1个抗拉小于规定值,则该批不合格
		气压焊	逐个检查偏心、弯折、镦粗大小、长度,压焊偏移	拉伸(JGJ 18—2012)	如梁、板中用另加弯曲试验	3个抗拉均不得小于规定值,且应断于压焊面之外,如有1个不符,则该批接头不合格
7	钢筋机械连接	带肋钢筋套筒挤压连接	接头丝扣无完整丝扣外露	拉伸 JGJ 107 —2010	—	按《钢筋机械连接通用技术规程》(JGJ 107—2010)表3.0.5要求,符合则合格,如有1个抗拉不符合要求,双倍复验,如仍有1个抗拉不符合要求,则该批不合格
		钢筋锥螺纹接头连接	外形尺寸,压痕道数、弯折,套筒无裂缝			

序号	名称	外观	必检项目	视需检查项目	判定方法
8	建筑钢结构焊接接头	具体要求见规范规定	拉伸、面弯、背弯（JGJ 81—2002）	冲击、侧弯（JGJ 81—2002）	按《建筑钢结构焊接规程》（JGJ 81—2002）第 6.2.1～6.2.3 和 6.3.1～6.3.13 做外观和无损检验
9	细骨料		颗粒级配、含泥量、泥块含量、坚固性、有害物	碱活性、氯离子含量	按《建筑用砂》（GB/T 14684—2011）判定
10	粗骨料		最大粒径、颗粒级配，形状、有害物、坚固性	C60 及以上应进行强度检验	按《建筑用卵石、碎石》（GB/T 14685—2011）判定
11	混凝土		立方体抗压强度（GB 50204—2002、JGJ 301—2013、JGJ 107—2010）	抗折（道路、机场）	按 JGJ 107—2010 判定
			抗渗 JGJ 107—2010	—	按设计要求
12	建筑地面		抗压强度（混凝土、水泥砂浆）（GB 50209—2010）	—	按设计要求和规范规定
13	路面砖		抗压强度（CJJ 79—1998）	—	按《联锁型路面砖路面施工及验收规程》（CJJ 79—1998）附录 A 和《砼路面砖》（JC/T 446—2000）
14	砌筑砂浆		抗压强度 GB 50203—2011	—	按 GB 50205—2001、GB 50210—2001 判定
15	烧结普通砖		尺寸偏差、强度等级、外观质量、抗冻性能（JC/T 446—2000）	吸水率、泛霜等 7 项	全部检验项目合格为合格批（JC/T 446—2000 和 GB 5101—2003）
16	普通砼小型空心砌块		尺寸偏差、外观质量、强度等级、相对含水率（GB 8239—1997）	用于清水墙应检抗渗性	按 GB 8239—1997 判定
17	建筑生石灰粉		CaO 和 MgO 含量、CO_2 含量、细度（JC/T 479—2013）	—	按 JC/T 479—2013 判定
18	建筑石油沥青		针入度、延度、软化点	溶解度、蒸发损失、蒸发后针入变比、闪点、脆点	按 GB/T 494—2010 判定，质量指标分 10 号、30 号两种
19	道路石油沥青		按重、中、轻交通有不同要求	60℃、135℃ 动力黏度，薄膜加热试验后的 15℃ 黏度	沥青路面施工用沥青质量要求，应符合《沥青路面施工及验收规范》（GB 50092—1996）附录 C 要求

序号	名称	外观	必检项目	视需检查项目	判定方法
	预制砼构件	具体要求见规范规定	允许开裂的构件:挠度、裂缝宽度、承载力	大跨、大型、异型构件数量太少可按规定减免	全部符合,则应评为合格;第一个不符合,第二次两个都符合二次检验要求,可评为合格;第二次第一个都符合,可评为合格
			限制开裂的构件:挠度、抗裂、承载力		
21	彩色釉面陶瓷墙地砖		GB/T 4100—2006	吸水率(≤10%)	吸水率≤10%,吸水率越小,抗冻越好
				抗冻性(20次冻融循环)	不出现破裂、剥落或裂纹
22	釉面内墙砖		(GB/T 4100—2006)	吸水率(21%)	合格判定数:一次抽样全合格;一次加二次抽样仅一块不符合
				抗龟裂性(釉面无裂纹)	
23	室内外用给水阀门		应用耐压强度试验(GB 50242—2002)	安在主干管上起切断作用的闭路阀门应逐个做强度和严密性试验	强度和严密性试验压力应为符合出厂规定的压力
24	土方填方		干土质量密度(GB 50205—2001、GB 50210—2001)	—	分层夯压密实(保证项目)后取样测定的干土质量密度,其合格率不应小于90%,不合格的干土质量密度的最低值与设计值之差不应大于0.08 g/cm³,并且不应留中
25	路基回填土方		压实度(CJJ 1—2008)	—	按不同填方深度、不同路基要求、不同击实(重型、轻型)方法,压实度在87%~98%之间,具体见 CJJ 1—2008规定

附录三 施工阶段资料管理实训教学大纲

一、实训性质与任务

施工阶段资料管理实训是《建筑工程资料管理》课程教学的一个重要组成部分,是巩固和深化理论知识与工程实践有机结合的重要环节。通过实训,学生对实际工程资料信息进行收集与分析处理,运用所学的建筑工程资料管理知识填写工程概况表、工程技术文件报审表、工程开工报审表等施工资料并组卷归档;培养学生分析问题、解决问题的能力和严格的科学态度及创新精神,为毕业综合实训及从事建筑施工技术和管理工作打下基础。

二、实训目标

(一)知识目标

1. 能够结合工程背景进行施工资料的界定;
2. 能够熟练编制施工资料内容清单;
3. 能够熟练编制施工资料;
4. 了解施工资料的整理、组卷及归档。

(二)能力目标

1. 融会贯通所学专业知识,提高运用专业理论知识分析和解决实际问题的能力;
2. 熟悉施工图的识图,培养工程资料信息采集和分解的能力;
3. 通过所学建筑施工技术、组织等专业知识,增强编制施工资料的能力。

(三)德育目标

1. 培养学生的责任意识和动手能力。
2. 培养学生的创新能力和协作精神。

三、实训内容与基本要求

(一)实训准备

1. 实训教师从课程资源库中选择合适的背景工程资料与施工图纸;
2. 学生分组,4~6人为一小组,设组长一名;
3. 学生抽签选择对应的实训背景资料;
4. 调试建筑工程资料管理软件,导入背景工程信息。(若无软件,也可以打印表格手工填写。)

(二)实训步骤

1. 根据所提供的实训背景资料,识读施工图纸,了解项目概况,收集施工资料信息。
2. 列出单位工程施工资料的内容清单,收集相关资料。
3. 根据项目信息编制施工资料,实训教师可根据实训背景资料拟定所需要编制的施工资料种类和数量,如:

（1）工程概况表（表C.1.1）

（2）施工现场质量管理检查记录（表C.1.2）

（3）分包单位资质报审表（表C.1.3）

（4）见证试验检测汇总表（表C.1.5）

（5）工程技术文件报审表（表C.2.1）

（6）施工技术交底记录（表C.2.3）

（7）图纸会审记录（表C.2.4）

（8）工程开工报审表（表C.3.1）

（9）工程复工报审表（表C.3.2）

（10）施工进度计划报审表（表C.3.3）

（11）地基与基础分部工程质量验收记录（含土方开挖、钢筋加工、钢筋安装、模板安装、砼配合比、砼施工、模板拆除、土方回填）（表C.7.3）

（12）单位（子单位）工程质量竣工验收记录（表C.8.2-1）

（13）单位（子单位）工程质量控制资料核查记录（表C.8.2-2）

（14）单位（子单位）工程安全和功能检验资料核查及主要功能抽查记录（表C.8.2-3）

（15）单位（子单位）工程观感质量检查记录（表C.8.2-4）

（16）房屋建筑工程质量保修书

4.将编制完成的施工资料进行打印、组卷归档，检查校正。

5.按要求制作封面、目录和卷内备考表。装订成册。

（三）课时分配

序号	实训内容	课时分配
1	了解实训内容和要求，熟悉实训背景资料和施工图纸	2
2	列出单位工程施工资料的内容清单，收集相关资料	4
3	根据项目信息编制施工资料	14
4	组卷归档	2
5	检查装订；作业提交；成绩评定	2
6	合计	24

（四）教学要求

通过课程实训使学生达到以下基本要求：

1.具有独立查阅、收集资料能力；

2.具有建筑工程资料管理软件的操作能力；

3.学生了解和熟悉施工资料的编制方法和流程，在教师指导下按时独立完成所规定的内容和工作量；

4.成果按规范化要求装订。

四、能力考核或评价

学生的实训考核成绩由平时考核、成果格式考核、成果内容考核三部分组成,各自比例分别为30%、20%、50%。

1.平时考核:在课程实训过程中,根据学生的出勤率、表现、提问解答等情况检查学生的学习态度、知识增量。

2.成果格式考核:课程实训结束后,初步审查实训成果的格式,要求字迹工整,格式规范。

3.成果内容考核:课程实训结束后,审查实训成果的内容,全面了解学生知识的掌握、应用情况,要求内容完善、计算正确。

考核总成绩 = 平时考核成绩 + 格式考核成绩 + 内容考核成绩

考核总成绩100~90分评为优,89~80分评为良,79~70分评为中,69~60分为及格,59分以下为不及格。

4.评分标准:

考核项目	考核内容	分值	评分标准	备注
平时考核	出勤	10	满勤10分,缺席一次扣1分,两次迟到折算一次缺席,最高扣30分。	有特殊情况办理请假手续的视为出勤
	工作作风	10	根据辅导交流、提问,考核学生积极思考、独立学习与作业习惯,计10~5分。	
	职业道德	10	根据辅导交流,考核学生的职业态度、职业道德,计10~5分。	
	小计	30		
成果格式考核	装订成册	10	各项内容齐全计基本分5分。装订成册顺序正确,漏1项扣1分,扣至基本分为止。	
	字迹	10	字迹清楚计基本分5分。字迹模糊每一项不合格扣1分,扣至基本分为止。	
	小计	20		
成果内容考核	资料收集	5	正确识读施工图纸,准确收集项目信息。	抄袭项按零分计
	资料数量	15	资料分类正确,资料数量正确,每少一项扣2分。	
	资料内容	20	正确编制施工资料,无错误、矛盾,每错一项扣1分。	
	组卷归档	10	添加页码、编目录、卷内备考表、折叠图纸、制作封面、装订,形成案卷,每错一项扣1分。	
合计		100		

五、推荐参考书及教学资源

(1)教学资料库(项目背景资料及施工图纸);

（2）教材：《建筑工程资料管理》；

（3）《建筑工程资料管理规程》（JGJ/T 185—2009）；

（4）《建设工程文件归档规范》（GB/T 50328—2014）；

（5）《建筑工程施工质量验收统一标准》（GB 50300—2013）；

（6）本省工程表格体系。

参考文献

[1] 建设工程文件归档规范(GB/T 50328—2014). 北京：中国建筑工业出版社, 2014

[2] 建筑工程资料管理规程(JGJ/T 185—2009). 北京：中国建筑工业出版社, 2009

[3] 建设电子文件与电子档案管理规范(CJJ/T 117—2017). 北京：中国建筑工业出版社, 2017

[4] 建设工程项目管理规范(GB/T 50326—2006). 北京：中国建筑工业出版社, 2006

[5] 建设项目工程总承包管理规范(GB/T 50358—2005). 北京：中国建筑工业出版社, 2005

[6] 建设工程监理规范(GB/T 50319—2013). 北京：中国建筑工业出版社, 2013

[7] 建筑工程施工质量验收统一标准(GB 50300—2013). 北京：中国建筑工业出版社, 2013

[8] 建筑施工组织设计规范(GB/T 50502—2009). 北京：中国建筑工业出版社, 2009

[9] 建筑施工安全检查标准(JGJ 59—2011). 北京：中国建筑工业出版社, 2011

[10] 建设工程法律法规选编. 北京：中国建筑工业出版社, 2004

[11] 王立信. 建筑工程技术资料应用指南. 北京：中国建筑工业出版社, 2003

[12] 蔡高金. 建筑安装工程施工技术资料管理实例应用手册. 北京：中国建筑工业出版社, 2003

[13] 本书编委会. 建筑工程施工技术资料编制指南(2012版). 北京：中国建筑工业出版社, 2013

[14] 夏友滨. 建筑施工资料及验收表格填写规范. 北京：中国建筑工业出版社, 2007

[15] 中国建设教育协会. 资料员专业管理实务. 北京：中国建筑工业出版社, 2007

[16] 李辉. 建筑工程技术资料管理. 北京：中国建筑工业出版社, 2007

[17] 吕宗斌. 建设工程技术资料管理. 武汉：武汉理工大学出版社, 2005

[18] 张健. 建筑材料与检测. 北京：化学工业出版社, 2003

[19] 建设部干部学院. 建筑工程资料管理与实务(第2版)[M]. 武汉：华中科技大学出版社, 2011

图书在版编目(CIP)数据

建筑工程资料管理／许博，肖飞剑主编. —长沙：
中南大学出版社，2020.12
高职高专土建类"十三五"规划"互联网＋"系列教
材
ISBN 978 - 7 - 5487 - 4211 - 1

Ⅰ.①建… Ⅱ.①许… ②肖… Ⅲ.①建筑工程—
技术档案—档案管理—高等职业教育—教材 Ⅳ.①G275.3

中国版本图书馆 CIP 数据核字(2020)第 191733 号

建筑工程资料管理

主编 许 博 肖飞剑

□责任编辑	周兴武	
□责任印制	周 颖	
□出版发行	中南大学出版社	
	社址：长沙市麓山南路	邮编：410083
	发行科电话：0731 - 88876770	传真：0731 - 88710482
□印　　装	湖南蓝盾彩色印务有限公司	

□开　　本	787 mm×1092 mm 1/16	□印张 21.5	□字数 549 千字
□版　　次	2020 年 12 月第 1 版	□2020 年 12 月第 1 次印刷
□书　　号	ISBN 978 - 7 - 5487 - 4211 - 1	
□定　　价	54.00 元	